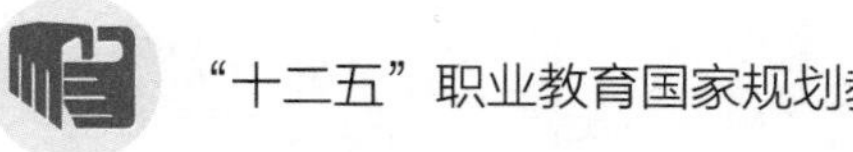

icve 智慧职教 高等职业教育电类课程 新形态一体化教材

计算机辅助电路设计与 Altium Designer 17

（第 3 版）

李俊婷 黄文静 主编

高等教育出版社·北京

内容提要

本书是“十二五”职业教育国家规划教材修订版，也是高等职业教育电类课程新形态一体化教材。

本书按照“项目引导、教学做一体化”的原则编写，共分 8 个单元，包括认识印制电路板与 Altium Designer 17、原理图设计基础、印制电路板设计基础、原理图元器件库的制作、元器件封装库的制作、原理图设计进阶、印制电路板设计进阶、印制电路板综合设计等内容。

本书将知识点融入到实际项目中，案例丰富，图例清晰，便于读者操作练习，让学生先学会用，再学会做，最后是设计进阶。内容由简单到复杂，配合案例难度逐步提高，以不断提高学生的印制电路板设计能力。

本次教材修订借助现代信息技术，利用手机等移动终端扫描教材中的二维码即可观看微课、动画等视频类教学资源，提高教学效果，激发学习兴趣，与此同时，还可在“智慧职教”平台进行学习，具体使用说明详见“智慧职教服务指南”。

本书适合于高等职业院校电子信息类、自动化类等各专业教学使用，也可供大学生课外电子制作、电子设计竞赛使用，还可作为技术培训以及从事电子产品设计与开发的工程技术人员的学习参考用书。

图书在版编目(CIP)数据

计算机辅助电路设计与 Altium Designer 17 / 李俊婷，黄文静主编．--3 版．--北京：高等教育出版社，2021.3

ISBN 978-7-04-054511-1

Ⅰ.①计… Ⅱ.①李… ②黄… Ⅲ.①印刷电路-计算机辅助设计-应用软件-高等职业教育-教材 Ⅳ.①TN410.2

中国版本图书馆 CIP 数据核字(2020)第 115259 号

计算机辅助电路设计与 Altium Designer 17(第 3 版)

JISUANJI FUZHU DIANLU SHEJI YU ALTIUM DESIGNER 17

策划编辑 曹雪伟 责任编辑 曹雪伟 特约编辑 俞晓菡 封面设计 张 楠
版式设计 童 丹 插图绘制 于 博 责任校对 马鑫蕊 责任印制 存 怡

出版发行 高等教育出版社
社 址 北京市西城区德外大街 4 号
邮政编码 100120
印 刷 鸿博昊天科技有限公司
开 本 787mm×1092mm 1/16
印 张 16.25
字 数 360 千字
购书热线 010-58581118
咨询电话 400-810-0598
网 址 http://www.hep.edu.cn
http://www.hep.com.cn
网上订购 http://www.hepmall.com.cn
http://www.hepmall.com
http://www.hepmall.cn
版 次 2008 年 5 月第 1 版
2021 年 3 月第 3 版
印 次 2021 年 3 月第 1 次印刷
定 价 45.00 元

物 料 号 54511-00

智慧职教服务指南

基于“智慧职教”开发和应用的新形态一体化教材，素材丰富、资源立体，教师在备课中不断创造，学生在学习中享受过程，新旧媒体的融合生动演绎了教学内容，线上线下的平台支撑创新了教学方法，可完美打造优化教学流程、提高教学效果的“智慧课堂”。

“智慧职教”是由高等教育出版社建设和运营的职业教育数字教学资源共建共享平台和在线教学服务平台，包括职业教育数字化学习中心（www.icve.com.cn）、职教云（zjy2.icve.com.cn）、云课堂（APP）和 MOOC 学院（mooc.icve.com.cn）四个组件。其中：

- 职业教育数字化学习中心为学习者提供了包括“职业教育专业教学资源库”项目建设成果在内的大规模在线开放课程的展示学习。
- 职教云实现学习中心资源的共享，可构建适合学校和班级的小规模专属在线课程（SPOC）教学平台。
- 云课堂是对职教云的教学应用，可开展混合式教学，是以课堂互动性、参与感为重点贯穿课前、课中、课后的移动学习 APP 工具。
- MOOC 学院择优严选上线一批职业教育 MOOC，支持资源库课程、原创 SPOC 的便捷转化和快速发布，还可基于在线教育评价模型，认证在线学习成果，提供课程学习证书。

“智慧课堂”具体实现路径如下：

1. 基本教学资源的便捷获取

职业教育数字化学习中心为教师提供了丰富的数字化课程教学资源，包括与本书配套的微课、PPT 教学课件等。未在 www.icve.com.cn 网站注册的用户，请先注册。用户登录后，在首页或“课程”频道搜索本书对应课程“计算机辅助电路设计与 Altium Designer 17”，即可进入课程进行在线学习或资源下载。

2. 个性化 SPOC 的重构

教师若想开通职教云 SPOC 空间，可将院校名称、姓名、院系、手机号码、课程信息、书号等发至 1377447280@qq.com，审核通过后，即可开通专属云空间。教师可根据本校的教学需求，通过示范课程调用及个性化改造，快捷构建自己的 SPOC，也可灵活调用资源库资源和自有资源新建课程。

3. 云课堂 APP 的移动应用

云课堂 APP 无缝对接职教云，是“互联网+”时代的课堂互动教学工具，支持无线投屏、手势签到、随堂测验、课堂提问、讨论答疑、头脑风暴、电子白板、课业分享等，帮助激活课堂，教学相长。

前言

《计算机辅助电路设计与 Protel DXP》教材出版以来，被许多学校及单位选用，并被评为“十二五”职业教育国家规划教材、普通高等教育“十一五”国家级规划教材（高职高专部分）。

本书是在作者已出版的《计算机辅助电路设计与 Protel DXP》基础上，采用 Altium Designer 17 为设计平台修订而成。

这次修订的总体思路是在基本保持原书体系结构的基础上，选取更加贴近实际的、真实的电子产品为载体，抓住原理图设计和 PCB 设计两条主线，原理图设计由简单的原理图到层次式原理图；PCB 设计从单面板、双面板到多层板；将知识点融入具体的项目中，内容由浅入深，由简到繁，使读者逐步掌握并提高 PCB 设计能力。

修订后主要有以下特点：

① 以“项目引导、教学做一体化”的原则编写，将知识点融入生动实用的项目中，让学生在完成项目的过程中掌握知识，并培养学生发现问题、分析问题、解决问题的能力。

② 案例丰富，图例清晰，便于读者操作练习。内容由简单到复杂，案例难度逐步提高。

③ 选取的项目涵盖各种类型电路板，如矩形、异形、高密度、贴片等实际产品电路板。特别是加强了贴片式元器件 PCB 设计技巧的讲解。

④ 结合实际产品的解析，加强了 PCB 布局、布线原则说明及设计技巧的讲解。

⑤ 加强了元器件封装制作的训练。

⑥ 借助现代信息技术，利用手机等移动终端扫描教材中的二维码即可观看微课、动画等视频类教学资源。

建议此课程安排在电子技术、电子工艺、计算机基本操作知识之后讲授。

本书由河北工业职业技术学院李俊婷、黄文静任主编，主编负责制定编写大纲及统稿工作；河北工业职业技术学院张金红、北方设计研究院李朴任副主编。本书的第 2、3 单元由李俊婷编写，第 1、6、7 单元由黄文静编写，第 4、5 单元由张金红编写，第 8 单元由李朴编写。

书中为了保持与软件的统一性，部分电路符号与国标不符，敬请谅解。

在本书的编写过程中，得到了高等教育出版社的大力支持和帮助，在此表示衷心感谢。

由于编者水平有限，书中难免有不妥和错误之处，望读者批评指正。

编　者

2021 年 3 月

目录

第1单元　认识印制电路板与Altium Designer 17

能力目标

- 学会 Altium Designer 17 的启动、关闭
- 学会打开、新建和保存工程
- 学会打开、新建和保存文件
- 熟练操作工作区面板三种显示方式的切换

知识点

- 印制电路板的结构、种类
- Altium Designer 17 的功能及特点
- Altium Designer 17 主窗口的组成
- Altium Designer 17 文件管理方式
- 印制电路板设计流程

随着电子技术的飞速发展和印制电路板加工工艺的不断提高，新的大规模和超大规模集成电路芯片不断涌现，现代电子线路系统已经变得非常复杂了。同时电子产品又在向小型化的方向发展，因此要在更小的空间内实现更复杂的电路功能。在这种情况下，对印制电路板设计和制作要求也就越来越高了。快速、准确地完成电路板的设计对电子线路工作者而言是一个挑战，同时对设计工具也提出了更高要求。各种各样的电子线路辅助设计（EDA）工具应运而生，其中影响比较大的有 Cadence、Mentor、Zuken、Cadsoft 以及 Altium Designer 系列等。Altium Designer 系列在国内知名度最高、应用也最为广泛。

1.1 认识印制电路板

▼教学课件
1.1

图 1-1 所示为一印制电路板实物图，从图上可以看到电阻、电容、晶体管、发光二极管、按钮开关、集成电路、接插件等元器件及覆铜导线、焊盘、金属化孔、元器件孔、说明文字等。这种面上有焊盘、元器件孔、覆铜导线、说明文字等的板子即为印制电路板。

印制电路板是电子设备中的重要部件之一。从收音机、电视机、手机、计算机等民用产品到导弹、宇宙飞船，凡是存在电子元器件，它们之间的电气连接就要使用印

图 1-1 印制电路板实物图

制电路板。印制电路板的设计和制造质量是影响电子设备的质量、成本和市场竞争力的基本因素之一。

1.1.1 印制电路板的概念

印制电路板(Printed Circuit Board,PCB)也称印制线路板。它以一定尺寸的绝缘板为基材,以铜箔为导线,经特定加工工艺,用一层或若干层导电图形以及设计好的孔来实现元器件之间的电气连接关系。

印制电路板的主要作用有:

① 提供电路中的各种元器件装配、固定必要的机械支撑。

② 提供各元器件间的布线,实现电路的电气连接或电绝缘。

③ 为元器件插装、检查及调试提供识别字符或图形。

1.1.2 印制电路板的结构

一块完整的印制电路板主要包括绝缘基板、铜箔、孔、阻焊层、文字印刷等部分。图 1-2 所示为印制电路板的组成结构图。

① 印制电路板绝缘基板的材料决定了电路板的机械性能和电气性能。

② 铜箔是印制电路板表面的导电材料,它通过黏合剂被粘贴到绝缘基板的表面,然后再制成印制导线和焊盘,在电路板上实现电气连接。

③ 印制电路板的孔有工艺孔、元器件安装孔、机械安装孔及金属化孔等。它们主要用于基板加工、元器件安装、产品装配及不同层面之间的电气连接。

④ 阻焊层是指涂覆在印制电路板表面上的绿色阻焊剂(有的板子阻焊层是黄

色、红色或者黑色)，在印制电路板行业把这层绿色阻焊剂称为“绿油”。阻焊层可以起到防止波峰焊时产生桥接现象、提高焊接质量和节约焊料的作用。同时，它也是印制电路板的永久保护层，能防潮、防盐雾、防霉菌和防止机械擦伤。

⑤ 文字印刷部分一般用白色油漆制成，主要用于元器件的符号和编号，称为印记层，便于印制电路板装配时的电路识别。由于该层是用丝网印刷技术实现的，所以又叫丝网层、丝印层。

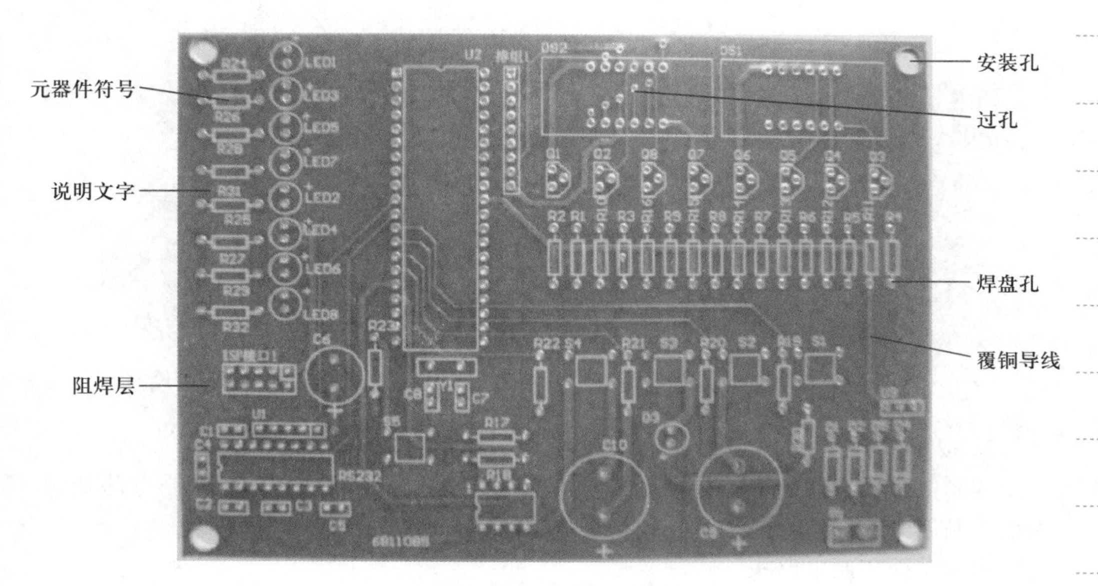

图 1-2 印制电路板的结构

1.1.3 印制电路板的种类

1. 按电路板所用基板材料划分

印制电路板按制作材料可分为刚性印制电路板、柔性印制电路板以及刚-柔性印制电路板。

(1) 刚性印制电路板

刚性印制电路板指以刚性基材制成的印制板，常见的印制板一般是刚性印制板，如家电中的印制电路板。图 1-2 所示即为刚性板。常用刚性印制板有以下几类。

① 纸基板，价格低廉，性能较差，一般用于低频电路和要求不高的场合。

② 玻璃布板，价格较贵，性能较好，常用于高频电路和高档家电产品。

③ 合成纤维板，价格较贵，性能较好，常用于高频电路和高档家电产品。

④ 当频率高于数百兆赫时，必须采用介电常数和介质损耗更小的材料，如聚四氟乙烯和高频陶瓷作基板。

(2) 柔性印制电路板(软印制板)

柔性印制电路板又称挠性电路板，是以软性绝缘材料为基材的印制板。这种电路板可弯曲、折叠、卷挠，又可在三维空间随意移动和伸缩，如图 1-3 所示。利用柔性印制电路板可缩小体积，实现轻量化、小型化、薄型化，从而实现元器件装置和导线连接一体化。其广泛应用于笔记本式计算机、手机、自动化仪表及通信设备中。

（3）刚-柔性印制电路板

刚-柔性印制电路板指利用柔性基材，并在不同区域与刚性基材结合制成的印制板，如图 1-4 所示，主要用于印制电路的接口部分。

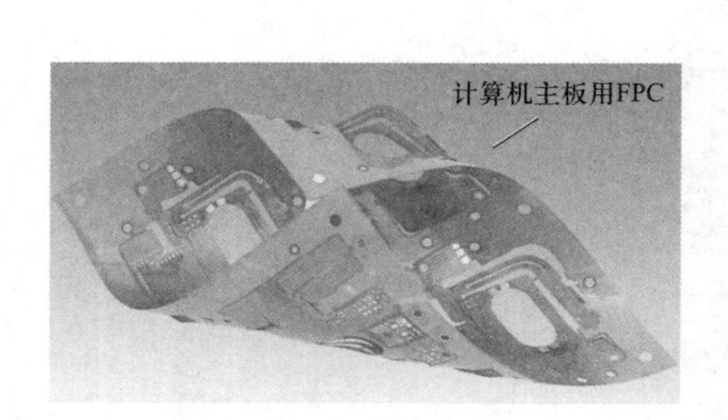

图 1-3 柔性印制电路板

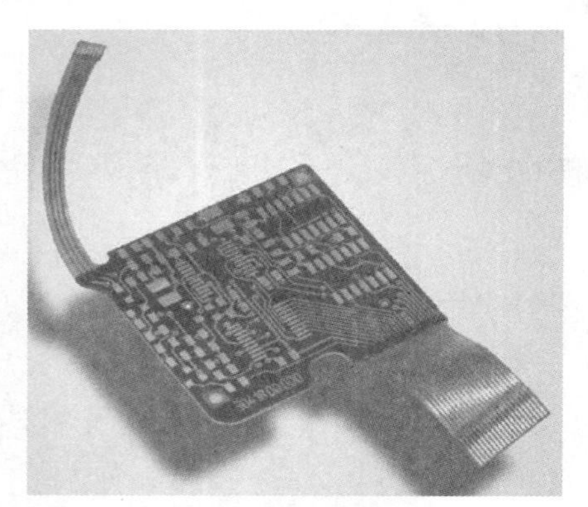
图 1-4 刚-柔性印制电路板

2. 按 PCB 导电板层划分

印制电路板按印制电路板导电板层可分为单面印制电路板、双面印制电路板和多层印制电路板。

（1）单面印制电路板

单面印制电路板指仅一面有导电图形的印制电路板。它适用于一般要求的电子设备，如收音机、小家电等。图 1-5 所示为单面板示意图。

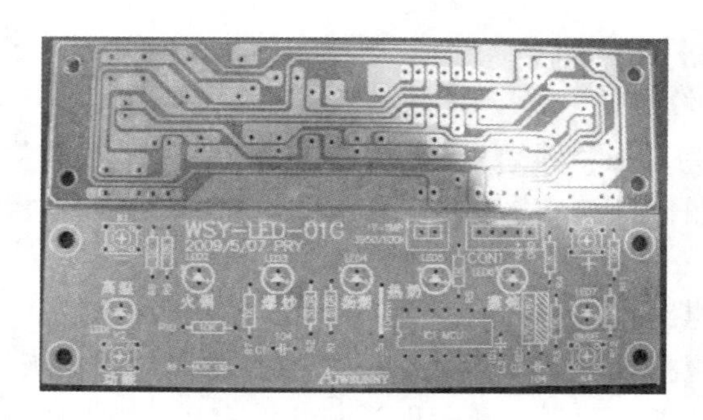

图 1-5 单面板示意图

（2）双面印制电路板

双面印制电路板指两面都有导电图形的印制电路板。它适用于要求较高的电子设备，如计算机、电子仪表等。由于双面印制板的布线密度较高，所以能减小设备的体积，为常用的一种电路板。图 1-6 所示为双面板示意图。

（3）多层印制电路板

多层印制电路板是由交替的导电图形层及绝缘材料层层压黏合而成的一块印制电路板，导电图形的层数在 2 层以上，层间电气互连通过金属化孔实现。层内印制电路板的接线短而直,便于屏蔽,但多层印制电路板的工艺复杂。由于使用金属化孔,其可靠性稍差。图 1-7 所示为多层板示意图。

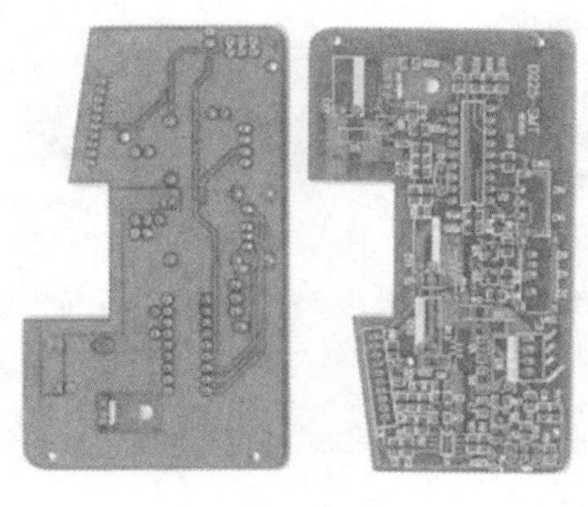

图 1-6 双面板示意图

图 1-7 多层板示意图

对于电路板的制作而言,板的层数越多,制作程序就越多,成品率就降低,成本也相对提高。所以,只有在高级的电路中才会使用多层板。目前以 2 层板最容易,市场上所谓的 4 层板就是顶层、底层,中间再加上两个电源板层,技术已经很成熟,而 6 层板就是在 4 层板基础上再加上 2 层布线板层,只有在高级的主机板或布线密度较高的场合才会用到,至于 8 层以上的制作比较困难。

1.1.4 印制电路板的生产制作

一般印制电路板的制作要经过 EDA 辅助设计、照相底版制作、图像转移、化学镀、电镀、蚀刻和机械加工等过程。常用的制作方法有热转印法制板、雕刻法制板。

1. 热转印法制板

热转印法制板是使用激光打印机将设计好的印制电路板图形打印到热转印纸上,再将热转印纸紧贴在覆铜板的铜箔面上,以适当的温度加热,转印纸上原先打印上去的图形(其实是碳粉)就会受热融化,并转移到铜箔面上,形成腐蚀保护层。那些没有被抗蚀材料防护起来的不需要的铜箔随后经化学腐蚀而被去掉,留下由铜箔构成的所需的图形。然后用钻床钻孔,擦拭清洗,电路板初步完成。后期还要进行阻焊层、丝印层的制作。图 1-8 所示为热转印法制板的基本流程图。

热转印法制板的优点是快速、直观、方便、成功率高、成本低;缺点是只能制作简单的电路,不能制作布线密度较高和比较精细的板,不能完成自动钻孔。

2. 雕刻法制板

图 1-9 所示为一台印制电路板雕刻机。它是一种机电、软件、硬件相结合的高新科技产品。其利用物理雕刻过程,通过计算机控制,在空白的覆铜板上把不需要的铜箔铣去,形成用户定制的电路板。它直接利用印制电路板的文件信息,在不需要任何转换过程的情况下输出雕刻数据,通过自定义的数据格式控制机器自动完成雕刻、钻孔、切边等工作。制作一张普通的电路板只需几分钟到几十分钟。

雕刻法制板工艺简单、方便,适合高精度电路板的制作。其主要工艺流程是:雕

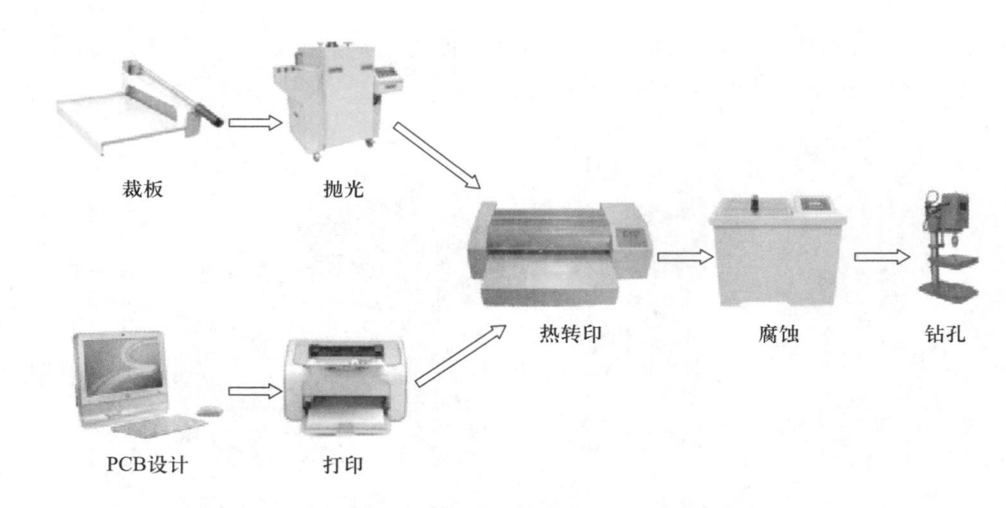

图 1-8 热转印法制板的基本流程图

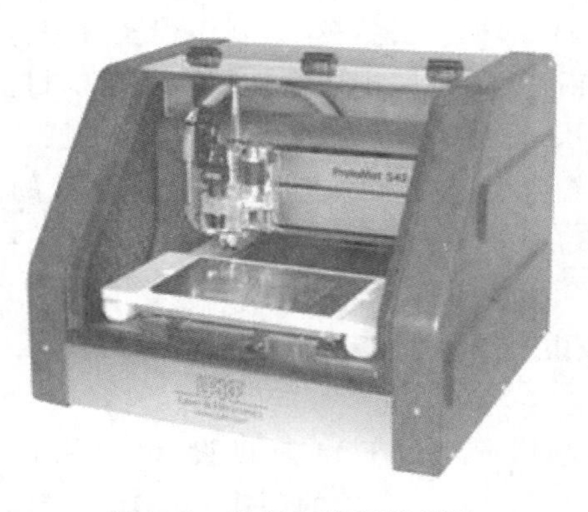

图 1-9 印制电路板雕刻机

刻机随机软件读取设计数据并自动计算—机器自动钻孔—采用先进的直接电镀工艺完成孔的导电— 按用户定制的电路板线路完成铣制—自动完成电路板外形切割。

教学课件
1.2

1.2 Altium Designer 17 软件介绍

1.2.1 EDA 技术概述

印制电路板设计的目的就是把电路原理图变为电子产品中普遍使用的印制电路板图。现在,人类社会已进入到高速发展的信息化时代,电子产品日益普及,电路设计工作变得日益复杂和繁重。若使用传统的人工设计方法,要耗费大量的人力、财力。

EDA(Electronic Design Automatic)电子设计自动化技术,就是将电路设计中各种工作交由计算机协助完成。EDA 技术是在电子 CAD 的基础上发展起来的计算机设计软件系统,它是计算机技术、信息技术、计算机辅助制造(CAM)、计算机辅助测试(CAT)等技术发展的产物。利用 EDA 工具,可以从概念、算法、协议等开始设计电子系统,大量工作通过计算机完成,并可以将电子产品从电路设计、性能分析到设计出印制板的整个过程在计算机上自动处理完成。电子行业借助 Altium Designer、Cadence、Mentor、Zuken、Cadsoft 等 EDA 软件对电子产品设计已经成为一种趋势,熟练使用这类工具软件可以极大地提高设计产品的质量与设计人员的工作效率。和其他同类软件相比,Altium Designer 功能相对完善,容易学习和掌握,使用方便,资料丰富,是目前国内使用最广泛的软件之一。

1.2.2 Altium Designer 的发展过程

20 世纪 80 年代澳大利亚 Protel Technology 公司推出 Protel for DOS 软件。20 世纪 90 年代随着个人计算机硬件性能的提高和 Windows 操作系统的开发成功,Protel Technology 公司于 1991 年推出了 Protel for Windows 1.0 版。此后 Protel 一直是 PC 平台上最流行的 EDA 工具软件之一。随后,该公司又陆续推出了 Protel for Windows 2.0、Protel for Windows 3.0。

1998 年推出的 Protel 98,成为第一个包含 5 个核心模块的真正 32 位 EDA 工具,它是将电路原理图设计、印制电路板设计、无网格布线器、可编程逻辑器件设计、电路图模拟/仿真集于一体的一个无缝连接的设计平台。1999 年推出 Protel 99,至此,Protel 软件既有原理图的逻辑功能验证的混合信号仿真,又有印制电路板信号完整性分析的板级仿真,构成从电路构思设计到真实板分析的完整体系。2000 年推出 Protel 99 SE,为桌面 EDA 系统完整集成了各类工具(包括 3D、CAM 等)、设计组管理等高性能产品,使设计人员对设计过程具有更大的控制力。2001 年 Protel 公司更名为 Altium 公司,2002 年推出新产品 Protel DXP,集成了更多工具,使用更方便,功能更强大。随后,Altium 公司陆续发布了 DXP 2004 SP1、SP2、SP3、SP4 等产品服务包,进一步完善了软件功能,并提供了对多语言的支持。

2006 年 Altium 公司从定点软件产品发布向连续流发布方式转移,发布以 Altium Designer+季节命名的版本,基本上每年都有新版本发布。Altium Designer 除了全面继承包括 Protel 99 SE、Protel DXP 在内的先前一系列版本的功能和优点外,还增加了许多改进和很多高端功能。该平台拓宽了板级设计的传统界面,允许工程设计人员能将系统设计中的 FPGA 与印制电路板设计及嵌入式设计集成在一起。

1.2.3 Altium Designer 17 的功能及特点

Altium Designer 17 是 Altium 公司推出的可以在单个应用程序中完成整个板级设计处理的 EDA 设计工具。其将原理图设计、电路仿真、印制电路板设计、FPGA 开发和嵌入式开发等融为一体,为使用者提供了更加便捷的设计环境。

1. Altium Designer 17 的主要组成部分

Altium Designer 17 主要有以下几部分组成。

① 原理图设计系统(Schematics):是 EDA 系统中的主要设计工具之一,用于电路原理图的设计,为印制电路板的制作做准备工作。电路原理图是电路设计的开始。原理图设计系统的特点是支持模块式设计方法,具有电气检查功能,提供包含众多元器件的元器件库,容易实现原理图与印制电路板图之间的变换。

② 印制电路板设计系统:用于印制电路板的设计。由它生成的印制电路板文件将直接应用到印制电路板的生产中。印制电路板设计环境方便高效,既可以用它进行单纯的手工设计,又可以和任何电气原理图设计软件包一起构成全自动的、集成化的、从构思到产品的设计系统。

③ FPGA 开发系统:用于可编程逻辑器件的设计。设计完成后,可生成熔丝文件,将该文件烧录到逻辑器件中,就可以制作具备特定功能的元器件。

④ 嵌入式开发系统:用于嵌入式智能设计。

Altium Designer 17 的原理图设计系统和印制电路板设计系统紧密联系、相辅相成,用户的大部分工作都在这两个系统内完成。所以,本书着重讲述这两部分的使用。

2. Altium Designer 17 的特点

作为一款优秀的 EDA 设计软件,Altium Designer 17 具有以下特点:

① 通过设计文件包的方式,将原理图编辑、电路仿真、印制电路板设计以及打印这些功能有机地结合在一起,提供了一个集成开发环境。

② 提供了混合电路仿真功能,为设计者检验原理图电路中某些功能模块的正确与否提供了方便。

③ 提供了丰富的原理图元器件库和印制电路板封装库,并且为设计新的元器件封装提供了封装向导程序,简化了封装设计过程。

④ 提供了层次原理图设计方法,支持“自上而下”或“自下而上”的设计思想,使复杂电路设计的工作组开发方式成为可能。

⑤ 提供了查错功能。原理图中的编译项目、印制电路板中的设计规则检查工具帮助设计者更快地查出和改正错误。

⑥ 提供了 3D 预览功能,可以在计算机上直接预览电路板的效果,根据预览的情况可以重新调整元器件布局。

⑦ 支持多种语言(中文、英文、德文、法文、日文)。

教学课件 ▼
1.3

1.3 认识 Altium Designer 17

1.3.1 Altium Designer 17 的启动

启动 Altium Designer 17 有两种常用的方法。

① 在 Windows 的[开始]菜单中找到[Altium Designer]选项并单击。

② 用双击桌面的快捷方式图标。

启动软件后，将有一个 Altium Designer 的启动画面出现，通过启动画面区别于其他的 Altium 版本，如图 1-10 所示。

系统自动加载完编辑器、编译器、元器件库等模块后进入设计主窗口，如图 1-11 所示。

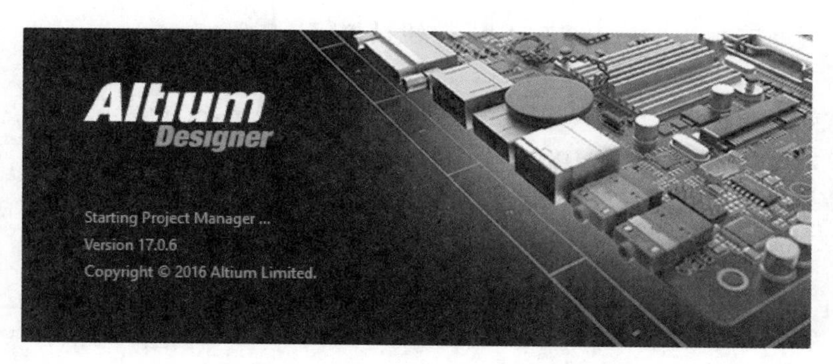

图 1-10　Altium Designer 17 的启动界面

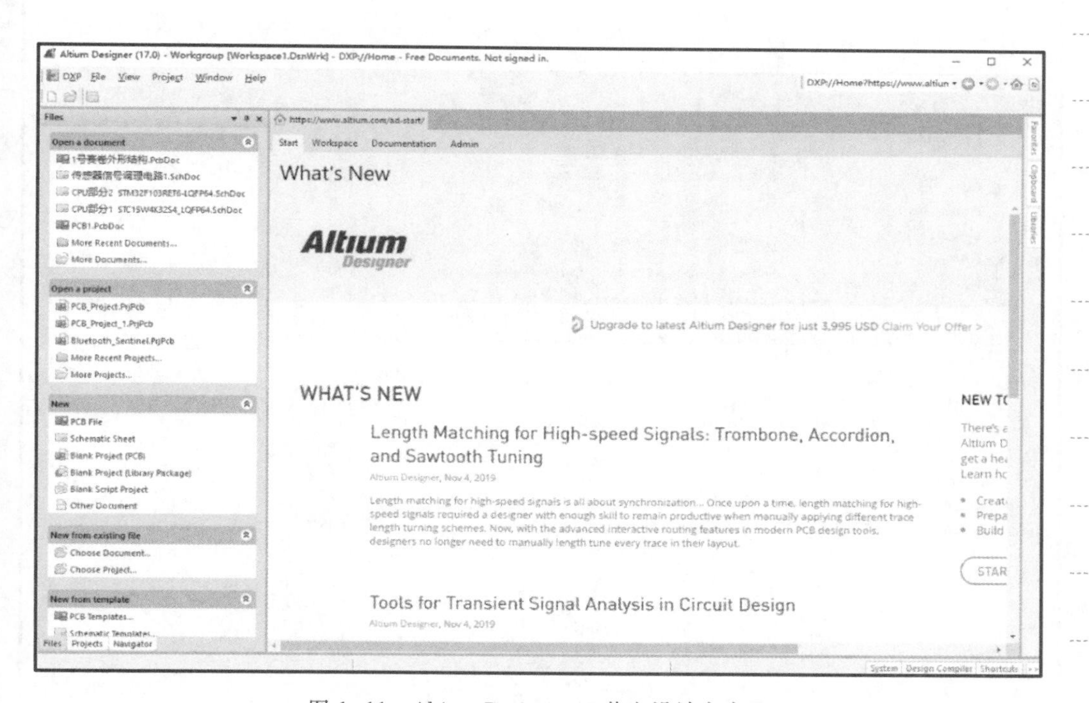

图 1-11　Altium Designer 17 英文设计主窗口

1.3.2　Altium Designer 17 中英文界面切换

Altium Designer 17 默认的设计界面为英文，但支持中文菜单方式，可以在“Preferences”（参数选择）中进行中英文菜单切换。

在图 1-11 所示的主界面中，单击左上角的“DXP”菜单，屏幕出现一个下拉菜单，

视频1-1
中英文界面的切换

如图1-12所示。选择“Preferences”子菜单，屏幕弹出“Preferences”对话框，如图1-13所示。在“System”列表框中选择“General”选项，在对话框下方的“Localization”区中，选中“Use localized resources”前面的复选框后，单击“OK”按钮设置完毕。关闭Altium Designer 17并重新启动后，系统的界面就更换为中文界面。

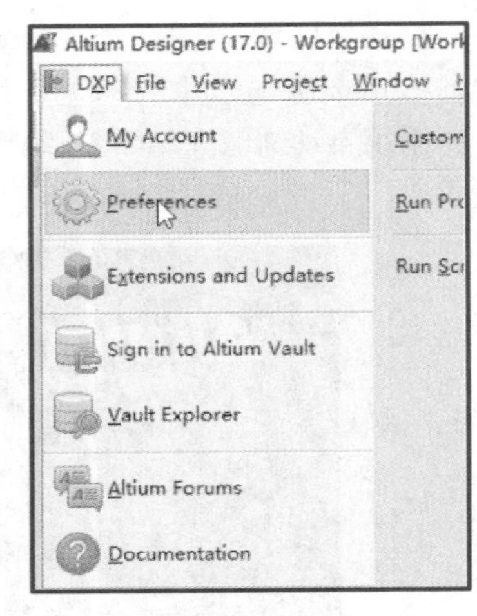

图1-12 “DXP”菜单

在中文主窗口下，选择“DXP”菜单的“参数选择”子菜单，在弹出对话框的“本地化”区中取消选中“使用本地资源”复选框，单击“确定”按钮，关闭并重新启动Altium Designer 17后，系统恢复为英文界面。

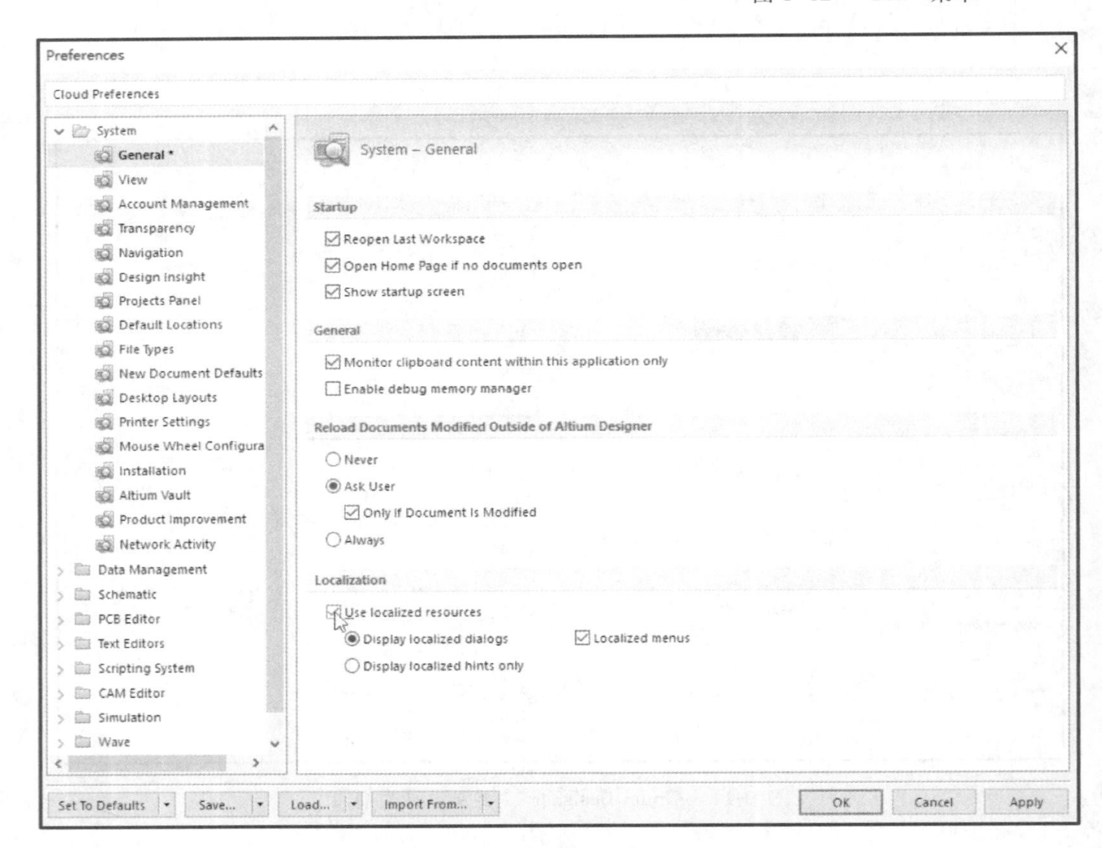

图1-13 设置中文界面

1.3.3 Altium Designer 17主窗口

图1-14所示为Altium Designer 17中文主窗口。该窗口主要由菜单栏、工具栏、

工作区面板、工作窗口、状态栏、命令行、标签栏等组成。

1. 菜单栏

菜单栏是用户启动和设计的入口。进入 Altium Designer 17,首先看到的菜单有文件、视图、工程、窗口、帮助菜单。

文件(File):主要用于文件的新建、打开和保存等。

视图(View):主要用于工具栏、状态栏、命令行的管理,并控制各种工作窗口面板的打开和关闭。

工程(Project):主要用于整个设计项目的编译、显示、添加、删除、分析和版本控制。

窗口(Window):主要用于多窗口显示时合理设置窗口显示的布局,如水平拆分窗口、垂直拆分窗口、关闭窗口。

帮助(Help):用于打开帮助文件。

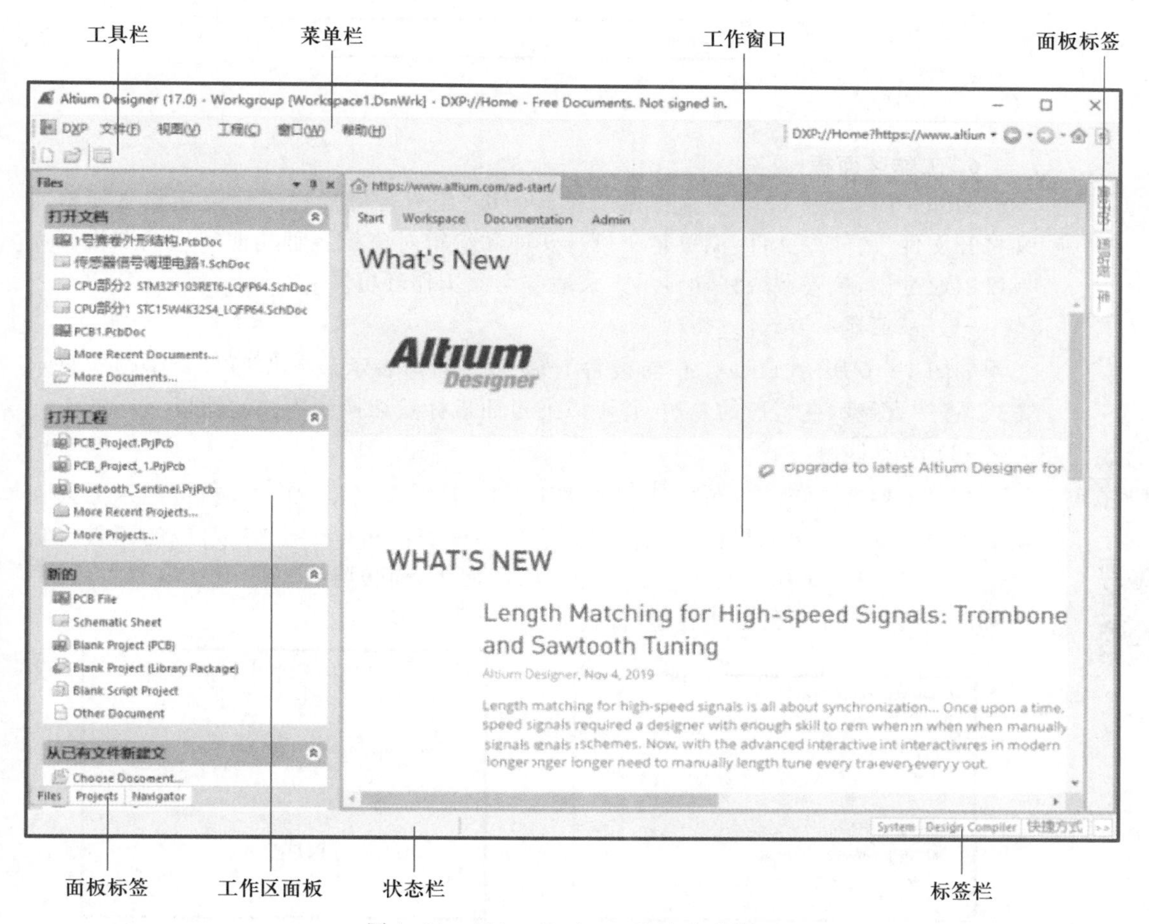

图 1-14 Altium Designer 17 中文主窗口

2. 工具栏

:新建文件。

:打开已存在的文件。

:打开工作区控制面板。

3. 状态栏和命令行

用于显示当前的工作状态和正在执行的命令。状态栏和命令行的打开和关闭可利用“视图”菜单进行设置,方法为执行菜单命令[视图]/[状态栏]和[视图]/[命令状态],可在主窗口底部显示或隐藏状态栏和命令行。

4. 标签栏

标签栏位于主窗口的右下角,单击标签,屏幕中会出现相应标签的工作区面板。

5. 导航栏

导航栏如图 1-15 所示,当用户在工作区中打开了多个窗口时,可以利用导航栏提供的切换功能在各窗口间进行切换。导航栏的 5 个部分从左到右的功能依次为当前窗口地址栏、前进按钮、后退按钮、转到首页、刷新当前页面。

图 1-15 导航栏

6. 工作区面板

Altium Designer 17 大量地使用工作区面板,用户可以通过工作区面板方便地实现打开文件、访问库文件、浏览各个设计文件和编辑对象等各种功能。这些工作区面板可以通过锁定、隐藏或移动显示方式适应桌面工作环境。

(1) 锁定显示方式

如图 1-16 所示,Files 工作面板右上角的 图标表示该工作面板处于锁定显示方式,将一直显示在窗口的左边,并可以通过面板标签切换到不同的面板。

视频 1-2
工作区面板的显示方式

(2) 自动隐藏方式

单击工作区面板右上角的 图标,图标变为 ,工作区面板从锁定显示方式切换到自动隐藏方式。如果鼠标光标移到窗口左侧的面板标签上,其对应的面板将自动显示;如果鼠标光标在该状态下离开工作区面板,面板将自动隐藏在窗口左侧,并在窗口左侧显示相应的面板标签,如图 1-17 所示。

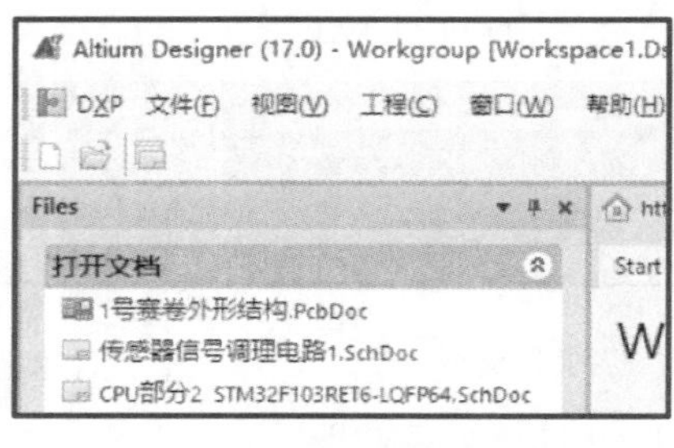

图 1-16 锁定显示方式

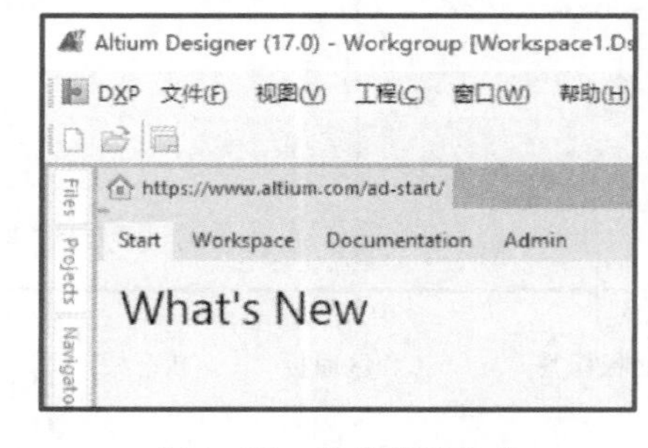

图 1-17 自动隐藏方式

(3) 移动显示方式

用鼠标左键按住工作区面板上边框不放,拖动光标在窗口中移动,当移动到窗口的适当位置后松开鼠标左键即可。如图 1-18 所示，Files 面板处于移动显示方式。

图 1-18　移动显示方式

（4）将面板由移动显示方式变成自动隐藏或锁定显示方式

将鼠标光标放在面板的上边框，拖动光标至窗口左侧或右侧，松开鼠标，即可使移动面板变成自动隐藏或锁定显示方式。

（5）关闭或添加面板选项

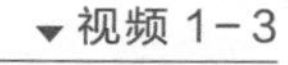

工作区面板关闭或添加

如果要关闭某个面板选项，单击面板中的关闭按钮 × 。

如果要添加面板选项，在窗口的右下角标签栏中单击“System”标签（或其他标签），系统弹出快捷菜单，如图 1-19 所示，从中选择相应的面板名称即可。也可执行菜单命令[视图]/[Workspace Panels]/[System]，选择相应的面板名称，如图 1-20 所示。

图 1-19　添加面板

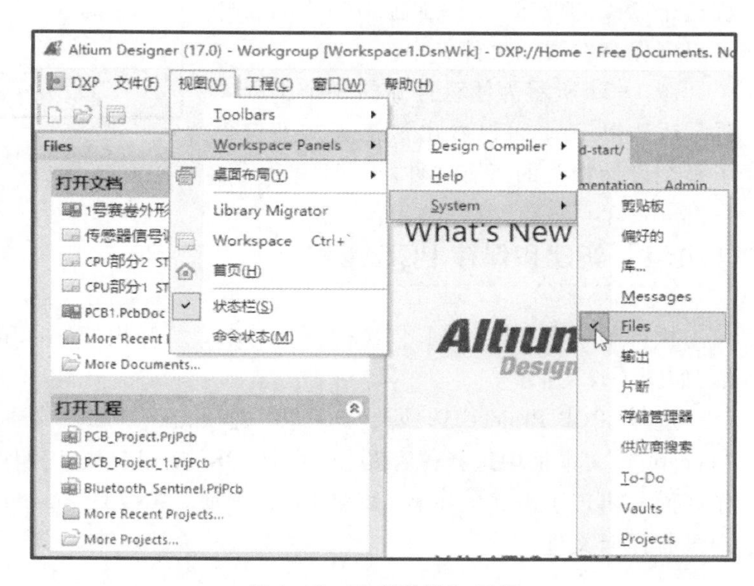

图 1-20　从菜单添加面板

7. 工作窗口

在进行设计工作时，工作窗口将显示设计图纸等项目。在刚进入 Altium Designer 17 时，一般显示的是“首页”窗口（见图 1-14）。

8. 恢复系统默认的初始界面

用户在使用过程中进行界面改动后可能无法返回初始的使用界面，可以执行菜单[视图]/[桌面布局]/[Default]恢复系统默认的初始界面。

教学课件
1.4

1.4 Altium Designer 17 的文件管理

Altium Designer 17 采用 PCB 工程（*.PrjPcb）的概念，一个工程包括所有文件夹的连接和与设计有关的设置。在印制电路板的设计过程中，一般先建立一个工程，然后建立该工程中包含的其他文件。建立的工程文件显示在 Projects（工程）面板中。

PCB 工程中包含原理图文件（*.SchDoc）、PCB 文件（*.PcbDoc）、原理图库文件（*.SchLib）、PCB 封装库文件（*.PcbLib）、网络表文件（*.Net）、报告文件（*.Rep）等。

工程文件只是定义一个工程中各个文件之间的关系，并不将各个文件包含在内。在设计过程中，建立的原理图、PCB 图等文件都以独立文件保存在计算机中。有了工程这个联系的纽带，同一工程中的不同文件可以不保存在同一文件夹中。

图 1-21 所示为任意打开的一个工程文件（*.PrjPcb）。可以看出该工程文件包含了整个设计相关的所有文件。

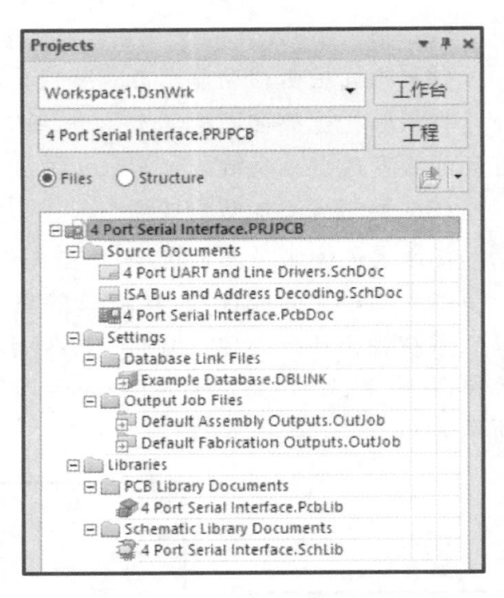

图 1-21 PCB 工程文件

视频 1-4
新建和保存 PCB 工程

1.4.1 新建和保存 PCB 工程

执行菜单命令[文件]/[New]/[Project...]，弹出“New Project”（新建工程）对话框，如图 1-22 所示。

选择“PCB Project”选项及“Default”选项，在“Name”文本框中输入工程名称，在“Location”文本框中选择保存路径，单击“OK”按钮完成新建保存工程。在 Projects 工作区面板出现了新建的工程，如图 1-23 所示。“No Documents Added”表示当前工程中没有任何文件。

1.4.2 新建和保存文件

上面创建的是空工程，现在要往这个工程中添加文件，可以添加的文件类型很多，有原理图（*.SchDoc）、原理图元器件库（*.SchLib）、PCB 图（*.PcbDoc）、元器

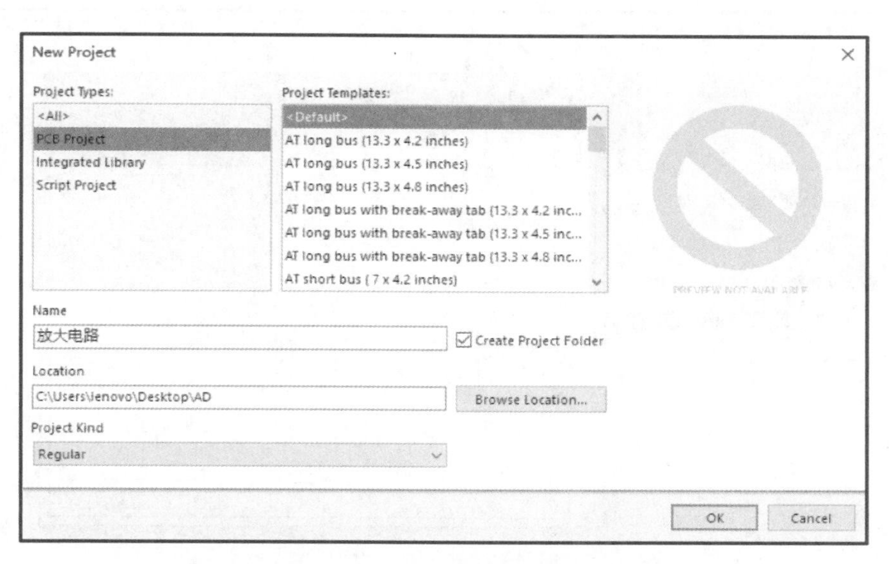

图 1-22 “New Project”(新建工程)对话框

件封装库(＊.PcbLib)等。这些文件的创建和保存方法都相似,下面主要以创建和保存原理图文件为例进行说明。

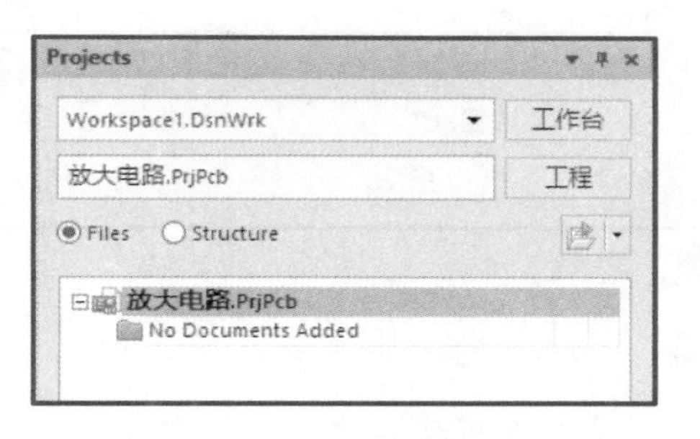

图 1-23 保存后的新建工程

① 执行菜单命令[文件]/[新建]/[原理图],系统就会直接在当前工程中添加一个原理图文件,并且使用默认的文件名,如图 1-24 所示。

也可在 Projects 面板中右击工程文件名,在弹出的快捷菜单中选择[给工程添加新的]/[Schematic]创建原理图文件。

② 如果要保存新建文件,执行菜单命令[文件]/[保存],在弹出的对话框中,选择合适的路径和文件名,单击“保存”按钮即可,如图 1-25 所示。

▼视频 1-5
新建和关闭原理图

保存新建文件后,在 Projects 面板中可以看到一个名为“My Sheet1.SchDoc”的原理图文件已加入“放大电路.PrjPcb＊”中,如图 1-26 所示。

需要注意的是,并不是一定要建立工程后才可以新建原理图文件,即使没有工程文档,也可以建立一个自由原理图文件。这种功能,在用户只想画一张原理图而不做其他后续工作时,显得非常方便,而且用户还可以将自由原理图文件添加到其他工程中。

建立自由原理图文件的方法:在没有打开任何工程或将所有已打开的工程全部关闭时,执行菜单命令[文件]/[新建]/[原理图],即可建立一个自由原理图文件(Free Schematic Sheets),保存后它不属于任何工程。若要把自由原理图文件添加到工程中,单击该文件,拖动到工程中即可。

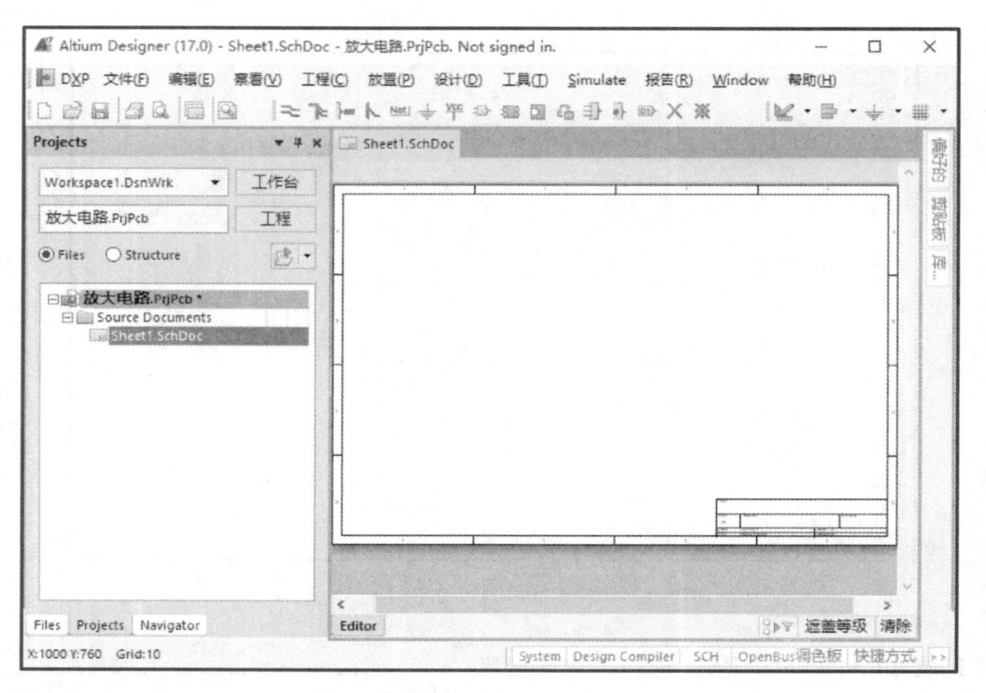

图 1-24 新建原理图文件

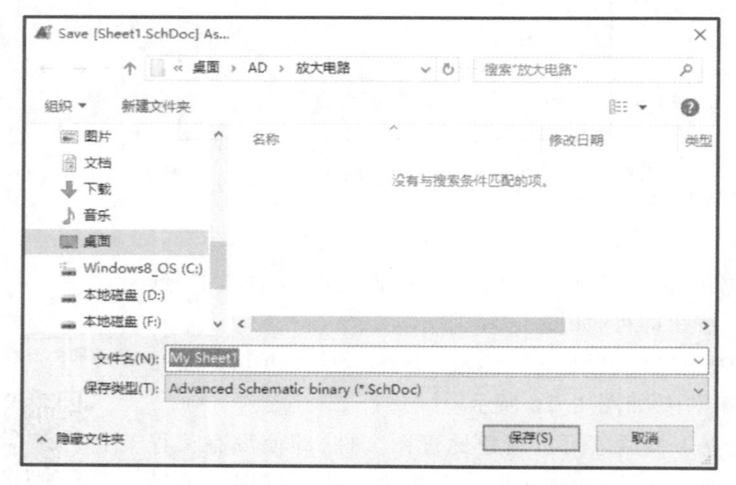

图 1-25 保存原理图文件对话框

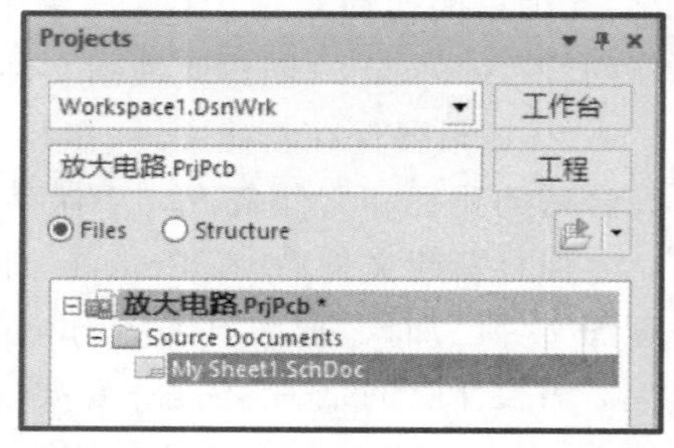

图 1-26 保存后的新建文件

1.4.3 打开工程和文件

1. 打开工程

① 执行菜单命令[文件]/[打开工程...]，弹出对话框，在对话框中选择合适的路径及工程，如打开上面新建的工程“放大电路”，单击“打开”按钮，如

图 1-27所示。

▼视频 1-6
打开工程

② 打开工程后，系统自动打开 Projects 面板，显示工程的名称及该项目中包含的所有文件，如图 1-28 所示。

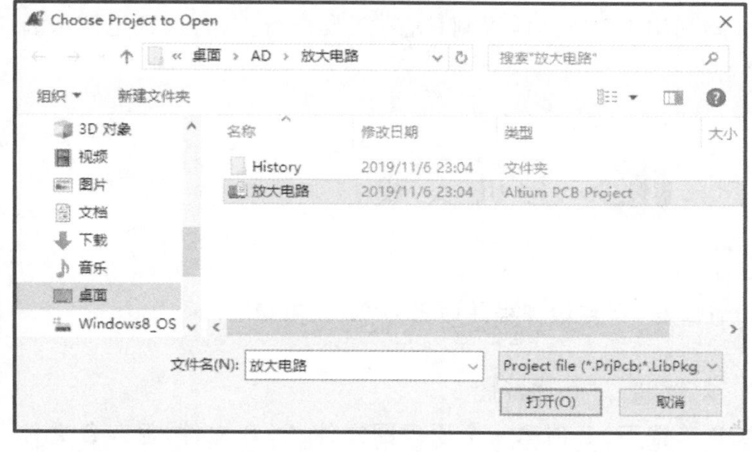

图 1-27　打开工程对话框

图 1-28　打开工程

2. 打开文件

打开文件有如下两种方法：

① 双击上面打开的工程中任何一个文件名，即可打开对应的文件。

② 执行菜单命令[文件]/[打开…]，弹出对话框。在对话框中选择合适的路径及文件，单击“打开”按钮即可。

▼教学课件
1.5

1.5 Altium Designer 17 的设计流程

在使用 Altium Designer 17 进行电路板的设计过程中，主要用到原理图设计系统和印制电路板设计系统，即先设计原理图，然后根据原理图设计电路板，具体的设计流程如图 1-29 所示。

1. 绘制原理图

在电路方案确定后，利用 Altium Designer 17 的原理图编辑系统绘制电路原理图，根据具体电路的复杂程度决定是否使用层次原理图。

2. 查错

完成原理图设计后，需要利用 Altium Designer 17 提供的编译工具查错。找到出错的具体原因后，修改原理图电路，重新查错直到没有原则性错误为止。

3. 生成网络表

网络表是电路原理图与印制电路板之间的一座桥梁，是电路板自动布线的基础。

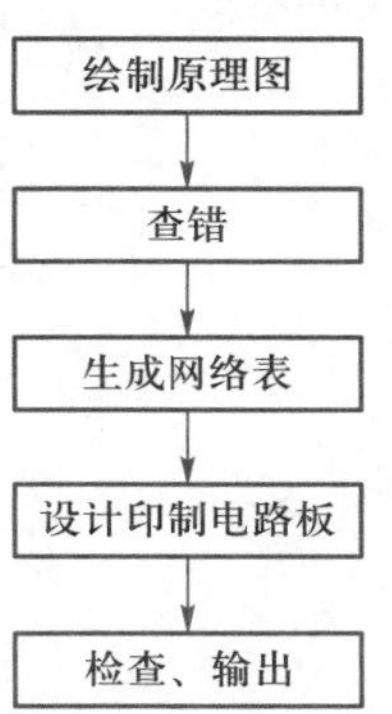

图 1-29　设计流程

4. 设计印制电路板

根据由电路原理图生成的网络表，利用 Altium Designer 17 强大的印制电路板设计系统，实现从原理图到印制电路板的转换。

5. 检查后输出电路板

对于设计的电路板，要利用 DRC（设计规则检查）工具进行查错，保证电路板符合设计要求，然后输出。

教学课件
1.6

1.6 上机实践

1. 创建一个 PCB 设计工程，保存该工程并命名为“放大电路”

主要操作步骤：

执行菜单命令［文件］/［新建］/［Project］。

2. 在“放大电路”PCB 工程下，各创建一个原理图文件、PCB 文件，保存各文件并全命名为“放大电路”

主要操作步骤：

① 在上面创建的“放大电路”PCB 工程，执行菜单命令［文件］/［新建］/［原理图］。

② 执行菜单命令［文件］/［保存］，在弹出的对话框中，选择保存路径，在文件名文本框中输入“放大电路”，文件类型为 Advance Schematic binary（ * . SchDoc），单击“保存”即可。

③ 执行菜单命令［文件］/［新建］/［PCB］。

④ 执行菜单命令［文件］/［保存］，在弹出的对话框中，选择保存路径，在文件名文本框中输入“放大电路”，文件类型为 PCB binary File（ * . PcbDoc），单击“保存”即可。

从工程中移除、添加文件

3. 将“放大电路”PCB 工程下的“放大电路 . SchDoc”文件从当前的工程中移出

主要操作步骤：

① 右击“放大电路 . SchDoc”，在弹出的快捷菜单中选择［从项目中移除…］命令。

② 在弹出的对话框中单击“Yes”按钮即可。

4. 将自由文件夹“Free Document”的“放大电路 . SchDoc”添加到“放大电路”PCB 工程下

主要操作步骤：

单击自由文件夹“Free Documents”下的“放大电路 . SchDoc”，并将其拖到“放大电路”PCB 工程下即可。

5. 关闭“放大电路”PCB 工程

主要操作步骤：

右击工程文件名，在弹出的快捷菜单中选择“Close Project”命令。

6. 打开工程“放大电路 . PrjPcb”

主要操作步骤：

① 执行菜单命令［文件］/［打开工程…］，弹出对话框。在对话框中选择合适的

路径及项目，单击“打开”按钮。

② 双击上面打开的项目中任何一个文件名，即可打开对应的文件。

本单元小结

本单元首先主要介绍了印制电路板的概念、结构、种类、制作工艺等基本知识，然后介绍了有关 Altium Designer 17 的基本知识。

印制电路板是电子设备中的重要部件之一，电子元器件之间的电气连接就要使用印制电路板。一块完整的印制电路板主要包括绝缘基板、铜箔、孔、阻焊层、文字印刷部分。印制电路板按制作材料可分为刚性印制电路板、柔性印制电路板，以及刚-柔性印制电路板；按导电板层可分为单面板、双面板、多层板。

Altium Designer 软件是国内使用最广泛的一款 EDA 软件，具有很强的数据交换能力和开放性及 3D 模拟功能。Altium Designer 17 主要由四大部分组成：原理图设计系统、印制电路板设计系统、FPGA 开发系统、嵌入式开发系统。Altium Designer 17 主窗口主要由菜单栏、工具栏、工作区面板、工作区、状态栏、命令行、标签栏等组成。工作区面板可以通过锁定、隐藏或移动显示方式适应桌面工作环境。Altium Designer 17 中，工程文档定义了工程中各文件之间的联系。在印制电路板的设计过程中，一般先建立一个工程，然后建立该工程中包含的其他文件。在进行电路板的设计过程中，主要用到原理图设计系统和印制电路板设计系统，即先设计电路原理图，然后由原理图文件生成网络表，最后根据网络表文件完成电路板的设计。

思考与练习

1. 填空题

（1）Altium Designer 17 是________公司生产的电路板设计系统。

（2）Altium Designer 17 主要由四大部分组成________、________、________、________。

（3）Altium Designer 17 主窗口主要由________、________、________、________、________等组成。

（4）工作区面板可以通过________、________或________显示方式适应桌面工作环境。

（5）原理图设计系统主要用于________的设计，印制电路板设计系统主要用于________的设计。

2. 问答题

（1）简述印制电路板的结构及分类。

（2）简述印制电路板的主要作用。

（3）什么是 EDA 技术？

（4）Altium Designer 17 的主要功能有哪些？

（5）在 Altium Designer 17 中工作面板有哪几种显示方式？如何实现彼此之间的切换？

（6）使用 Altium Designer 17 进行电路板的设计流程主要包括哪几个步骤？

第2单元　原理图设计基础

能力目标

- 学会设置原理图参数
- 学会加载元器件库、查找元器件
- 学会放置并编辑元器件
- 学会绘制导线
- 学会绘制简单电路原理图

知识点

- Altium Designer 17 元器件库的特点及结构
- 原理图绘制的基本原则
- 原理图参数的设置方法
- 元器件属性的编辑方法
- 原理图的绘制步骤

电路原理图的绘制是整个电路设计的基础,在整个设计过程当中有举足轻重的作用。一张正确、美观、清晰的电路原理图不仅表达了电路设计者的设计思想,而且提供了印制电路板中各个元器件连线的依据。只有绘制正确的原理图,才能生成一块具有指定功能的印制电路板,因此正确绘制电路原理图是十分重要的。

教学课件
2.1

2.1 项目1:绘制语音放大器电路原理图

2.1.1 任务分析

图2-1所示为语音放大器电路原理图。此处以此为例来学习绘制原理图的基本方法。话筒MK1产生的微弱信号经C2耦合、RP1音量调节后送入第一级放大电路放大,放大后的信号经C4耦合后送至功放的前置放大器Q2,Q2的输出送入由Q3、Q4构成的乙类互补对称功放电路,放大后的信号驱动扬声器LS1发出放大后的声音。该图与大家在模拟电子技术中所见电路的不同之处在于多了一个接线端子P1,这是印制电路板与外部电路的接口。

通过实施该项目达到以下学习目标：

① 熟悉原理图编辑器，了解其基本功能、环境设置。

② 能够绘制简单电路原理图。

③ 学会使用原理图编辑工具。

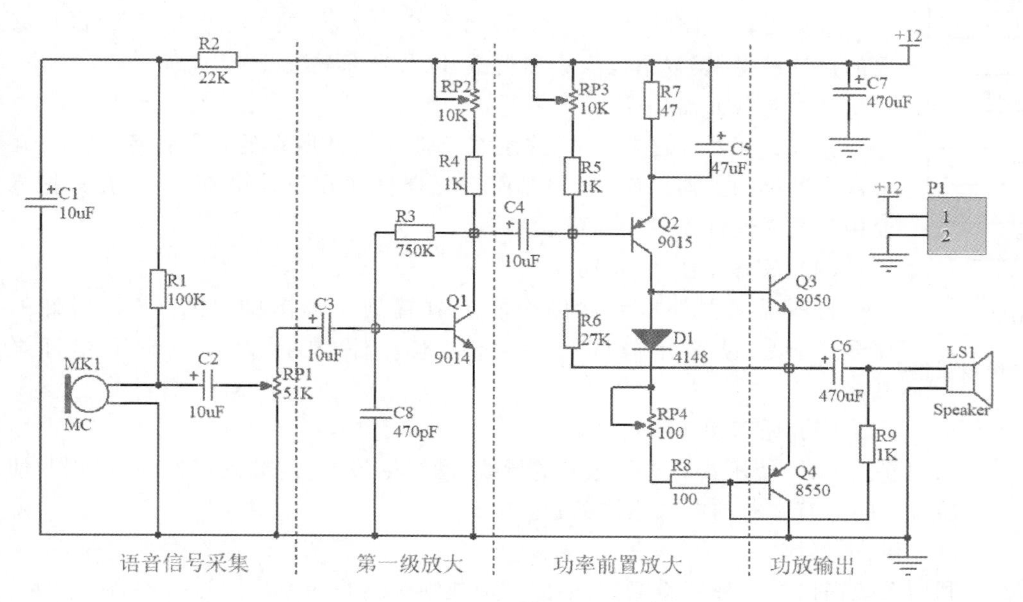

图 2-1 语音放大器电路原理图

2.1.2 准备知识

1. 原理图绘制的基本原则

原理图就是元器件的连接图，其本质内容有两个：元器件和连线。它们分别代表实际电路中的元器件和连线。

在 Altium Designer 17 中，元器件存储在系统的元器件库中，我们绘制原理图时，就是把所需的元器件从元器件库中取出放置到工作区，并绘制必要的连线，连接成一张完整的原理图。通过打印机把绘制的原理图打印出来，就可变成一张实际的图纸。

一张好的原理图，不仅要求没有错误，还应该美观、信号流向清晰、标注清楚、可读性强。连线绕来绕去、标注不清楚、信号流向混乱的原理图不算一张好图。因此，在绘制电路原理图时，应该遵循以下原则：

① 顺着信号流向摆放元器件。

② 电源线在上部，地线在下部，或者电源线与地线平行。

③ 输入端在左侧，输出端在右侧。

④ 同一功能模块中的元器件靠近放置，不同功能模块中的元器件稍远一些放置。

2. 原理图的设计步骤

利用 Altium Designer 17 绘制原理图大致可分为以下 7 个步骤，如图 2-2 所示。

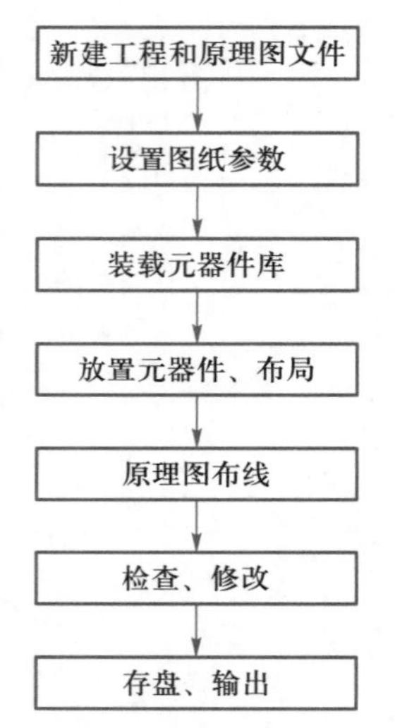

图 2-2 原理图绘制流程

（1）新建工程和原理图文件

新建或打开工程后，执行菜单命令[文件]/[新建]/[原理图]，新建电路原理图文件，并命名保存。

（2）设置图纸参数

根据设计电路的规模大小，设置图纸的大小、方向、外观参数，添加必要的设计信息，设置格点大小和类型，以及光标类型等。

（3）装载元器件库

在放置元器件之前，必须先装载所需元器件所在的元器件库。系统自带众多种类的元器件库，但并非所有元器件库在设计中都会用到，只把需要用到的元器件库载入即可。

（4）放置元器件、布局

将所需元器件从元器件库取出放置到原理图中，并定义元器件的序号、封装，设置元器件的参数，调整元件位置，为下一步工作打好基础。

（5）原理图布线

利用连线工具，使用具有电气意义的导线、网络标号等，连接元器件的各引脚，使各元器件之间具有要求的电气连接关系。

（6）检查、修改

利用系统提供的各种校验工具，根据设定规则对绘制的原理图进行检查，并做进一步的调整和修改，保证原理图正确无误。如果需要还可以生成各种报表，为后续的电路板设计做准备。

（7）存盘、输出

原理图绘制完成后，需要将其保存，也可以将其打印输出。

2.1.3 任务实施

在启动原理图编辑器之前，可新建一个文件夹，以便保存设计内容。然后在该文件夹内创建一个新的工程，再启动原理图编辑器。

1. 新建工程

① 建立一个名为“语音放大器”的文件夹，便于文件管理。

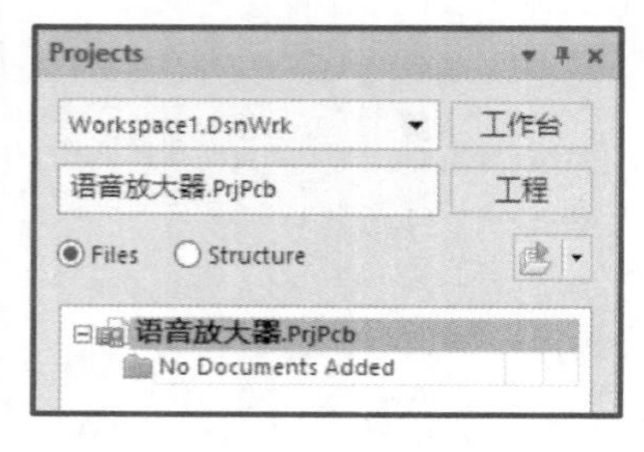

图 2-3 新建工程“语音放大器.PrjPcb”

② 执行菜单命令[文件]/[新建]/[Project...]，创建工程“语音放大器.PrjPcb”，如图 2-3 所示。保存在“语音放大器”的文件夹中。

2. 新建原理图文件

① 执行菜单命令[文件]/[新建]/[原理图]，在上面建立的工程中新建电路原理图文件。

② 执行菜单命令[文件]/[保存]，在弹出的保存文件对话框中输入“语音放大器”为该原理图文件名，并保存在第一步建立的“语音放大器”文件夹中。

保存完后，一个新的原理图文件就建成了，如图 2-4 所示。

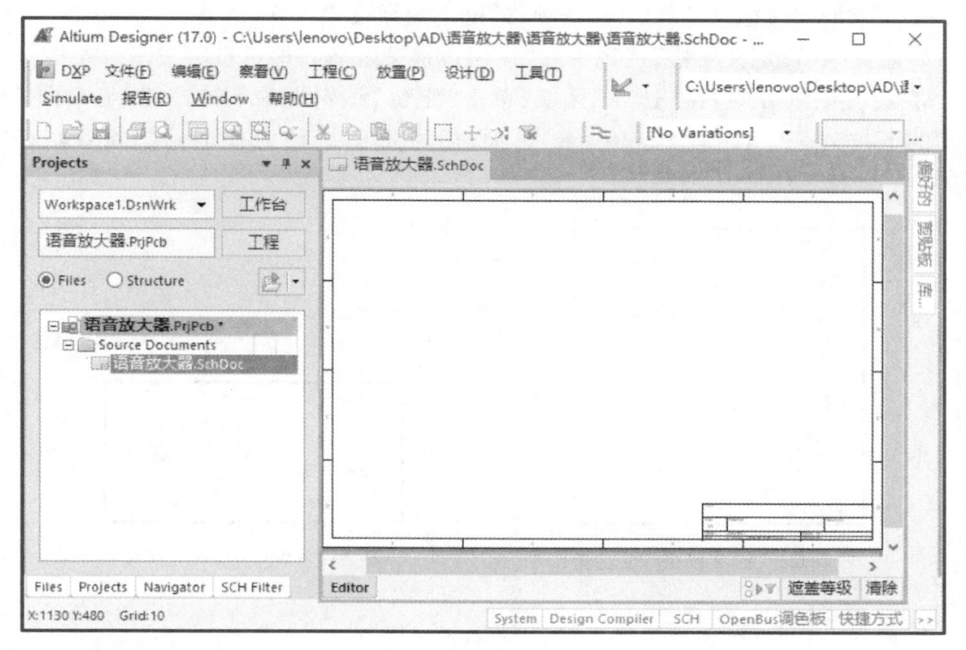

图 2-4 新建原理图文件

3. 设置图纸参数

① 执行菜单命令[设计]/[文档选项…]，打开“文档选项”对话框，如图 2-5 所示。在该对话框中对图纸参数进行设置。

图 2-5 “文档选项”对话框

② 设置图纸大小：在“标准风格”区域，单击“标准风格”编辑框的下拉按钮，显示图2-6所示的列表框。选择“A4”选项，即可把图纸设置为A4大小。

如果选中“自定义风格”区域中的“使用自定义风格”，即可自定义图纸大小。

③ 设置图纸方向：在“选项”区域，单击“定位”编辑框的下拉按钮，显示图2-7所示的下拉列表。选择“Landscape”选项，即可把图纸设为横向。“Portrait”表示纵向。

图2-6 “标准风格”列表框

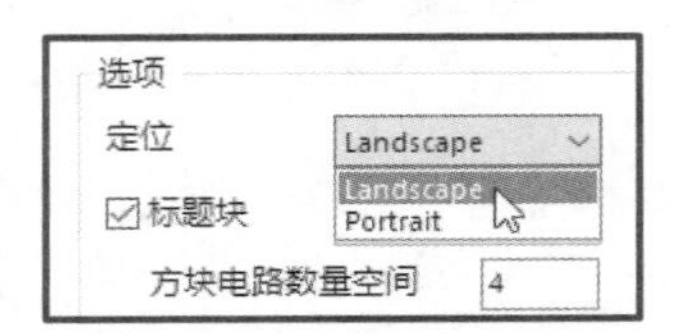

图2-7 “定位”下拉列表

4. 装载元器件库

绘制电路原理图，在放置元器件之前，必须先装载元器件所在的元器件库，我们只需在元器件库中调用所需元器件，而无须逐个去画元器件符号。

视频2-1
装载、卸载元器件库

Altium Designer 元器件库有明确分类。一级分类主要是以元器件的生产厂家分类，在厂家分类下面又以元器件的种类进行二级分类。在绘制原理图时，只需装载所需要的二级库，这样可以减轻系统运行负担，加快运行速度。因此，要直接利用元器件库，就要知道要用的元器件放在哪个二级库。

语音放大器电路所用元器件见表2-1。

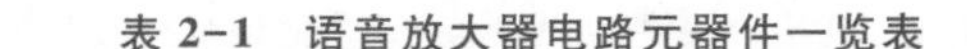

表2-1 语音放大器电路元器件一览表

元器件序号 (Designator)	库元器件名 (LibRef)	注释或参数值 (Comment)	元器件所在库 (Library)
Q1	2N3904	9014	Miscellaneous Devices. IntLib
Q2	2N3906	9015	
Q3	2N3904	8050	
Q4	2N3906	8550	
R1	Res2	100 kΩ	
R2	Res2	22 kΩ	
R3	Res2	750 kΩ	
R4、R5、R9	Res2	1 kΩ	
R6	Res2	27 kΩ	
R7	Res2	47 Ω	

续表

元器件序号 (Designator)	库元器件名 (LibRef)	注释或参数值 (Comment)	元器件所在库 (Library)
R8	Res2	100 Ω	
RP1	RPot	51 kΩ	
RP2、RP3	RPot	10 kΩ	
RP4	RPot	100 Ω	
C1～C4	Cap Pol2	10 μF	
C5	Cap Pol2	47 μF	
C6、C7	Cap Pol2	470 μF	
C8	Cap	470 pF	
D1	Diode	4148	
LS1	Speaker	Speaker	
MK1	Mic2	MC	
P1	Header 2		Miscellaneous Connectors. IntLib

由表 2-1 可知，语音放大器电路所用元器件均在 Miscellaneous Devices. IntLib（常用元器件库）和 Miscellaneous Connectors. IntLib（常用插接件库）中。

单击工作区面板标签“库...”，打开元器件库面板，如图 2-8 所示。

Miscellaneous Devices. IntLib 和 Miscellaneous Connectors. IntLib 为系统默认已经装入的两个库，本电路不需要装入其他元器件库。

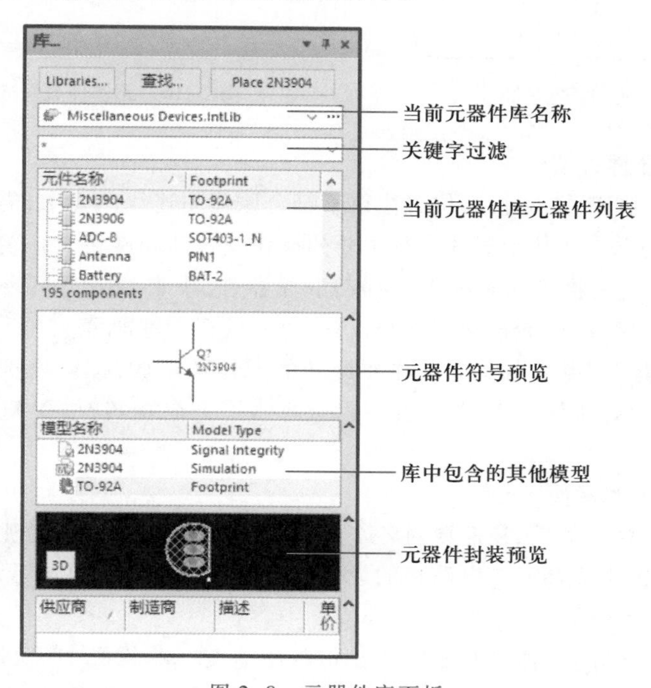

图 2-8　元器件库面板

视频 2-2
放置元器件、编辑元器件属性

5. 放置元器件

① 按住 Ctrl 键,滚动鼠标的滚轮放大图纸,直到出现合适网格。滑动图纸右侧和下面的滚动条至中间位置。

② 在元器件库面板中,单击库文件名列表框的下拉按钮,选中"Miscellaneous Devices. IntLib"。

③ 在关键字过滤框内输入"NPN",则元器件列表中列出以 NPN 开头的元器件,如图 2-9 所示。

④ 选中要放置的元器件"2N3904",单击元器件库面板右上部的"Place 2N3904"按钮或直接双击"2N3904",此时,光标变为十字形状,且元器件"2N3904"随光标移动,在图纸工作区适当位置单击可将元器件放到当前位置。

⑤ 此时,系统仍处于放置元器件状态,再次单击可放置另一个相同元器件。图 2-10所示为放置了两个 2N3904 的情况。如果要结束元器件的放置,右击鼠标即可。

⑥ 用同样的方法放置其他元器件。

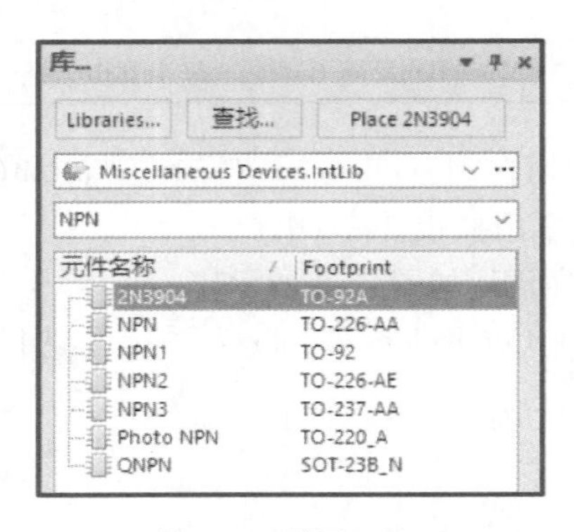

图 2-9 筛选 NPN

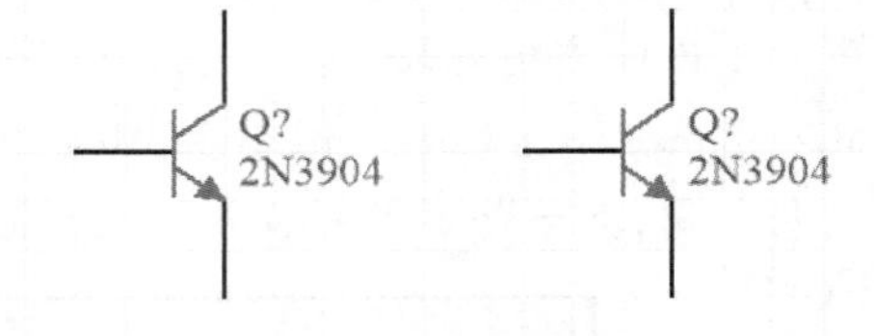

图 2-10 元器件放置效果

6. 调整元器件位置

元器件放置到工作区时,其位置往往不符合原理图连线的要求,需要对元器件的位置进行适当调整。调整元器件位置主要的操作是移动和旋转。

① 移动元器件:将光标对准需要移动的元器件,单击,并按住鼠标左键不放,在元器件周围出现虚框,然后拖动到适当位置,松开鼠标左键即可。

② 旋转元器件:用鼠标左键点住要旋转的元器件不放,按空格键(Space),每按一次,元器件逆时针旋转 90°;按 X 键可以进行水平方向翻转,按 Y 键可以进行垂直方向翻转。

7. 编辑元器件属性

调整好元器件位置后,还需要对各个元器件的属性进行编辑,否则会影响原理图的阅读、网络表的生成和印制电路板的设计。元器件的属性主要包括元器件序号、封装形式、注释或参数值等。

① 双击要编辑的元器件(或在放置元器件前按 Tab 键),打开的"Properties for Schematic Component in Sheet"(原理图元件属性)对话框,如图 2-11 所示。

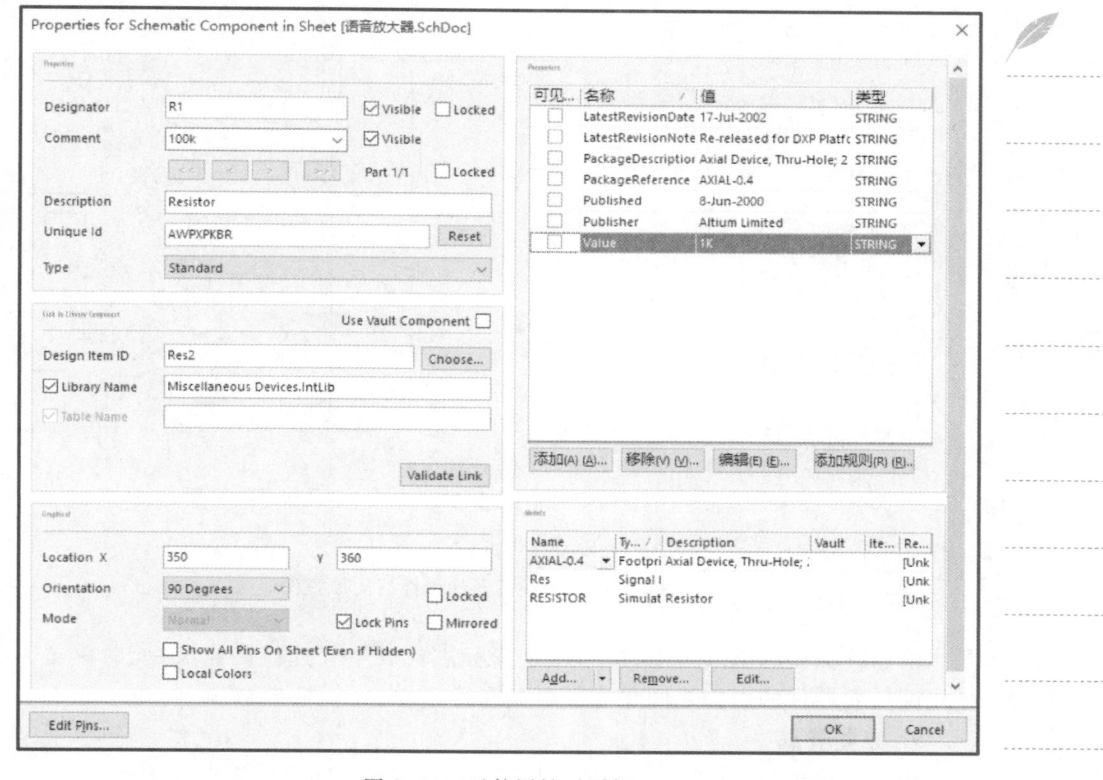

图 2-11　元件属性对话框

② 在 Designator（元器件序号）文本框中输入元器件序号，如“R1”，选中其右侧的“可视”复选框，元器件序号“R1”将在原理图上显示。

③ 在 Comment（注释）下拉列表中选择元器件的注释或参数值如 100 k，取消选中 Value 前“可见”复选框，原理图上显示参数值如 100 k。系统默认为元器件库中元器件的名称。设置好后，单击“OK”按钮即可。

依次修改各元器件的属性，设置元器件属性后的结果如图 2-12 所示。

▾视频 2-3
绘制导线、放置节点

8. 绘制导线

① 单击布线工具栏 ≈ 按钮或执行菜单命令［放置］/［线］，光标变为十字形状。

② 将光标移到图纸适当位置，单击，确定导线起点。沿着需要绘制导线的方向移动光标到合适位置，再次单击，完成两点间的连线。此时光标仍处于绘制导线状态，可继续绘制，若右击，则退出绘制导线状态。

③ 在绘制导线过程中，如果要改变导线的绘制方向，可在转向处单击，然后向需要的方向移动光标即可。

如果画好的导线需要剪断，可执行菜单命令［编辑］/［打破线］，将光标移到需要剪断的位置单击即可。如果长度不合适，可以单击导线，使之成为操作焦点，然后拉动导线的操作柄任意调整导线长度。

注意：当导线与元器件连接时，导线一定要与元器件的引脚相连，否则导线与元器件没有电气连接关系。在连线中，当光标接近引脚时，出现的红色米字形标志，就

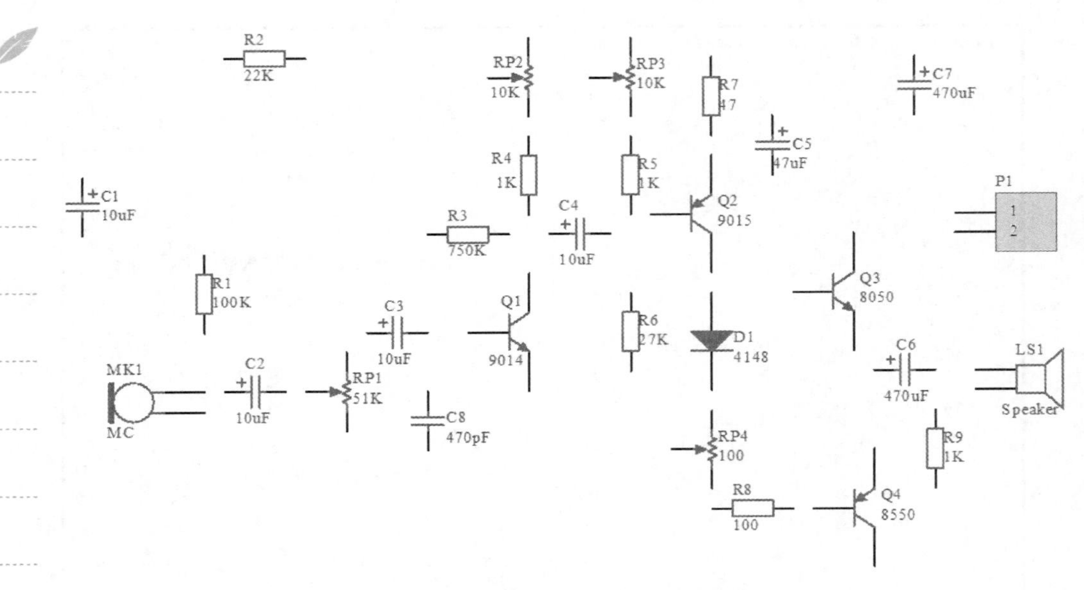

图 2-12 设置元器件属性后的原理图

是当前系统捕获的电气节点，这个米字形标志代表电气连接的意义，此时单击，这条导线就与元器件的引脚之间建立了电气连接。

9. 放置节点

执行菜单命令[放置]/[手工节点]，光标变为十字形状，将光标移到需要放置节点的位置单击即可。

注意：节点用来表示两条相交的导线是否在电气上相通。没有节点，表示在电气上不相通，有节点，则表示在电气上是相通的。放置节点就是使相互交叉的导线具有电气相通的关系。当两条导线呈T形相交时，系统将会自动放置节点，但对于呈十字形相交的导线，不会自动放置节点，必须采用手动放置，如图2-13所示。

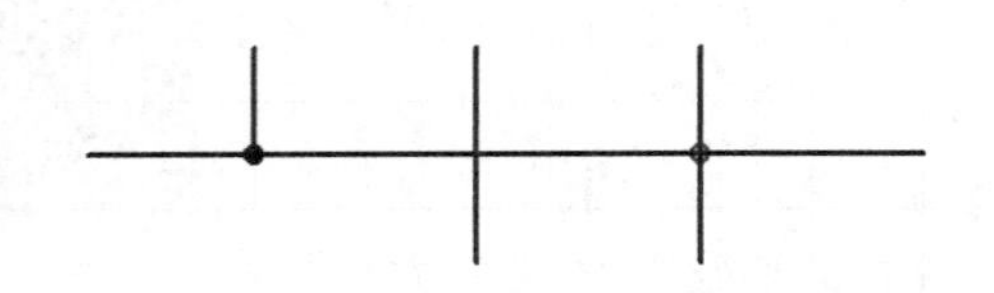

图 2-13 T形交叉、未连接的十字形交叉、放置节点后的十字形交叉

10. 放置、编辑电源及接地符号

① 单击布线工具栏中的⏚按钮，光标变为十字形状，接地符号会“粘”在十字光标上，移动光标到合适位置，单击即可。如果要退出此状态，右击。

② 单击布线工具栏中的Vcc按钮，光标变为十字形状，电源符号会“粘”在十字光标上，移动光标到合适位置，单击即可。如果要退出此状态，右击。

也可双击放置的电源或接地符号（或在放置之前按Tab键），打开设置电源或接地符号属性对话框，如图2-14所示。将光标移至“类型”右边附近，将出现下拉列表按钮，单击此按钮，在下拉列表中选择合适外形，如图2-15所示。电源选择“Bar”，在“网络”栏输入“VCC”；接地选择“Power Ground”，在“网络”栏输入“GND”。

绘制好的语音放大器电路见图2-1。

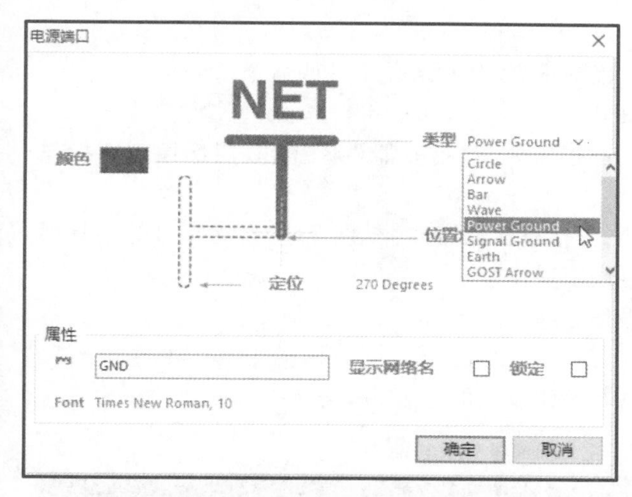

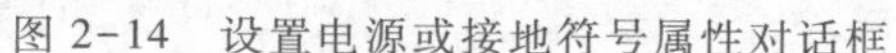

图 2-14　设置电源或接地符号属性对话框

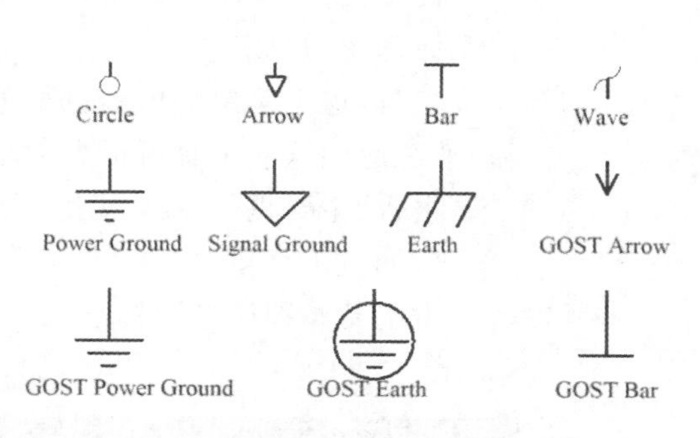

图 2-15　电源及接地符号示意图

2.1.4　原理图常用操作

1. 原理图编辑器窗口简介

原理图编辑器窗口如图 2-16 所示。该窗口主要由菜单栏、主工具条、项目管理面板、工具栏、绘图区等组成。

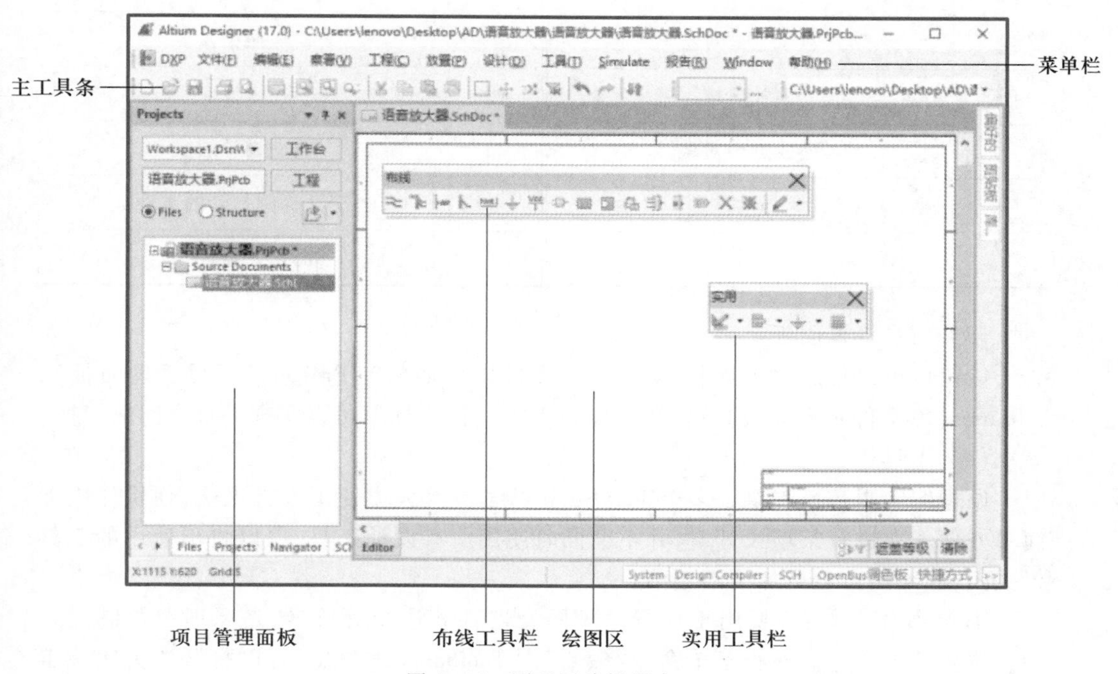

图 2-16　原理图编辑器窗口

(1) 菜单栏

进入原理图编辑器后,菜单栏与以前不大相同,增加了一些命令。

放置:主要用来放置一些电气符号。

设计:这个菜单中的所有子菜单都很重要,包括元器件库操作、层次原理图操作以及原理图仿真等。

工具:这个菜单的内容也很重要,包括查找元器件、参数管理、自动编号等工具项目,熟练运用这些工具可以大大减轻绘图工作量。

报告:主要提供一些报表生成操作。

(2) 主工具条

主工具条即原理图标准工具条,其按钮及功能见表2-2。

表2-2 主工具条按钮及功能

按钮	功能	按钮	功能
	新建文件		粘贴
	打开已存在文件		橡皮图章
	保存当前文件		选中区域内部的对象
	打印当前文件		移动已选中对象
	打印预览本文件内容		取消选中
	打开工作区控制面板		清除当前过滤器
	显示全部对象		撤销
	缩放区域		恢复
	缩放选中对象		改变设计层次
	剪切		交叉探测打开的文件
	复制		浏览元器件库

(3) 项目管理面板

该窗口可以集成多个面板,如Files(文件操作面板)、Projects(工程管理面板)、Libraries(库文件管理面板)等。单击窗口下方的面板标签可以实现面板之间的切换。

(4) 工具栏

原理图编辑环境提供了多个工具栏,这些工具大大方便了设计人员,使操作更加简单方便。在进行某项设计时,并不会同时使用所有设计工具,可以将不使用的工具栏关闭,使绘图窗口更加清晰整洁。

① 布线工具栏:主要用于放置原理图元器件和连线等符号,是原理图绘制过程中最重要的工具栏。执行菜单命令[察看]/[Toolbars]/[布线]可以打开或关闭该工具栏。其按钮及功能见表2-3。

表2-3 布线工具栏按钮及功能

按钮	功能	按钮	功能
	放置导线		放置层次电路图符号
	放置总线		放置层次电路输入输出端口
	放置信号线束		放置器件图表符
	放置总线入口		放置线束连接器
Net	放置网络标号		放置线束入口
	放置接地符号		放置电路的输入输出端口
VCC	放置电源符号		放置忽略ERC检查指示符
	放置元件		设定网络颜色

与上述各个按钮相对应，还可以选择菜单命令[放置]/[…]，实现相应功能。

② 实用工具栏：该工具栏中的命令按钮都是公共编辑命令。从图2-16中可以看出，每个命令按钮的图标旁都有一个下拉箭头，表示还有下一级命令按钮。

"实用工具"图标：单击该图标右侧的下拉箭头，会出现"实用工具"工具栏的各命令按钮，主要是文字标注和图形编辑等按钮，如图2-17所示。还可以选择菜单命令[放置]/[描画工具]/[…]，实现相应功能。

展开其他图标的操作均与此相同。

"排列工具"图标：主要是各种对齐命令按钮，用于元器件布局，如图2-18所示。

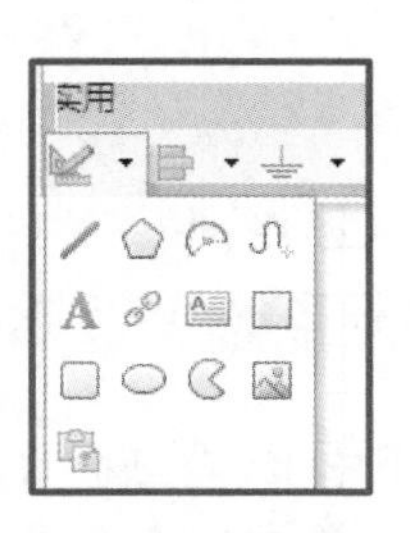

图2-17 "实用工具"工具栏

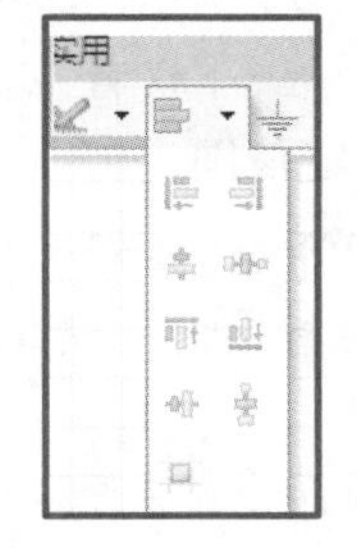

图2-18 "排列工具"工具栏

"电源接地"图标：主要是各种不同形式的电源、接地符号，如图2-19所示。

"栅格"图标：主要是各种栅格操作命令，如可视栅格、电气栅格等，如图2-20所示。

执行菜单命令[察看]/[Toolbars]/[实用]可以打开或关闭该工具栏。

视频2-4 画面管理

2. 画面管理

在设计过程中，需要经常查看整张原理图或原理图的某一局部区域，甚至某个元器件，因此经常需要对绘图区进行放大、缩小或移动，常用的操作如下。

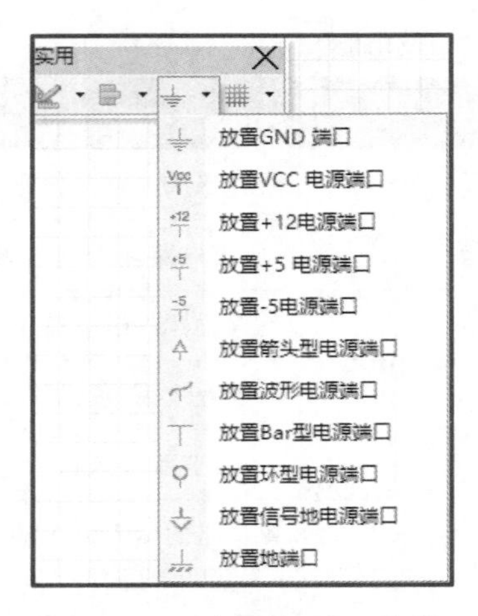

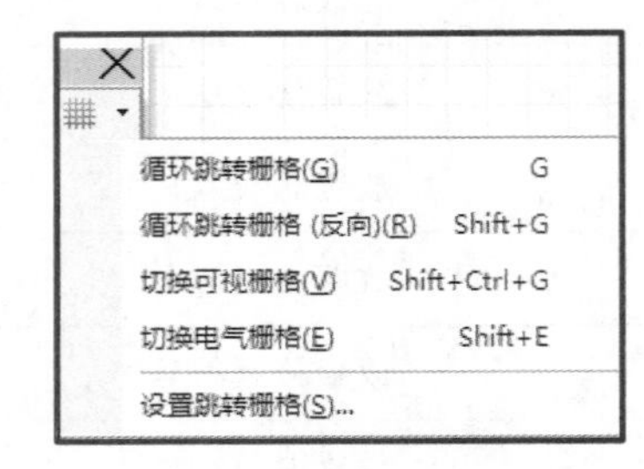

图 2-19 “电源接地”工具栏　　图 2-20 “栅格”工具栏

(1) 放大、缩小

① 执行菜单命令[察看]/[放大]或[缩小]。

② 按 Page Up 键或 Page Down 键。

③ 按住 Ctrl 键,滚动鼠标的滚轮。

(2) 用不同比例显示

执行菜单命令[察看],在下一级菜单中直接选择显示比例即可。

(3) 全部显示绘图区

显示整个文件,可以查看整张原理图图纸。执行菜单命令[察看]/[适合文件]。

(4) 显示绘图区所有对象

使绘图区中的图形填满工作区,以尽可能大的比例显示图中的所有对象。

① 单击主工具栏中的按钮。

② 执行菜单命令[察看]/[适合所有对象]。

(5) 显示选定范围

① 执行菜单命令[察看]/[区域],或单击主工具栏中的按钮,光标变为十字形,移动光标至目标区的一角单击,再移动光标至目标区的另一对角并单击,即可放大所框选范围。

② 执行菜单命令[察看]/[点周围],光标变为十字形,移动光标至目标区的中央单击,再移动光标使目标区处于虚框内并单击,即可放大所框选范围。

③ 选中目标区,单击主工具栏中的按钮,即可放大目标区。

(6) 画面的移动

① 拖动水平和垂直滚动条。

② 按住鼠标右键,此时光标变成手形,如图 2-21 所示,按住鼠标右键并拖动即可。

③ 滚动鼠标的滚轮上下移动画面;按住 Shift 键,滚动鼠标的滚轮,左右移动画面。

(7) 用“图纸”面板管理画面

单击窗口左下方标签栏中的“SCH”标签,在打开的快捷菜单中单击“图纸”标签,即可打开“图纸”面板，如图2-22所示。改变“图纸”面板中方框的大小可以放大、缩小画面，拖动方框可以快速移动画面。拖动“图纸”面板中 滚动条也可以放大、缩小画面。

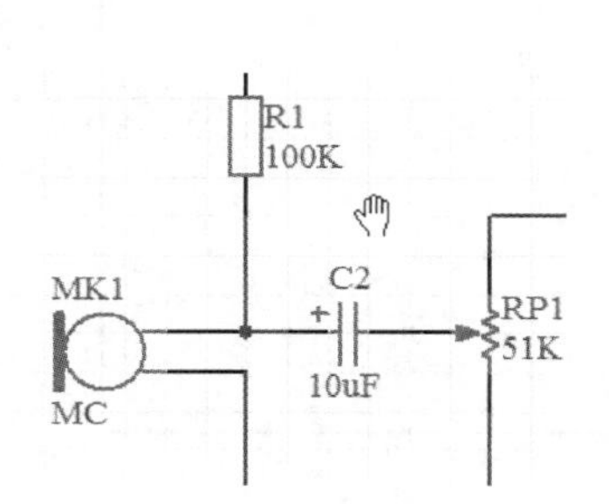

图2-21　快速移动画面

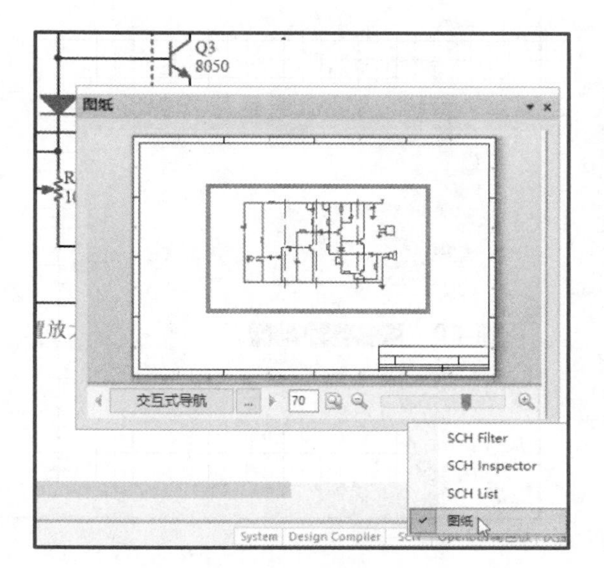

图2-22　“图纸”面板

（8）刷新显示画面

执行刷新显示画面命令后，原画面的残留斑点或图形变形即可得到清除。刷新显示画面的方法有：

① 执行菜单命令[察看]/[刷新]。

② 按快捷键End。

3. 图纸栅格设置

执行菜单命令[设计]/[文档选项...]，打开“文档选项”对话框，如图2-23所示。在该对话框中对图纸栅格进行设置。

① 捕获：设置捕捉栅格。捕捉栅格是移动光标和放置原理图元素的最小步长，选中该复选框可使光标以该项右侧文本框中的数值为基本单位移动。可在文本框中输入捕捉栅格的间距。

② 可见的：设置栅格的有无和大小。选中该复选框，可使图纸上显示可见的栅格，并可在右侧文本框中修改可视栅格的大小。

③ 电栅格区域用来设置电气捕捉栅格。选中“使能”复选框，在画导线时，系统会以“栅格范围”栏中的设定值为半径，以鼠标光标为圆心，向四周搜索电气节点。如果找到了此范围内最近的节点，就会把光标移到该节点上，并显示出一个红色米字形符号。

注意：栅格范围的大小应略小于捕捉栅格的大小，只有这样才能准确地捕获电气节点。

系统默认原理图设计中的栅格基数为10 mil，故设置为10，实际上为100 mil。（10 mil = 0.254 mm）。

图 2-23 “文档选项”对话框

4. 元器件的编辑

(1) 移动单个元器件

① 使用鼠标:将鼠标光标对准需要移动的元器件,单击,在元器件周围出现虚框,表示该元器件被选中,在选中区域按住鼠标左键不放,然后拖动到适当位置,松开鼠标左键即可。

② 使用菜单命令:执行菜单命令[编辑]/[移动]/[拖动],光标变为十字形;将光标移到需要移动的元器件上单击,选中该元器件;将光标移到适当位置,再单击即可(此过程不必按住鼠标左键不放)。

注意:如果执行菜单命令[编辑]/[移动]/[拖动],移动元器件的同时连接元器件的导线一起移动。

(2) 同时移动多个元器件

① 同时选中多个元器件。在目标区的左上角按下鼠标左键不放,拖动光标至目标区右下角,拖出一个适当的虚线框将所要选中元器件包含在内,松开鼠标左键即可(对于元器件比较集中、规则的选中区域,这种方法比较简便)。

也可以单击主工具栏中的 按钮或执行菜单命令[编辑]/[选择]/[内部区域],光标变为十字形,将光标移到目标区的左上角单击,移动光标至目标区右下角,单击即可。

对于元器件比较分散、不规则的选中区域,可逐个选中多个元器件,这种方法比较简便。执行菜单命令[编辑]/[选择]/[切换选择],光标变为十字形,依次将光标移到要选中的元器件上单击,即可逐个选中多个元器件。右击或按 Esc 键退出选中命令。

② 移动选中元器件:单击选中的元器件组中任意一个元器件,并按住鼠标左键不放,出现十字光标后拖动选中的元器件到适当位置,松开鼠标左键即可。

也可以单击主工具栏按钮或执行菜单命令[编辑]/[移动]/[移动选择],光标变为十字形,单击选中的元器件,移动光标到适当位置单击即可。

(3) 撤销选中

当对元器件进行其他编辑和调整时,需要撤销选中。撤销元器件选中状态有如下几种方法。

① 撤销所有选中状态:在图纸空白处单击,或单击主工具栏按钮,可撤销所有元器件选中状态。

② 撤销选定区域内的选中状态:执行菜单命令[编辑]/[取消选中]/[内部区域],光标变为十字形,移动光标到要撤销选中状态区域的左上角单击,再移动光标至目标区域右下角,被选中的区域以虚框表示,单击,虚框内元器件的选中状态被撤销。

③ 撤销选定区域外的选中状态:执行菜单命令[编辑]/[取消选中]/[外部区域],光标变为十字形,移动光标到要撤销选中状态区域的左上角单击,再移动光标至目标区域右下角,被选中的区域以虚框表示,单击,虚框外元器件的选中状态被撤销。

(4) 复制元器件

在原理图的绘制过程中,有时一个元器件会使用多次,如果我们用复制的方法放置这些元器件,就会加快绘图的速度。复制的方法有多种。

① 方法一:选中要复制的元器件,执行菜单命令[编辑]/[拷贝],或按快捷键Ctrl+C,或单击主工具栏中的按钮,将选取的对象复制到剪切板上。执行菜单命令[编辑]/[粘贴],或按快捷键Ctrl+V,或单击主工具栏中的按钮,鼠标变为十字光标,被复制的元器件跟随光标移动,在合适位置单击即可将元件粘贴在当前位置,完成复制。

② 方法二:选中要复制的元器件,执行菜单命令[编辑]/[橡皮图章],或按快捷键Ctrl+R,或单击主工具栏中的按钮,鼠标变为十字光标,被复制的元器件跟随光标移动,在合适位置单击即可将元器件粘贴在当前位置,完成复制。

注意:复制后元器件旁或下边出现红色的波浪线,如图2-24所示,说明当前原理图中有重复的元器件序号,此时只要将带红色的波浪线元器件的序号改为当前原理图中没有的元器件序号,红色的波浪线就会自动消失。

(5) 剪切元器件

选中需要剪切的元器件,执行菜单命令[编辑]/[剪切],或单击主工具栏中的按钮,或按快捷键Ctrl+X,可完成剪切。粘贴的方法同复制粘贴。

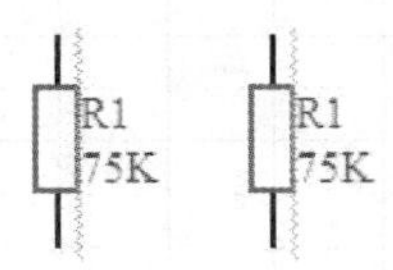

图2-24 红色的波浪线

(6) 删除元器件

① 执行菜单命令[编辑]/[删除],鼠标,光标变为十字光标,将光标移动到需要删除的元件,单击即可。右击退出删除命令状态。

② 选中需要删除的元器件,按Delete键,即可删除需要删除的元器件。

③ 选中需要删除的元器件,执行菜单命令[编辑]/[清除],也可删除需要删除的元器件。

教学课件
2.2

2.2 项目 2：绘制半加器电路原理图

2.2.1 任务分析

半加器电路原理图如图 2-25 所示。该电路是用与非门实现半加器的逻辑电路。MC74HC00AN 是四 2 输入与非门，在同一个元器件内集成了在逻辑上相互独立的四个与非门，四个与非门共用电源，如图 2-26 所示。MC74HC00AN 实物如图 2-27 所示。从图上可以看出元器件符号上没有 14 脚（电源）和 7 脚（地），实际上它们是存在的，只不过被隐藏了，在原理图上软件会将这些引脚与相应的网络自动相连。

半加器电路元器件一览表见表 2-4。

通过实施该项目达到以下学习目标：

① 进一步熟悉原理图编辑器，熟练绘制简单电路原理图；

② 学会加载元器件库；

③ 学会使用多功能单元元器件；

④ 学会使用网络标号；

⑤ 学会生成网络表。

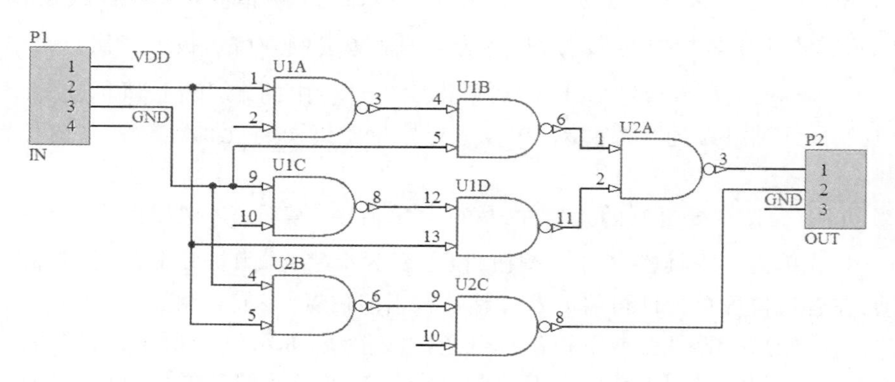

图 2-25 半加器电路原理图

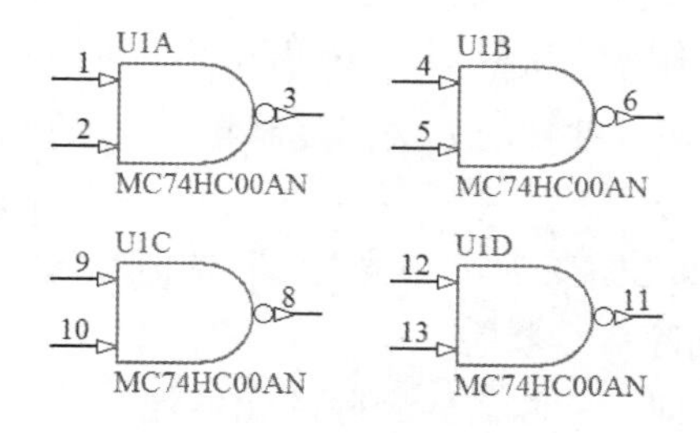

图 2-26 MC74HC00AN 符号

图 2-27 MC74HC00AN 实物

表2-4 半加器电路元器件一览表

元器件序号(Designator)	库元器件名(LibRef)	注释或参数值(Comment)	元器件所在库(Library)
U1	MC74HC00AN	MC74HC00AN	Motorola Logic Gate. IntLib
U2	MC74HC00AN	MC74HC00AN	
P1	Header 4	IN	Miscellaneous Connectors. IntLib
P2	Header 3	OUT	

2.2.2 准备知识

1. 多功能单元元器件

多功能单元元器件是指在一个元器件内具有多个功能完全相同的功能模块，如集成电路中的门电路系列。这些独立的功能模块共享同一封装，却用在电路的不同处，每一功能模块都用一个独立的符号表示。

2. 网络标号

除了通过画导线来定义元器件之间具有电气联系外，还可以通过设置网络标号来实现元器件之间的电气连接。在一些电路原理图中，直接使用画导线方式，会使图纸显得杂乱无章，而使用网络标号则可以使图纸变得清晰易读。网络标号是一个电气连接点，具有相同网络标号的图件之间在电气上是相通的。网络标号和标注文字不同，前者具有电气连接功能，后者只是说明文字。

3. 网络表

在电子学上网络表示电气互连关系。设计电路原理图的最终目的是进行印制电路板设计，网络表是原理图与印制电路板之间的一座桥梁。网络表文件是一张电路原理图中全部元器件和电气连接关系的列表，它包含电路中的元器件信息和连线信息。

原理图设计完成后，用户需要掌握项目中各种重要的相关信息，以便及时对设计进行校对、比较、修改等工作，要观察电路中的元器件资料和电气互连关系，就要生成网络表。

网络表是一种文本式文件，由两部分组成，第一部分为元器件描述，以“[”和“]”将每个元器件单独归纳为一项，每项包括元器件序号、封装形式、注释；第二部分为电路的网络连接描述，以“(”和“)”把电气意义上相连的元器件引脚归纳为一项，并定义一个网络名称。由两级放大电路原理图生成的网络表内容格式如下：

```
[                    一个元器件描述开始
C1                   元器件序号(Designator)
RB7.6-15             封装形式(Footprint)
0.22uf               注释(Comment)
                     三个空行
```

```
]                                      一个元器件描述结束
[
C2
RB7.6-15
0.22uf



]
......
(                                      一个网络开始
NetC5_1                                网络名称
C5-1                                   网络连接点:C5 的 1 脚
Q2-3                                   网络连接点:Q2 的 3 脚
R8-2                                   网络连接点:R8 的 2 脚
)                                      一个网络结束
(
NetC3_1
C3-1
Q2-1
R4-1
)
......
```

从网络表中可以看出元器件序号重复、封装信息缺失等问题,还可以发现隐含引脚问题。由于隐含引脚常常是电源和地线引脚,因此查看这些问题的主要方法是查看电源和地线网络。

2.2.3 任务实施

1. 新建工程

① 建立一个名为“半加器”的文件夹,便于文件管理。

② 执行菜单命令[文件]/[New]/[Project...],建立一个“半加器”工程文件,并保存在第一步建立的“半加器”文件夹中。

2. 新建原理图文件

① 执行菜单命令[文件]/[新建]/[原理图],在上面建立的项目中新建电路原理图文件。

② 执行菜单命令[文件]/[保存],在弹出的保存文件对话框中输入“半加器”为该原理图文件名,并保存在第一步建立的“半加器”文件夹中。

③ 保存完后，一个新的原理图文件就建成了，如图2-28所示。

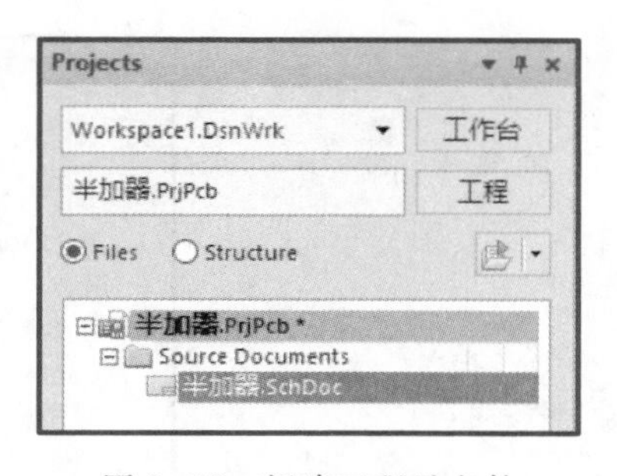

图2-28　新建工程及文件

3. 设置图纸参数

执行菜单命令[设计]/[文档选项...]，打开“文档选项”对话框，在“标准风格”区域，在“标准风格”列表中选择“A4”选项，把图纸设置为A4大小。其他使用系统默认设置。

4. 装载元器件库

由表2-4可知，该电路要用到两个元器件库Miscellaneous Connectors. IntLib和Motorola Logic Gate. IntLib。Miscellaneous Connectors. IntLib是系统默认载入的元器件库，而Motorola Logic Gate. IntLib需要载入。该库在软件安装路径下的Library/Motorola文件夹中。

注意：Altium Designer安装后自带元器件库过少，需要从官网上下载。下载解压后，将需要的元器件库复制粘贴在软件安装路径下的Library文件夹中即可。

① 执行菜单命令[设计]/[添加/移除库...]或者单击元件库面板中的[Libraries...]按钮，打开“可用库”对话框，选择“Installed”选项卡，如图2-29所示。窗口中显示当前已装载的元器件库。

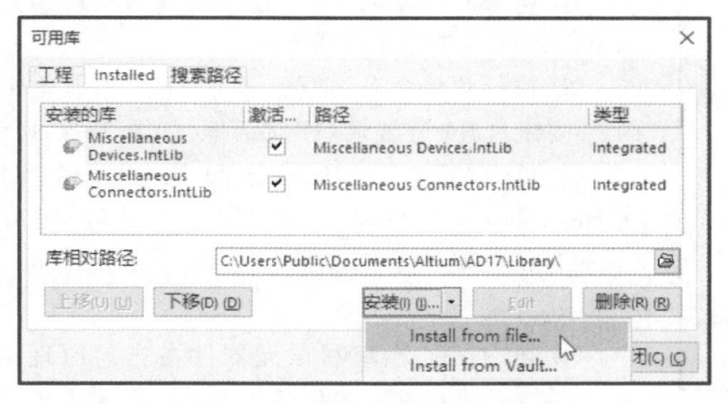

图2-29　“可用库”对话框

② 单击图2-29中“安装”按钮下的“Install from file”，屏幕弹出“打开” 对话框，如图2-30所示。

③ 在软件安装路径下的Library文件夹中，双击打开所需库文件夹Motorola，选中所需的元器件库Motorola Logic Gate，单击“打开”按钮，回到“可用库”对话框。对话框中显示加载的元器件库名称，单击“关闭”按钮即可。

文件类型可选择 *. INTLIB(集成元器件库，包含原理图和封装库)、*. SCHLIB(原理图元器件库)、*. PCBLIB(封装库)、*. PCB3DLIB(PCB3D元器件库)等，一般在原理图设计时，选择 *. INTLIB或 *. SCHLIB。

在图2-29所示“可用库”对话框中选中要删除的元器件库，单击“删除”按钮，可删除不需要的元器件库。

观察MC74HC00AN。在库面板中，单击库文件名列表的下拉按钮，选择“Motorola Logic Gate. IntLib”，在关键字过滤框内输入“MC74HC00AN”，则该元器件出现在元器件列表中，如图2-31所示。单击“+”号，则可以看到该元器件包含了逻辑上没有关

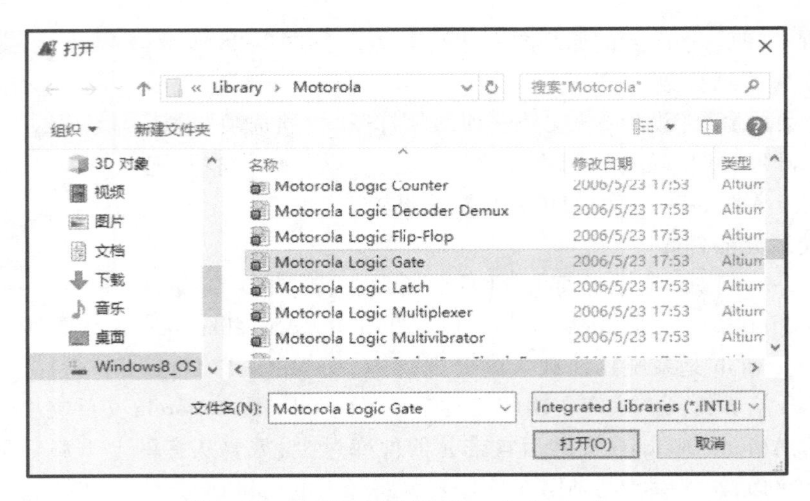

图 2-30　选择元器件库 Motorola Logic Gate

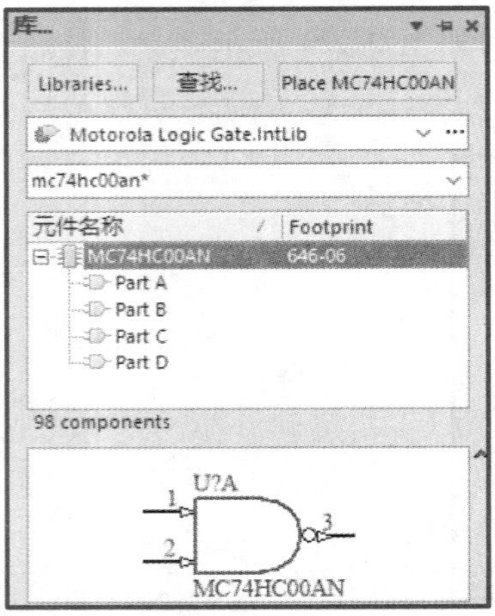

图 2-31　MC74HC00AN

系的四个与非门。

5. 放置元器件

① 调整图纸放大倍数，直到出现合适网格。滑动图纸右侧和下面的滚动条至中间位置。

② 执行菜单命令[放置]/[器件…]，或单击布线工具栏中的按钮打开“放置端口”对话框，如图 2-32 所示。

③ 单击“选择”按钮，弹出图 2-33 所示“浏览库”对话框。在 Motorola Logic Gate. IntLib 库中选择元件 MC74HC00AN，单击“确定”按钮，在“放置端口”对话框显示选中的内容，如图 2-32 所示。

④ 在“标识”栏填写该元器件在当前原理图中的序号 U1，在“注释”栏填写该元器件的注释(系统默认和元器件名一致)，在“封装”栏填为该元器件的封装代号 646-06。

图 2-32　“放置端口”对话框

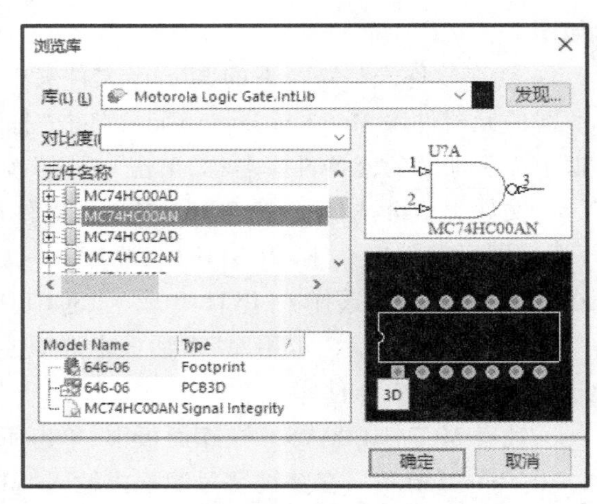

图 2-33　“浏览库”对话框

⑤ 单击“确认”按钮关闭对话框，并按键盘上的Tab键，打开元器件属性对话框，将“Comment”后面“Visible”的对钩去掉（元器件的注释将在原理图上不显示）。单击“确认”按钮即可放置元器件。

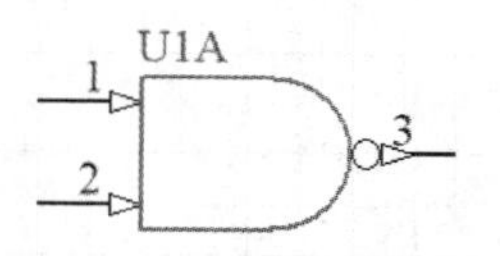

图2-34 U1A符号

⑥ 放好第一单元电路，如图2-34所示。U1A中的A表示是第一单元电路，是软件自动加上的。继续放置其他单元电路，其序号（A、B、C、D）是自动递增的。第一个集成块的四个单元用完后，元器件序号自动变为U2。

⑦ 放置Header 4、Header 3，并修改属性。

6. 调整元器件位置

利用移动、旋转元器件等方法调整元器件位置。

7. 绘制导线

单击配线工具栏按钮或执行菜单命令[放置]/[线]绘制导线。

8. 放置网络标号

① 单击配线工具栏中的按钮，或执行菜单命令[放置]/[网络标号]，光标变为十字形状，并有一虚线框跟随光标移动。

② 按Tab键，打开属性对话框，如图2-35所示。在“网络”栏输入“VDD”（表示电源网络），单击“确认”按钮，VDD虚线框跟随光标移动。

③ 将虚线框移动到P1的引脚1上，当红色米字形电气捕捉标志出现时，表明建立电气连接，单击放下网络标号。

④ 按Tab键，再次打开属性对话框。在“网络”栏输入“GND”（表示接地网络），单击“确认”按钮，GND虚线框跟随光标移动。

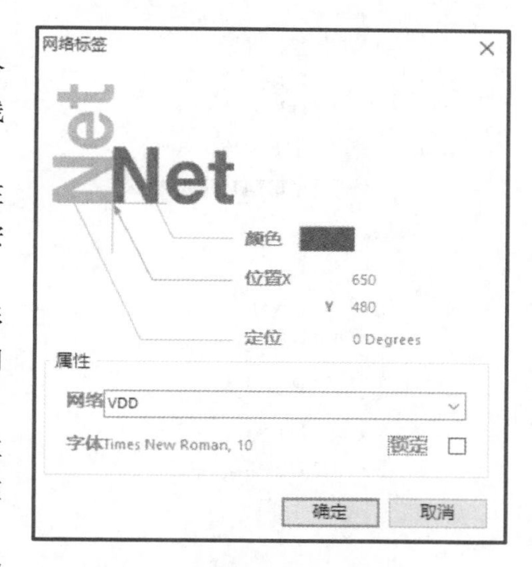

图2-35 网络标号属性对话框

⑤ 将虚线框分别移动到P1的引脚4和P2的引脚3，当红色米字形电气捕捉标志出现时，表明建立电气连接，单击放下网络标号。右击退出放置状态。

注意：网络标号名中字母的大小写具有不同的含义。

绘制好的半加器电路见图2-25。

视频2-5 网络标号的使用

9. 生成网络表，观察网络表

① 执行菜单命令[设计]/[文件的网络表]/[Protel]，系统将自动在当前文件下添加一个与原理图同名的网络表文件，如图2-36所示。

图2-36 生成的网络表文件

② 双击该文件，即可把工作窗口切换到显示网络表文件的状态。由半加器电路原理图生成的网络表内容如下，注意观察VDD和GND网络所连接的引脚。

```
[
P1
HDR1X4
IN
]
[
P2
HDR1X3
OUT
]
[
U1
646-06
MC74HC00AN
]
[
U2
646-06
MC74HC00AN
]
(
GND
P1-4
P2-3
U1-7
U2-7
)
(
NetP1_2
P1-2
U1-1
U1-13
U2-5
)
(
NetP1_3
P1-3
U1-5
U1-9
U2-4
)
(
NetP2_1
P2-1
U2-3
)
(
NetP2_2
P2-2
U2-8
)
(
NetU1_3
U1-3
U1-4
)
(
NetU1_6
U1-6
U2-1
)
(
NetU1_8
U1-8
U1-12
)
(
NetU1_11
U1-11
U2-2
)
(
NetU2_6
U2-6
U2-9
)
(
VDD
P1-1
U1-14
U2-14
)
```

2.2.4　操作技巧

1. 查找元器件

要绘制原理图，必须清楚电路图中每个元器件所在的库。如果不知道元器件在哪个库中，可以使用查找功能，方便地查找到所需元器件。方法如下：

① 在库面板单击［查找…］按钮或执行菜单命令［工具］/［发现器件…］，打开“搜索库”对话框，如图 2-37 所示。

② 在“域”下拉列表中选择“Name”；在“运算符”下拉列表中选择“contains”，在“值”区中输入要查找的元器件全称或部分名称，如输入“555”；在“范围”区中的“在…搜索”下拉列表中选择“Components”，选中“库文件路径”；在“路径”中设置元器件库所在的路径（可在文本框中输入指定路径，也可以单击其后面的按钮，在打开的对话框中指定路径）。

③ 单击“查找”按钮开始查找，查找的结果显示在库面板，如图 2-38 所示。

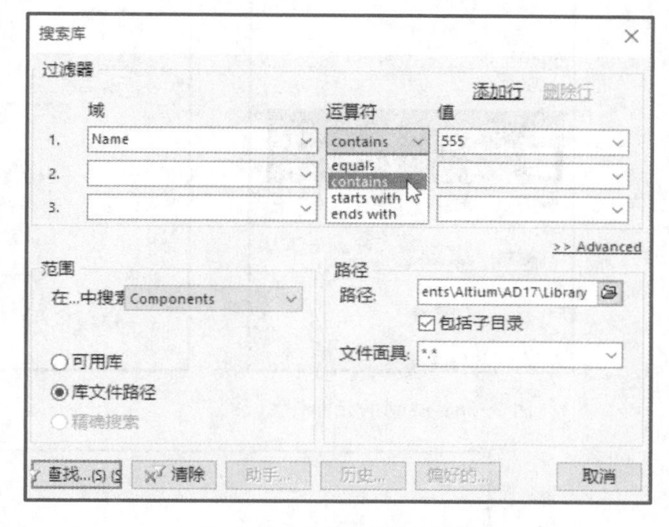

图 2-37　“搜索库”对话框

2. 编辑元器件属性

① 编辑元器件属性最好在元器件放置之前按 Tab 键，打开元器件属性对话框，进行编辑。因为软件在放置下一个元器件时自动继承前一个元器件的属性，并将元器件序号的数字自动加 1，可以有效提高工作效率。在后续制作原理图元器件、PCB、封装方式等的过程中，放置图形对象时也要注意使用 Tab 键提高速度。

② 对于元器件序号、注释、参数大小的设置还可以直接对相应标注进行修改。方法是双击元器件要修改的部分，在弹出的对话框中修改。如双击元器件序号，弹出“参数属性”对话框，如图 2-39 所示。用同样的办法，可以打开其他相应对话框，设置注释、参数大小。

▼视频 2-6
滚屏速度的调整

3. 滚屏样式与速度

自动滚屏是为了帮助用户高效利用有限的屏幕显示区域而设计的，当屏幕无法完全显示一张图纸时，这个功能可发挥作用。当光标呈十字形时，如果光标到达工作区边缘，工作区会自动移动以便显示光标即将到达的区域。

对于初学者，滚屏速度太快，有时无法控制，影响操作。可以将滚屏速度调慢或取消该功能。

① 执行菜单命令［工具］/［设置原理图参数…］，打开“参数选择”对话框，如图 2-40所示。

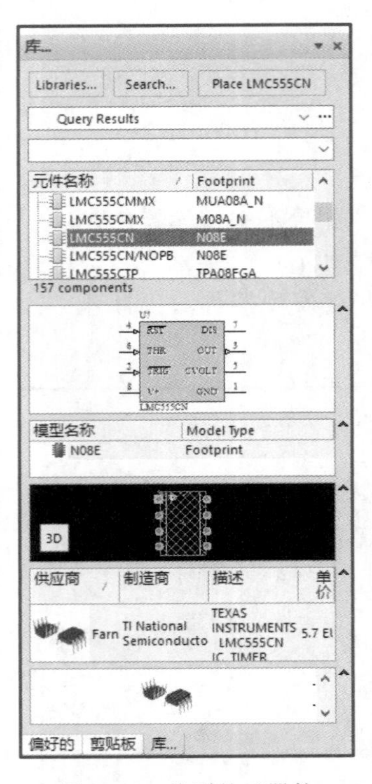

图 2-38 找到的元器件

图 2-39 “参数属性”对话框

图 2-40 “参数选择”对话框

② 在 Graphical Editing 选项卡中，“自动扫描选项”区域设置自动滚屏样式与速度。如图 2-41 所示，“类型”下拉列表中有三个选项。

Auto Pan Off：取消自动滚屏功能。

Auto Pan Fixed Jump：以固定间距自动移边。使用“速度”滑动块调整移边的速度。

Auto Pan ReCenter：自动以光标位置为新的工作区中心。

图 2-41　“类型”下拉列表

4. 常见问题

(1) 元器件不以电路单元为序随意摆放

初学者往往把自己熟悉的元器件先找出放置，放置位置不顾整体图效果，以求快速完成，结果反而造成后续连接更为麻烦，或者漏放、错放元器件。故应以电路单元为序围绕核心元器件放置元器件。

(2) 绘图前不进行布局思考，影响整图效果

绘图前不进行布局思考，元器件前松后紧，影响整图效果。在放置元器件前应考虑整体效果，不能将过多元器件集中在一小块图区，也不能放置距离过远，造成读图困难。

(3) 未对元器件进行编排序号或有重复序号

所有元器件应都有序号，如 R1、R2。这是为了区分每个具体元器件，同时形成正确的电气连接。初学者往往忘记或者漏掉一些元器件的序号，有时还会出现重复的元器件序号，这样会影响原理图的正确性，导致下一步制作 PCB 失败。

(4) 有极性的元器件连接错误

有极性的元器件如极性电容，未按正确方向连接，造成电路错误。

(5) 出现多余节点或交叉连接处没有出现节点

① 多余节点。如图 2-42 所示，R1、R2、R3 之间出现了不该有的节点，出现多余节点的原因是导线长度不合适。

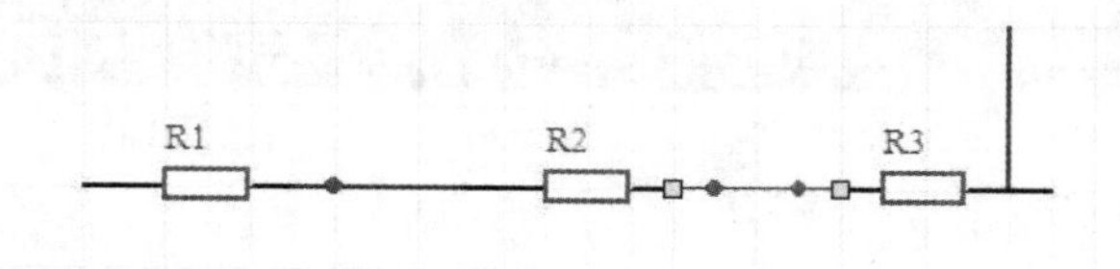

图 2-42　常见错误

② 交叉连接处没有出现节点，没有实现电气连接。如图 2-42 所示，R3 右侧引脚与导线没有实现电气连接。引脚与导线没有实现电气连接的原因是导线位置不对，切记元器件只有引脚的顶端具有电气连接特性，其他部分是没有电气连接特性的。

③ 电路中对于呈十字形相交的导线系统默认连接处未加节点。

(6) 用实用工具栏中的 ╱ 画导线

用实用工具栏中的 ╱ 画的直线没有电气特性，用布线工具栏中的 ≈ 画的才是导线。

(7) 忘记放置电源和接地符号，或者混用

忘记放置电源和接地符号，或电源和接地符号混用，比如把 GND 用成了 VCC，造成电路根本性错误。

（8）图纸上有多余元器件

图纸上多余元器件，有的散落在旁边，有的干脆与已有元器件重叠，造成电路错误。

教学课件 2.3

2.3 上机实践

1. 绘制图 2-43 所示的两级放大电路

该图与大家在模拟电子技术中所见电路的不同之处在于多了两个接线端子 P1 和 P2，这是印制电路板与外部电路的接口。表 2-5 为两级放大电路元器件一览表。

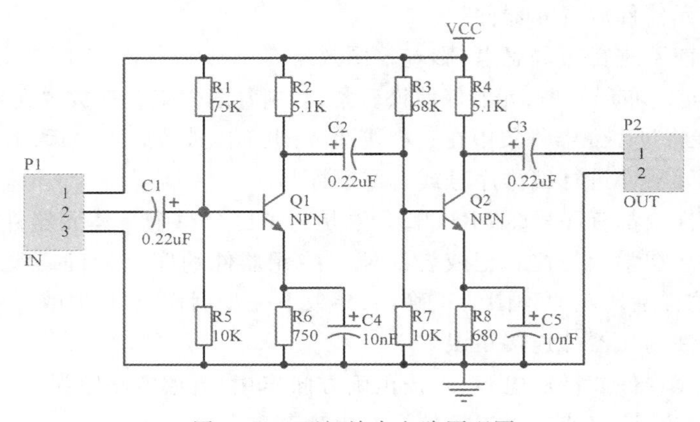

图 2-43 两级放大电路原理图

表 2-5 两级放大电路元器件一览表

元器件序号（Designator）	库元器件名（LibRef）	注释或参数值（Comment）	元器件所在库（Library）
Q1、Q2	NPN	NPN	Miscellaneous Devices. IntLib
R1	Res2	75 kΩ	
R2、R4	Res2	5. 1 kΩ	
R3	Res2	68 kΩ	
R5、R7	Res2	10 kΩ	
R6	Res2	750 Ω	
R8	Res2	680 Ω	
C1、C2、C3	Cap Pol1	0. 22 μF	
C4、C5	Cap Pol1	10 nF	
P1	Header 3	IN	Miscellaneous Connectors. IntLib
P2	Header 2	OUT	

2. 绘制图 2-44 所示串联稳压电源电路

电路元器件一览表见表 2-6。

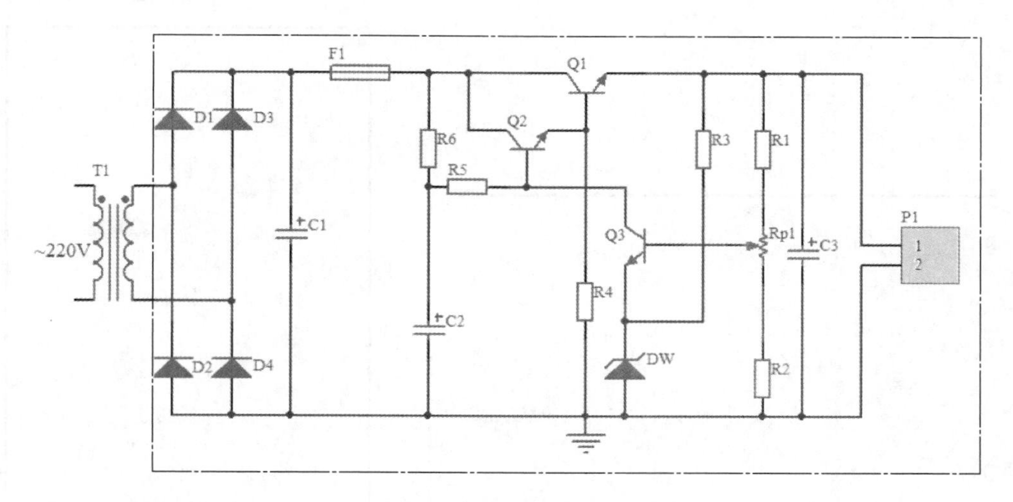

图 2-44 串联稳压电源电路原理图

表 2-6 串联稳压电源电路元器件一览表

<table>
<tr><th>元器件序号
(Designator)</th><th>库元器件名
(LibRef)</th><th>元器件所在库
(Library)</th></tr>
<tr><td>T1</td><td>Trans Ideal</td><td rowspan="8">Miscellaneous Devices. IntLib</td></tr>
<tr><td>D1~ D4</td><td>Diode</td></tr>
<tr><td>C1~C3</td><td>Cap Pol2</td></tr>
<tr><td>F1</td><td>Fuse 1</td></tr>
<tr><td>Q1~Q3</td><td>NPN</td></tr>
<tr><td>R1~R6</td><td>Res2</td></tr>
<tr><td>Rp1</td><td>RPot</td></tr>
<tr><td>DW</td><td>D Zener</td></tr>
<tr><td>P1</td><td>Header 2</td><td>Miscellaneous Connectors. IntLib</td></tr>
</table>

绘制过程中,需要注意以下几项:

① 图 2-44 中虚线所标记部分为制作印制电路板的内容。变压器因有重量大、体积大和漏磁干扰等问题,考虑电子设备机械因素以及电磁兼容性的要求,一般要将变压器固定在支撑物上,而不放在印制电路板上。

② 虚线的制作:执行菜单命令[放置]/[绘图工具]/[线]或单击实用工具栏中"实用工具"图标的下拉箭头,单击按钮,按 Tab 键,打开直线属性对话框,如图 2-45 所示,修改直线类型为虚线(Dashed),画直线即可。

③ ~220V 的放置:采用放置文本的方法放置。执行菜单命令[放置]/[文本字符串]或单击实用工具栏中"实用工具"图标的下拉箭头,单击 A 按钮,光标变为

带着文字标注虚框的十字光标。按 Tab 键，打开文字标注属性对话框，如图 2-46 所示。在文本框中输入所需文字。

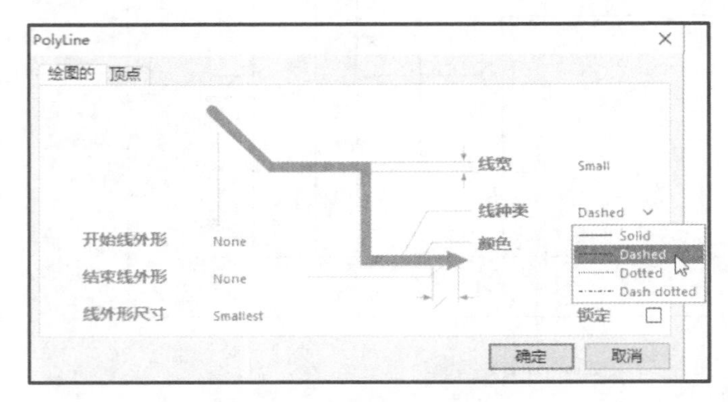

图 2-45 直线类型设置

图 2-46 文字标注属性对话框

④ 注意节点的位置。

3. 绘制图 2-47 所示的 CPU 时钟电路，并生成网络表

电路元器件一览表见表 2-7。

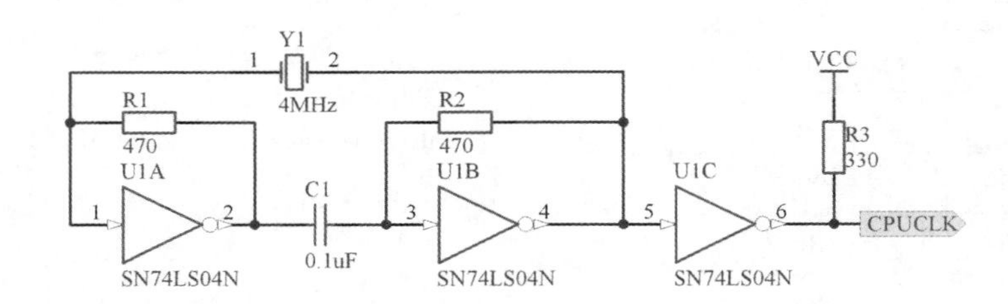

图 2-47 CPU 时钟电路原理图

表 2-7 时钟电路元器件列表

元器件序号 (Designator)	库元器件名 (LibRef)	注释或参数值 (Comment)	元器件所在库 (Library)
R1、R2	Res2	470 Ω	Miscellaneous Devices. IntLib
R3	Res2	330 Ω	
C1	Cap	0. 1 μF	
U1A	SN74LS04N PartA	SN74LS04N	TI Logic Gate2. IntLib
U1B	SN74LS04N PartB	SN74LS04N	
U1C	SN74LS04N PartC	SN74LS04N	
Y1	XTAL	4 MHz	Miscellaneous Devices. IntLib

绘制过程中,需要注意以下几项:

① U1 为多功能单元元器件。

② CPUCLK 为电路的输出端口。

放置方法:

① 单击“布线”工具栏中的 D1 按钮,或执行菜单命令[放置]/[端口],光标变为十字形状,带着一个悬浮的 I/O 端口。

② 按 Tab 键,弹出“端口属性”对话框,如图 2-48 所示。

③ 设置端口的属性。

名称:设置 I/O 端口名称,如 CPUCLK。注意:具有相同端口名称的电路在电气关系上是相通的。

I/O 类型:设置 I/O 端口的输入/输出类型。在其下拉列表中端口的电气类型有 4 种:Unspecified(未指明或不确定)、Output(输出)、Input(输入)、Bidirectional(双向)。

类型:设置 I/O 端口外形。端口外形实际上就是 I/O 端口的箭头方向。在其下拉列表中有 8 种选择。

队列:设置端口名称在端口中的位置。在其下拉列表中有 3 种选择:Center(居中)、Left(左对齐)、Right(右对齐)。

其他属性的设置包括 I/O 端口的宽度、填充颜色、边框颜色、文字颜色、位置坐标等,可根据需要进行设定。

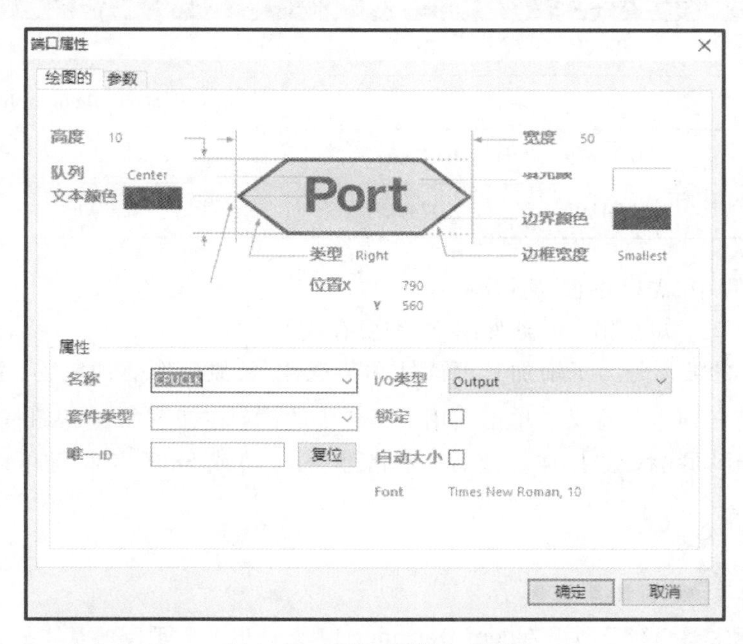

图 2-48 “端口属性”对话框

④ 设置完 I/O 端口属性后,单击“确认”按钮即可生效。将光标移至所需位置,单击,确定端口的起点,光标将移动到 I/O 端口的另一端,拖动光标可以改变端口的

长度，调整到合适的大小后，再次单击，即可放置一个 I/O 端口。

4. 绘制图 2-49 所示信号发生器电路，并生成网络表

电路元器件一览表见表 2-8。

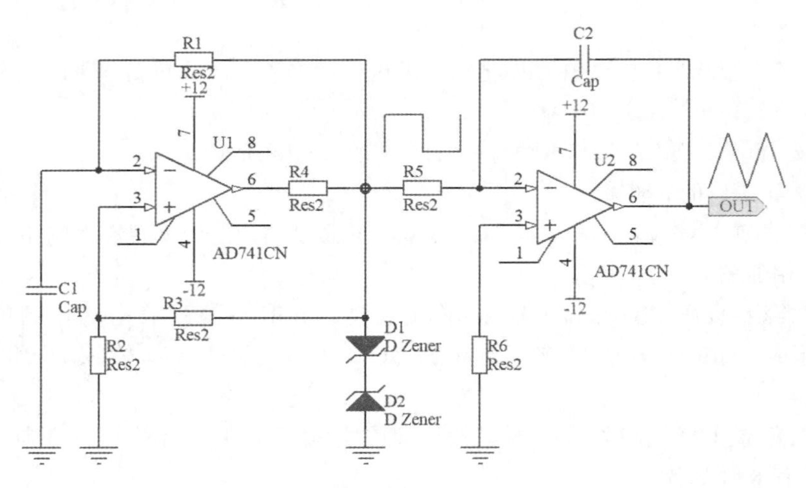

图 2-49 信号发生器电路

表 2-8 信号发生器电路元器件列表

元器件序号（Designator）	库元器件名（LibRef）	注释或参数值（Comment）	元器件所在库（Library）
R1～R6	Res2	Res2	Miscellaneous Devices. IntLib
C1～ C2	Cap	Cap	
D1～ D2	D Zener	D Zener	
U1～ U2	AD741CN	AD741CN	未知

绘制过程中，需要注意以下几项：

① U1、U2 不知在哪个元器件库中，需要查找。

② 图上的波形是为了增加其可读性和美观性，使原理图更加完善，主要起标注作用，并没有任何电气意义。单击实用工具栏中的 按钮下的 按钮，绘制直线即可。光标处于画线状态时，在键盘上按空格键（Space）或 Shift+空格键可以改变直线的转折方式。

本单元小结

本单元主要介绍了利用 Altium Designer 17 设计电路原理图的基本知识，并结合实例对电路原理图的设计过程和步骤进行了详细描述。设计电路原理图大致可分为 7 个步骤：新建原理图、设置图纸参数、装载元器件库、放置元器件、原理图布线、检查修改、存盘输出。电路图的绘制既可以使用菜单命令，也可以使用工具栏。

绘制电路原理图时，首先是设置原理图参数，也就是要设置图纸的大小、方向、标题栏、底色边框、栅格、光标形状、自动滚屏方式等有关信息。一方面是为设计者准备好一个合适的工作平台，便于得心应手地进行设计工作；另一方面可以使图纸符合单位的设计要求。

在放置元器件之前，必须先将元器件所在的元器件库载入系统，我们只需在元器件库中调用所需元器件，而不需要逐个去画元器件符号。Altium Designer 17 的元器件库是集成库，即同一个元器件库中可以同时包含元器件的原理图符号、PCB 封装、Spice 仿真模型和信号完整性分析模型的相关信息。一级库主要是以元器件的生产厂家分类，在厂家分类下面又以元器件的种类进行二级分类。在绘制原理图时，只需装载所需要的二级库，这样可以减轻系统运行负担，加快运行速度。

当我们将所需元器件库载入系统后，就可以从库中取用元器件，把它们放置到工作区。放置元器件的方法主要有利用元器件库管理器和菜单。随后要调整元器件位置并编辑元器件的属性，否则会影响原理图的阅读、网络表的生成和印制电路板的设计。元器件的属性主要包括元器件序号、封装形式等。下一步就可以用导线将各个相互独立的元器件连接起来，按照设计要求建立起电气连接关系。

思考与练习

1. 填空题

（1）原理图就是元器件的连接图，其本质内容有两个：________和________。

（2）布线工具栏主要用于放置原理图元器件和连线等符号，是原理图绘制过程中最重要的工具栏。执行菜单命令______________可以打开或关闭该工具栏。

（3）捕捉栅格是移动光标和放置原理图元素的________。

（4）Altium Designer 17 元器件库分类很明确。一级分类主要是以元器件的________分类，在________分类下面又以元器件的________进行二级分类。

（5）旋转元器件时，用鼠标________键点住要旋转的元器件不放，按________键，每按一次，元器件逆时针旋转________；按________键可以进行水平方向翻转，按________键可以进行垂直方向翻转。

2. 判断题

（1）如果选择菜单命令[编辑]/[移动]/[拖动]，在移动元器件的同时会将与元器件连接的导线一起移动。（　　）

（2）元器件一旦放置后，就不能再对其属性进行编辑。（　　）

（3）在原理图中，节点是表示两交叉导线电气上相通的符号，如果两交叉导线没有节点，系统会认为两导线在电气上不相通。（　　）

（4）要在原理图中放置一些说明文字、信号波形等，而不影响电路的电气结构，可使用实用图工具栏中的“实用工具”。（　　）

3. 问答题

（1）在画电路图时，若画面出现栅格扭曲等不正常现象，如何消除？

（2）布线工具栏和实用图工具栏中的“实用工具” 都可以画直线，二者在性质上有何区别？

（3）简述电气捕捉栅格、捕捉栅格、可视栅格的区别。

（4）简述网络表的作用、内容和生成方法。

（5）简述绘制电路原理图的步骤。

（6）在原理图中要做一些说明注释，使用哪个工具？

第3单元　印制电路板设计基础

能力目标

- 学会手工和利用向导新建 PCB 以及规划印制电路板
- 学会加载元器件封装库、网络表及元器件
- 学会调整元器件位置
- 学会手工布线、自动布线
- 能设计简单印制电路板

知识点

- PCB 编辑环境
- 布局、布线原则
- 布线规则设置
- 单层及双层印制电路板的设计方法

在完成了电路原理图的绘制工作后，下一步的工作就是设计印制电路板（PCB）。电路原理图只是解决了电路的电气连接关系，电路功能的实现要依赖于印制电路板的设计。

▼教学课件

3.1

3.1 项目1：设计两级放大电路 PCB

3.1.1 任务分析

两级放大电路是第 2 单元上机实践 1 绘制的原理图，图 3-1 所示为两级放大电路原理图，两级放大电路元器件一览表见表 3-1。本项目通过完成“设计两级放大电路 PCB”任务来学习印制电路板设计的基本方法。

本项目要求制作大小为 80 mm×50 mm 的单面电路板。一般线宽采用系统默认的宽度 0.254 mm（10 mil），VCC、GND 网络的线宽采用 1 mm。

通过实施该项目达到以下学习目标：

① 熟悉 PCB 编辑器，了解其基本功能、环境设置。

② 进一步加深对网络表的认识。

③ 能够手工调整布局。

④ 能够手工布线。

⑤ 能够设计简单 PCB。

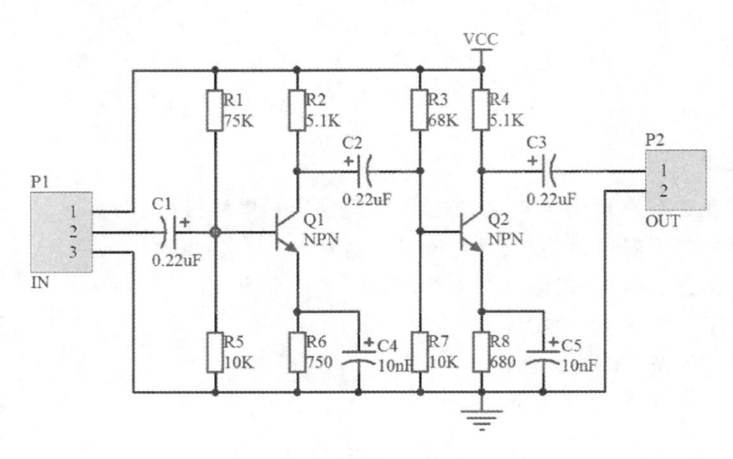

图 3-1 两级放大电路原理图

表 3-1 两级放大电路元器件一览表

元器件序号 (Designator)	库元器件名 (LibRef)	注释或参数值 (Comment)	元器件封装 (FootPrint)	元器件所在库 (Library)
Q1、Q2	NPN	NPN	TO-226-AA	Miscellaneous Devices. IntLib
R1	Res2	75 kΩ	AXIAL-0. 4	
R2、R4	Res2	5. 1 kΩ	AXIAL-0. 4	
R3	Res2	68 kΩ	AXIAL-0. 4	
R5、R7	Res2	10 kΩ	AXIAL-0. 4	
R6	Res2	750 Ω	AXIAL-0. 4	
R8	Res2	680 Ω	AXIAL-0. 4	
C1、C2、C3	Cap Pol1	0. 22 μF	RB7. 6-15	
C4、C5	Cap Pol1	10 nF	RB7. 6-15	
P1	Header 3	IN	HDR1×3	Miscellaneous Connectors. IntLib
P2	Header 2	OUT	HDR1×2	

3.1.2 准备知识

1. PCB 的基本组件

(1) 元器件封装(FootPrint)

电路原理图中的元器件是单元电路功能模块,是一种电路图形符号,有统一的标准。PCB 中的元器件则是指实际元器件的外形尺寸,即元器件的封装。图 3-2 所示为电气原理图元器件与 PCB 元器件封装对照图。

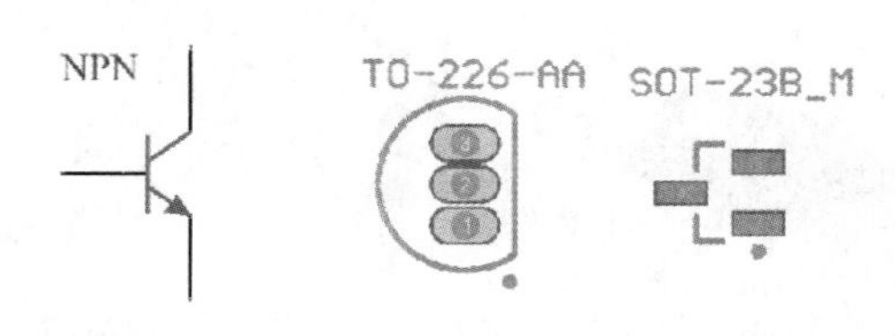

(a) 原理图元器件 (b) PCB元器件封装

图 3-2 电路原理图元器件与 PCB 元器件封装对照图

① 概念。

所谓元器件封装是指在印制电路板上为实际元器件焊接预留的空间，包括实际元器件的外形尺寸、各引脚之间的距离等。要求印制电路板上的焊点与实际元器件的引脚一致。元器件封装是印制电路板设计中非常重要的概念，在印制电路板设计时必须指定元器件的封装形式，元器件封装一般在绘制原理图时指定。

② 分类。

元器件封装分为两大类：通孔式（THT）和表面贴片式（SMT）。

通孔式元器件封装：在焊接时需要先将引脚插入焊盘孔，然后再焊。焊盘孔贯穿整个印制电路板，故在焊盘属性对话框中，Layer 属性必须为复合层（Multilayer）。

表面贴片式元器件封装：焊盘只限于表面板层，所以在焊盘属性对话框中，Layer 属性必须为单一表面，如顶层（TopLayer）或底层（BottomLayer）。

③ 元器件封装的命名。

元器件封装的命名遵循一定的原则，一般是：元器件类型+焊盘距离（或焊盘数）+元器件外形尺寸，如图 3-3 所示。例如：

DIP-14 表示双列直插式集成块元器件封装，两列各为 7 个焊盘；

SO-16 表示双列贴片式集成块元器件封装，两列各为 8 个焊盘；

AXIAL-0.4 表示轴状元器件封装（如电阻），焊盘间距为 400 mil（1 mil=0.025 4 mm）；

RB5-10.5 表示筒状电容性元器件封装，引脚间距为 5 mm，零件直径为 10.5 mm；

0402 表示贴片式电阻或电容封装，表示英制长 0.04 inch，宽 0.02 inch（公制长 1 mm，宽 0.5 mm）。

图 3-3 所示为元器件封装图，图 3-4 所示为元器件实物图。

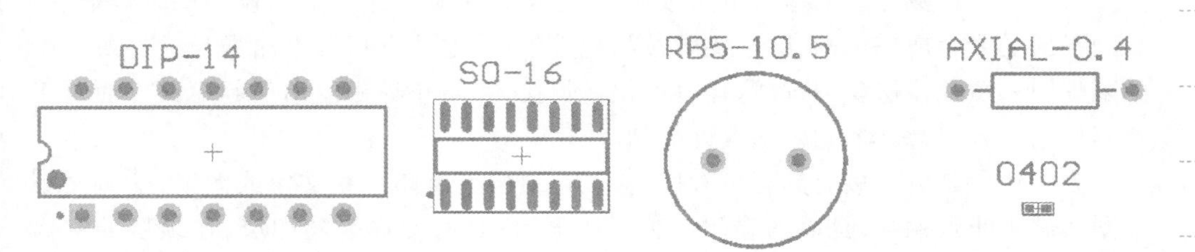

图 3-3 元器件封装图

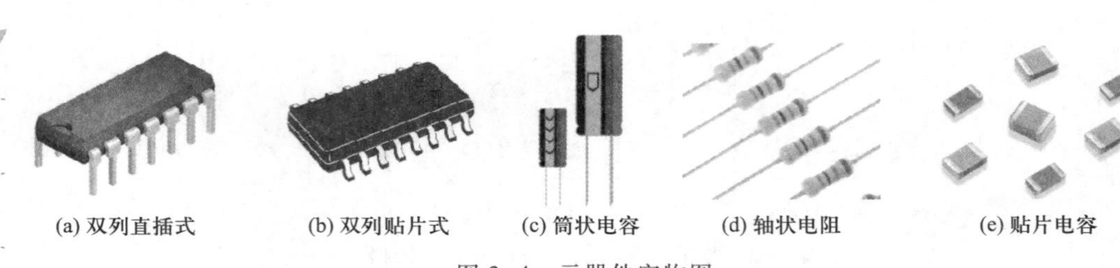

图 3-4 元器件实物图

(2) 焊盘(Pad)

焊盘用于焊接固定元器件引脚或引出连线、测试线等,焊盘与元器件一样,可分为通孔式和表面贴片式两大类,其中通孔式焊盘必须钻孔,而表面贴片式焊盘无须钻孔。图 3-5 所示为焊盘示意图。

通孔式焊盘通常有矩形、正八边形、圆角矩形和圆形等形状。表面贴片式焊盘通常有矩形和椭圆形。焊盘的参数有 X 方向尺寸、Y 方向尺寸和钻孔孔径尺寸等。焊盘钻孔孔径不能小,也不能太大,原则是焊盘孔径比引脚直径大 0.2~0.4 mm。

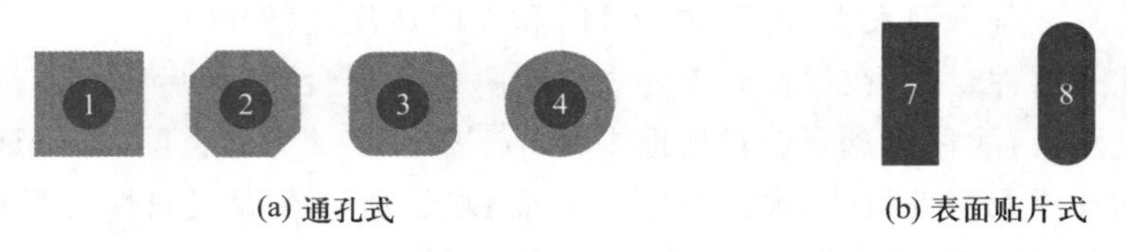

图 3-5 焊盘示意图

(3) 板层(Layer)

印制电路板可以由许多层面构成。板层分为敷铜层和非敷铜层。一般在敷铜层上放置焊盘、铜膜导线等完成电气连接。在非敷铜层上放置元器件描述字符或注释图形等;还有一些层面(如禁止布线层)用来放置一些特殊的图形来完成一些特殊的功能或指导生产。

平常所说的几层板是指敷铜层的层面数。如单面板是指只有顶层或底层为敷铜层的印制电路板;而双层板是顶层和底层都为敷铜层的印制电路板。

敷铜层一般包括顶层、底层、中间层、电源层和地线层等。非敷铜层包括印记层(又称丝网层、丝印层)、机械层、禁止布线层、阻焊层及助焊层、钻孔层等。

通常在印制电路板上,元器件都是放在顶层,所以一般顶层也称元器件面,而底层是焊接用的,所以又称焊接面。当然,顶层和底层都可以放元器件。

对于一个批量生产的印制电路板而言,通常在印制电路板上铺设一层阻焊剂,阻焊剂一般是绿色或棕色的,除了要焊接的地方外,其他地方根据电路设计软件所产生的阻焊图来覆盖一层阻焊剂,这样可以快速焊接,并防止焊锡溢出引起短路。而对于要焊接的地方,如焊盘,则要涂上助焊剂。

为了让印制电路板更具有可看性,一般在顶层上要印一些文字或图案,这些文字或图案属于非敷铜层,是以油墨印上去说明电路的,通常称为丝印层,在顶层的称为顶层丝印层(Top Overlay),而在底层的则称为底层丝印层(Bottom Overlay)。

图 3-6 所示为某电路的局部印制电路板图。

(4) 过孔(Via)

过孔也称金属化孔。对于双层板和多层板,各信号层之间是绝缘的,需在各信号层有连接关系的导线交汇处钻一个孔,并在孔壁上淀积金属以实现不同导电层之间的电气连接。过孔可分为通孔式过孔、掩埋式过孔和半掩埋式过孔,如图3-7所示。

为提高印制电路板的可靠性,在布线设计时应尽量减少过孔数量。

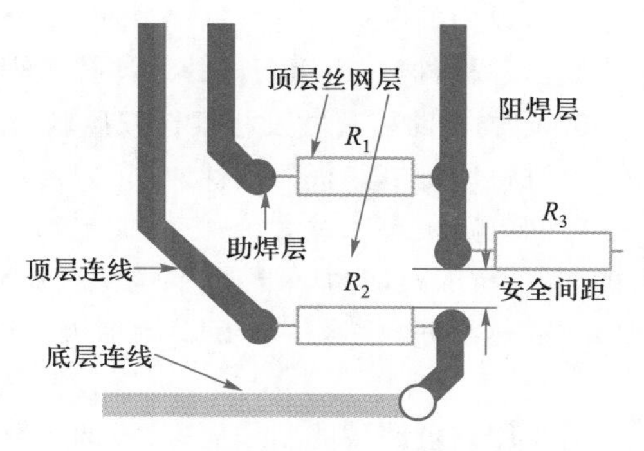

图3-6 某电路的局部印制电路板图

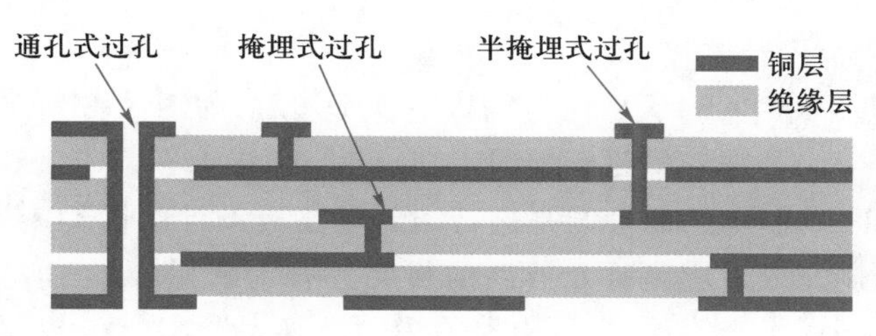

图3-7 过孔剖面图

(5) 飞线(Connection)

飞线是指印制电路板布线过程中的预拉线,它是装入网络表后,系统自动生成的。飞线只是在逻辑上表示出各个焊盘间的连接关系,没有实际电气连接意义,是用来指引布线的一种连线。

(6) 铜膜导线(Track、Line)

铜膜导线也称印制导线或铜膜走线,用于连接各个焊盘,完成电气连接,是有宽度、位置方向(起点和终点)和形状(直线或弧线)的线条。铜膜导线是印制电路板最重要的部分,印制电路板的设计就是围绕如何布线来进行的。

2. 印制电路板基本设计原则

印制电路板设计前应考虑其可靠性、工艺性和经济性。

(1) 可靠性

印制电路板的可靠性是影响电子设备的重要因素。影响可靠性的因素首先是印制电路板的层数。单面板和双面板能很好地满足电性能要求,可靠性较高,随着印制电路板层数的增多,可靠性将会降低。因此,在满足电子设备要求的前提下,应尽量采用单层板或双层板,必须选用多层板时尽可能使层数设计得少一些。

(2) 工艺性

设计者应考虑所设计的印制电路板的制造工艺尽可能简单。

(3) 经济性

印制电路板的经济性与其层数及制造工艺直接相关。一般来说,层数越多,加工难度越大,成本越高。而复杂的工艺必然增加制造费用。所以在设计印制电路板时,应考虑与通用的制造工艺方法相适应，此外应尽可能采用标准化的尺寸结构，选用合适等级的基板材料，运用巧妙的设计技术来降低成本。

3. 印制电路板尺寸及板层选取原则

要进行印制电路板的设计，首先需要规划印制电路板的大小以及确定其层数。

印制电路板尺寸过大，一方面成本增加，另一方面会使印制导线长度加长，导致阻抗加大，抗噪声能力降低；印制电路板尺寸过小，一方面会增加安装难度，另一方面会导致散热不好，元器件相互影响加大。因此，确定合理的印制电路板尺寸是很必要的。

对于印制电路板的制作而言，板的层数越多，制作程序就越多，成品率就会降低，成本也相对提高。所以，在满足电气功能要求的前提下，应尽可能选用层数较少的印制电路板。

4. 印制电路板设计流程

设计印制电路板（PCB）大致可分为以下 9 个步骤，如图 3-8 所示。

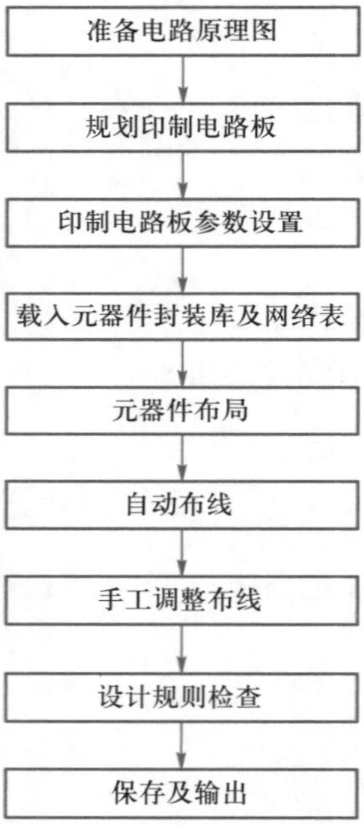

准备电路原理图 → 规划印制电路板 → 印制电路板参数设置 → 载入元器件封装库及网络表 → 元器件布局 → 自动布线 → 手工调整布线 → 设计规则检查 → 保存及输出

图 3-8 印制电路板设计流程

（1）准备电路原理图

绘制电路原理图是进行印制电路板设计的前期工作。电路原理图绘制完成后应确认元器件的封装是否为所需要的形式，并利用系统工具编译检查错误，保证电路原理图准确无误。

（2）规划印制电路版

在进行 PCB 设计之前，设计人员要对印制电路板有一个初步的规划。这个规划包括印制电路板的尺寸、元器件的安装位置、采用几层板等。这是一项极其重要的工作，它确定了 PCB 设计的框架，是决定最终 PCB 设计成败关键因素之一。

（3）印制电路板参数设置

参数设置包括元器件的布置参数、板层参数和栅格参数等。一般说来，有些参数可用默认参数，有些参数设置后几乎无需修改。

（4）载入元器件封装库及网络表

正确并全部载入需要的元器件封装库是很关键的一步，否则就不能正确载入网络表，PCB 上就不会出现需要的元器件封装。这不仅需要对各种元器件封装形式熟悉，还需要对元器件封装库熟练运用。

网络表是 PCB 自动布线的灵魂，是电路原理图设计系统与 PCB 设计系统的接口。因此，加载网络表是一个非常重要的环节，只有正确加载网络表，才能保证 PCB 布线的顺利进行。

（5）元器件布局

元器件布局有自动布局和手动布局。当加载网络表后，各元器件封装也相应载入，并堆叠在一起，利用系统的自动布局功能可以将元器件自动布置在印制电路板内。但自动布局的结果，绝大部分不会使设计者满意，需要手工加以调整，直到满意为止。

(6) 自动布线

Altium Designer 17 采用了 Altium 公司先进的 Situs 布线技术，只要合理设置布线规则和布局元器件，自动布线的成功率几乎是 100%。

(7) 手工调整布线

自动布线结束后，还会存在许多令人不满意之处，需要手工加以调整。简单印制电路板可以全部采用手工布线，但对于复杂印制电路板来说，手工布线的难度就太大了，所以在 PCB 设计中，常常采用自动布线加手工调整的方式。

(8) 设计规则检查

布线完成后，还需进行设计规则检查(DRC)，对存在问题进行分析、修改。

(9) 保存及输出

设计完成后，保存完成的 PCB 文档。还可以用图形输出设备(如打印机、绘图仪等)输出印制电路板布线图。

3.1.3　任务实施

1. 准备电路原理图

① 新建工程，绘制原理图。参考第 2 单元上机实践 1 的内容。

② 检查元器件的封装形式。在第 2 单元上机实践 1 的实施过程中，没有关注元器件的封装形式，现在要设计 PCB，元器件必须要有正确的封装形式。

检查元器件封装形式的方法有如下几种。

方法一：在元器件放置之前，在“库…”面板中，选中要放置的元器件，观察 Footprint 模型名称以及 PCB 封装预览图形是否正确，如图 3-9 所示。

方法二：元器件放置时或放置后，打开元器件属性对话框，观察封装形式是否正确，如图 3-10 所示。

方法三：执行菜单命令[工具]/[封装管理器…]，检查元件封装是否正确，如图 3-11 所示。

方法四：生成网络表观察。同时查看元器件序号是否齐全，是否有重复。不允许有重复的元器件序号。

与表 3-1 内容对比可知，本电路元器件的封装形式均采用系统默认的设置，不用修改。

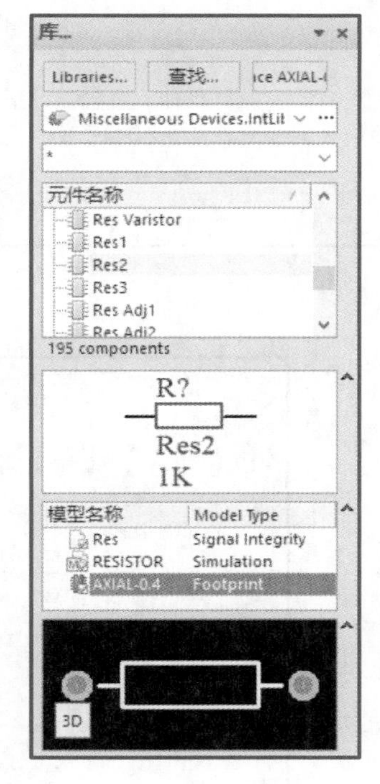

图 3-9　“库…”面板观察封装形式

▼视频 3-1

检查元器件封装

2. 新建 PCB 文件

① 执行菜单命令[文件]/[新建]/[PCB]，在工程中新建 PCB 文件。

② 执行菜单命令[文件]/[保存]，在弹出的保存文件对话框中输入“两级放大”为该 PCB 文件名，并保存在“两级放大”文件夹中。保存完后，一个新的 PCB 文件就建成了，如图 3-12 所示。

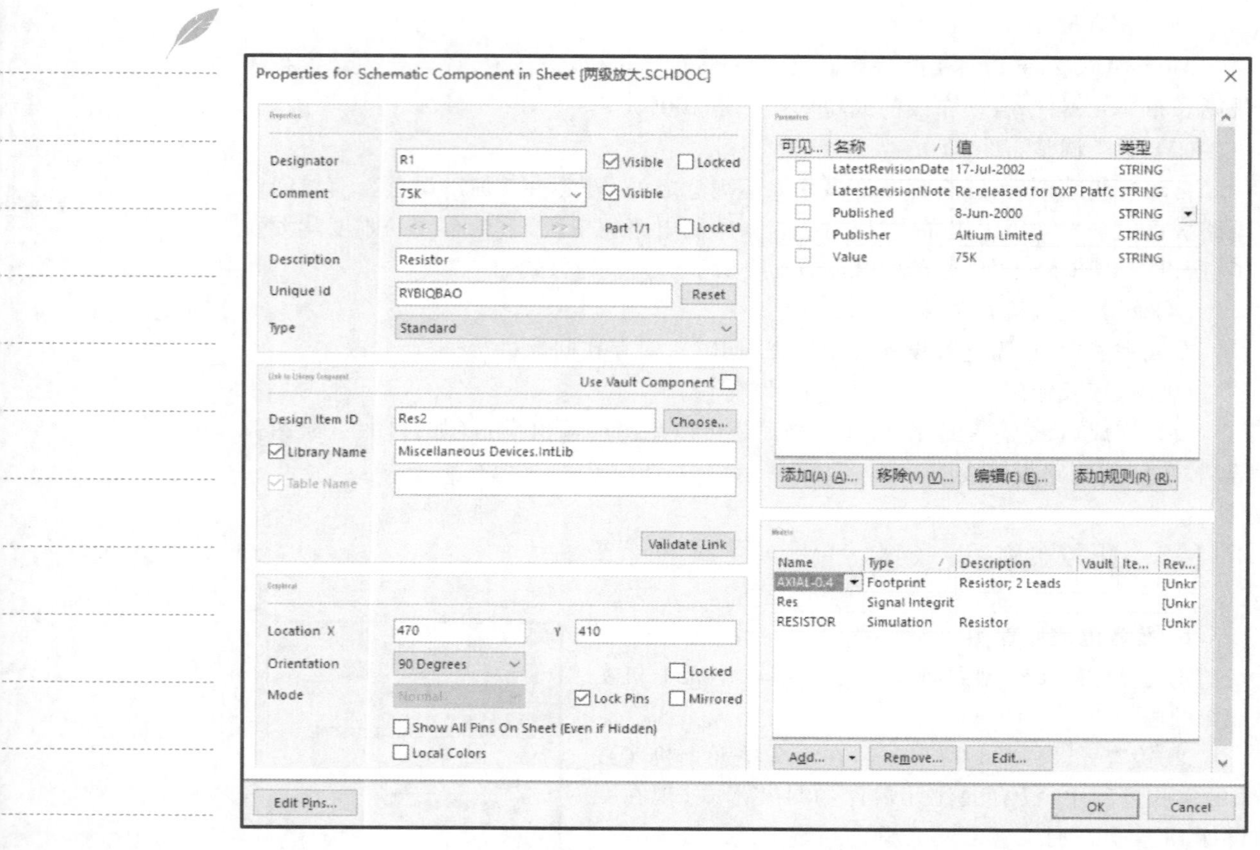

图 3-10 元器件属性对话框观察封装形式

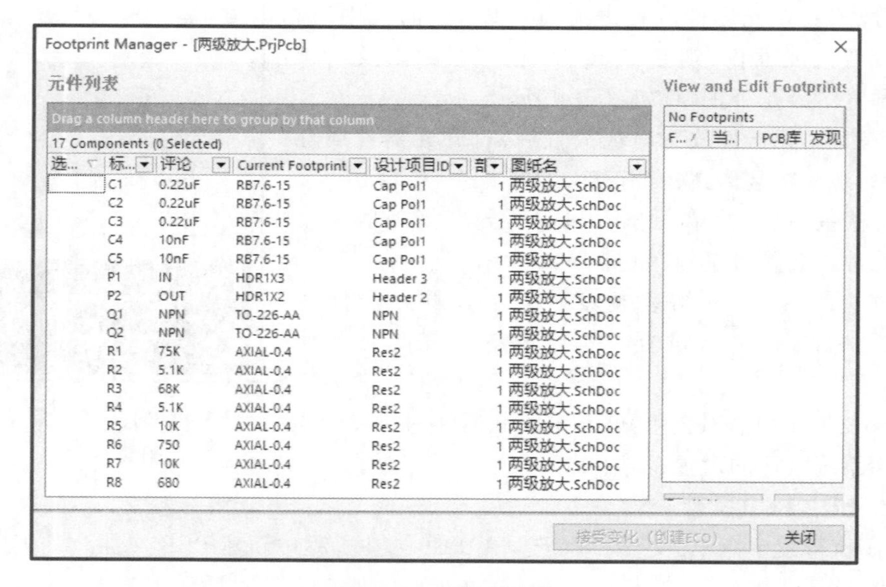

图 3-11 封装管理器

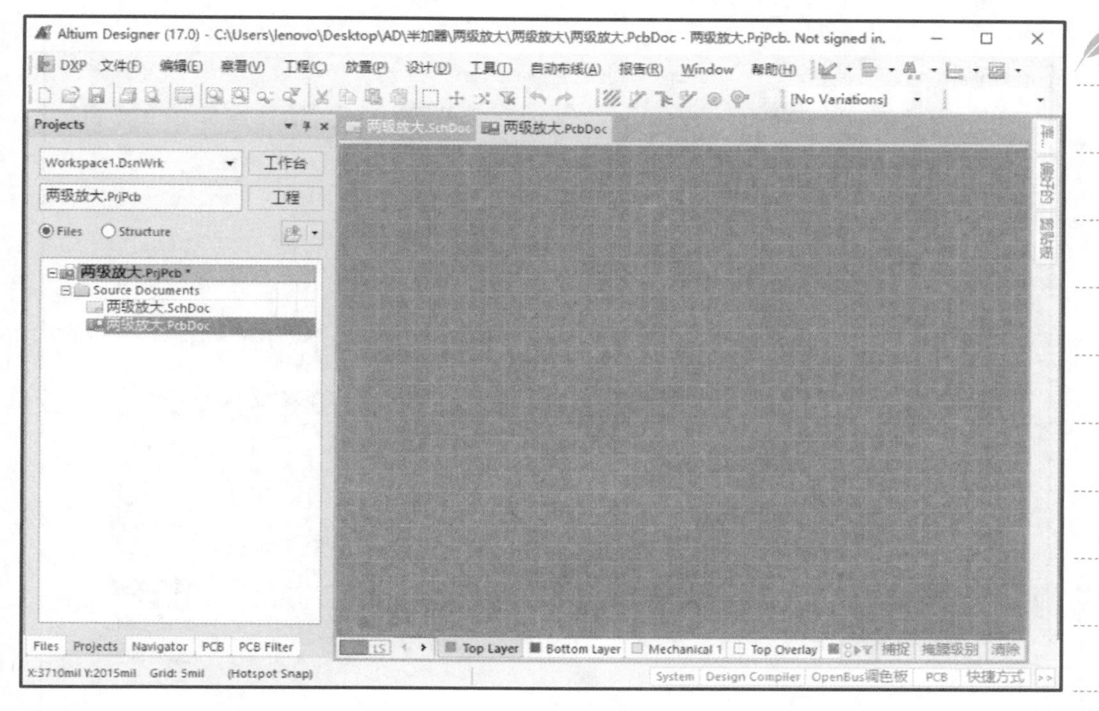

图 3-12　新的 PCB 文件

3. 印制电路板参数设置

① 按键盘 Q 键，将印制电路板的单位由“mil”转换为“mm”。

② 执行菜单命令[察看]/[栅格]/[设置跳转栅格…]，或单击应用程序工具栏中的 ▦ 按钮，选择[设置跳转栅格…]，打开栅格设置对话框如图 3-13所示，设置捕捉栅格大小，便于操作。

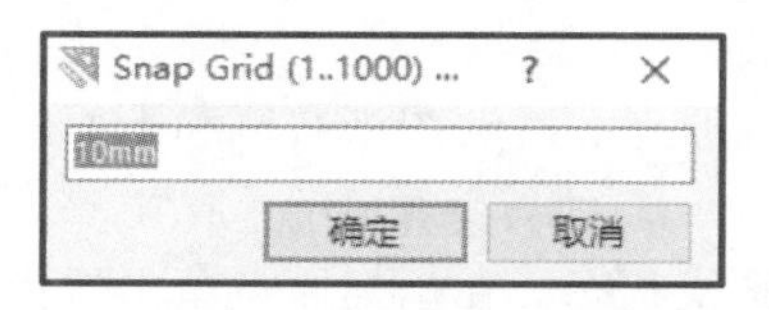

图 3-13　栅格设置对话框

③ 执行菜单命令[设计]/[板层颜色…]，打开图 3-14 所示“视图配置”对话框。将 Mechanical 1 的颜色修改，使其与 Keep-Out Layer 的颜色不同。把本次设计不需要的层设为不显示，其他暂保留系统默认设置。

▾视频 3-2
规划印制电路板

4. 规划印制电路板

① 重新设置坐标原点。执行菜单命令[编辑]/[原点]/[设置]，光标变成十字形状，移动光标至图纸左下方，单击鼠标左键，完成坐标原点重置工作。如果对新坐标原点还不满意，可以重复上述操作到满意为止。

② 绘制印制电路板物理边界。物理边界就是印制电路板的实际形状及其外形尺寸大小，在机械层 1(Mechanical1)绘制。

a. 单击 PCB 编辑器页面下部图层转换按钮 Mechanical1，将当前图层转换到机械层 1。

b. 按住键盘 Ctrl 键，滚动鼠标的滚轮放大图纸，直到出现合适网格。

c. 执行[编辑]/[跳转到]/[当前原点]命令或按 Ctrl+End 组合键找到新设的坐

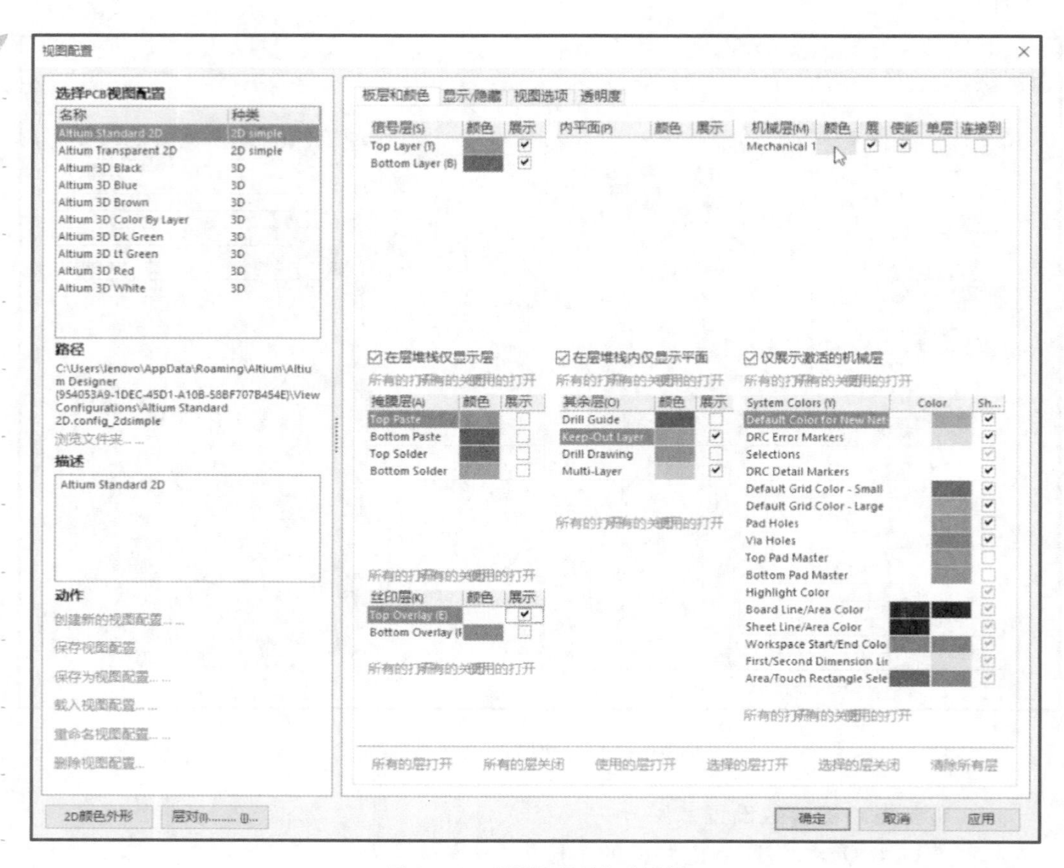

图 3-14 “视图配置”对话框

标原点。滑动图纸右侧和下面的滚动条使坐标原点位于窗口左下角。

d. 执行菜单命令[放置]/[走线],启动绘制直线操作,光标变为十字形状,进入画线状态。在坐标原点单击鼠标,确定一个边的起点,通过目测可视栅格,依次确定矩形其他三个角点的位置,再回到起点,单击鼠标右键退出画线状态。形成一个封闭的四边形,尺寸为 80 mm×50 mm,如图 3-15 所示。

e. 选中该四边形区域,执行菜单命令[设计]/[板子形状]/[根据选择对象定义],即可形成图 3-15 所示的印制电路板物理边界。

③ 绘制印制电路板电气边界。为防止元器件及铜膜走线距离板边太近,需要设定印制电路板的电气边界,电气边界用于设置元器件及铜膜走线的放置范围。在禁止布线层(Keep-Out Layer)绘制。

a. 单击 PCB 编辑器页面下部图层转换按钮 Keep-Out Layer,将当前图层转换到禁止布线层。

b. 将栅格大小设置为 1 mm,执行菜单命令[放置]/[禁止布线区]/[导线],光标变为十字形状,进入画线状态。在(1 mm,1 mm)坐标点单击鼠标左键确定一个边的起点,通过目测可视栅格,依次确定四边形其他三个角点的位置,再回到起点,单击鼠标右键退出画线状态。形成一个距物理边界 1 mm 的电气边界,如图 3-15 所示。

c. 执行菜单命令[设计]/[板参数选项…]，打开图 3-16 所示“板选项”对话框，勾选“显示页面”复选框即可在工作窗口显示图纸。

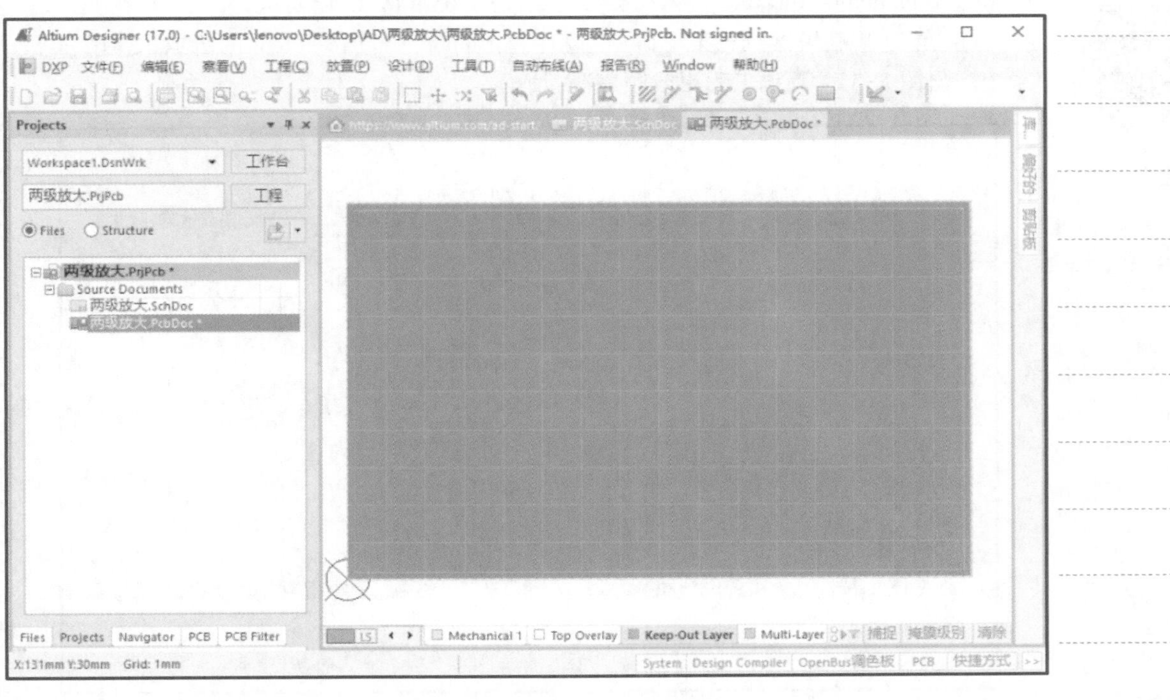

图 3-15　手工规划的印制电路板

图 3-16　“板选项”对话框

视频 3-3
加载元器件

5. 加载网络表及元器件

两级放大电路涉及两个元器件封装库，即 Miscellaneous Devices. IntLib 和 Miscellaneous Connectors. IntLib。这两个封装库都是系统默认元器件库。

① 在 PCB 编辑器执行菜单命令[设计]/[Import Changes From 两级放大.PrjPcb]，系统弹出图 3-17 所示“工程更改顺序”对话框。

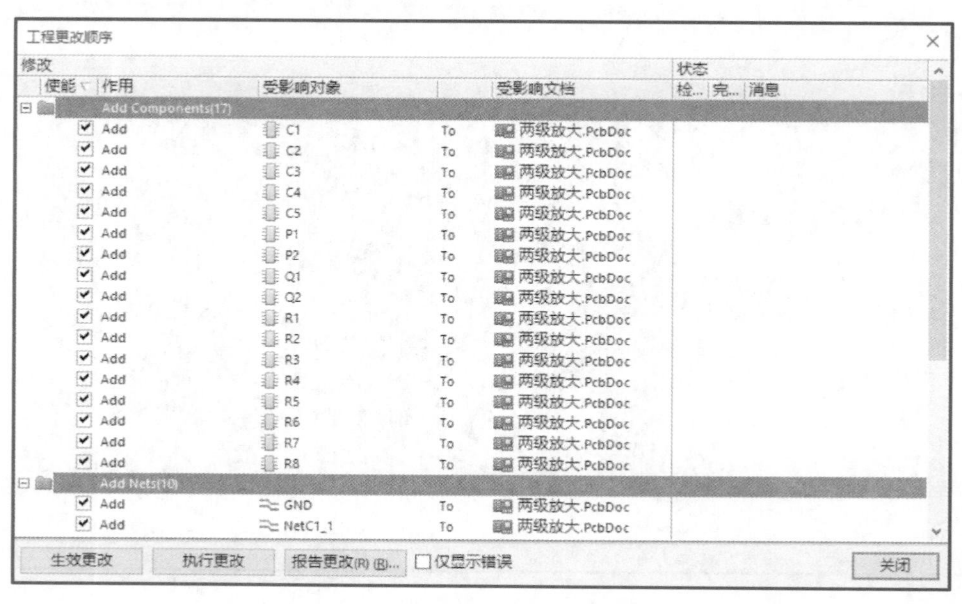

图 3-17 “工程更改顺序”对话框

② 单击“生效更改”按钮，系统逐项检查提交的修改有无违反规则的情况，并在状态栏的“检查”列中显示是否正确。其中“√”表示正确，“×”表示有错误。如果不正确，则需要返回电路原理图进行修改，如图 3-18 所示。

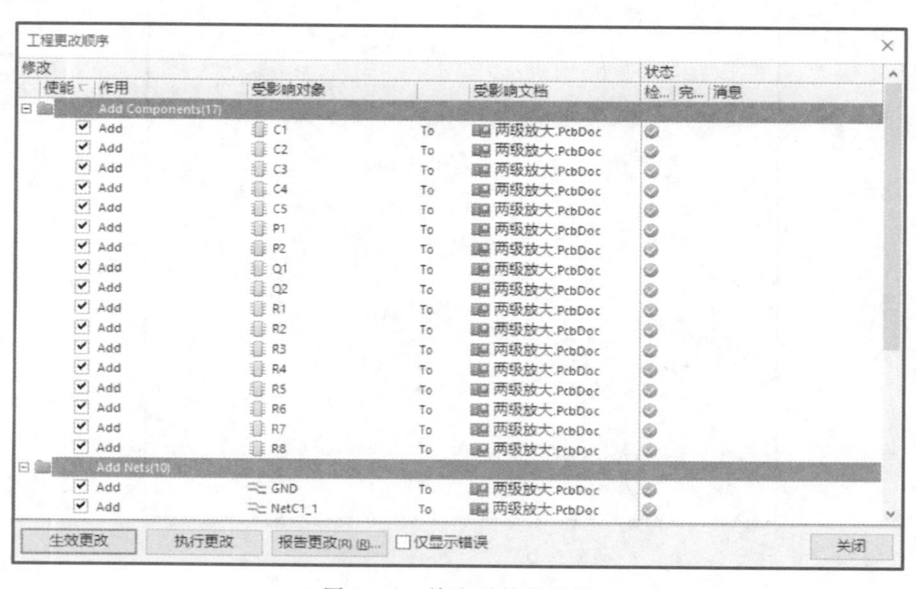

图 3-18 检查后的对话框

③ 单击“执行更改”按钮，将网络表和元器件载入PCB编辑器中。

④ 单击“关闭”按钮，关闭对话框，即可看见载入的元器件和网络预拉线，如图3-19所示。

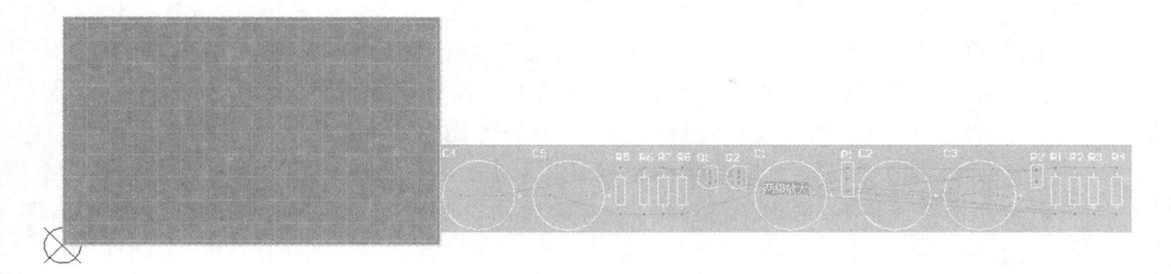

图3-19　加载网络表和元器件后的PCB编辑器

▼视频3-4

通过Room空间布局

6. 元器件布局

（1）通过Room空间移动元器件

从电路原理图载入元器件和网络后，系统自定义一个Room空间为“两级放大”，见图3-19。其中包含了载入的所有元器件，移动Room空间，对应的元器件也会跟着一起移动。

将Room空间移动到电气边框内，选中Room区域，调整Room区域大小，来匹配印制电路板边界。执行菜单命令[工具]/[按Room排列]，移动光标至Room区域内单击鼠标左键，元器件将自动按类型整齐排列在Room区域内，单击鼠标右键结束操作。然后删除Room，结果如图3-20所示。

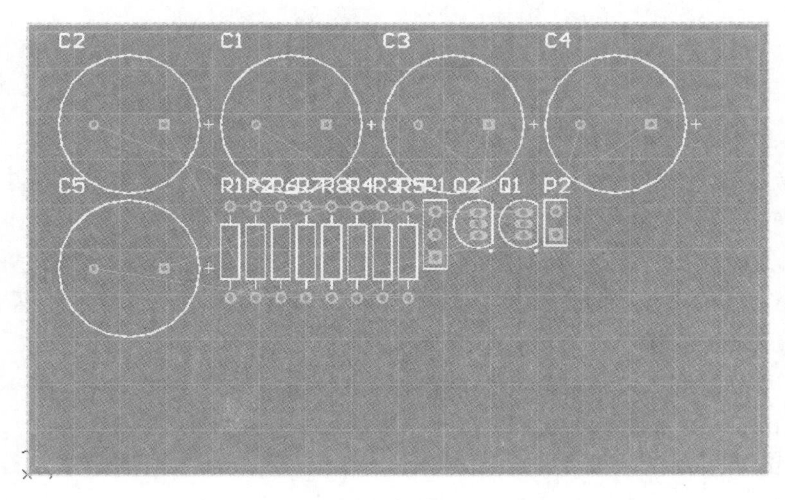

图3-20　通过Room空间移动元器件

（2）手工调整元器件布局

手工布局就是通过手工移动和旋转元器件，根据信号流向和布局原则将元器件移动到合适的位置。手工布局时可根据需要设置栅格大小。

布局一般优先考虑电路中的核心元器件，如本项目中可先确定晶体管Q1、Q2的位置。由于该电路元器件较少，调整其他元器件布局时主要考虑两个原则，一是元器件之间的连线最短；二是按信号流向布放元器件，同时尽量减少元器件网络飞线交叉，以避免输入、输出、高低电平部分交叉成环。

① 移动元器件：将光标对准需要移动的元器件，单击鼠标左键，并按住鼠标左键不放，在元器件周围出现虚框，然后拖动到适当位置，松开鼠标左键即可。

② 旋转元器件：用鼠标左键点住要旋转的元器件不放，按空格键，每按一次，元器件逆时针旋转90°；按X键可以进行水平方向翻转，按Y键可以进行垂直方向翻转。

③ 元器件标注不影响电路的正确性，但为方便元器件的安装调试，使印制电路板看起来更加整齐、美观，需要对元器件标注加以调整。元器件标注调整包括位置、方向的调整，以及标注内容、字体的调整。元器件标注位置、方向的调整，采用前面刚介绍过的移动元器件以及旋转元器件的方法实现。

经过上述手工调整方式后，两级放大电路的布局如图3-21所示。

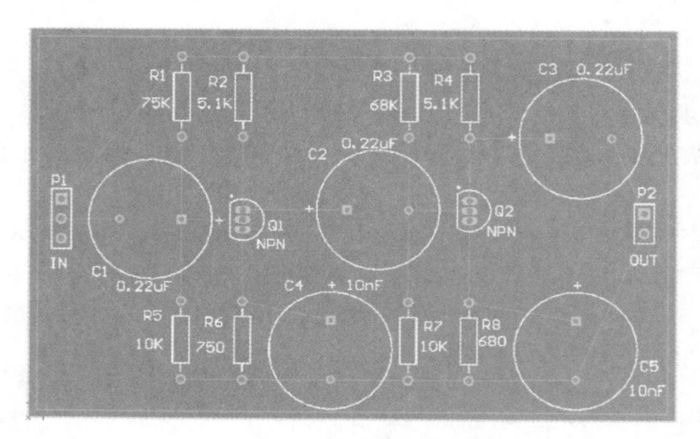

图3-21 手工调整后的两级放大电路的布局

视频3-5
手工布线

7. 布线

布线就是通过放置铜膜导线和过孔，将元器件封装的焊盘连接起来，实现印制电路板的电气连接。布线的方式主要是手工交互布线和自动布线。

手工交互布线常用于较为简单的PCB设计，对于两级放大电路就很适合采用手工交互布线方式。制作单面板，只在底层(Bottom Layer)布线。一般线宽采用系统默认的宽度10 mil(0.254 mm)，VCC、GND网络的线宽采用1 mm。

手工布线前，应大致构想一下布线策略。这样，可有效防止布线工作来回反复，并使布线完成后信号通道更加流畅，走线尽可能短一些。

① 单击PCB编辑器下部图层转换按钮Bottom Layer，将图层转换到底层。

② 执行菜单命令[放置]/[Track]或单击布线工具栏中按钮，启动布线操作。

③ 将光标移至P1的2脚，出现白色八边形时(表示捕捉到焊盘)单击鼠标左键，开始布线。光标移至C1的2脚单击，完成P1到C1的布线。这时，光标仍为十字形状，可接着布线。单击鼠标右键或Esc键可退出布线操作。

注意，软件提供了五种拐角模式：任意角、直角、带圆弧的直角、45°角、带圆弧的45°角，按键盘上的Shift+空格组合键可以顺序切换。考虑加工工艺和电磁兼容性问题，布线使用系统默认的 45°角。布线过程中可以通过按空格键改变线的走向。

④ 用同样的方法对其他网络布线。

⑤ VCC、GND 网络的布线。单击布线工具栏中按钮，将光标移至 P1 的 1 脚，出现白色八边形时单击鼠标左键，按 Tab 键，打开修改线宽对话框，如图 3-22 所示。

系统默认线宽为 0.254 mm。单击“菜单”按钮，选择“编辑宽度规则”打开设置线宽对话框，如图 3-23 所示。将“Max Width”（最粗）改为“1 mm”，单击“确定”按钮，回到图 3-22 所示对话框，将“Width from rule preferred value”修改为“1 mm”，单击“确定”按钮。

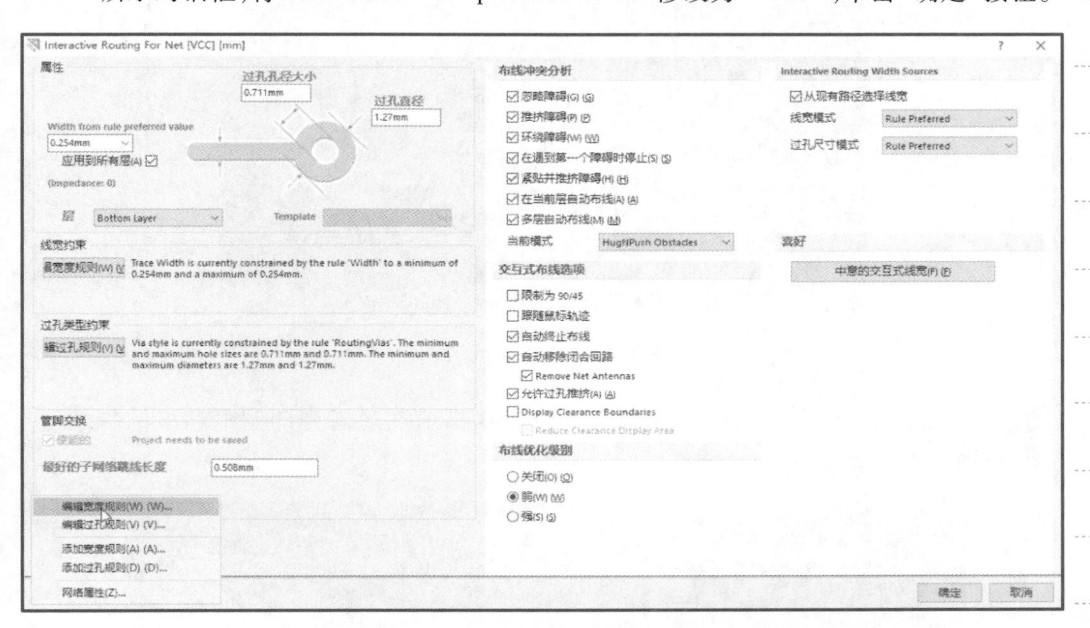

图 3-22　修改线宽对话框

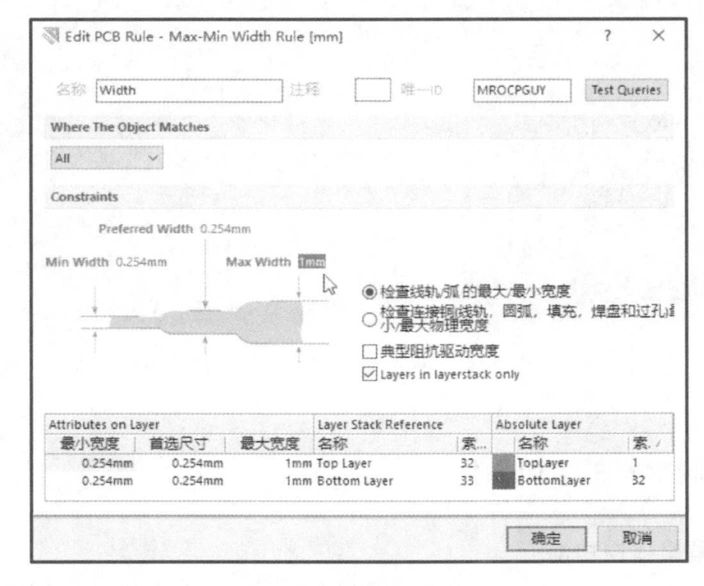

图 3-23　设置线宽对话框

依次连接R1、R2、R3、R4的2脚，完成VCC网络布线。将光标移至P1的3脚，单击鼠标左键，开始GND网络的布线。依次连接R5、R6、C4、R7、R8、C5、P2的2脚，完成GND网络布线。

至此，两级放大电路的布线工作就结束了，如图3-24所示。

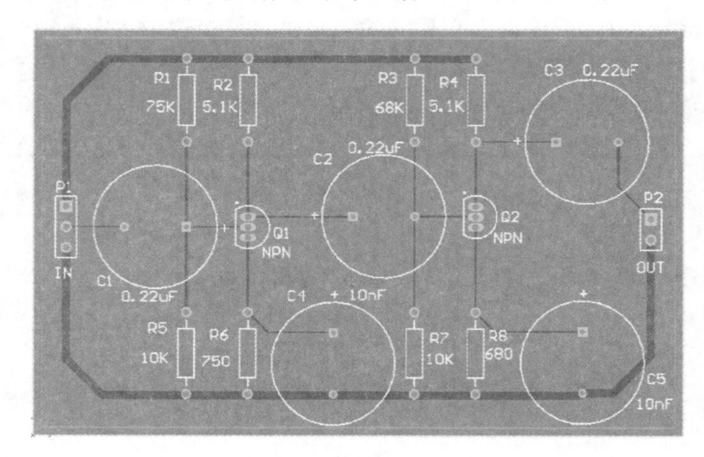

图3-24 手工布线结果

⑥ 执行菜单命令[工具]/[遗留工具]/[3D显示]，可看到印制电路板的三维模型，如图3-25所示。

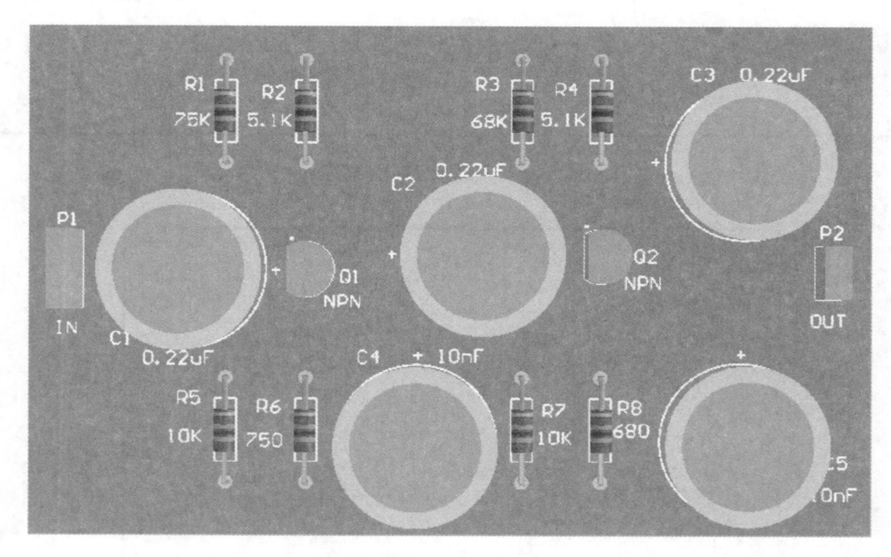

图3-25 印制电路板的三维模型

3.1.4 印制电路板常用操作

1. PCB编辑器窗口简介

PCB编辑器界面见图3-12。PCB编辑器界面与前面介绍过的原理图编辑器界面类似，是由主菜单、工具栏、状态栏、面板按钮及其面板以及图形编辑区组成。

（1）主菜单

PCB编辑器的主菜单与原理图编辑器的主菜单相似。在绘制原理图时主要是对元器件的操作和连接，而在进行PCB设计时主要是针对元器件的封装、焊盘、过孔等的操作和布线工作。

（2）主工具条（PCB标准工具栏）

基本与原理图编辑器主工具条相同，只是少了图标。

（3）布线工具栏

布线工具栏如图3-26所示，主要为用户提供了布线命令。布线工具栏按钮及功能见表3-2。

（4）应用程序工具栏

应用程序工具栏如图3-27所示。该工具栏包含几个常用的子工具栏，如图3-28～图3-33所示。

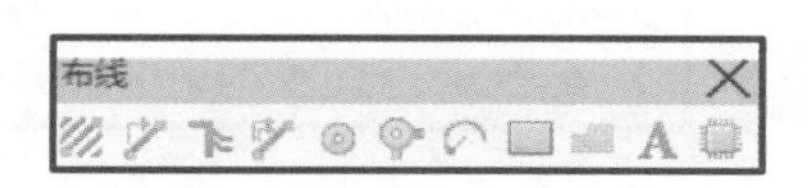

图3-26 布线工具栏

图3-27 应用程序工具栏

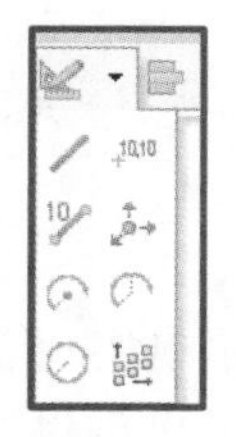
图3-28 应用工具栏

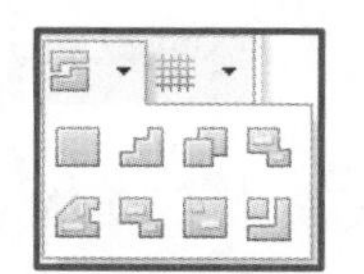
图3-29 放置Room工具栏

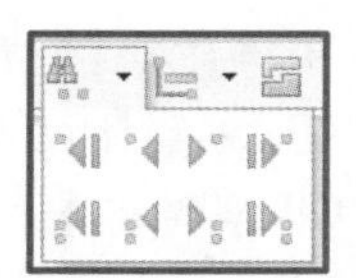
图3-30 查找选择工具栏

表3-2 布线工具栏按钮及功能

按钮	功能	按钮	功能
	选中项目布线连接		边缘法放置制圆弧
	交互式布线连接		放置填充
	交互式布多根线连接		放置多边形覆铜平面
	交互式布差分对连接	A	放置字符串
	放置焊盘		放置元器件
	放置过孔		

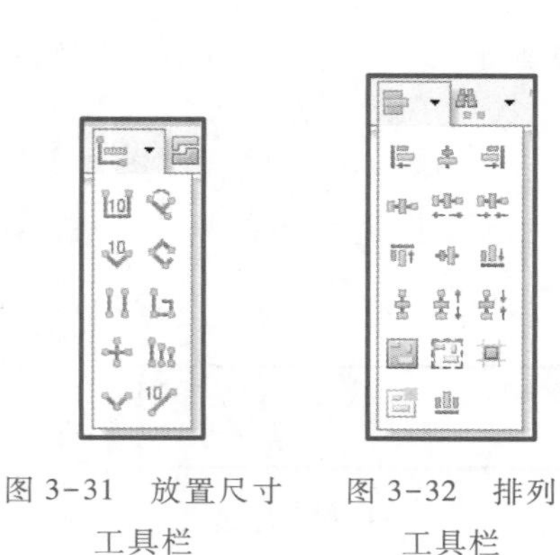

图 3-31 放置尺寸工具栏

图 3-32 排列工具栏

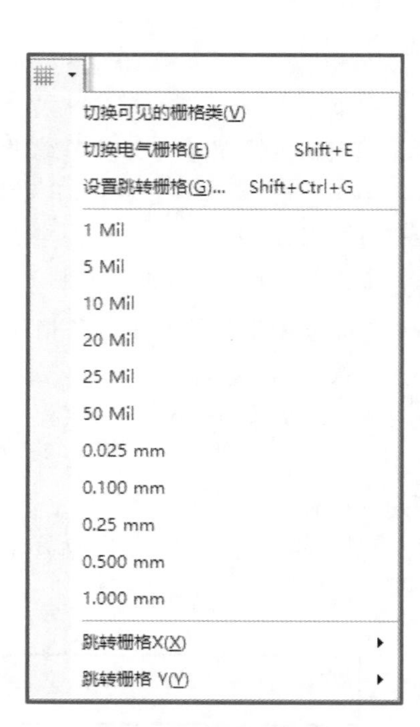

图 3-33 栅格工具栏

与上述工具栏各个按钮相对应,还可以选择菜单命令[放置]/[…],实现相应功能。执行菜单命令[察看]/[Toolbars]/[…]可以打开或关闭各工具栏。

2. PCB 编辑器窗口管理

在 PCB 编辑器中,窗口管理可以通过执行菜单“察看”下的子菜单实现。

① 菜单命令[察看]/[适合板子],可以实现 PCB 全板显示,用户可以快捷地查找线路。

② 菜单命令[察看]/[区域],可以用鼠标拉框选定放大的区域。

③ 菜单命令[察看]/[切换到三维显示],可以显示整个印制电路板的三维模型,一般在电路布局或布线完毕,使用该功能观察元器件的布局或布线是否合理。

3. PCB 的板层

Altium Designer 17 为多层印制电路板设计提供了多种不同类型的工作层面,包括 32 个信号层、16 个内层电源/接地层、32 个机械层和 10 个辅助图层。用户可在不同的工作层上执行不同的操作。

执行菜单命令[设计]/[板层颜色…],显示图 3-34 所示的“视图配置”对话框,其中只显示用到的信号层、内平面、机械层、掩膜层、丝印层及其余层,并显示各层的颜色设置和图纸的颜色设置。

(1) 信号层(Signal Layers)

信号层即铜箔层,用于完成电气连接,包括顶层、底层和中间层,共有 32 个信号层。其中顶层(Top Layer)和底层(Bottom Layer)可以放置元器件和铜膜导线,中间层(Mid)只能用于布置铜膜导线。

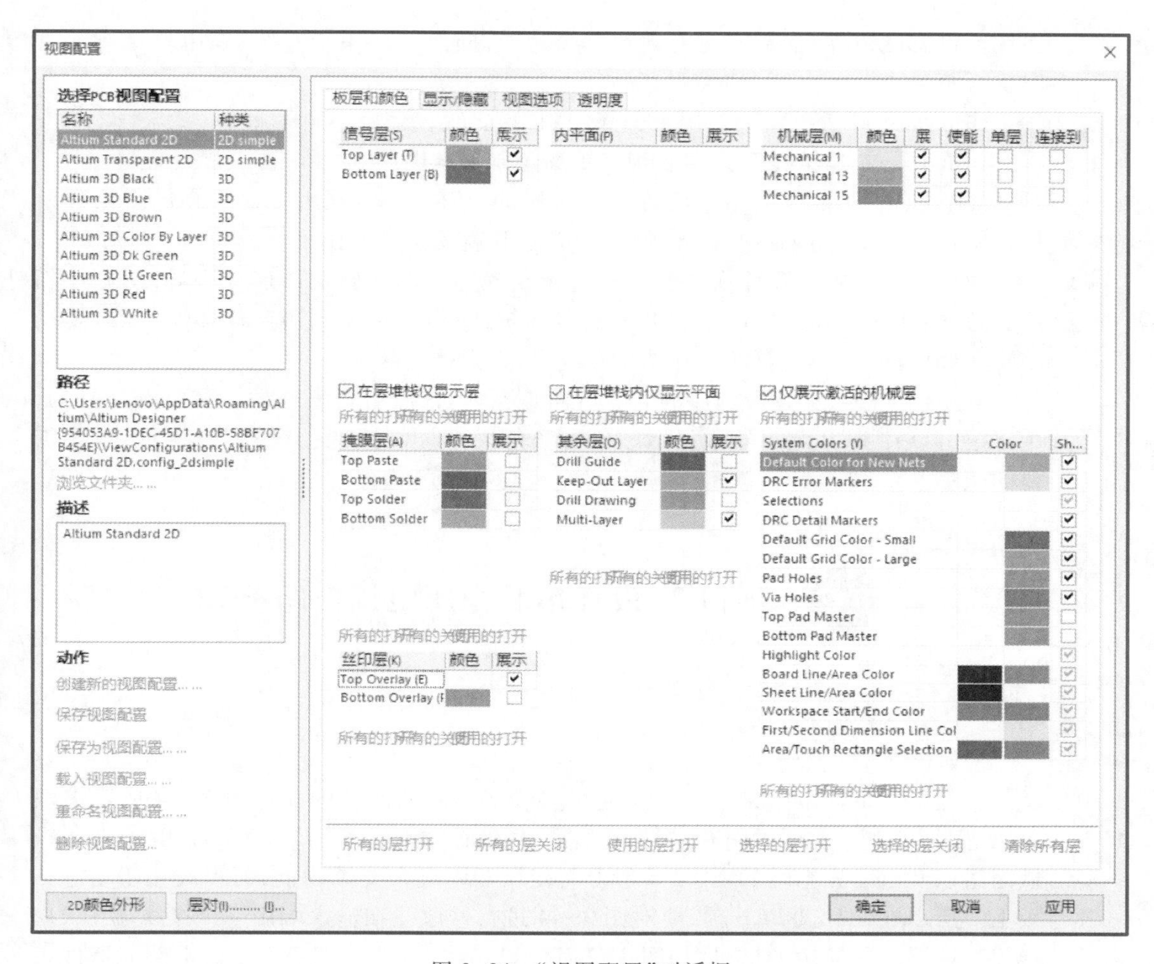

图 3-34　“视图配置”对话框

(2) 内平面(Internal Plane)

内平面,即内部电源/接地层,也属于铜箔层,主要用于布置电源及接地线,共提供了 16 个内部电源/接地层。

(3) 机械层(Mechanical Layers)

机械层常用来定义印制电路板的轮廓、放置尺寸说明等指导印制电路板的加工,不能完成电气连接特性,共提供了 32 个机械层。

(4) 丝印层(Overlay)

丝印层主要用于放置元器件的外形轮廓、文字代号等,包括顶层丝印层(Top Overlay)和底层丝印层(Bottom Overlay)两种。

(5) 掩膜层(Mask Layers)

掩膜层即阻焊层和助焊层,包括顶层助焊层(Top Paste)、底层助焊层(Bottom Paste)、顶层阻焊层(Top Solder)、底层阻焊层(Bottom Solder)。

(6) 其余层

Keep Out Layer(禁止布线层),用于设定印制电路板的电气边界,此边界外不会布线。没有此边界，就不能使用自动布线功能，即使采用手工布线，在电气规则检查时也会报错。

Drill Guide（钻孔），主要用来选择绘制钻孔导引层。

Drill Drawing（钻孔图），主要用来选择绘制钻孔图层。

Multi-Layer（多层），用于放置穿越多层的 PCB 元素，也用于显示穿越多层的机械加工指示信息，如果不选择此项，焊盘及过孔就无法显示出来。

层的使用原则是在什么层上就进行什么操作。例如要在顶层上画导线，则应切换到顶层；如果要在顶层丝印层上画元器件轮廓，应该切换到顶层丝印层；如果要画禁止布线层区，则一定要切换到禁止布线层，否则是无效的。

观察图 3-34，可以看到层的名字后面是颜色块，然后是复选框。在复选框打钩，则该层可以在 PCB 编辑器中显示。单击颜色块，则出现“颜色设置”对话框，设置需要的颜色。

教学课件
3.2

3.2 项目 2：设计串联稳压电源电路 PCB

3.2.1 任务分析

串联稳压电源电路是第 2 单元上机实践 2 绘制的原理图。在图 2-44 所示串联稳压电源电路中，变压器因有重量大、体积大和漏磁干扰等问题，考虑到电子设备机械因素以及电磁兼容性的要求，一般要将变压器固定在支撑物上，而不放在印制电路板上。所以在设计其 PCB 前，要对图 2-44 进行修改。在输入端用一个接线端子 P1，接收变压器二次侧边的信号，如图 3-35 所示。表 3-3 为串联稳压电源电路元器件一览表。

表 3-3 串联稳压电源电路元器件一览表

元器件序号（Designator）	库元器件名（LibRef）	元器件封装（FootPrint）	元器件所在库（Library）
D1～D4	Diode	DIODE-0.4	
C1～C3	Cap Pol2	RB5-10.5	
F1	Fuse 1	PIN-W2/E2.8	
Q1～Q3	NPN	TO-226-AA	Miscellaneous Devices.IntLib
R1～R6	Res2	AXIAL-0.4	
Rp1	RPot	VR5	
DW	D Zener	DIODE-0.7	
P1、P2	Header 2	HDR1×2	Miscellaneous Connectors.IntLib

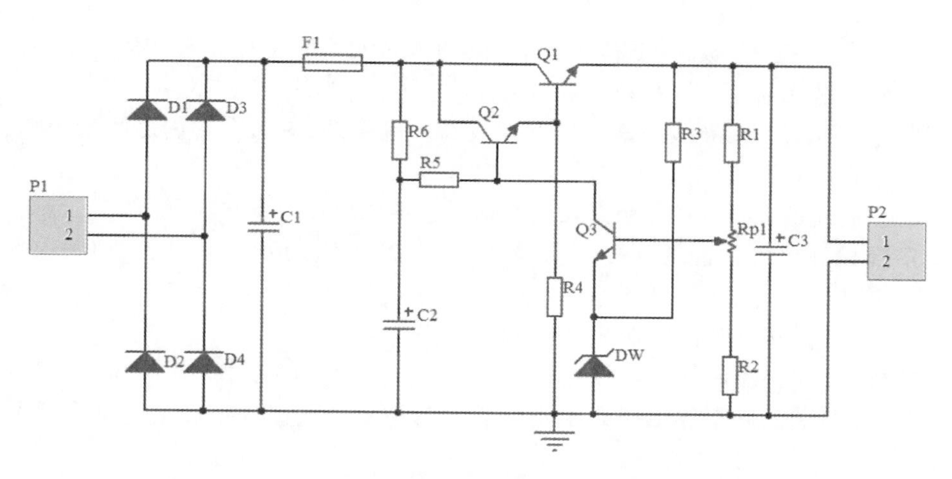

图3-35 串联稳压电源电路原理图

本项目通过完成“设计串联稳压电源电路PCB”任务来进一步熟悉印制电路板设计的基本方法。要求制作大小为3 000 mil×2 000 mil的双面印制电路板。地线的线宽为30 mil，其他布线的宽度为10 mil。

通过实施该项目达到以下学习目标：

① 学会利用向导创建PCB文件，进一步熟悉PCB编辑器。

② 学会修改元器件封装形式。

③ 了解布线规则设置。

④ 能够自动布线。

⑤ 学会设计简单双面PCB。

3.2.2 准备知识

1. 印制电路板布局原则

元器件布局是将元器件在一定面积的印制电路板上合理地排放。在设计中，元器件布局是一个重要的环节，往往要经过若干次布局，才能得到一个比较满意的布局结果。布局的好坏直接影响布线的效果，是PCB设计成功的第一步。

一个好的布局，首先要满足电路的设计性能，其次要满足安装空间的限制，在没有尺寸限制时，要使布局尽量紧凑，尽量减小PCB设计的尺寸，减少生产成本。

为了设计出质量好、造价低、加工周期短的印制电路板，印制电路板布局应遵循下列的原则。

(1) 元器件排列一般性原则

① 为便于自动焊接，每边要留出3.5 mm的传送边，如不够，可考虑加宽传送边。

② 在通常情况下，所有的元器件均应布置在印制电路板的顶层上。当顶层元器件过密时，可考虑将一些高度有限并且发热量小的器件，如电阻、贴片电容等放在底层。

③ 元器件在整个板面上应紧凑分布，尽量缩短元器件间的布线长度。

④ 将可调元器件布置在易调节的位置。

⑤ 某些元器件或导线之间可能存在较高的电位差，应加大它们之间的距离，以免放电击穿引起意外短路。

⑥ 带高压的元器件应尽量布置在调试时手不易触及的地方。

⑦ 在保证电气性能的前提下，元器件在整个板面上应均匀、整齐排列，疏密一致，以求美观。

（2）元器件排列其他原则

① 信号流向布局原则。

按照信号的流向布置电路各个功能单元的位置。元器件的布局应便于信号流通，使信号尽可能保持一致的方向。

② 抑制热干扰原则。

发热元器件应安排在有利于散热的位置，必要时可以单独设置散热器，以降低温度和减少对邻近元器件的影响。

将发热较高的元器件分散开来，使单位面积热量减小。

在空气流动的方向上，将对热敏感的元器件排列在上游位置，或远离发热区。

图 3-36 所示为某型号开关电源 PCB 布局示意图。开关电源布局时按交流输入回路→整流回路→开关变压器及其振荡回路→直流输出回路顺序布置相关元器件；开关管及整流管需加装散热器。

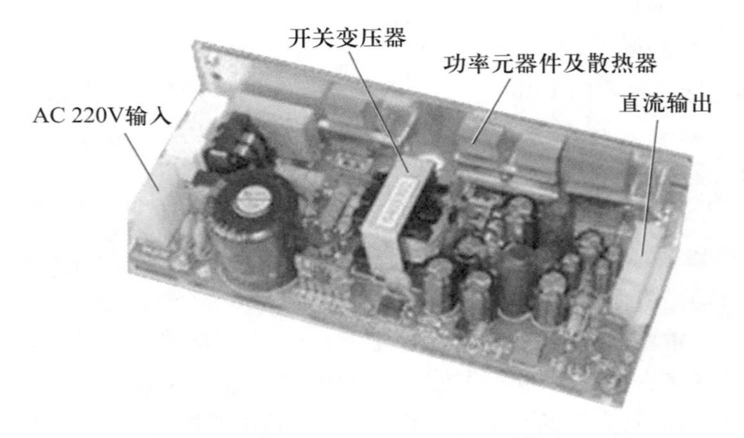

图 3-36 某型号开关电源 PCB 布局示意图

③ 抑制电磁干扰原则。

对干扰源以及对电磁感应较灵敏的元器件进行屏蔽或滤波，屏蔽罩应良好接地。

加大干扰源与对电磁感应较灵敏元器件之间的距离。

尽量避免高低压器件相互混杂，避免强弱信号器件交错在一起。

尽可能缩短高频元器件和大电流元器件之间的连线，设法减少分布参数的影响。

对于高频电路，输入和输出元器件应尽量远离。

在采用数字逻辑电路时，在满足使用要求的前提下，尽可能选用低速元器件。

在印制电路板中有接触器、继电器、按钮等元器件，操作它们时均会产生较大火花放电,必须采用RC浪涌吸收电路来吸收放电电流。一般R取1~2 kΩ,C取2.2~47 nF。

CMOS元器件的输入阻抗很高,且易受干扰,因此对不使用的端口要进行接地或接正电源处理。

④ 提高机械强度原则。

应留出固定支架、安装螺孔、定位螺孔和连接插座所用的位置。

印制电路板的最佳形状是矩形(长宽比为3∶2或4∶3),当板面尺寸大于200 mm×150 mm时,应考虑板所受的机械强度。

2. 印制电路板布线原则

布线和布局是密切相关的两项工作,布局的好坏直接影响着布线的布通率。布线受布局、板层、电路结构和电性能要求等多种因素影响,布线结果又直接影响印制电路板性能。进行布线时只有综合考虑各种因素,才能设计出高质量的印制电路板。

(1) 印制电路板布线的一般原则

① 输入和输出线应尽量避免相邻平行,不能避免时,应加大两者间距或在两者中间添加地线,以免发生反馈耦合。

② 同方向信号线应尽量减小平行走线距离。

③ 印制电路板相邻两个信号层的导线应互相垂直、斜交或弯曲走线,应避免平行,以减少寄生耦合。

④ 印制导线的宽度尽量一致,有利于阻抗匹配。

⑤ 印制导线的拐弯一般选择45°斜角,或采用圆弧拐角。直角和锐角在高频电路和布线密度高的情况下会影响电气性能。

⑥ 印制导线的最小宽度主要由导线与绝缘基板间的黏附强度和流过它们的电流值决定。当铜箔厚度为0.05 mm、宽度为1 ~ 1.5 mm时,通过2 A的电流,温度不会高于3 ℃,因此导线宽度为1.5 mm即可满足要求。对于集成电路,尤其是数字电路,通常选0.2~0.3 mm导线宽度。当然,只要允许,还是尽可能用宽线,尤其是电源线和地线。

⑦ 印制导线的间距主要由最坏情况下的线间绝缘电阻和击穿电压决定。导线越短、间距越大,绝缘电阻就越大。对集成电路,尤其数字电路,只要工艺允许,可使间距做成很小。但随着布线间距的减小,会使加工难度加大,废品率升高,正常情况下选0.3 mm的线间距时比较适宜的。

⑧ 信号线高、低电平悬殊时,还要加大导线的间距;在布线密度比较低时,可加粗导线,信号线的间距也可适当加大。

⑨ 印制导线如果需要进行屏蔽,在要求不高时,可采用印制屏蔽线,即包地处理。对于多层板,一般通过电源层和地线层的使用,既解决电源线和地线的布线问题,又可以对信号线进行屏蔽。

(2) 印制电路板布线的其他原则

① 电源、地线的布设。

即使印制电路板的布线完成得很好,但由于电源、地线考虑不周,也会使产品性能下降,甚至不能使用。所以对电源、地线的布设应认真对待。

尽量加宽电源和地线,而且最好地线宽度大于电源线宽度。电源线、地线宽度应为 1.2~2.5 mm 以上。如有可能,地线应在 2~3 mm 以上。

在印制电路板上应尽可能多地保留铜箔做地线,这样传输特性和屏蔽作用将得到改善,并且起到减少分布电容的作用。

② 数字电路和模拟电路的布线。

现在,很多印制电路板都是由数字电路和模拟电路混合构成的,因此在布线时需要考虑两者之间的相互干扰问题。

数字电路工作频率较高,特别是高到几百兆赫时,布线时要考虑分布参数的影响。

而模拟电路的敏感性强,易受干扰,特别注意弱信号放大电路部分的布线,特别是电子管的栅极、半导体管的基极和高频回路,这是最易受干扰的地方。布线要尽量缩短线条的长度,所布的线要紧挨元器件尽量不要与弱信号输入线平行布线。

模拟电路与数字电路的电源线、地线应分开排布,在电源入口处单点汇集,这样可以减小模拟电路与数字电路之间的相互影响与干扰。

3. 去耦电容的配置

为避免电源电磁干扰,PCB 电磁兼容设计的常规做法之一是在印制电路板的各个关键部位配置适当的去耦电容。去耦电容的一般配置有如下原则。

① 电源输入端跨接 10~100 μF 的电解电容器。如有可能,接 100 μF 以上的更好。

② 原则上每个集成电路芯片都应布置一个 10 nF 的瓷片电容,如遇印制电路板空隙不够时,可每 4~8 个芯片布置一个 10~100 nF 的钽电容。

③ 对于抗噪能力弱、关断时电源变化大的元器件,如 RAM、ROM 存储元器件,应在芯片的电源线和地线之间直接接入去耦电容。

④ 去耦电容引线不能太长,尤其是高频旁路电容不能有引线。

图 3-37 所示为 AT89C2051 单片机控制板配置去耦电容的情况。该控制板可控制微型电机或步进电机的旋转,并可检测电机转速,同时提供了一个 RS-232 通信接口。

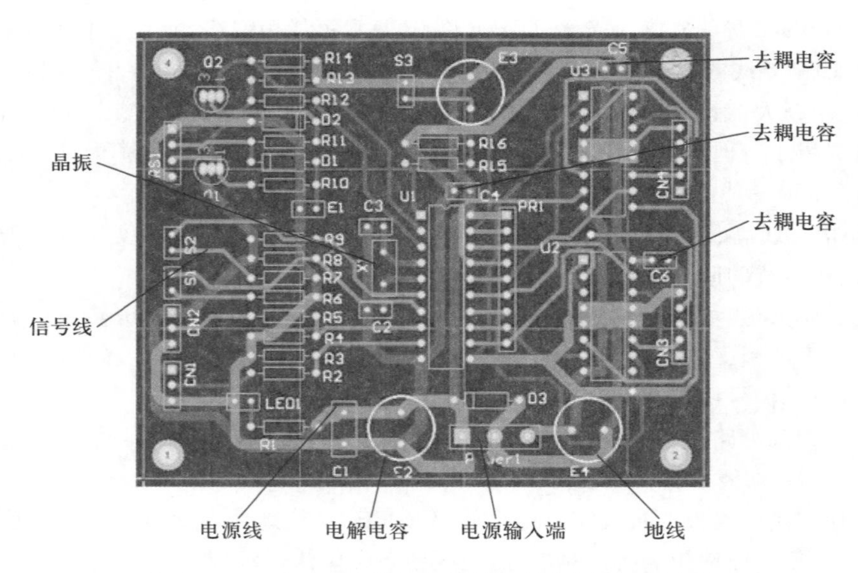

图 3-37 AT89C2051 单片机控制板配置去耦电容情况

4. 大面积敷铜

大面积敷铜主要有两种作用。一种是用于屏蔽以减小外界干扰,另一种作用是利于散热。使用大面积敷铜应局部开窗口,防止长时间受热时,铜箔与基板间的黏合剂产生的挥发性气体无法排除,热量不易散发,以致产生铜箔膨胀和脱落现象,如图3-38所示。

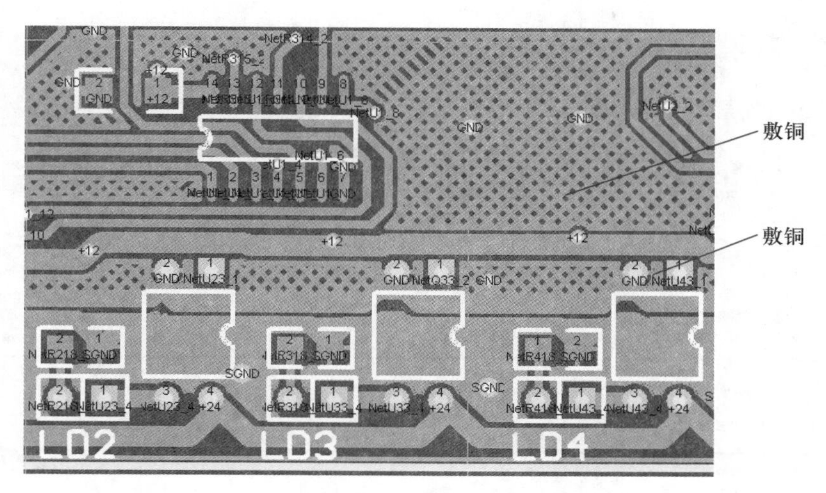

图 3-38 大面积敷铜示意图

5. 设置自动布线规则

自动布线就是根据用户设定的有关布线规则,依据一定算法,自动在各个元器件之间进行连线,从而完成 PCB 的布线工作。

在自动布线之前需要设置布线规则,合理进行参数设置是提高布线质量和成功率的关键。常用布线规则包括布线宽度、布线拓扑结构、布线优先级、布线工作层、布线拐角方式、过孔类型及尺寸等常用设置。

执行菜单命令[设计]/[规则…],系统弹出图 3-39 所示的"PCB 规则及约束编辑器"对话框。该对话框采用的是 Windows 资源管理器的树状管理模式,左边是规则种类,右边是默认的规则设置。设计规则可分为 10 大类,包括电气规则、布线规则、表面贴规则、阻焊层与助焊层规则、电源层连接规则、测试点规则、制造规则、高速电路布线规则、元器件布置规则以及信号完整性规则。这里重点介绍最常用的布线规则(Routing)。

单击 Routing 左边的"+",展开布线规则,如图 3-40 所示。

(1) 布线宽度(Width)

用于设置铜膜走线的宽度范围、推荐的走线宽度以及适用的范围。这是在 PCB 设计中需要设置的一项规则。

单击 Width,显示布线宽度设置对话框,系统默认最大(Max Width)、最小(Min Width)和优选宽度(Preferred Width)都为 10 mil,键入新的数据可以修改。在修改最小尺寸之前,先设置最大尺寸。在实际电路中,对于不同信号网络、不同信号层可能需要采用不同的布线宽度。

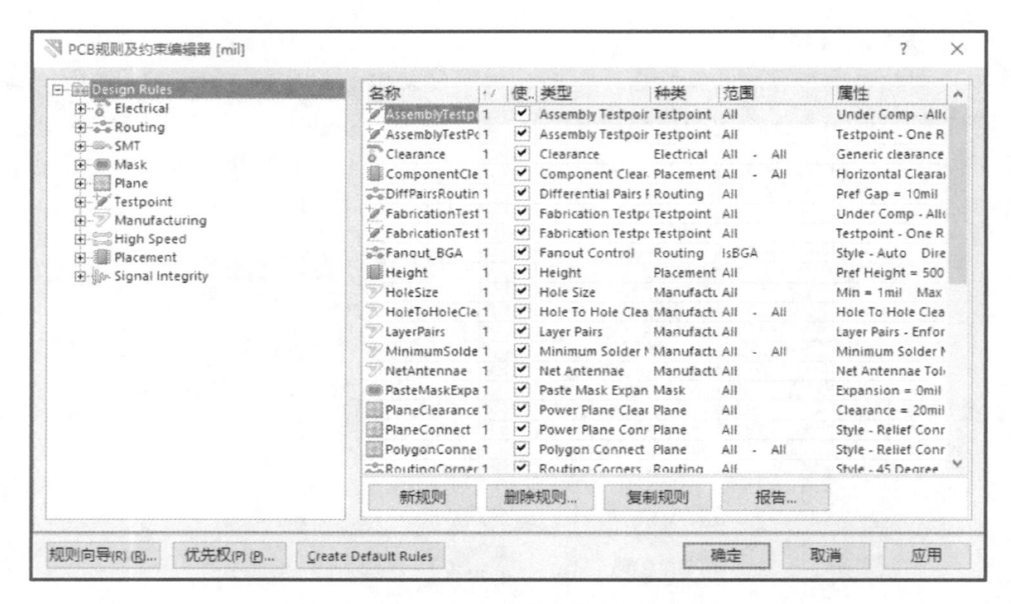

图 3-39 “PCB 规则及约束编辑器”对话框

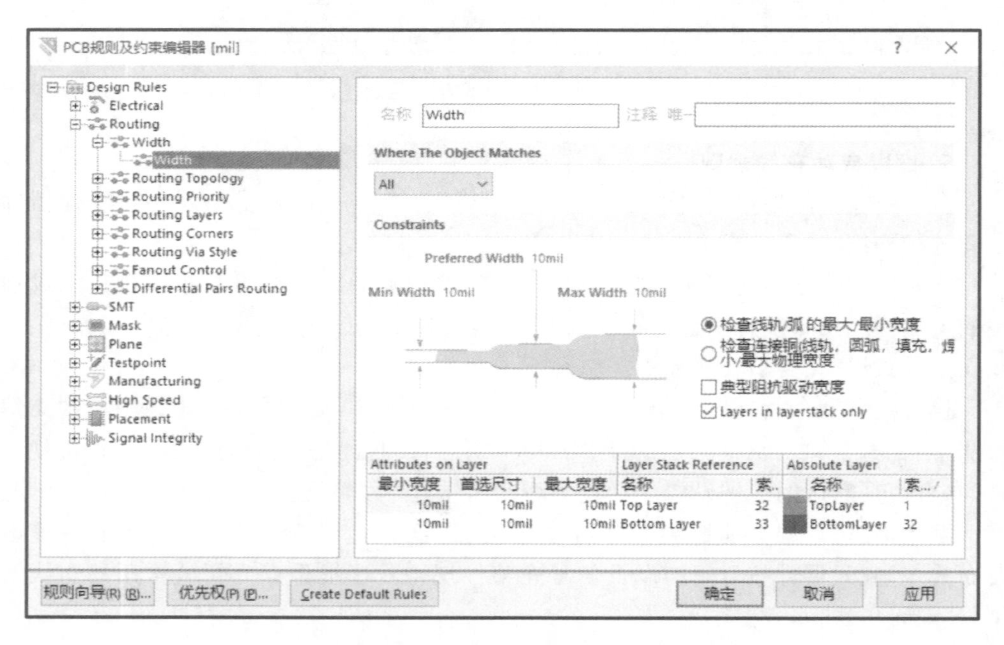

图 3-40 设置布线宽度对话框

（2）布线拓扑结构（Routing Topology）

布线拓扑结构即用于选择布线的拓扑结构，它决定了同一网络内各节点间的走线方式。在实际电路中，对于不同信号网络可能需要采用不同的布线方式。系统提供了 Shortest（网络总长最短距离连接）、Horizontal（水平连接）、Vertical（垂直连接）、Dasiy-Simple（简单链状连接）、Dasiy-Middriven（中间驱动链状连接）、Dasiy-Balance（平衡式链状连接）、Starburst（星形连接）7 种布线拓扑结构，默认设置为 Shortest。

(3) 布线优先级(Routing Priority)

布线优先级用于设置各个网络的布线顺序。先布优先权高的,后布优先权低的。系统可提供 0~100 个优先权,0 代表优先权最低,100 代表优先权最高。

(4) 布线工作层(Routing Layers)

布线工作层用于设置放置铜膜导线的板层。系统默认设置为双面板,顶层主要水平布线,底层主要垂直布线。如果将板层设置成单面板,则只选中 Bottom Layer(底层)作为布线板层,这样所有的印制导线都只能在底层布线。

(5) 布线拐角方式(Routing Corners)

布线拐角方式用于设置布线的拐角方式。系统提供了三种拐角方式:90°角拐角、45°拐角和圆弧拐角,后两种方式还可以设置最小拐角尺寸。系统默认 45°拐角方式。

(6) 过孔类型(Routing Via Style)

过孔类型用于设置过孔大小及适用范围。

(7) 扇出控制(Fanout Control)

扇出控制用于设置表面贴片式元器件在布线过程中,从焊盘引出线通过过孔连接到其他层的限制。

6. 自动布线

布线参数设置好后,就可以使用系统提供的自动布线器进行自动布线。使用自动布线器,可以进行全局布线,也可以按网络、元器件、区域等自动布线。

单击菜单命令[自动布线],系统会弹出布线菜单,选择布线方式,进行自动布线。

3.2.3 任务实施

1. 准备电路原理图

① 参考第 2 单元上机实践 2 的内容。

② 检查元器件的封装形式。在第 2 单元上机实践 2 的实施过程中,没有关注元器件的封装形式,现在要设计 PCB,元器件必须要有正确的封装形式。

视频 3-6
利用封装管理器修改元器件封装

执行菜单命令[工具]/[封装管理器…],系统弹出图 3-41 所示封装管理器对话框,检查元器件封装是否正确。经检查发现 D1~ D4、C1~C3 系统默认的封装与表 3-3的要求不同,需要更改。

在封装管理器对话框中可以对一个或多个元器件进行封装的添加、删除、更改等操作;也可以通过筛选局部或全局更改(或添加)同类型元器件封装名。

更改方法如下:

a. 在图 3-41 所示对话框选中需更改封装的元器件,如图 3-42 所示。

b. 单击对话框右侧的“Edit.... ”按钮,打开图 3-43 所示“PCB 模型”对话框。选中“任意”,单击“浏览…”按钮,打开“浏览库”对话框,如图 3-44 所示。

c. 在“库”栏选择封装所在的库,在元器件列表里单击所要封装 DIODE-0.4,右边窗口可看到 DIODE-0.4 的图形。

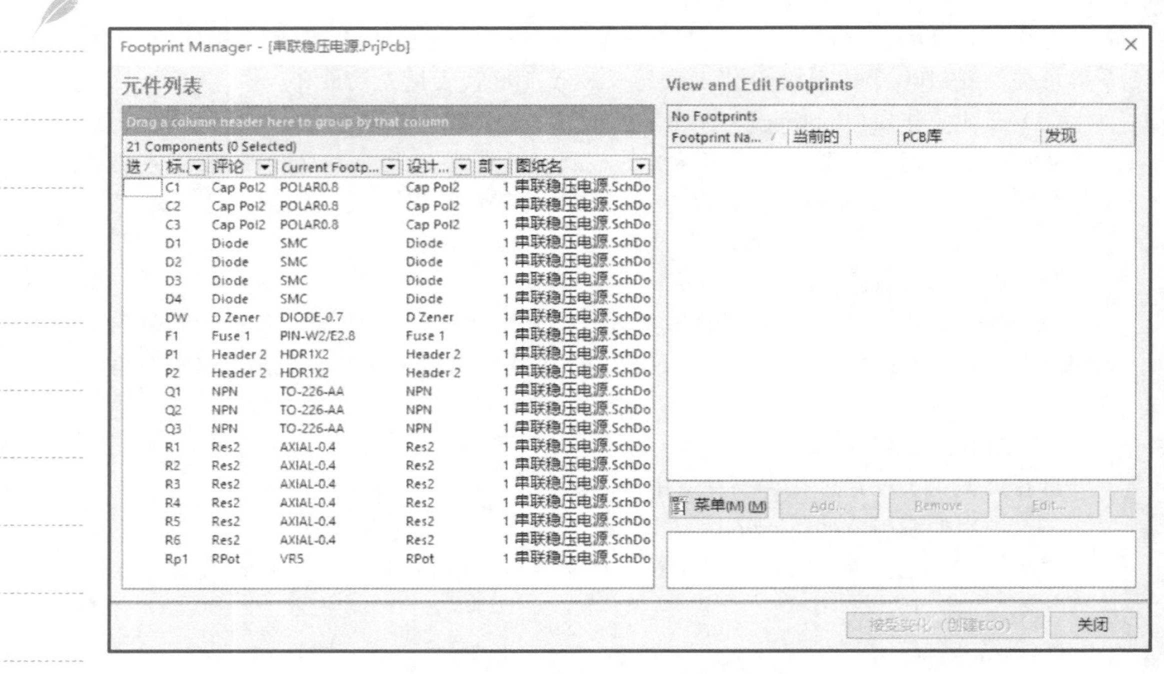

图 3-41 封装管理器对话框

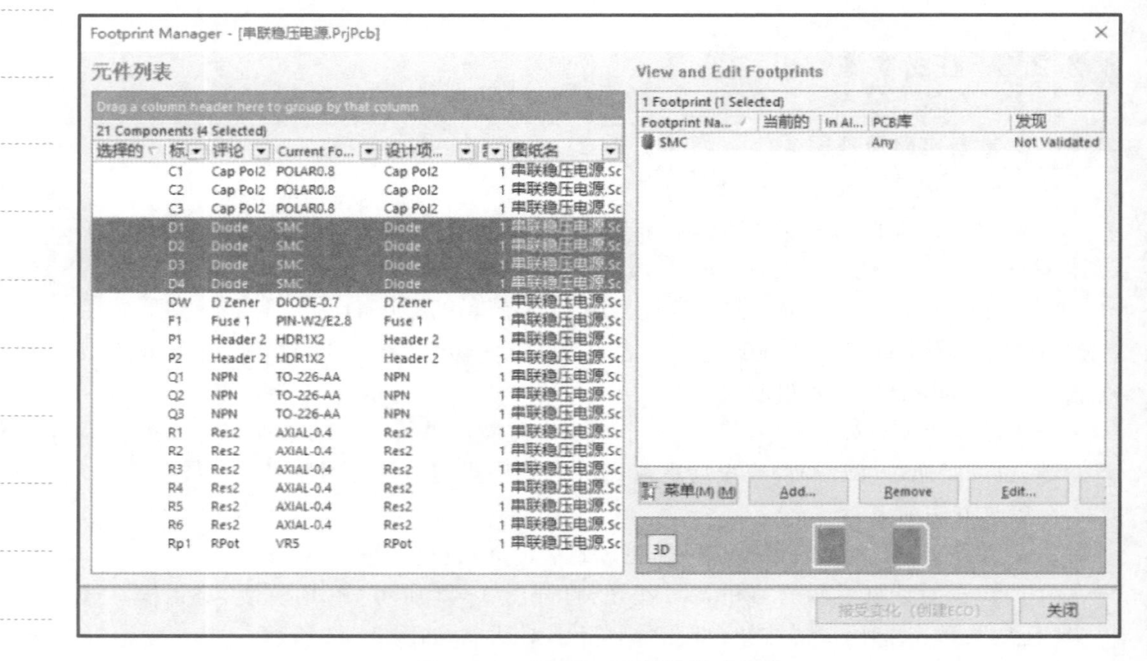

图 3-42 选中需更改封装的元器件

图 3-43 “PCB 模型”对话框

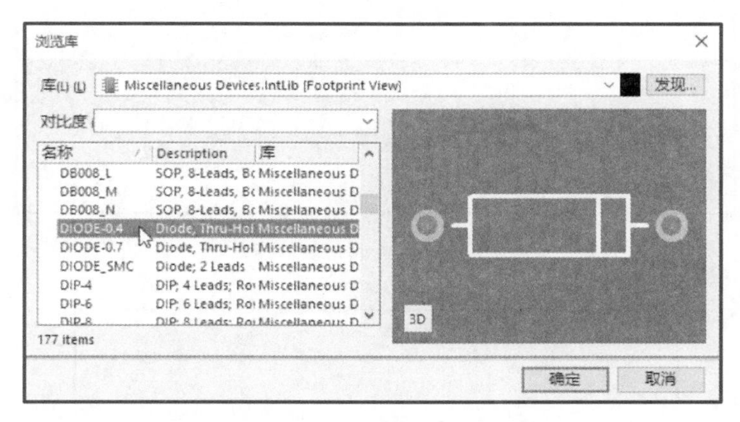

图 3-44 “浏览库”对话框

d. 单击“确定”按钮返回图 3-45 所示对话框。单击右下角“接受变化(创建ECO)”按钮，在弹出的“工程更改顺序”对话框中，单击“执行更改”按钮，如图 3-46 所示，封装更新到原理图中，单击“关闭”按钮。

用同样的方法将其他元器件的封装修改好。

2. 新建 PCB 文件

本项目利用 PCB 向导新建并规划印制电路板。

① 单击面板控制按钮“Files”，系统显示 Files 面板。单击 Files 面板下部“从模板新建文件”标题栏中的“PCB Board Wizard...”选项，即可进入 PCB 文件生成向导，如图 3-47 所示。

② 单击“下一步”按钮继续，系统弹出图 3-48 所示对话框。在对话框里可进

视频 3-7

利用向导新建并规划印制电路板

行 PCB 尺寸单位设置。单击“英制”前的单选框，系统尺寸单位为 mil；单击“公制”前的单选框，系统尺寸单位为 mm。在这里选择英制单位，单击“下一步”按钮继续。

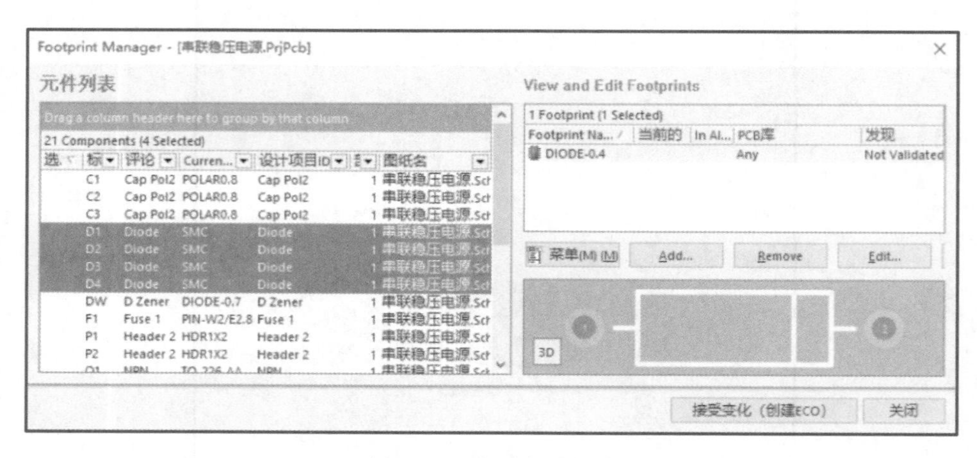

图 3-45　找到合适封装

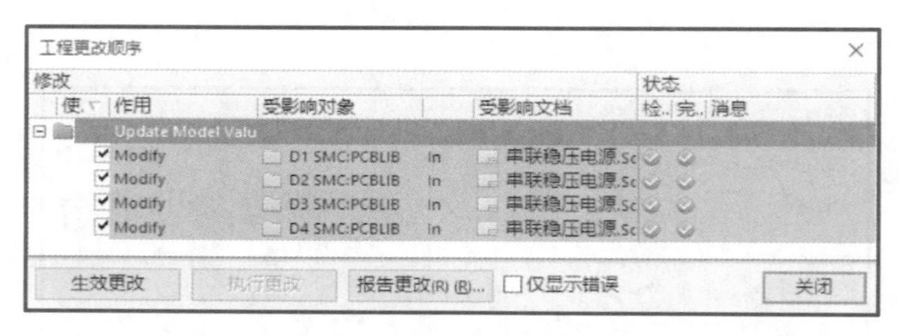

图 3-46　更改封装信息

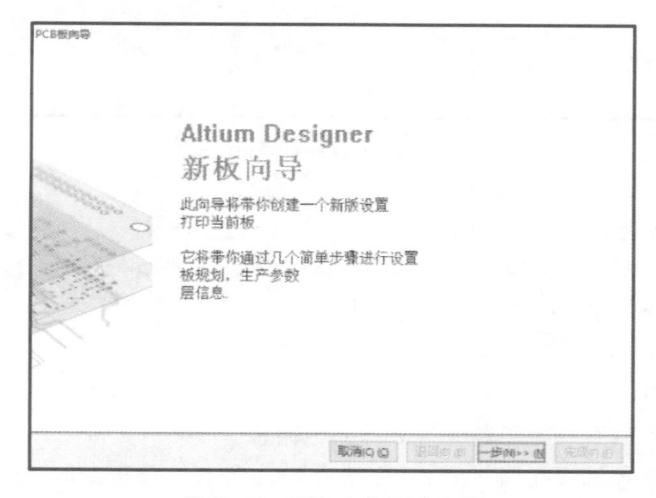

图 3-47　PCB 文件生成向导

③ 在弹出的图3-49所示的对话框中，可以从向导提供的PCB模板库中选择一种标准模板，也可以选择Custom选项，根据用户的需要输入自定义尺寸。在本例中，选择Custom选项，单击“下一步”按钮继续。

图3-48 尺寸单位设置

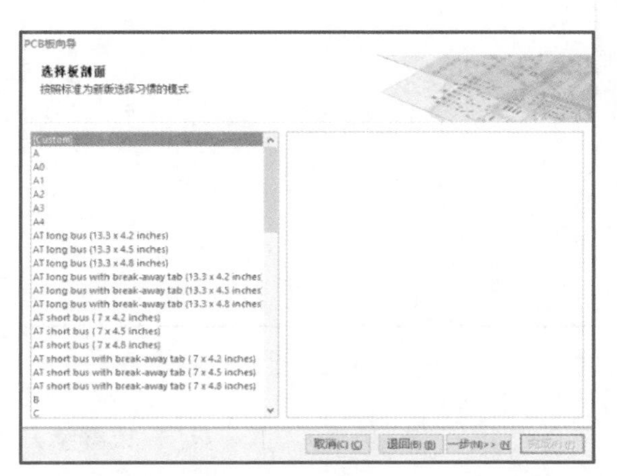

图3-49 模板选择

④ 在图3-50所示对话框，选择印制电路板的形状，确定印制电路板的物理边界尺寸及其所在图层，这里在“宽度”栏中输入“3 000 mil”，在“高度”栏中输入“2 000 mil”，单击“下一步”按钮继续。

⑤ 图3-51所示为板层设置对话框，包括信号层及内部电源层。设置信号层为2层，电源层为0，单击“下一步”按钮继续。

⑥ 图3-52所示为过孔形式设置对话框。单击“仅通孔的过孔”前的单选框，系统过孔形式设置为全部通孔样式，单击“下一步”按钮继续。

⑦ 在设计PCB时，应当首先考虑元器件的选型，选择通孔式元器件或者表面贴片式元器件；其次，还应当考虑元器件的安装方式等。图3-53所示即为上述选项设置的对话框，选择“通孔元件”。

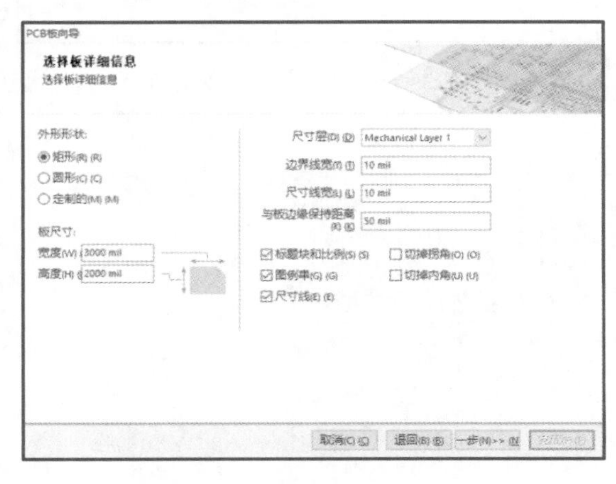

图3-50 板面设置

图3-51 板层设置对话框

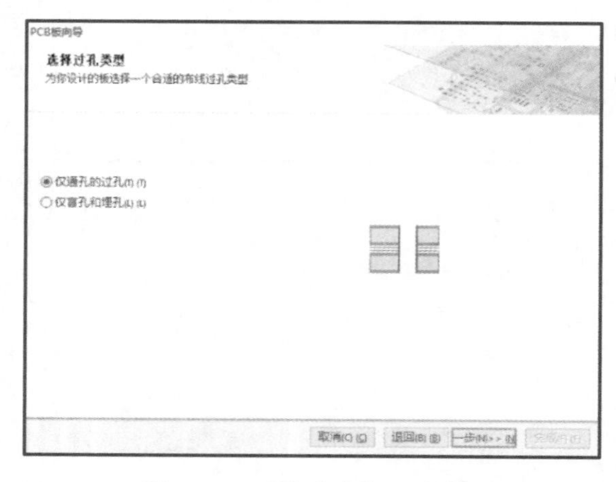

图 3-52 过孔形式设置对话框

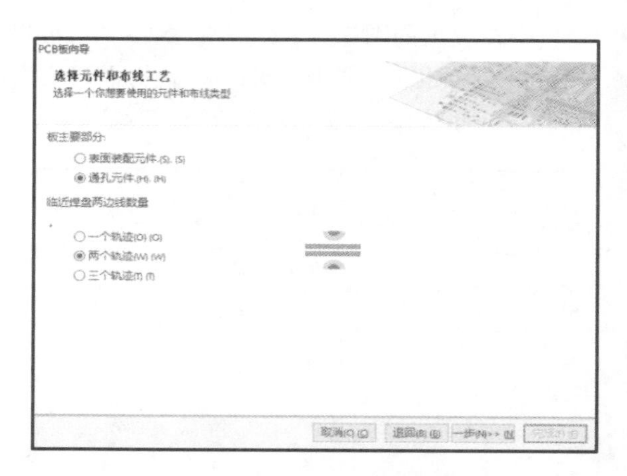

图 3-53 元器件样式及布线逻辑设置

⑧ 单击“下一步”按钮继续，进入图 3-54 所示对话框中。可以设置导线和过孔的尺寸，以及最小线间距等参数。保持系统默认值不变。

⑨ 单击“下一步”按钮继续，进入图 3-55 所示对话框，提示已经完成 PCB 向导生成设置。单击“完成”按钮，系统生成图 3-56 所示印制电路板边框。

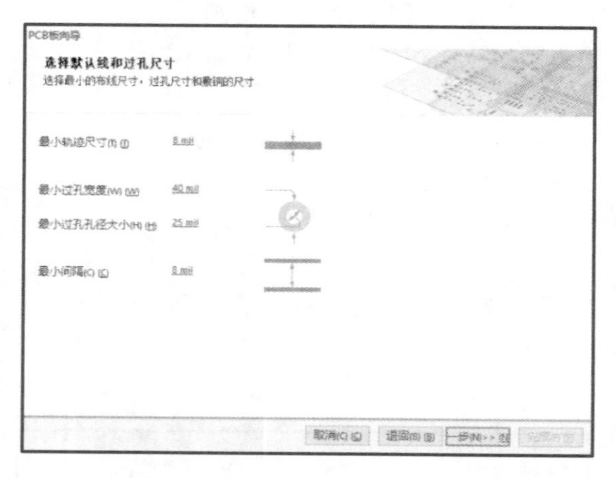

图 3-54 导线、过孔属性设置

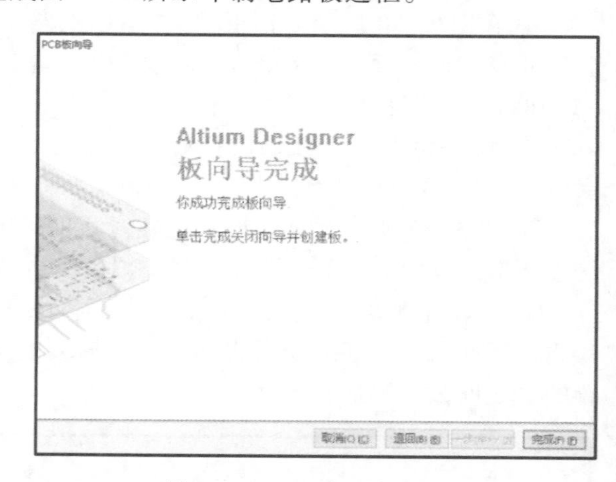

图 3-55 PCB 向导完成画面

图 3-56 PCB 向导生成的印制电路板边框

⑩ 执行菜单命令[文件]/[保存]，在弹出的保存文件对话框中输入“串联稳压电源”为该 PCB 文件名，并保存在建立的“稳压电源”文件夹中。

3. 加载网络表及元器件

串联稳压电源电路涉及两个元器件库，即 Miscellaneous Devices. IntLib 和 Miscellaneous Connectors. IntLib。这两个封装库都是系统默认元器件库。

① 在 PCB 编辑器执行菜单命令[设计]/[Import Changes From [串联稳压电源 . PRJPCB]]，弹出图 3-57 所示“工程更改顺序”对话框。

图 3-57 “工程更改顺序”对话框

② 单击“生效更改”按钮，系统逐项检查提交的修改有无违反规则的情况，并在“状态”栏的“检查”列中显示是否正确。其中“√”表示正确，“×”表示有错误。如果有错误，则需要返回电路原理图进行修改。图 3-58 所示为运行“生效更改”检查后的对话框。

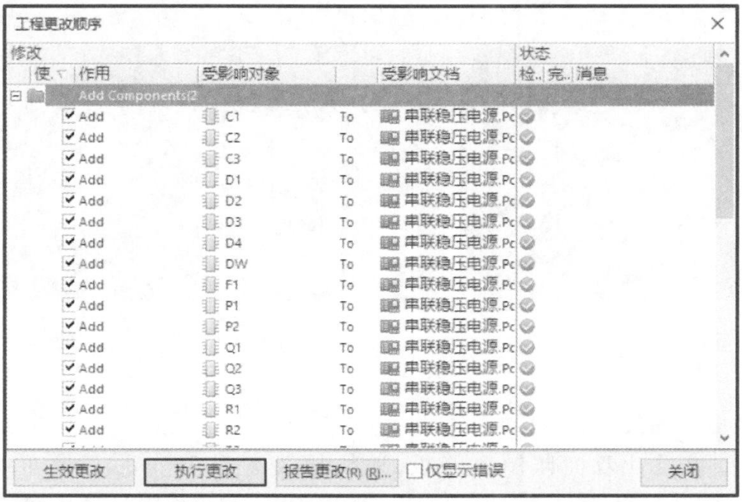

工程更改顺序

使..	作用	受影响对象		受影响文档	检..	完..	消息
	Add Components(2						
✓	Add	C1	To	串联稳压电源.Pc	✓		
✓	Add	C2	To	串联稳压电源.Pc	✓		
✓	Add	C3	To	串联稳压电源.Pc	✓		
✓	Add	D1	To	串联稳压电源.Pc	✓		
✓	Add	D2	To	串联稳压电源.Pc	✓		
✓	Add	D3	To	串联稳压电源.Pc	✓		
✓	Add	D4	To	串联稳压电源.Pc	✓		
✓	Add	DW	To	串联稳压电源.Pc	✓		
✓	Add	F1	To	串联稳压电源.Pc	✓		
✓	Add	P1	To	串联稳压电源.Pc	✓		
✓	Add	P2	To	串联稳压电源.Pc	✓		
✓	Add	Q1	To	串联稳压电源.Pc	✓		
✓	Add	Q2	To	串联稳压电源.Pc	✓		
✓	Add	Q3	To	串联稳压电源.Pc	✓		
✓	Add	R1	To	串联稳压电源.Pc	✓		
✓	Add	R2	To	串联稳压电源.Pc	✓		

生效更改 执行更改 报告更改(R) (R)... 仅显示错误 关闭

图 3-58 检查后的“工程更改顺序”对话框

③ 单击“执行更改”按钮，将网络表和元器件载入 PCB 编辑器中。

④ 单击“关闭”按钮，即可看见载入的元器件和网络预拉线，如图 3-59 所示。

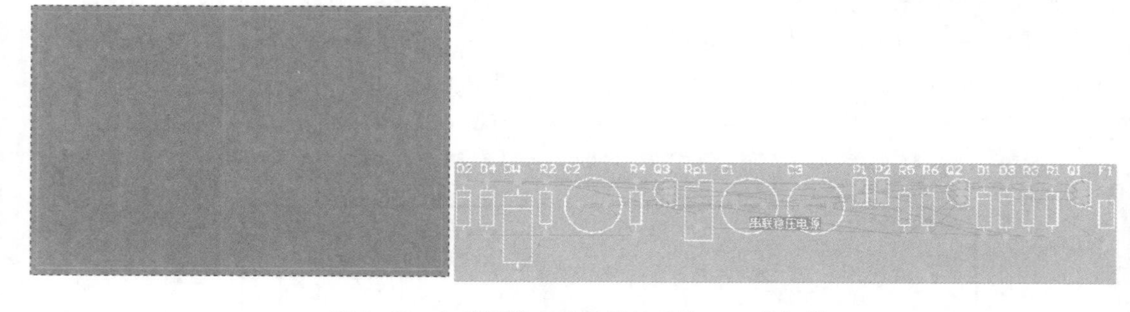

图 3-59 加载网络表和元器件后的 PCB 编辑器

4. 元器件布局

(1) 自动布局

选中要布局的元件，执行菜单命令[工具]/[器件布局]/[在矩形区域排列]，光标变为十字形，在可布局区域绘制矩形，即可开始在选择的矩形中自动布局。自动布局后的 PCB 如图 3-60 所示。删除“Room”空间。

(2) 手工调整元器件布局

自动布局后的结果不太令人满意，还需要手工布局，根据信号流向和布局原则将元器件移动到合适的位置，使之在满足电气功能要求的同时，更加优化，更加美观。

① 移动、旋转元器件。

② 调整元器件标注位置、方向。

经过上述手工调整方式后，串联稳压电源电路的布局如图 3-61 所示。

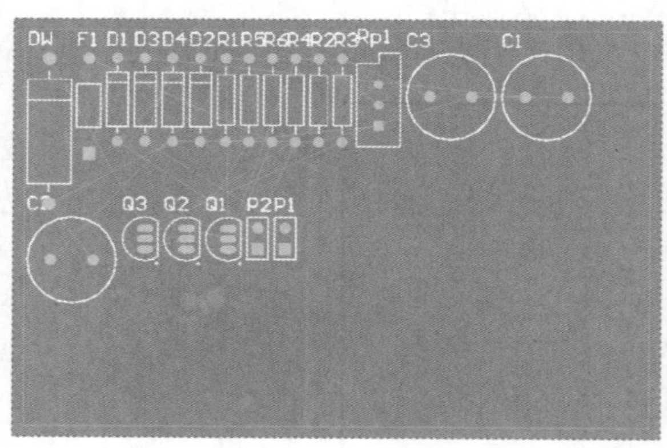

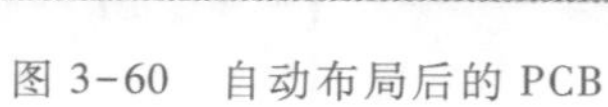
图 3-60 自动布局后的 PCB

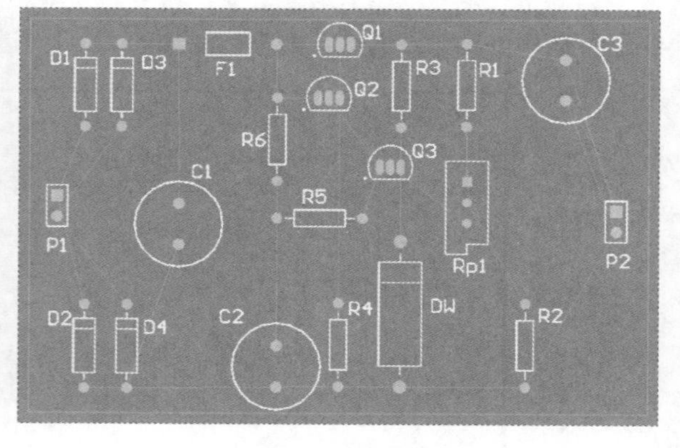

图 3-61 手工调整后的布局

5. 设置自动布线规则

该项目要求设计双面印制电路板，地线的线宽为 30 mil，其他布线的宽度为 10 mil。系统默认的设置就是双面印制电路板，所以，布线规则只设线宽，其他采用系统默认的设置。

① 执行菜单命令[设计]/[规则...]，打开规则设置对话框。单击 Routing 左边的“+”，展开布线规则，单击 Width，显示布线宽度设置对话框，如图 3-62 所示。将最大(Max Width)、最小(Min Width)和优先宽度(Preferred Width)都设置为 10 mil，单击“确定”按钮确认设置。

② 鼠标右键单击 Width 选项，出现图 3-63 所示的对话框。

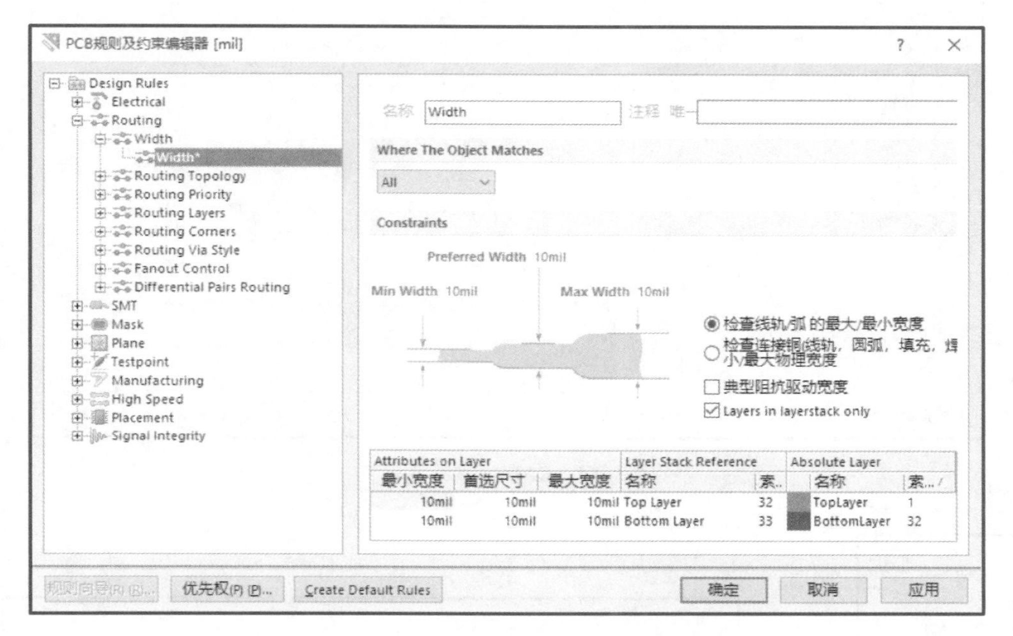

图 3-62　设置线宽

▼视频 3-8

设置自动布线规则

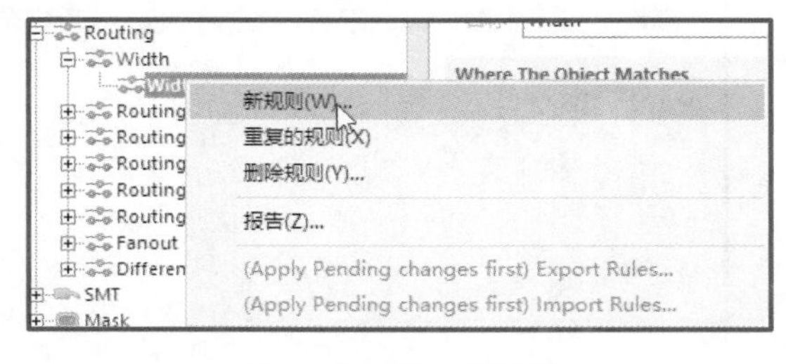

图 3-63　添加新规则

③ 单击“新规则...”选项，在“Width”中添加了一个名为“Width_1”的规则，如图 3-64 所示。单击 Width_1，打开设置布线宽度对话框，在“Where The Object Matches”区域单击下拉列表框选“Net”，如图 3-65 所示。从显示的有效网络列表中选择 GND，如图 3-66 所示。将最大(Max Width)、最小(Min Width)和优先宽度(Preferred Width)都设置为 30 mil，单击“确定”按钮确认设置。

④ 由于设置了多个不同线宽规则，可以设定它们的优先权，以保证布线正常进行。单击图 3-64 中左下角“优先权...”按钮，系统弹出“编辑规则优先权”对话框，如图 3-67 所示。选中规则，单击“增加优先权”或“减小优先权”按钮可以改变线宽规

则的优先权，本项目优先权最高的是“GND”。

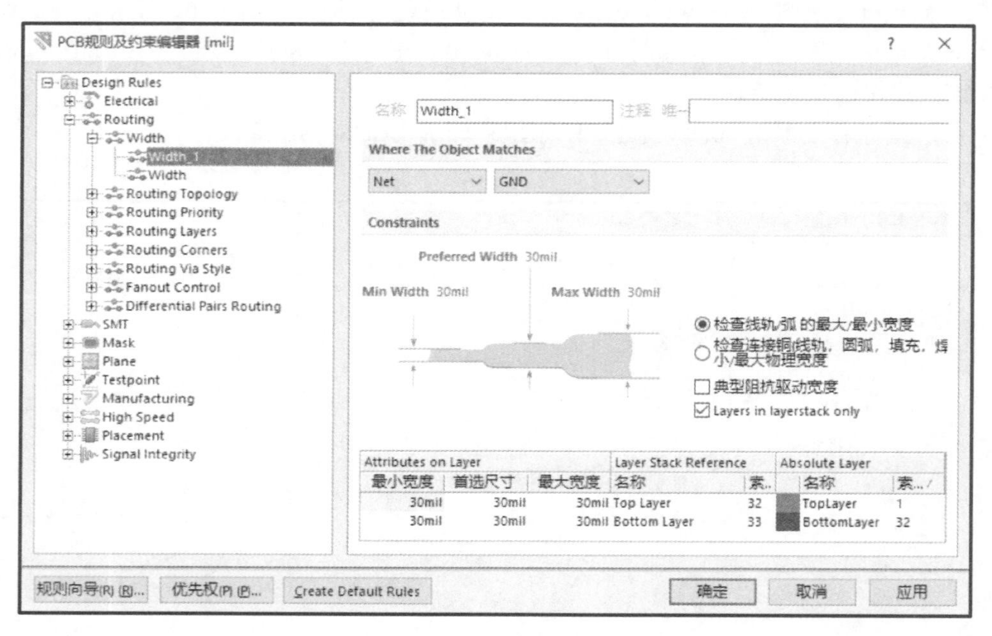

图 3-64 GND 网络线宽设置

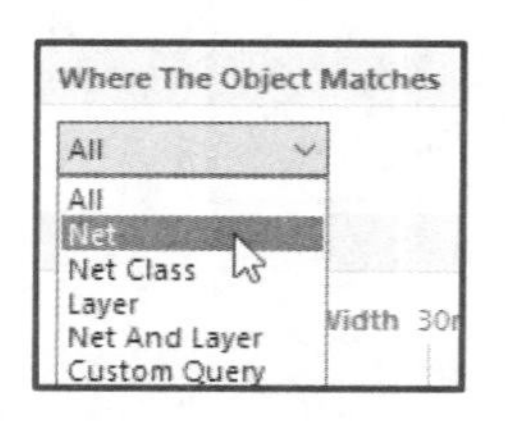

图 3-65 选择 Net

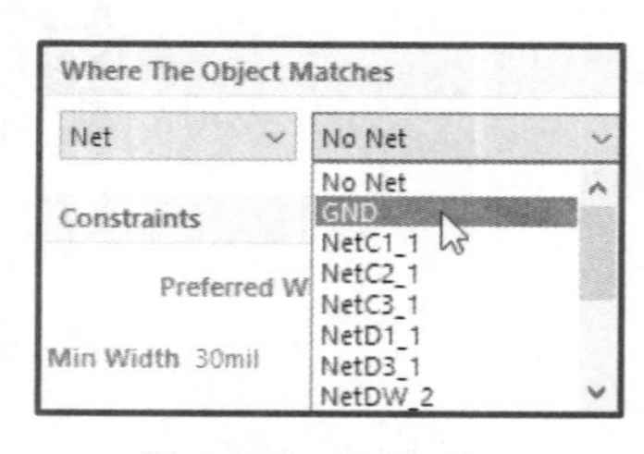

图 3-66 选择 GND

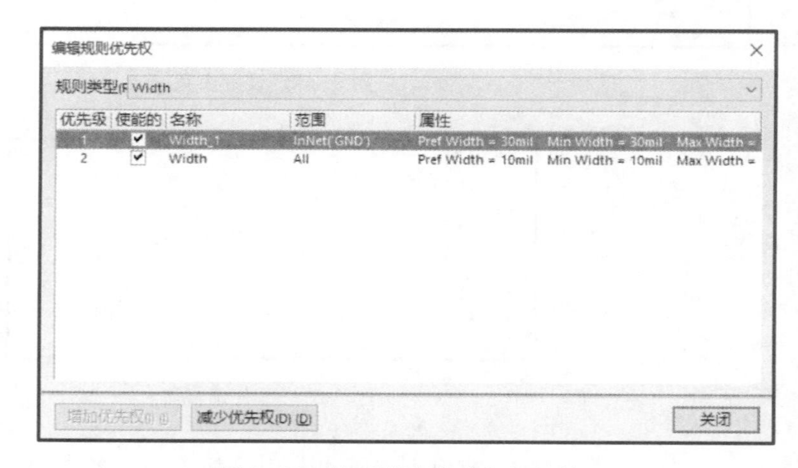

图 3-67 “编辑规则优先权”对话框

6. 自动布线

执行菜单命令[自动布线]/[Auto Route]/[全部…]，打开图 3-68 所示对话框。

① 查看已设置的布线规则。在图 3-68 中的“布线设置报告”区域显示的是已设置的布线规则，若要修改，可单击下方的“编辑规则…”按钮，在弹出的对话框中修改。

② 设置布线层的走线方式。单击图 3-68 中“编辑层走线方向…”按钮，系统弹出图 3-69 所示的“层说明”对话框，可以设置布线层的走线方向，系统默认双面板顶层走垂直线，底层走水平线。这里使用系统的默认设置。

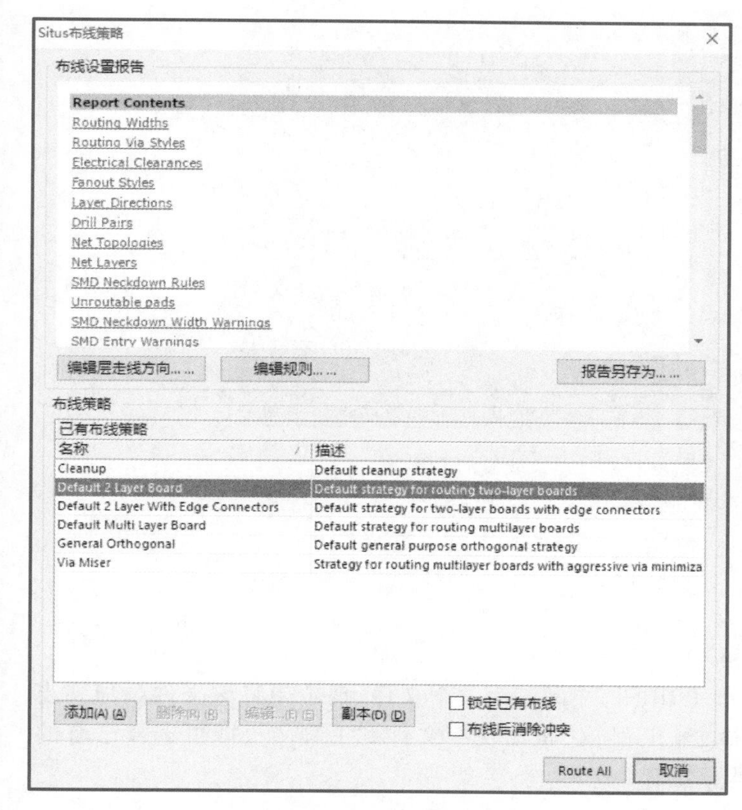

图 3-68 “布线策略”对话框

图 3-69 “层说明”对话框

③ 其他使用系统默认的布线策略。单击“Route All”按钮，程序开始对印制电路板进行自动布线。自动布线过程中系统会弹出一个布线信息框，提示自动布线的进程，用户可以了解布线的具体情况。图 3-70 所示为布线结束后的信息框。完成自动布线后，生成图 3-71 所示的 PCB 图。

Messages

Class	Document	Sou...	Message	Time	Date	N..
Situ...	串联稳压...	Situs	Routing Started	11:51:39	2019/...	1
Rou...	串联稳压...	Situs	Creating topology map	11:51:40	2019/...	2
Situ...	串联稳压...	Situs	Starting Fan out to Plane	11:51:40	2019/...	3
Situ...	串联稳压...	Situs	Completed Fan out to Plane in 0 Seconds	11:51:40	2019/...	4
Situ...	串联稳压...	Situs	Starting Memory	11:51:40	2019/...	5
Situ...	串联稳压...	Situs	Completed Memory in 0 Seconds	11:51:40	2019/...	6
Situ...	串联稳压...	Situs	Starting Layer Patterns	11:51:40	2019/...	7
Rou...	串联稳压...	Situs	Calculating Board Density	11:51:40	2019/...	8
Situ...	串联稳压...	Situs	Completed Layer Patterns in 0 Seconds	11:51:40	2019/...	9
Situ...	串联稳压...	Situs	Starting Main	11:51:40	2019/...	10
Rou...	串联稳压...	Situs	Calculating Board Density	11:51:40	2019/...	11
Situ...	串联稳压...	Situs	Completed Main in 0 Seconds	11:51:40	2019/...	12
Situ...	串联稳压...	Situs	Starting Completion	11:51:40	2019/...	13
Situ...	串联稳压...	Situs	Completed Completion in 0 Seconds	11:51:40	2019/...	14
Situ...	串联稳压...	Situs	Starting Straighten	11:51:40	2019/...	15
Situ...	串联稳压...	Situs	Completed Straighten in 0 Seconds	11:51:40	2019/...	16
Rou...	串联稳压...	Situs	33 of 33 connections routed (100.00%) in 1 Second	11:51:40	2019/...	17
Situ...	串联稳压...	Situs	Routing finished with 0 contentions(s). Failed to complete 0 c...	11:51:40	2019/...	18

图 3-70 布线信息框

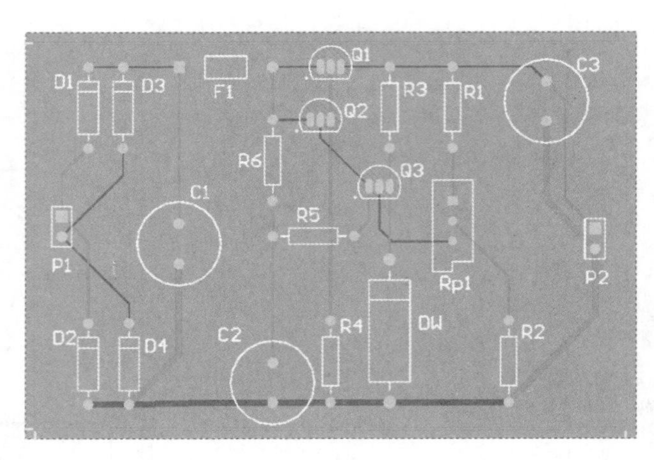

图 3-71 自动布线后的 PCB 图

3.2.4 操作技巧

1. 导入其他 PCB 文档

如果已经设计好了一个 PCB 图,并保存为一个文件,现希望将该文件添加到当前工程中,只需执行菜单命令[工程]/[添加现有文件到工程...],即可选择已有的 PCB 文件,并直接添加到当前工程中。

2. 单位转换的方法

在 PCB 编辑器,单位制可以在英制(mil)和公制(mm)之间转换,有如下三种方法。

方法一:按键盘上的 Q 键。

方法二:执行菜单命令[察看]/[切换单位]。

方法三:执行菜单命令[设计]/[板参数选项...],在“板选项”对话框中修改。

3. 利用 PCB 面板管理画面

(1) 画面的移动

在 PCB 的设计过程中,常常需要移动工作窗口中的画面,以便观察图纸的各个部分,除了利用工作窗口的滚动条外,利用 PCB 面板也可以方便地移动画面。

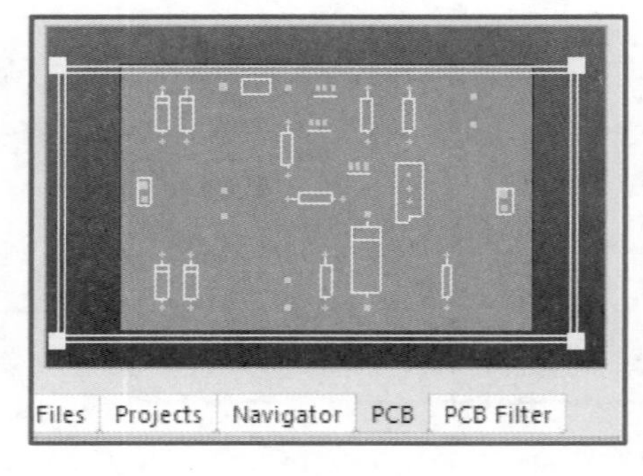

图 3-72 PCB 面板

PCB 面板下部的小窗口显示的是整张图纸,如图 3-72 所示。图中的双线框就是当前工作窗口画面在整张图纸中所处的位置。可以通过移动这个线框来移动工作窗口中的画面。

(2) 画面的缩放

缩小双线框构成的矩形可以放大画面,扩大双线框构成的矩形可以缩小画面。

4. 飞线设置

将原理图导入 PCB 编辑器后,可以看

到具有电气连接关系的元器件引脚之间通过飞线连接。在布局时用飞线来确定各个元器件的布局，在布线时通过飞线引导布线的绘制。控制这些飞线的显示并且设置其颜色有助于更好地管理布局布线过程。

在PCB编辑器界面，在[察看]/[连接]（或按快捷键"N"）子菜单项的命令可以控制飞线的显示与隐藏。

双击在PCB面板中的网络名称，打开"编辑网络"对话框，可以编辑飞线的颜色。

5. 原理图与PCB的交互设置

为了方便元器件的找寻，可以把原理图与PCB对应起来，使两者之间能相互映射，简称交互。利用交互式布局可以比较快速定位元器件，从而缩短设计时间，提高工作效率。

在原理图编辑器界面和PCB编辑器界面都执行菜单命令[工具]/[交叉选择模式]，激活交互模式。这样在原理图上选中某个元器件后，PCB上对应的元器件同步被选中；反之在PCB上选中某个元器件后，原理图上对应的元器件也会被选中。

另外利用菜单命令[工具]/[交叉探针]或主工具栏按钮也可实现交互模式。

6. 关闭自动滚屏

在进行线路连接或移动元器件时，会出现窗口中的内容自动滚屏的问题，不利于操作，主要原因是系统默认的设置为"自动滚屏"。

执行菜单命令[工具]/[优先选项...]，系统弹出图3-73所示对话框，在"自动扫描选项"区的"类型"下拉列表框中单击"Disable"即可关闭自动滚屏。

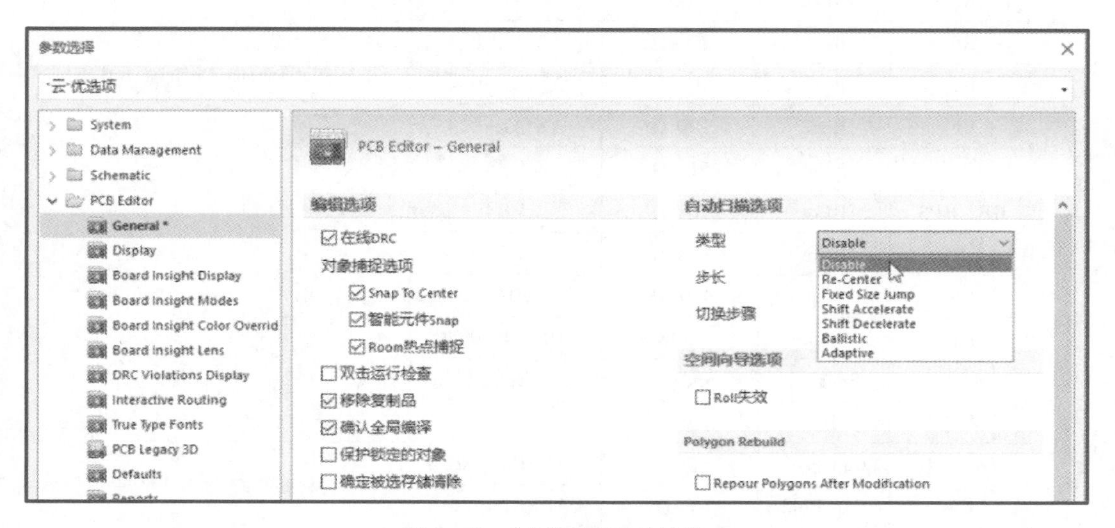

图3-73 "参数选择"对话框

教学课件
3.3

3.3 上机实践

1. 采用手工布线的方式设计图 2-1 所示语音放大器电路的 PCB

要求制作大小为 3 400 mil×2 000 mil 单面印制电路板。手工规划印制电路板，电源线、地线的线宽为 40 mil，其他布线的宽度为 20 mil，采用手工布线。元器件一览表见表 3-4。图 3-74 所示为语音放大器电路 PCB 参考图。

在设计过程中，需要注意以下几项：

① 注意元器件的封装形式，如果系统默认的封装形式与表中所列不同，要修改。

② 手工布线时注意修改线宽。

表 3-4　语音放大器电路元器件一览表

元器件序号 (Designator)	库元器件名 (LibRef)	注释或参数值 (Comment)	元器件封装 (FootPrint)	元器件封装所在库 (Library)
Q1	2N3904	9014	TO-92A	Miscellaneous Devices. IntLib
Q2	2N3906	9015	TO-92A	
Q3	2N3904	8050	TO-92A	
Q4	2N3906	8550	TO-92A	
R1	Res2	100 kΩ	AXIAL-0. 4	
R2	Res2	22 kΩ	AXIAL-0. 4	
R3	Res2	750 kΩ	AXIAL-0. 4	
R4 R5 R9	Res2	1 kΩ	AXIAL-0. 4	
R6	Res2	27 kΩ	AXIAL-0. 4	
R7	Res2	47 Ω	AXIAL-0. 4	
R8	Res2	100 Ω	AXIAL-0. 4	
RP1	RPot	51 kΩ	VR4	
RP2 RP3	RPot	10 kΩ	VR4	
RP4	RPot	100 Ω	VR4	
C8	Cap	470 pF	RAD-0. 2	
D1	Diode	4148	DIODE-0. 4	
LS1	Speaker	Speaker	PIN2	
MK1	Mic2	MC	PIN2	
C1～C4	Cap Pol2	10 μF	CAPPR2-4x6. 8	CapacitorPolar Radia Cylinderl. PcbLib
C5	Cap Pol2	47 μF	CAPPR2-4x6. 8	
C6 C7	Cap Pol2	470 μF	CAPPR2-4x6. 8	
P1	Header 2		HDR1×2	Miscellaneous Connectors. IntLib

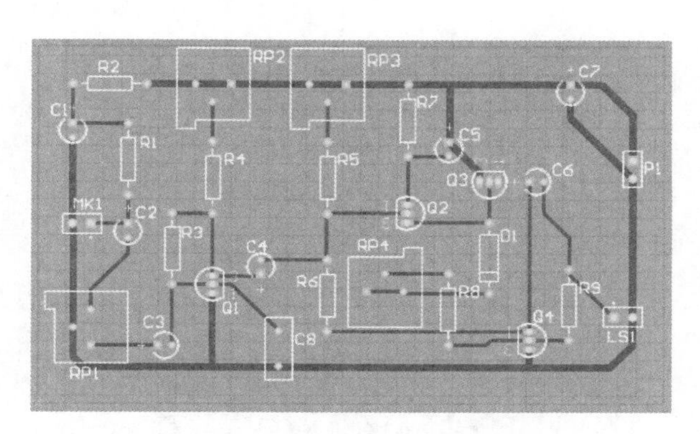

图 3-74 语音放大器电路 PCB 参考图

2. 采用手工布线的方式设计图 3-75 所示三端稳压电源电路的 PCB

要求制作大小为 3 800 mil×2 600 mil 单面印制电路板。手工规划印制电路板，布线宽度为 30 mil，采用手工布线。元器件一览表见表 3-5。图 3-76 所示为三端稳压电源电路 PCB 参考图。

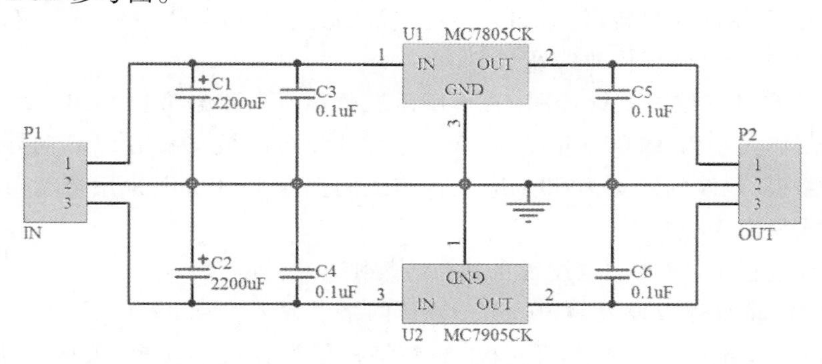

图 3-75 三端稳压电源电路

表 3-5 三端稳压电源电路元器件一览表

元器件序号（Designator）	库元器件名（LibRef）	元器件封装（FootPrint）	元器件所在库（Library）
U1	MC7805CK	1-03	Motorola Power Mgt Voltage Regulator. IntLib
U2	MC7905CK	1-03	
C1、C2	Cap Pol2	RB5-10.5	Miscellaneous Devices. IntLib
C1～C4	Cap	RAD-0.3	
P1	Header 3	HDR1×3	Miscellaneous Connectors. IntLib
P2	Header 3	HDR1×3	

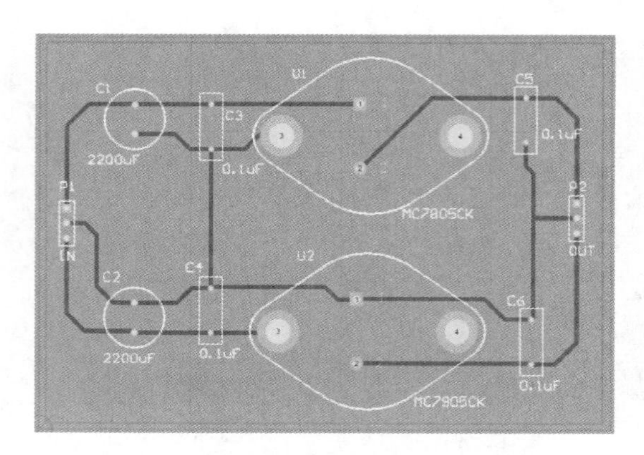

图 3-76 三端稳压电源电路 PCB 参考图

在设计过程中,需要注意以下几项:

① U1、U2 没在系统默认打开的元器件库,需要添加,所在一级库为 Motorola。

② 绘制原理图时,注意节点的放置。

③ 注意元器件的封装形式,如果系统默认的封装形式与表中所列不同,要修改。

④ 手工布线时注意修改线宽。

3. 采用自动布线方式设计图 3-75 所示三端稳压电源电路的 PCB

要求制作大小为 3 800 mil×2 600 mil 单面印制电路板。利用 PCB 向导新建并规划印制电路板,地线的线宽为 50 mil,其他布线的宽度为 30 mil,采用自动布线。元器件封装形式见表 3-5。

在设计过程中,需要注意设置自动布线规则。

① 线宽:将整张板设置为 30 mil ,GND 网络设置为 50 mil。

② 板层:系统默认设置为两面板,如果将板层设置成单面板,顶层不布线,用于安装元器件;只在底层布线。

方法:

a. 执行菜单命令[设计]/[规则...],打开图 3-77 所示对话框。

b. 单击图 3-77 中"Routing Layers"选项,取消允许布线下"Top Layer"后面复选框的对钩即可。

4. 设计图 2-25 所示半加器电路 PCB

要求制作大小为 2 000 mil×1 200 mil 的双面印制电路板。电源线、地线的线宽为 30 mil,其他布线的宽度为 10 mil,采用自动布线。元器件一览表见表 3-6。

表 3-6 半加器电路元器件一览表

元器件序号 (Designator)	库元器件名 (LibRef)	元器件封装 (FootPrint)	元器件所在库 (Library)
U1	MC74HC00AN	646-06	Motorola Logic Gate. IntLib
U2	MC74HC00AN	646-06	
P1	Header 4	HDR1×4	Miscellaneous Connectors. IntLib
P2	Header 3	HDR1×3	

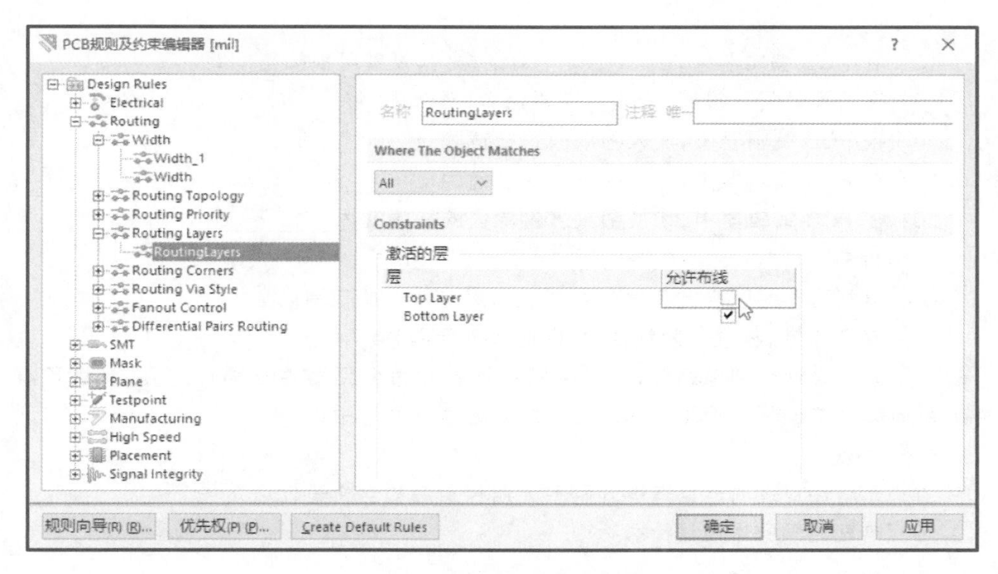

图 3-77 设置单层布线方式

在设计过程中,需要注意以下几项:

① 注意 U1、U2 为多功能单元元器件,如果印制电路板布线需要,可以调整使用元器件内单元电路的顺序。

② 注意通过生成网络表和印制电路板观察隐藏引脚与相应网络的连接。

③ 观察 U1、U2 在原理图与印制电路板中的形式。

本单元小结

本单元介绍了进行印制电路板文件建立的方法以及 PCB 编辑器的编辑环境。

单面板只有一个导电图层(底层或顶层);而双面板有两个导电图层(顶层和底层);多层板除具有顶层和底层外,至少还有一个中间信号层或内部电源层。

元器件封装是电路设计的根本。系统提供了丰富的元器件封装,应学会浏览、查看、添加元器件封装库。

网络表代表着印制电路板设计的灵魂,承载着元器件的封装以及相互间的连接关系。

在普通印制电路板设计中,常用到的设计规则设置包括导线宽度设置和板层设置。

系统提供了强大的自动布线功能,但手工调整依然是很必要的。手工布线应使用交互布线工具,而不该使用直线工具。

思考与练习

1. 填空题

(1) 手工交互布线应执行________/________或单击________工具栏中按钮。

(2) 在 PCB 编辑器中,在 ________ 对话框内,设置可视栅格间距。

(3) 进行设计规则设置,应执行菜单命令[设计]/________。

(4) 在 PCB 编辑器中,放大图纸的快捷键为________。

(5) 在 PCB 编辑器中,缩小图纸的快捷键为________。

(6) 在 PCB 编辑器中,切换图纸度量单位的快捷键为________。

2. 判断题

(1) 电气边界用于限制元器件布置及铜膜走线在此范围内。 ( )

(2) PCB 设计,在载入网络表时,同时载入元器件。 ( )

(3) 为了设计印制电路板,在画电路原理图时每个元器件必须有封装,而且元器件封装的焊盘与电路原理图元器件引脚之间必须有对应关系。 ( )

3. 简答题

(1) 元器件封装的分类有哪几种? 元器件封装的含义是什么?

(2) 电气边界的作用是什么?

(3) 放置导线 和 ,在功能上有何区别?

(4) 简述印制电路板设计的基本流程。

第4单元　原理图元器件库的制作

能力目标

- 熟练创建原理图元器件库
- 会制作普通原理图元器件
- 会制作多子件元器件

知识点

- 元器件库编辑器界面的组成
- 多子件元器件的含义
- 绘制原理图元器件的步骤

Altium Designer 17 为设计者提供了非常丰富的原理图元器件库，并可以通过下载更新元器件库，基本可以满足一般原理图的设计。尽管如此也不可能将所有元器件都包含进去，特别是在电子技术日新月异的今天，新的元器件每天都在诞生，所以在实际设计电路的过程中，一些特殊形状的元器件或新开发出来的元器件在元器件库中是没有的，这就需要自己创建或修改原理图元器件库。

Altium Designer 17 提供了强大的元器件编辑功能，用户可以利用它非常轻松地编辑各种所需要的元器件，而且还能将创建好的元器件保存在自己的元器件库中，以备日后使用。

▼教学课件

4.1

4.1　项目 1：制作晶体管

4.1.1　任务分析

晶体管是电子电路中最常用到的元器件之一。下面通过制作一个普通的晶体管，熟悉原理图元器件的制作过程。

通过实施该项目达到以下学习目标：

① 熟悉原理图元器件库编辑器，了解其基本功能、环境设置。

② 熟练创建原理图元器件库，会使用元器件绘制工具。

③ 学会简单元器件的制作。

4.1.2 准备知识

原理图元器件的制作，是在元器件库编辑器中进行的。原理图元器件由两部分组成，元器件外形和元器件引脚。元器件外形仅仅提示元器件的功能，没有实质的作用。元器件外形不会影响原理图的正确性，但它对原理图的可读性具有重要作用，因此应尽量绘制直观表达元器件功能的元器件外形图。元器件引脚是元器件的核心部分。原理图元器件的每一个引脚都要和实际元器件的引脚相对应，而原理图元器件引脚的位置是不重要的。每一个引脚都包含有序号和名称，引脚序号用来区分各个引脚，引脚名称用来提示引脚的功能。引脚序号是必须有的，而且不同的引脚要有不同的序号。引脚名称根据需要可以是空的。

1. 认识原理图元器件库编辑器

先打开一个已经存在的元器件库文件，来熟悉原理图元器件库的编辑环境。

Altium Designer 17 主要提供集成库(. IntLib)，没有提供用户使用的专门原理图元器件库(. SchLib)。打开系统自带的 Miscellaneous Devices. IntLib(常用元器件库)文件，选择其中的原理图元器件库，打开后的窗口如图 4-1 所示。

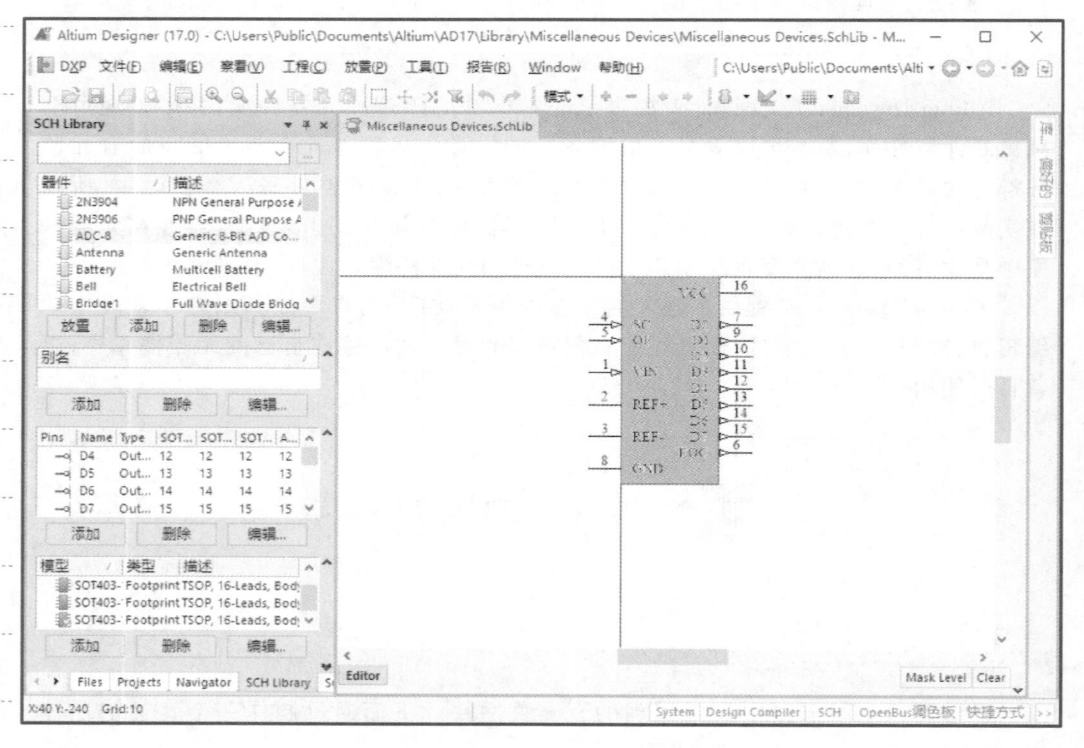

图 4-1 原理图元器件库编辑器

原理图元器件库编辑器界面与原理图编辑器大致相同，不同的是在工作区的中心有一个十字坐标轴，将工作区划分为 4 个象限，一般在第 4 象限原点附近绘制原理图元器件。单击图 4-1 所示界面左侧下边工作面板中的面板标签 SCH Library，即可

打开元器件库管理器控制面板。各区域主要功能如下所述。

“器件”区：用于选择元器件，设置元器件信息。

“别名”区：用于设置元器件的别名，一般不设置。

“Pin”区：用于元器件引脚信息的显示及引脚设置。

“模型”区：用于设置元器件的 PCB 封装、仿真模型等。

在绘制原理图元器件前应了解元器件的基本图形和引脚的尺寸，以保证绘制出的元器件与系统自带库中的元器件风格基本相同，保证图样的一致性。

2. 创建新的原理图元器件的流程

① 新建一个原理图元器件库文件，保存文件。

② 设置工作参数（主要设置工作区的大小、方向、颜色和栅格）。

③ 元器件命名。

④ 在第 4 象限的原点附近绘制元器件外形。

⑤ 放置引脚。

⑥ 设置元器件属性。

⑦ 保存元器件。

▼视频 4-1

绘制晶体管

4.1.3 任务实施

① 执行菜单命令[文件]/[新建]/[Library]/[原理图库]，新建一个原理图元器件库文件，并保存为“MySchLib1. SchLIBib”，进入原理图元器件库编辑器，如图 4-2 所示。

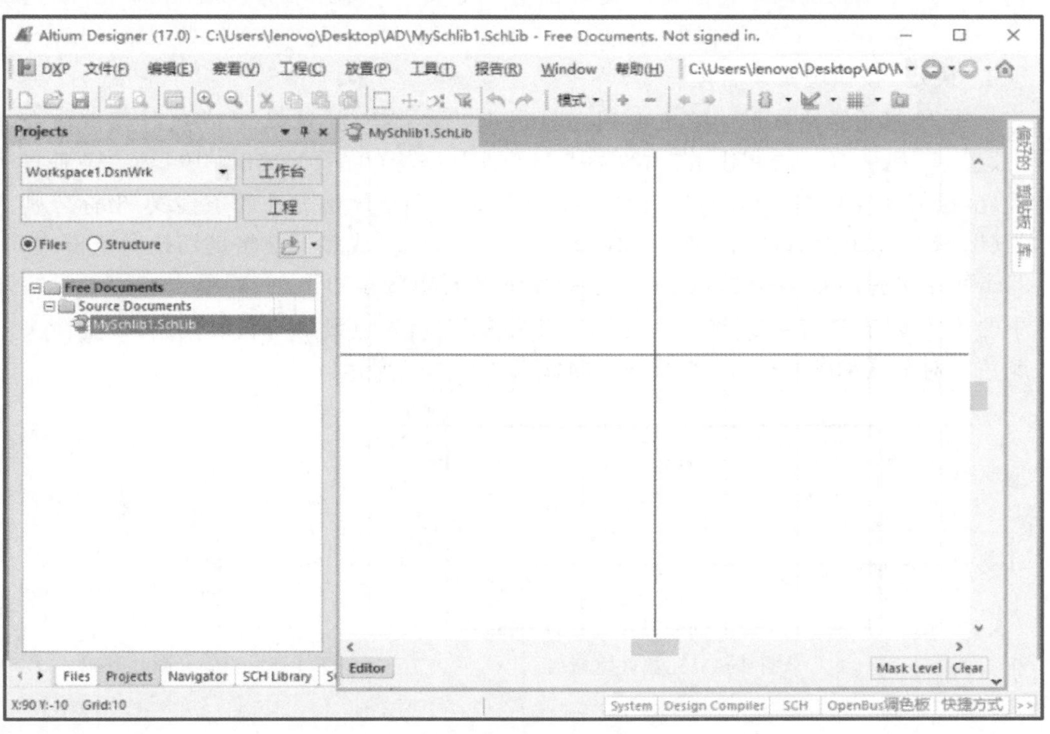

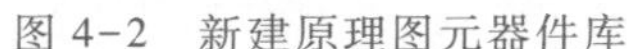

图 4-2 新建原理图元器件库

如果坐标原点移到窗口外,可通过执行菜单命令[编辑]/[跳转]/[原点],或按 Ctrl+Home 组合键,使坐标原点显示在窗口中心。

② 设置工作参数。执行菜单命令[工具]/[文档选项...],打开图 4-3 所示对话框,设置捕捉栅格和可视栅格尺寸,单击“确定”按钮。

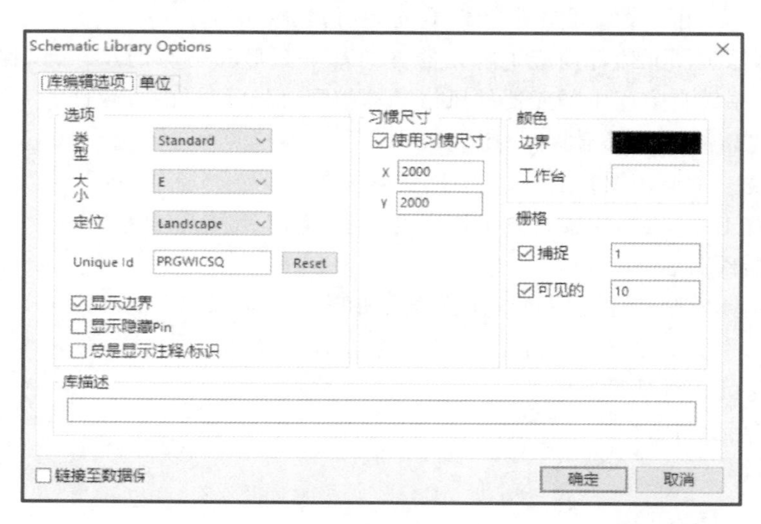

图 4-3 文档选项对话框

③ 元器件重命名。单击面板标签 SCH Library,打开元器件库管理器控制面板。选中元器件 Component－1,执行菜单命令[工具]/[重新命名器件],在出现的“Rename Component”对话框中输入唯一标识该元器件的名称“NPN”,如图 4-4 所示,单击“确定”按钮确认该名称。

④ 绘制元器件外形。单击实用工具栏中的按钮,选择或执行菜单命令[放置]/[线],开始绘制线条,如图 4-5 所示。从坐标(0,－1)～(0,－19)画一条垂直线,坐标值在屏幕左下角的状态行显示。用同样的办法画出另外两条直线,坐标分别为(0,－8)～(10,0)和(0,－12)～(10,20)。可以按一下或多下空格键切换画线模式,双击线条可弹出对话框更改线宽。箭头用一个封闭的多边形创建,单击实用工具栏中的按钮,选择绘制一个三角形箭头,并把填充色设为与直线同色,设置箭头颜色的对话框如图 4-6 所示,绘制好的效果如图 4-7 所示。

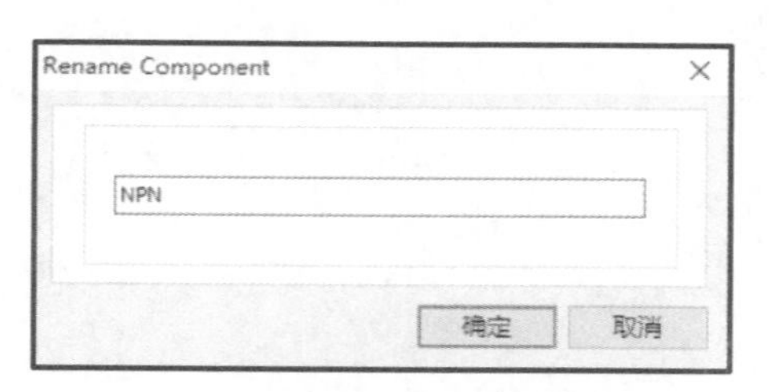

图 4-4 元器件重命名

图 4-5 绘制元器件外形

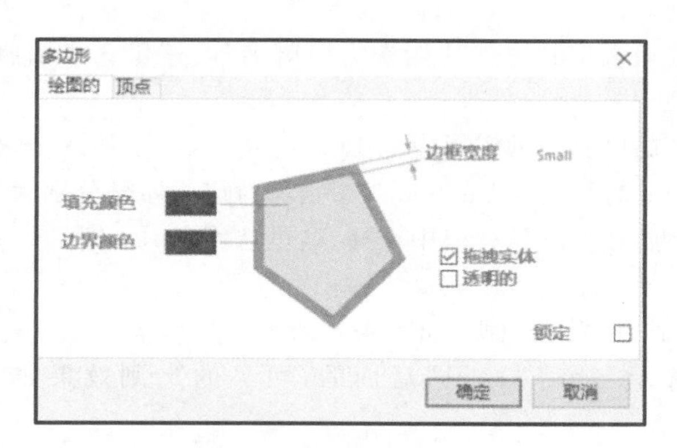

图 4-6 设置箭头颜色

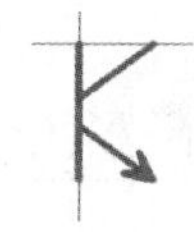
图 4-7 绘制箭头

⑤ 放置引脚。单击实用工具栏中的按钮，选择或执行菜单命令[放置]/[引脚]，此时光标变为十字形并带有引脚符号，按 Tab 键打开“引脚属性”对话框，如图 4-8 所示。

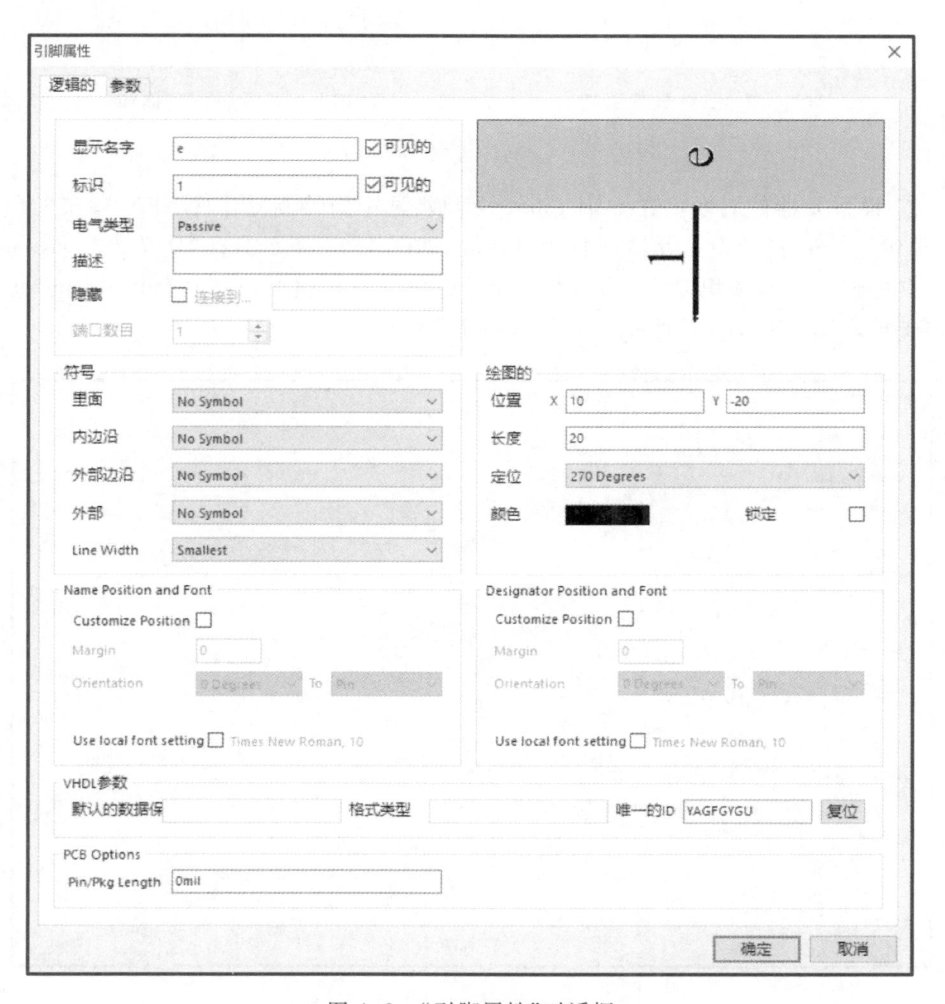

图 4-8 “引脚属性”对话框

显示名字：即引脚名称，通常将其电气功能作为引脚名称，这里 3 个引脚分别命名为 e、b、c。

标识：即引脚序号，引脚的序号必须和对应的 PCB 封装焊盘的序号一致（如果不一致，则在添加封装时会出现错误），这里 e、b、c 三个引脚对应的序号分别为 1、2、3。

电气类型：引脚电气类型，在其下拉列表中选择，这里选为 Passive。

长度：设为 20。

设置好后，单击“确定”按钮，放置引脚，如图 4-9 所示。

如果不选中属性中“显示名字”“标识”后面的“可见的”，则效果如图 4-10 所示。

注意：引脚只有一端具有电气特性，与光标相连的一端具有电气特性，使其远离元器件外形；不与光标相连的一端不具有电气特性，将其与元器件外形相连。

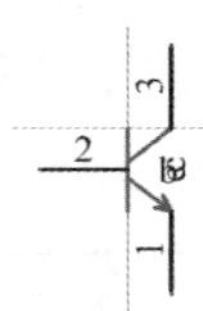

图 4-9 放置引脚

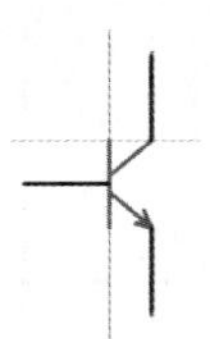

图 4-10 不显示引脚名称和引脚序号

⑥ 设置元器件属性。在 SCH Library 面板，选中新绘制元器件 NPN，单击“元件”区“编辑”按钮，打开设置元器件属性对话框，如图 4-11 所示。在“Default Designator”文本框中输入默认标识“Q?”，使用“?”允许标识号自动递增；在“Default Comment”文本框中输入“NPN”，选中上述两项的“Visible”复选框。

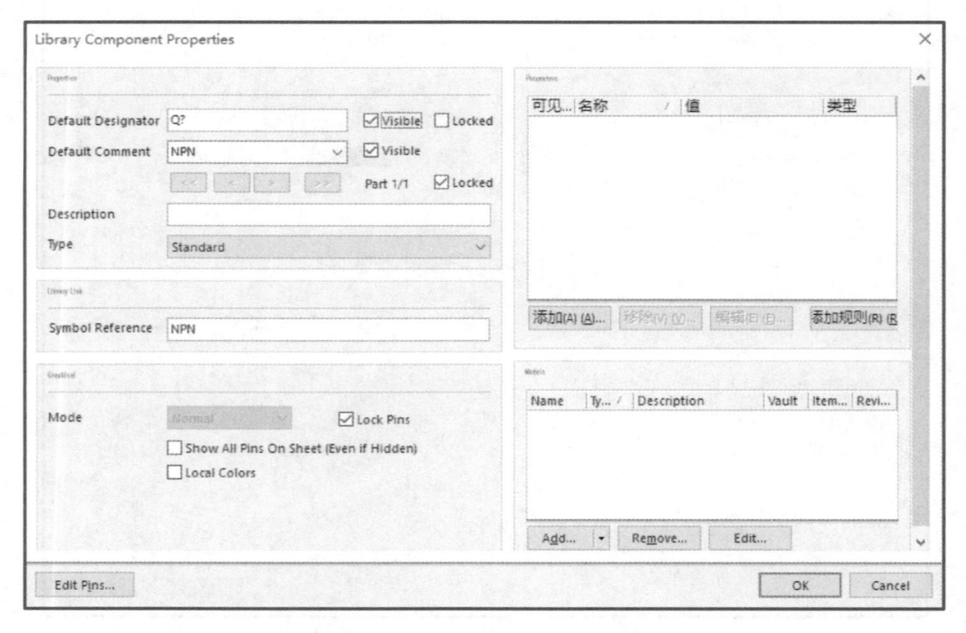

图 4-11 设置元器件属性对话框

⑦ 设置元器件封装。单击图 4-11 中“Models”区的“Add...”按钮，选中“Footprint”，如图 4-12 所示，系统弹出图 4-13 所示“PCB 模型”对话框。在图 4-13 中的“名称”栏输入封装名“TO-92A”，单击“确定”按钮即可。

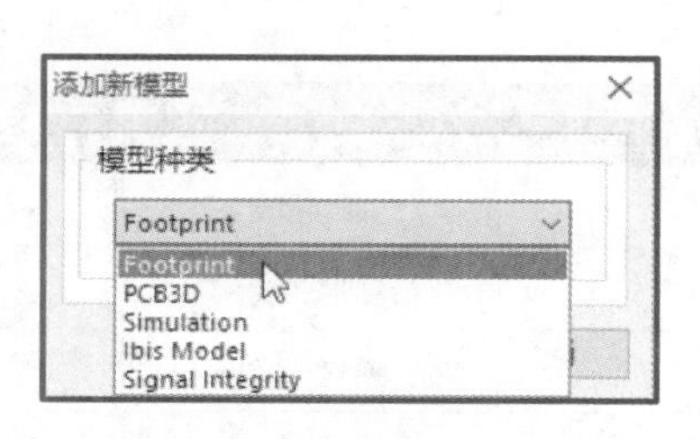

图 4-12 “添加新模型”对话框

在 SCH Library 面板，选中新绘制元器件 NPN，单击“放置”按钮，可将元器件 NPN 放置到原理图编辑器，如图 4-14 所示。

图 4-13 “PCB 模型”对话框

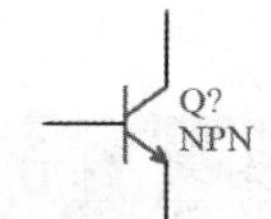

图 4-14 放置的 NPN

4.1.4 制作原理图元器件库常用操作

1. 元器件绘制工具

元器件绘制工具主要有绘图工具栏和 IEEE 符号工具栏。执行菜单命令[察看]/[Toolbars]/[实用]，打开实用工具栏，该工具栏中包含绘图工具栏、IEEE 符号工具栏和栅格设置工具栏等。

（1）绘图工具栏

绘图工具栏如图 4-15 所示，绘图工具栏各按钮的功能见表 4-1。工具栏的功能也可以通过执行菜单命令[放置]来实现。

（2）IEEE 符号工具栏

IEEE 是美国电气和电子工程师协会的缩写。IEEE 符号工具栏如图 4-16 所示，用于为元器件加上常用的 IEEE 符号，主要用于逻辑电路。IEEE 符号工具栏各按钮功能见表 4-2。

表 4-1 绘图工具栏各按钮功能

按钮	功能	按钮	功能	按钮	功能
	画直线		放置文字		增加功能单元
	画曲线		放置超链接		画矩形
	画圆弧线		放置文本框		画圆角矩形
	画多边形		新建元器件		画椭圆或圆
	放置图片		放置引脚		

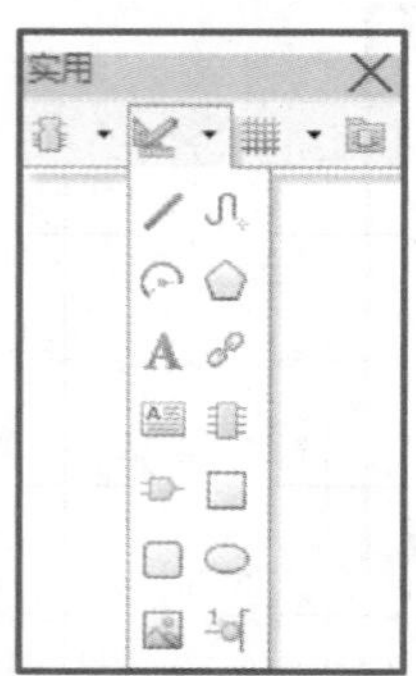

图 4-15 绘图工具栏

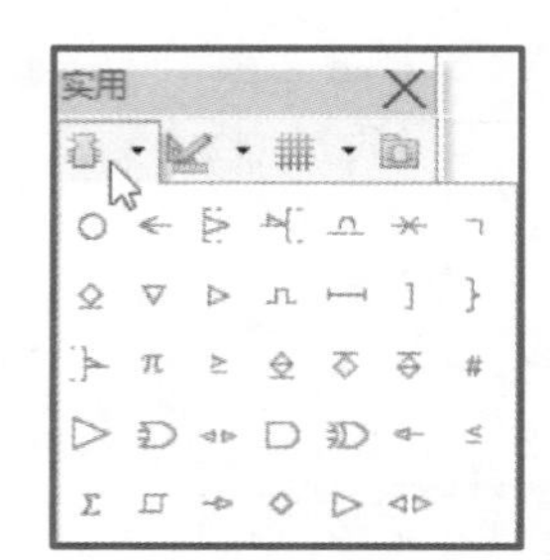

图 4-16 IEEE 符号工具栏

表 4-2 IEEE 符号工具栏各按钮功能

按钮	功能	按钮	功能	按钮	功能	按钮	功能
	低电平有效		信号流方向		时钟上升沿触发		集电极开路
	模拟信号输入端		无逻辑性连接		延迟输出		延时符号
	高阻抗状态		大电流输出		脉冲信号		π 符号
	多条 I/O 线组合		二进制组合		低电平有效输出		下拉电阻发射极开路
	大于等于符号		上拉电阻集电极开路		发射极开路		双向 I/O 符号
	数字信号输入		反相器符号		或门符号		小于等于符号
	与门符号		异或门符号		数据左移符号		开路输出
	Σ 符号		施密特触发		数据右移符号		
	左右信号流		双向信号流		低电平触发		

IEEE 符号工具栏的功能也可以通过执行菜单命令[放置]来实现。

2. 关闭自动滚屏

执行菜单命令[工具]/[设置原理图参数…]，在弹出的“参数选择”对话框，选择“Schematic”下的“Graphical Editing”选项，在“自动扫描选项”的“类型”下拉列表框中选中“Auto Pan Off”可取消自动滚屏。

▼教学课件

4.2

4.2 项目 2：制作计数器

4.2.1 任务分析

计数器能够实现脉冲计数及定时的功能，在数字逻辑系统中使用非常普遍，它属于中小规模集成电路。中小规模集成电路实用性强、易于掌握，在电子电路设计中是应用频率最高的元器件。图 4-17所示是计数器元器件。

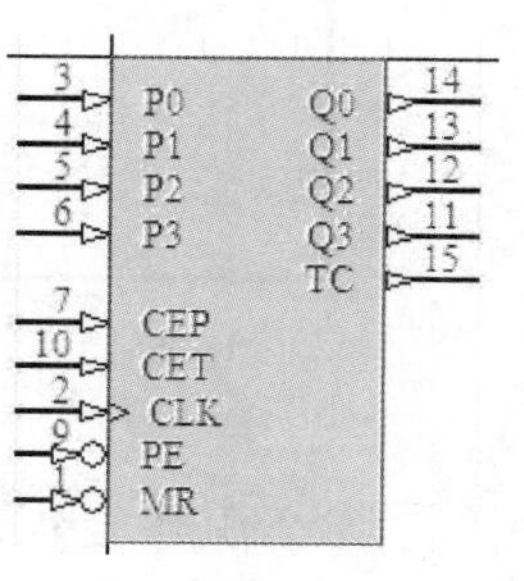

图 4-17 计数器元器件

通过实施该项目达到以下学习目标：

① 学会如何在同一元器件库中添加、删除、重命名元器件。

② 熟练制作中小规模集成元器件。

③ 熟悉元器件引脚的电气属性设置。

4.2.2 准备知识

大多数数字集成电路库元器件的外形绘制都使用绘制矩形工具□。尽量将同类型的信号引脚放置在一起（不必考虑元器件的物理封装）。如本例中，将置数的输入、置数的输出、控制输入三类信号分别放在一起。

中小规模逻辑集成电路元器件的制作步骤如下。

① 新建元器件，并命名。

② 绘制矩形外形。

③ 放置引脚（最好按类型放置）。

④ 编辑引脚的属性。

⑤ 保存元器件。

4.2.3 任务实施

▼视频 4-2

绘制计数器

① 打开上次建立的元器件库文件“MySchLib1.ScbLib”，进入原理图元器件库编辑器。单击面板标签 SCH Library，打开元器件库编辑面板，可看到上次制作的元器件 NPN。

② 单击“添加”按钮或执行菜单命令[工具]/[新器件]或选择绘图工具栏按钮，系统弹出图 4-18 所示“New Component Name”对话框，输入元器件名“COUNT”，单击“确定”按钮。

③ 执行菜单命令[工具]/[文档选项…]，打开“Schematic Library Options”对话框。设置捕捉栅格和可视栅格尺寸均为 10 mil。按 Ctrl+Home 组合键，使坐标原点显

示在窗口中心。

④ 选择绘制矩形工具□绘制元器件外形。将光标移到(0,0)点,单击左键确定左上角点,拖动光标至(60,-110),单击左键确定右下角点,如图 4-19 所示。

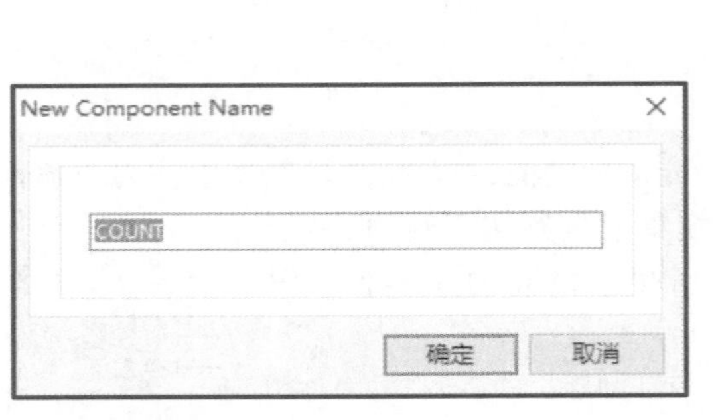

图 4-18 “New Component Name”对话框

图 4-19 矩形外形图

⑤ 放置引脚。单击放置引脚工具,在矩形外形的边上依次放置 16 个引脚。引脚处于活动状态时,按空格键可以调整引脚的方向,放置好引脚的计数器如图 4-20 所示。

⑥ 设置引脚属性。计数器引脚信号分四类:置数的输入、置数的输出、控制输入和电源。双击引脚,在属性对话框里重新编辑引脚的名称和序号,如图4-21所示。

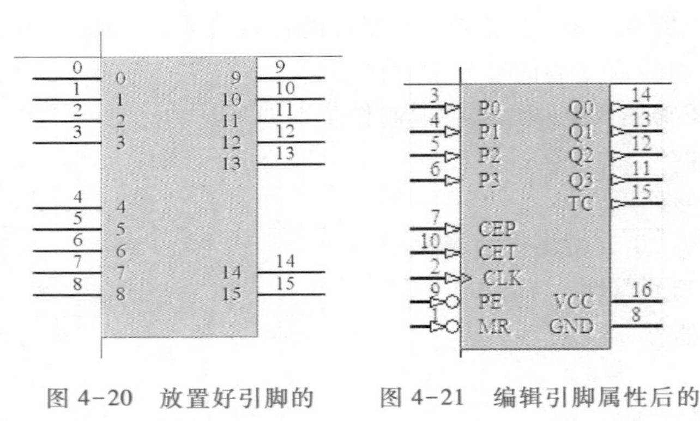

图 4-20 放置好引脚的计数器

图 4-21 编辑引脚属性后的计数器

由于 CLK 为时钟信号,编辑引脚属性时选择“内边沿”选项中的“Clock”选项,将引脚定义为时钟类型引脚,“电气类型”为“Input”,如图 4-22 所示。PE 和 MR 在低电平时触发,因此编辑引脚属性时选择“外部边沿”选项中的“Dot”选项,定义它们为低电平或下降沿起作用的引脚,“电气类型”为“Input”。

74 系列芯片的电源都是排列在指定位置,地在左下角,电源在右上角,因此可以在库元器件中不显示它们。在 8、16 脚属性对话框中选中“隐藏”后的复选框,“连接到”输入要连接的网络“VCC”或“GND”,“电气类型”为“Power”,如图 4-23 所示。

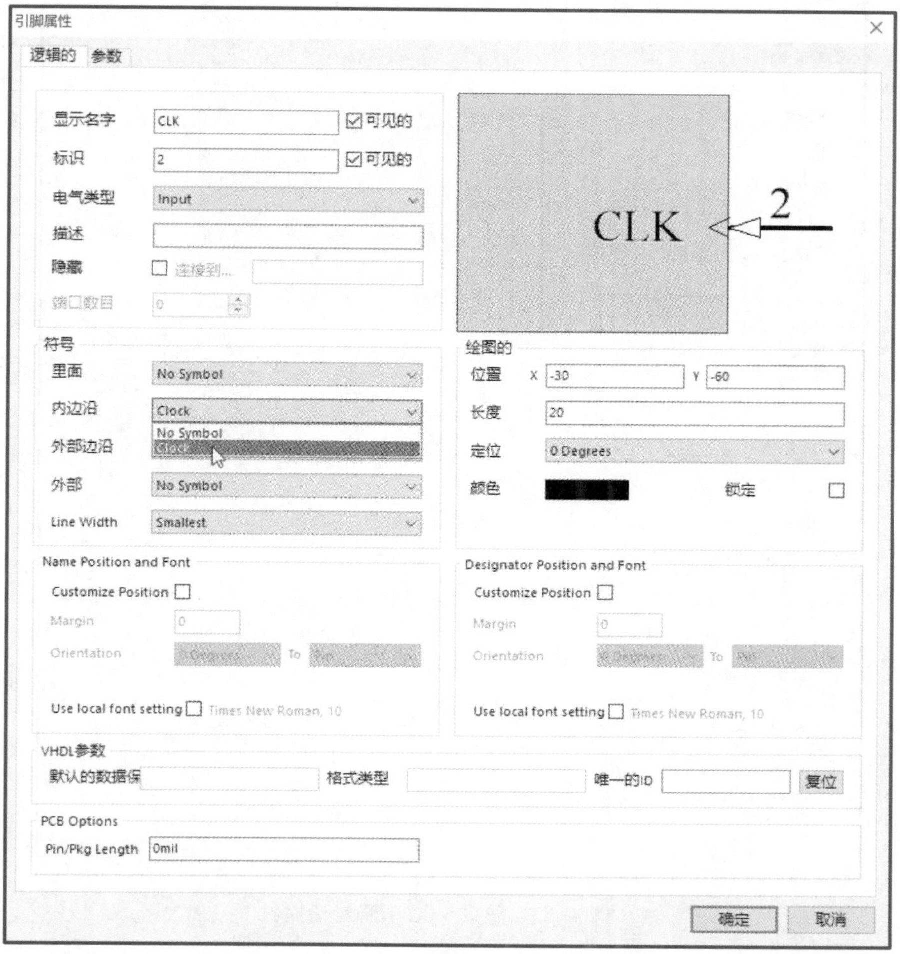

图 4-22 CLK 引脚属性对话框

其他引脚的“电气类型”：3、4、5、6、7、10 脚为“Input”；11、12、13、14、15 脚为“Output”。

⑦ 设置元器件属性。在 SCH Library 面板，选中新绘制元器件 COUNT，单击“编辑...”按钮，打开“Library Component Properties”（设置元器件属性）对话框，如图 4-24 所示。在“Default Designator”文本框中输入默认标识“U?”，在“Default Comment”文本框中输入注释“COUNT”，选中上述两项的“Visible”复选框。

⑧ 设置元器件封装。COUNT 是一个 16 引脚的集成电路，有两种封装形式，即通孔式的 DIP-16 和表面贴片式的 SO-16_L，均在 Miscellaneous Devices. IntLib 库中。

单击图 4-24 中 “Models”区的“Add...”按钮，系统弹出“加新的模型”对话框，选中“Footprint”，单击“确定”按钮，系统弹出“PCB 模型”对话框，如图 4-25 所示。在“名称”栏输入“DIP-16”，单击“确定”按钮完成设置，系统返回图 4-24 所示对话框，此时可在“Models”区的“Name”下方看到已设置好的封装名。

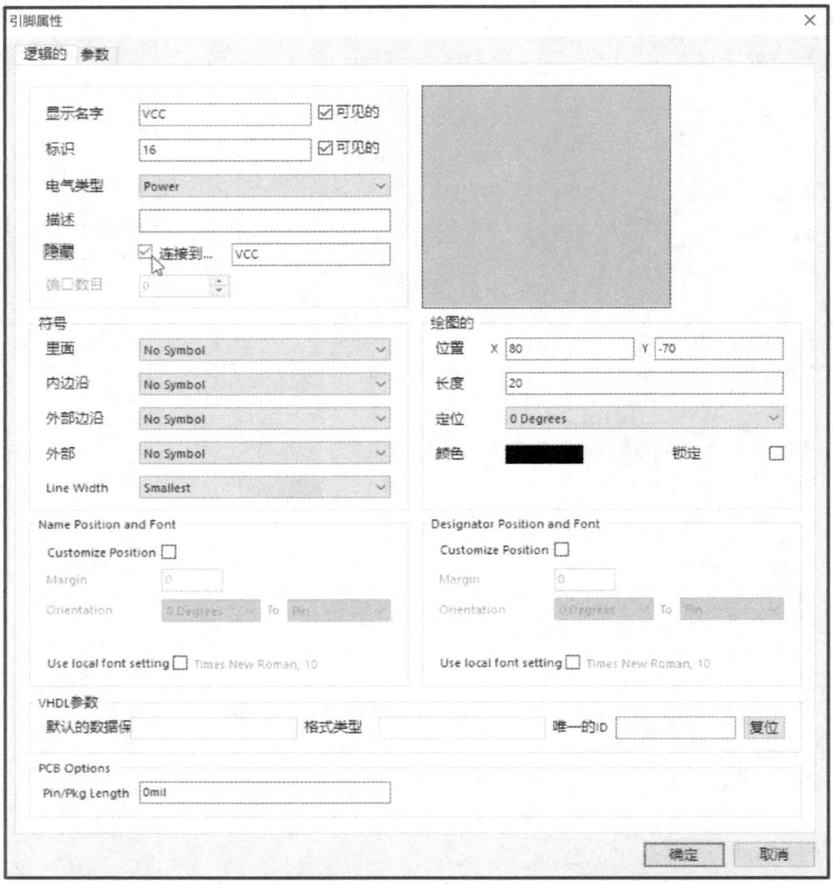

引脚属性

逻辑的 参数

显示名字 VCC ☑可见的

标识 16 ☑可见的

电气类型 Power

描述

隐藏 ☑连接到… VCC

端口数目 0

符号

里面 No Symbol

内边沿 No Symbol

外部边沿 No Symbol

外部 No Symbol

Line Width Smallest

绘图的

位置 X 80 Y -70

长度 20

定位 0 Degrees

颜色 锁定 ☐

Name Position and Font

Customize Position ☐

Margin 0

Orientation 0 Degrees To Pin

Use local font setting ☐ Times New Roman, 10

Designator Position and Font

Customize Position ☐

Margin 0

Orientation 0 Degrees To Pin

Use local font setting ☐ Times New Roman, 10

VHDL参数

默认的数据保 格式类型 唯一的ID 复位

PCB Options

Pin/Pkg Length 0mil

确定 取消

图 4-23 隐藏 VCC 引脚对话框

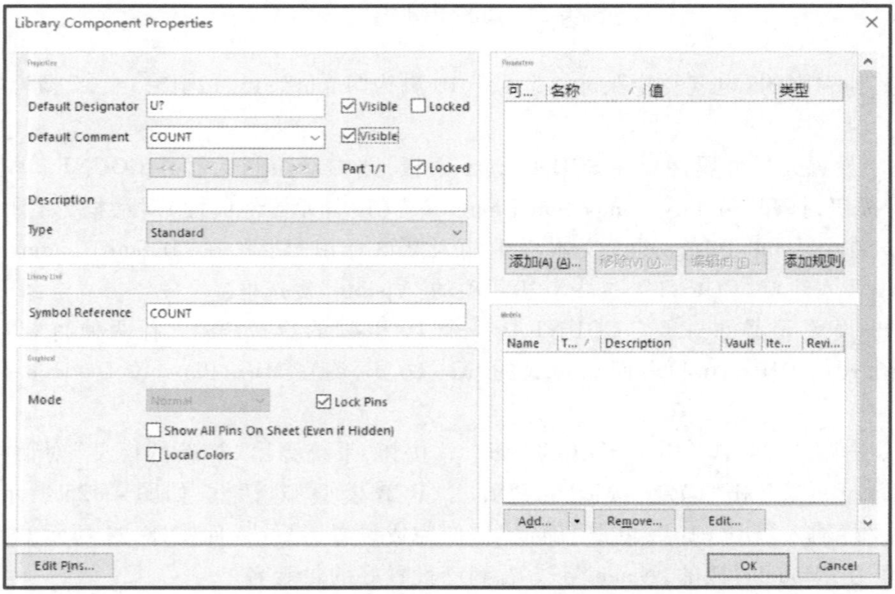

Library Component Properties

Default Designator U? ☑Visible ☐Locked

Default Comment COUNT ☑Visible

<< < > >> Part 1/1 ☑Locked

Description

Type Standard

Symbol Reference COUNT

Mode Normal ☑Lock Pins

☐Show All Pins On Sheet (Even if Hidden)

☐Local Colors

可…	名称	值	类型

添加(A) (A)… 移除(V) (V)… 编辑(E) (E)… 添加规则(

Name	T…	Description	Vault	Ite…	Revi…

Add… Remove… Edit…

Edit Pins… OK Cancel

图 4-24 “Library Component Properties”对话框

本项目还需设置表面贴片式封装 SO-16_L。单击图 4-24中“Models”区的“Add...”按钮,系统弹出“加新的模型”对话框,选中“Footprint”,单击“确定”按钮,系统弹出“PCB 模型”对话框,采用前述方法设置封装 SO-16_L。此时元器件 COUNT 有两种封装,如图 4-26 所示。封装全部设置完毕单击图 4-24 中的“确定”按钮完成设置。

图 4-25 “PCB 模型”对话框

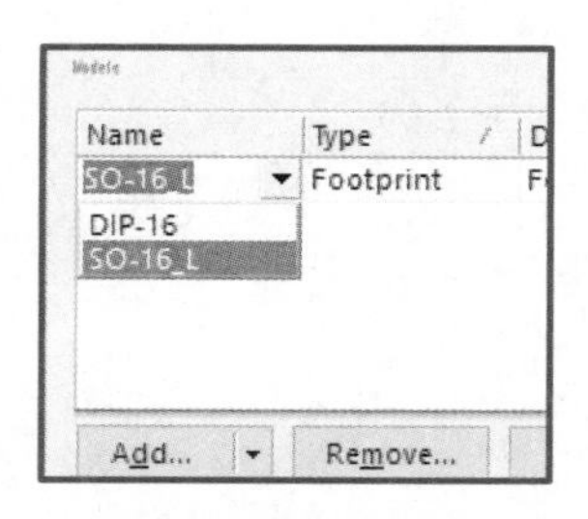

图 4-26 设置的封装

⑨ 单击保存库元器件。

最终的计数器元器件见图 4-17。

4.2.4 操作技巧

1. 元器件引脚的电气类型

在设置引脚属性时,其中有一项是“电气类型”,如图 4-27所示。对该属性的正确设置有助于电气规则校验的有效完成。虽然取默认值“Passive”总是不错的,但是这样会造成系统发现不了的错误,不利于检查原理图的正确性。因此,建议应当尽量设置适当的电气类型。可供设置的常见“电气类型”及说明见表 4-3。

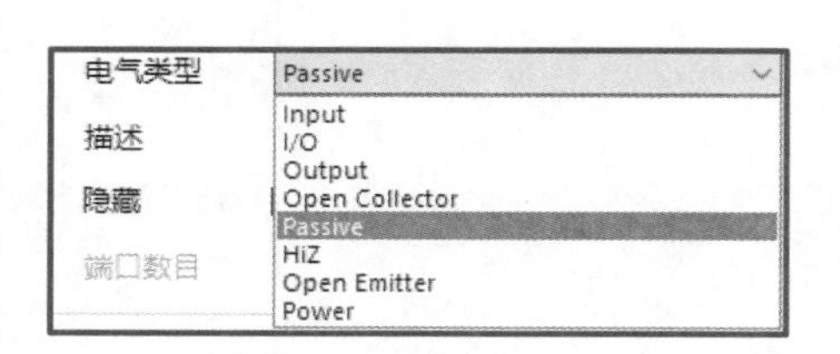

图 4-27 引脚的电气类型

表 4-3 元器件引脚电气类型表

名称	意义	名称	意义
Input	输入引脚	Passive	无源引脚
I/O	双向输入/输出引脚	HiZ	高阻状态引脚
Output	输出引脚	Open Emitter	发射极开路的引脚
Open Collector	集电极开路的引脚	Power	电源引脚

视频 4-3
修改库元器件

2. 元器件引脚属性的修改

如果元器件引脚较多,分别修改就很麻烦。如果在一个界面修改元器件的所有引脚,则方便直观多了。下面以修改计数器的引脚属性为例说明。

① 在 SCH Library 面板,选中新绘制元器件 COUNT,单击"编辑"按钮,打开"Library Component Properties"对话框,如图 4-28 所示。

② 单击"Edit Pins..."按钮,打开"元器件引脚编辑器"对话框,如图 4-29 所示。在此对话框可以同时修改元器件引脚的各种属性。

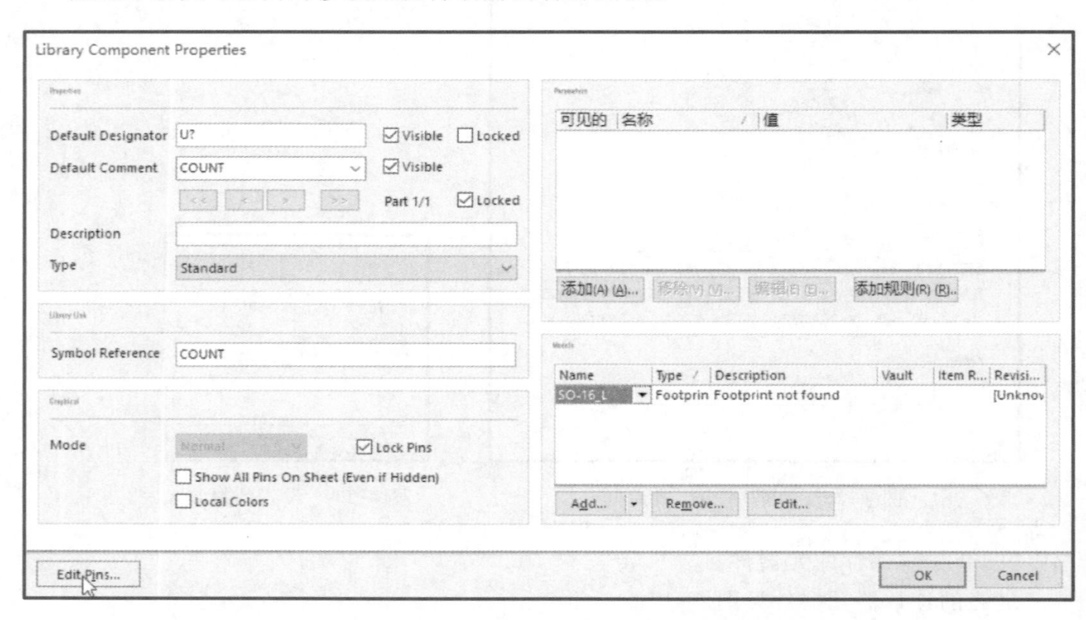

图 4-28 "Library Component Properties"对话框

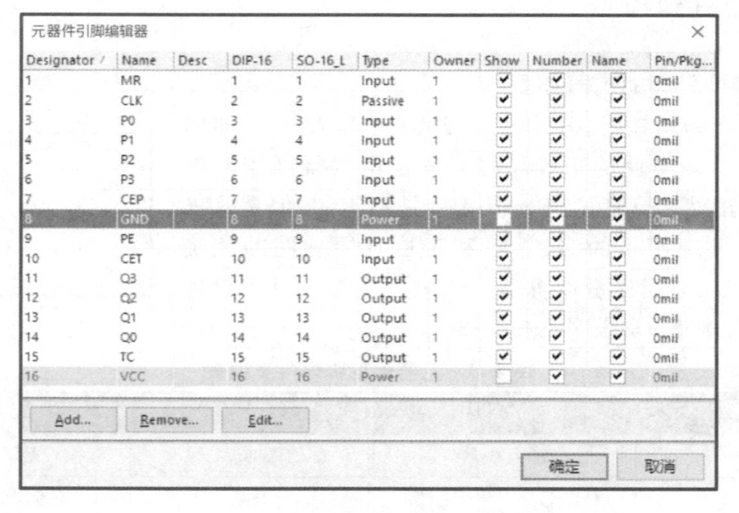

图 4-29 "元器件引脚编辑器"对话框

3. 修改库元器件

经常遇到这种情况,所需要的元器件符号与系统自带的元器件库中的元器件符号大同小异,这时可以把元器件复制过来,然后进行编辑修改,就可以创建出所需的新元器件。下面以修改二极管元器件符号为例说明。

① 打开"Miscellaneous Devices. IntLib"文件,单击"SCH Library"面板标签,选择"Diode"。

② 执行菜单命令[工具]/[拷贝器件...],在弹出的对话框"Destination Library"中选择目标库文件,如图 4-30 所示。单击"OK"按钮,完成元器件的复制,如图 4-31 所示。

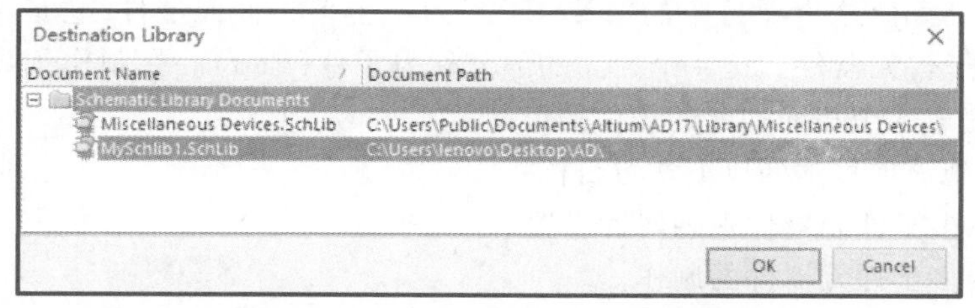

图 4-30 "Destination Library"对话框

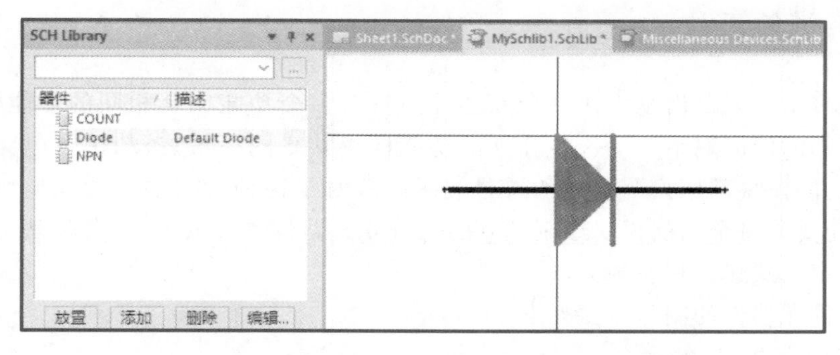

图 4-31 复制好的"Diode"

③ 对上面复制好的"Diode"元器件进行重新修改编辑。双击二极管元器件符号的实心三角形,打开"多边形"对话框,如图 4-32 所示,取消"拖拽实体"前的复选框,单击"确定"按钮,修改好的二极管符号如图 4-33 所示。

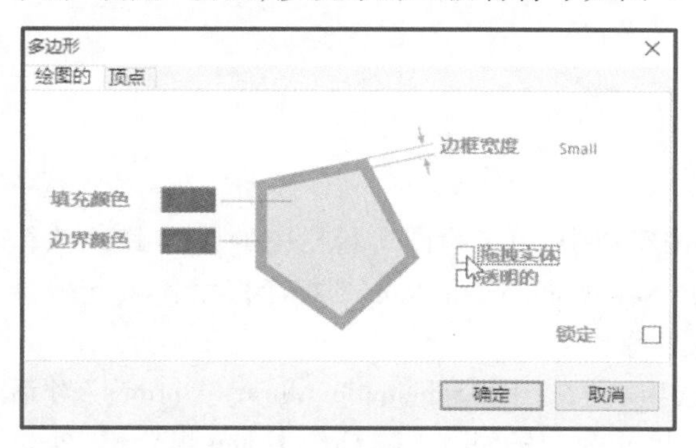

图 4-32 删除实心

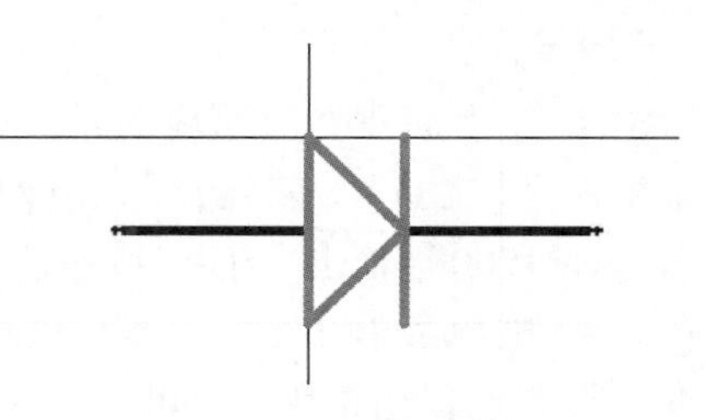

图 4-33 修改好的二极管符号

教学课件
4.3

4.3 项目3:制作多子件元器件SN74F00

4.3.1 任务分析

前面学习的2个项目都是单子件元器件的绘制,它们的特点是每个元器件里只含有独立部分。而这个项目中的“SN74F00”为一个多子件元器件,它是由4个与非门组成的多子件元器件。这4个独立的部分称为子件(Part)。在制作SN74F00元器件时,需要完成4个相同功能的子件的绘制。

通过实施该项目达到以下学习目标:

① 熟悉多子件元器件引脚属性设置。

② 学会多子件元器件的制作。

4.3.2 准备知识

所谓多子件元器件是指在一个元器件内具有多个功能完全相同的功能模块,如集成电路中的门电路系列。这些独立的功能模块共享同一封装,却用在电路的不同处,每一功能模块都用一个独立的符号表示。故对于这种含有多个功能模块的集成元器件,需要为每个功能模块绘制独立的与分立元器件类似的符号,各模块之间的符号通过一定方式建立相应的关联,形成一个整体。

多子件元器件的制作步骤如下:

① 新建元器件,并命名。

② 绘制其中一个子件的外形。

③ 放置引脚,设置属性。

④ 新建子件(Part)。

⑤ 绘制其他子件。

⑥ 保存元器件。

视频4-4
绘制SN74F00

4.3.3 任务实施

① 在上面建立的原理图元器件库编辑器中,单击绘图工具栏中的按钮或执行菜单命令[工具]/[新器件],在弹出的“New Component Name”对话框中输入元器件名“SN74F00”,单击“确定”按钮确认该名称。

② 执行菜单命令[工具]/[文档选项…],打开“Schematic Library Options”对话框。设置捕捉栅格为“5 mil”,可视栅格尺寸为“10 mil”。按Ctrl+Home组合键,使坐标原点显示在窗口中心。

③ 绘制第1个子件的外形。执行菜单命令[放置]/[线],先画图4-34所示的三

条边框线，长度分别为 25 mil、30 mil、25 mil。再执行菜单命令[放置]/[椭圆弧]画图 4-35 所示的圆弧。

④ 放置第 1 个子件的 3 个引脚。引脚长度为 20 mil，其中 1 脚和 2 脚为输入信号端，3 脚为输出信号端，分别在引脚属性对话框中的“电气类型”项下拉列表中选择“Input”“Output”即可。

要在 3 脚根部加上小圆圈，表示非门，只要在引脚属性对话框中“符号”区域“外部边沿”项下拉列表中选择“Dot”即可。

绘制好的第 1 个子件如图 4-36 所示。

⑤ 绘制其他子件。为了提高效率，可以采用复制的方法。

a. 选中绘制好的第 1 个子件，执行菜单命令[编辑]/[拷贝]。

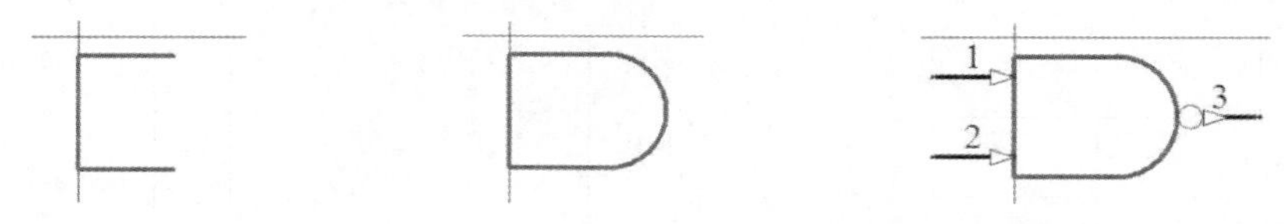

图 4-34 绘制边框线　　图 4-35 绘制圆弧　　图 4-36 绘制好的第 1 个子件

b. 单击绘图工具栏中的按钮或执行菜单命令[工具]/[新部件]，显示一个空白的元器件设计区。在 SCH Library 面板的元器件列表框中自动更新为 PartA、PartB。

c. 执行菜单命令[编辑]/[粘贴]，在坐标原点处单击，将第 1 个子件粘贴到新窗口中。

d. 改变 3 个引脚的引脚序号，即完成第 2 个子件的绘制，如图 4-37 所示。

e. 按照同样的方法，绘制第 3、4 个子件，在第 4 个子件中放置电源引脚 14、接地引脚 7，如图 4-38、图 4-39 所示。在 SCH Library 面板的元器件列表框中自动更新为 PartA、PartB、PartC、PartD，如图 4-40 所示。

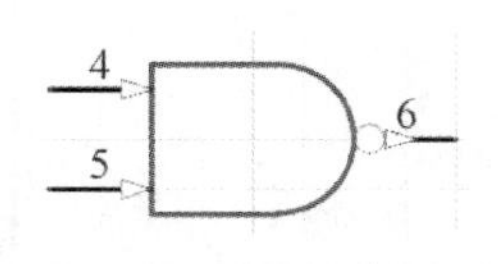

图 4-37 第 2 个子件

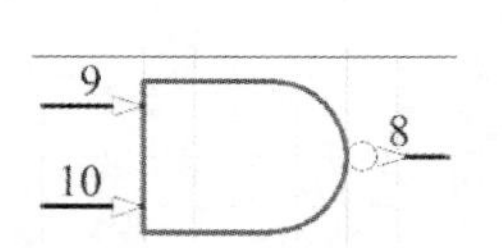

图 4-38 第 3 个子件

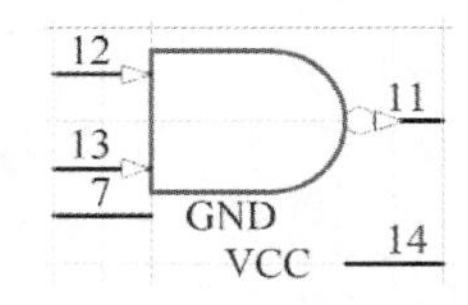

图 4-39 第 4 个子件

图 4-40 添加子件后的元器件列表

⑥ 双击 14 脚，在弹出的图 4-41“引脚属性”对话框中，设置 14 脚“电气类型”为“Power”，选中“隐藏”，“连接到”设置为“VCC”，该引脚将自动隐藏并与 VCC 网络相连，“端口数目”设置为“0”，这样 VCC 引脚属于每一个子件。

用同样方法设置接地的 7 脚。将电源引脚 14、接地引脚 7 隐藏。

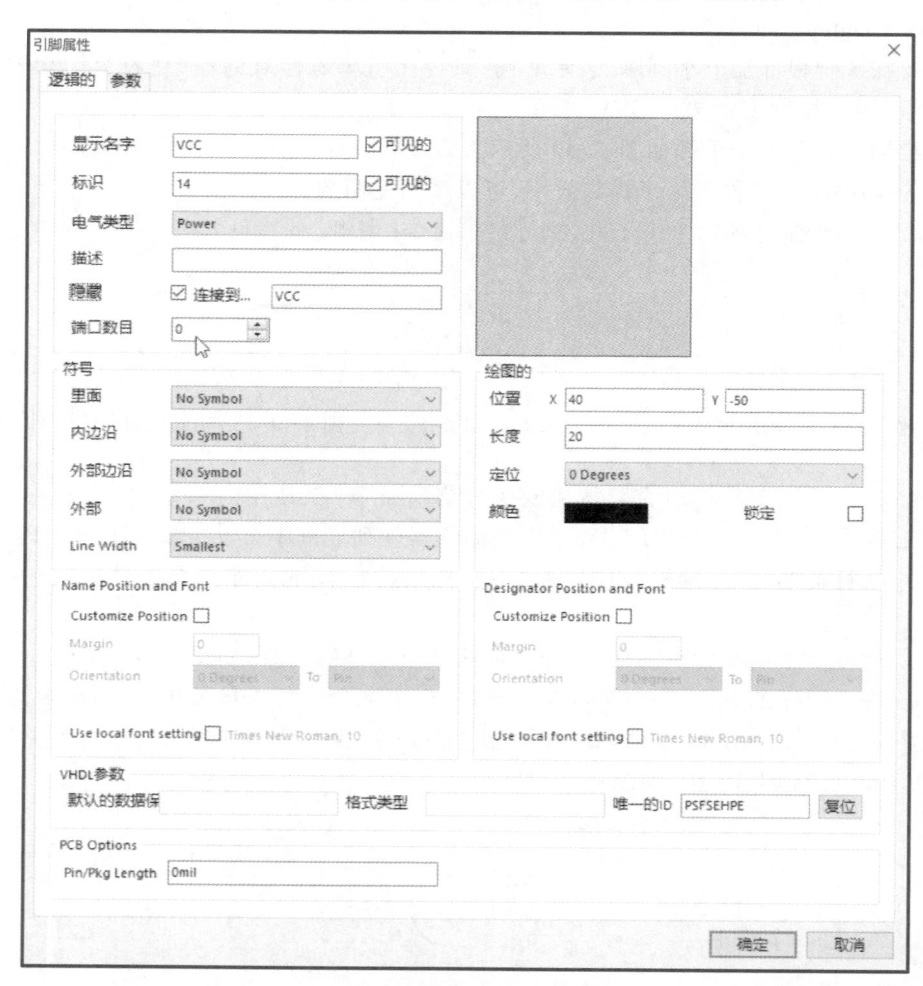

图 4-41 设置隐藏的电源端 VCC

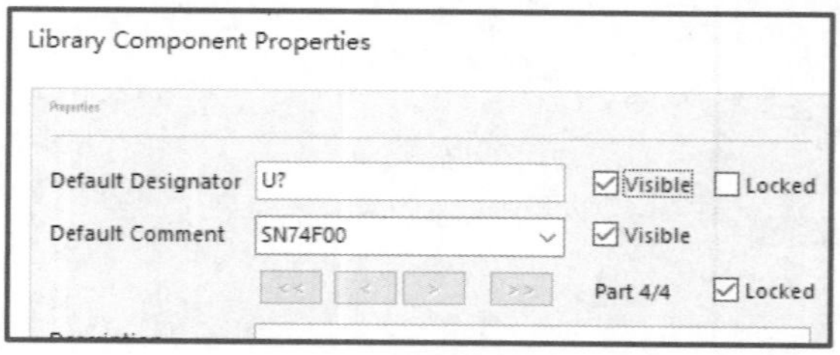

⑦ 设置元器件属性。在 SCH Library 面板，选中新绘制元器件 SN74F00，单击“编辑...”按钮，打开“Library Component Properties”对话框，在“Default Designator”文本框中输入默认标识“U?”，在“Default Comment”文本框中输入“SN74F00”，如图 4-42 所示。选中上述两项的“Visible”复选框。

图 4-42 设置元件属性对话框

⑧ 采用与项目 2 相同的方法设置封装为 DIP-14。

⑨ 单击主工具栏中的按钮，将新建的元器件“SN74F00”保存在当前的元器件库中。

4.3.4 操作技巧

1. 隐藏引脚的处理

隐藏引脚是在绘制包含数字集成电路的原理图时经常碰到的问题，也是一个容易出错的操作。幸好一般只有电源引脚和接地引脚设为隐藏引脚。

所有隐藏引脚会被连接到与其引脚名称相同的网络中。因此，如果引脚名为“VCC”，就会被连接到名为“VCC”的网络中。如果没有名为“VCC”的网络，这些引脚就会成为独立的网络，但实际上是悬空的网络。因为没有和电源网络连接起来，这些芯片实际上没有得到电源供应，显然这不是希望出现的结果。

解决方法有如下两种。

方法一：把隐藏的引脚改为不隐藏，然后连接到合适的位置。

方法二：保持隐藏属性，更改引脚名称为对应电源或者地线网络的名称，如果之前没有为电源和地线网络命名，请在合适的地方放置网络标号为其命名。

2. 显示隐藏的引脚

如果想将隐藏的引脚显示出来，可在SCH Library面板“Pins”栏选择相应引脚，如图4-43所示，如14脚VCC，然后单击其右下方的“编辑...”按钮，即弹出“引脚属性”对话框（见图4-41），将“隐藏”项的复选框取消，单击“确定”即可显示隐藏的引脚。

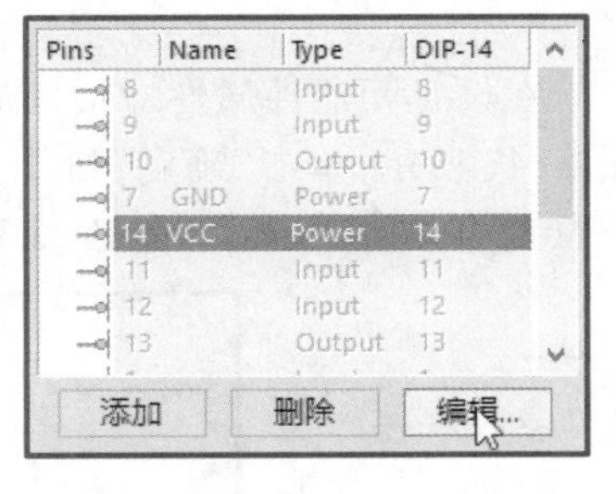

图4-43 隐藏了引脚的面板

3. 在原理图中直接修改元器件

在原理图编辑器中可以直接进行元器件编辑。如将图4-44所示元器件改为图4-45所示元器件。

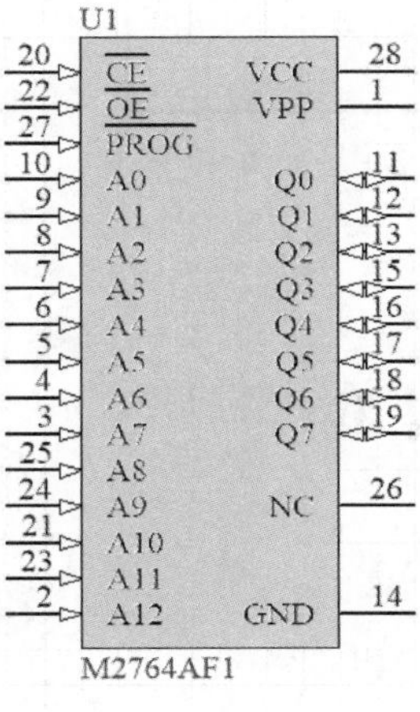

图4-44 修改前

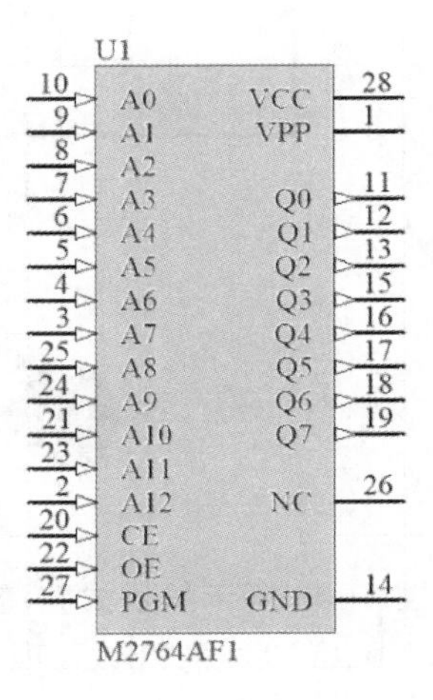

图4-45 修改后

在原理图编辑器双击要修改的元器件，弹出“Library Component Properties”对话框。单击对话框左下角的“Edit Pins...”按钮，弹出“元器件引脚编辑器”对话框，如图 4-46所示。在“Type”列将 Q0～Q7 引脚的电气类型由“I/O”改为“Output”；在“名称”列将 20、22、27 号引脚名改为“CE”“OE”“PGM”，单击“确定”按钮。

元器件引脚编辑器

D...	Na...	Desc	FDIP28W	FDIP28W	Type	Ow...	Show	Number	Name	Pin/Pkg Length
8	A2		8	8	Input	1	✔	✔	✔	0mil
9	A1		9	9	Input	1	✔	✔	✔	0mil
10	A0		10	10	Input	1	✔	✔	✔	0mil
11	Q0		11	11	Output	1	✔	✔	✔	0mil
12	Q1		12	12	Input		✔	✔	✔	0mil
13	Q2		13	13	I/O		✔	✔	✔	0mil
14	GND		14	14	Output		✔	✔	✔	0mil
15	Q3		15	15	Open Collector		✔	✔	✔	0mil
16	Q4		16	16	Passive		✔	✔	✔	0mil
17	Q5		17	17	HiZ		✔	✔	✔	0mil
					Open Emitter					
					Power					
18	Q6		18	18	I/O	1	✔	✔	✔	0mil
19	Q7		19	19	I/O	1	✔	✔	✔	0mil
20	C\E\		20	20	Input	1	✔	✔	✔	0mil
21	A10		21	21	Input	1	✔	✔	✔	0mil
22	O\E\		22	22	Input	1	✔	✔	✔	0mil
23	A11		23	23	Input	1	✔	✔	✔	0mil
24	A9		24	24	Input	1	✔	✔	✔	0mil

Add...　Remove...　Edit...

确定　取消

图 4-46　“元器件引脚编辑器”对话框

在设置元器件属性对话框的“Graphical”区域将“Lock Pins”前的复选框取消，如图 4-47 所示，单击“确定”按钮。此时元器件引脚可以移动，按图 4-45 所示移动引脚位置。移动完毕后再选中“Lock Pins”前的复选框即可。

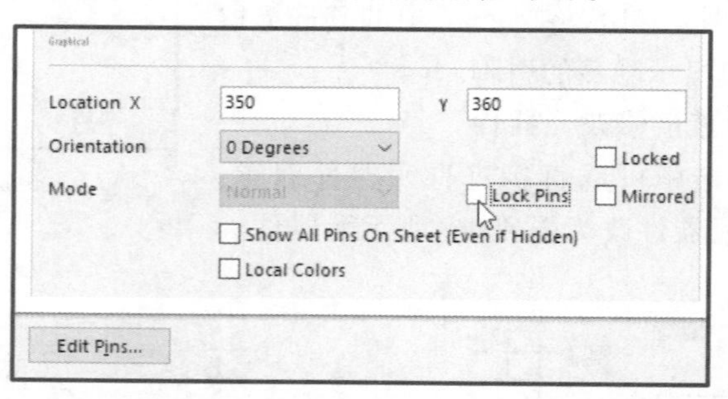

图 4-47　引脚解除锁定

教学课件
4.4

4.4 上机实践

1. 绘制图 4-48 所示的桥式整流器件

绘制过程中，需要注意以下几项：

① 实心部分用一个封闭的多边形⬠创建，并把填充色设为与直线同色，绘制好一个，其他三个二极管图形复制。

② 该元器件有四个引脚。

2. 绘制图 4-49 所示的元器件 SN5496J,封装设置为 DIP-16 和 SO-16_L

绘制过程中,需要注意 16 脚的引脚名的输入方法:在引脚名输入框输入 C\L\R\即可。

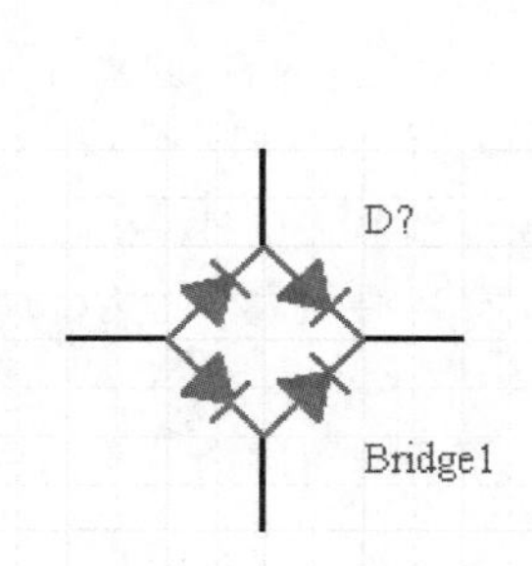

图 4-48 桥式整流器件

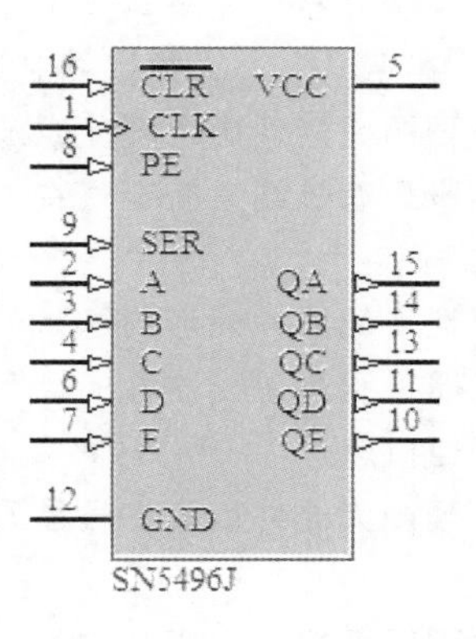

图 4-49 SN5496J

3. 绘制多子件元器件 SN7404

SN7404 是由 6 个非门组成的,如图 4-50 所示。封装设置为 DIP-14,电源、接地引脚设置为隐藏。

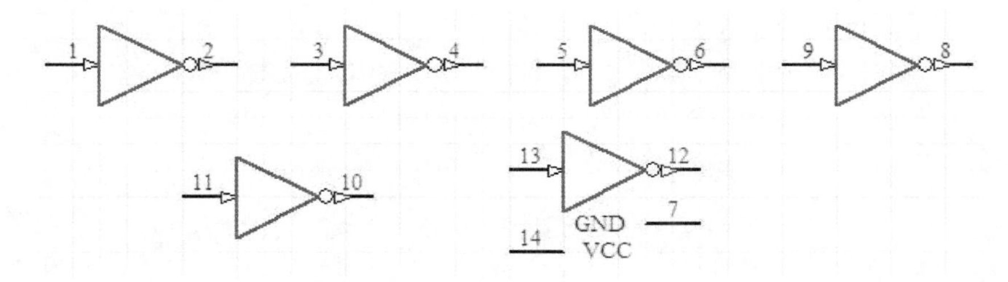

图 4-50 元器件 SN7404

本单元小结

本单元主要介绍了创建原理图元器件库以及绘制原理图元器件的方法。

启动原理图元器件库编辑器有两种方法,一种方法是打开一个已经存在的元器件库文件,另一种方法是创建一个新的元器件库文件。原理图元器件库编辑器界面与原理图编辑器大致相同,不同的是在工作区的中心有一个十字坐标轴,将工作区划分为 4 个象限,一般在第 4 个象限原点附近绘制原理图元器件。

绘制原理图元器件可以使用元器件绘制工具栏、IEEE 符号工具栏及菜单。原理图元器件由两部分组成:表示元器件功能的元器件外形和元器件引脚。元器件的每一个引脚都要和实际元器件的引脚相对应,而且不同的引脚要有不同的序号。元器件引脚只有一端具有电气特性,绘制时应将不具有电气特性的一端与元器件外形相连。绘制多子件元器件时,应注意不同子件的引脚不同。绘制相似的元器件可以利用复制的方法。

思考与练习

1. 填空题

（1）新建原理图元器件必须在__________编辑器中进行。

（2）原理图元器件库编辑器工作区的中心有一个十字坐标轴，将工作区划分为4个象限，一般在第________象限绘制原理图元器件。

（3）原理图元器件由两部分组成：________和________。

（4）引脚只有一端具有电气特性，使________电气特性的一端离开元器件外形。

2. 判断题

（1）原理图元器件外形的形状、大小会影响原理图的正确性。 （ ）

（2）元器件引脚是元器件的核心部分，原理图元器件的每一个引脚都要和实际元器件的引脚相对应。 （ ）

（3）原理图元器件引脚序号是必须有的，而且不同的引脚要有不同的序号。 （ ）

（4）原理图元器件引脚名称用来提示引脚的功能，引脚名称不能是空的。 （ ）

3. 问答题

（1）简述制作原理图元器件的一般步骤。

（2）何为多子件元器件？绘制多子件元器件时，应注意哪些问题？

第5单元　元器件封装库的制作

能力目标

- 学会创建元器件封装库
- 熟练使用 PCB 库放置工具栏
- 熟练制作元器件封装

知识点

- 元器件封装编辑器
- 元器件封装管理方式
- 制作元器件封装的方法

Altium Designer 17 的元器件封装库是很庞大的，涵盖面很广，但也不是一应俱全的。当在 Altium Designer 17 自带的元器件封装库内找不到所需的元器件封装时，就需要使用元器件封装编辑器来制作一个新的元器件封装。元器件封装必须保证所对应元器件能够正确安装，绘制的外形大小应保证元器件的安装空间。

5.1 项目 1：手工制作带散热片的三端稳压芯片封装

▼教学课件
5.1

5.1.1　任务分析

图 5-1 所示为可调稳压电源印制电路板，该印制电路板的核心元器件是三端稳压芯片。由于流过该芯片的电流较大，所以加上了散热片。带散热片的三端稳压芯片在电源电路中经常使用。通常设计封装时将散热片和三端稳压芯片当成一个元器件来设计。带散热片的三端稳压芯片的封装如图 5-2 所示。

制作元器件封装有两种方法：手工制作和使用向导制作。带散热片三端稳压芯片的封装需要手工制作，就是利用 Altium Designer 17 提供的绘图工具按照元器件实际引脚、外形尺寸绘制元器件的封装。

通过实施该项目达到以下学习目标：

① 熟悉 PCB 封装编辑器，了解其基本功能、环境设置。

② 熟练创建 PCB 封装库,会使用制作 PCB 封装工具栏。

③ 学会手工制作元器件封装的方法。

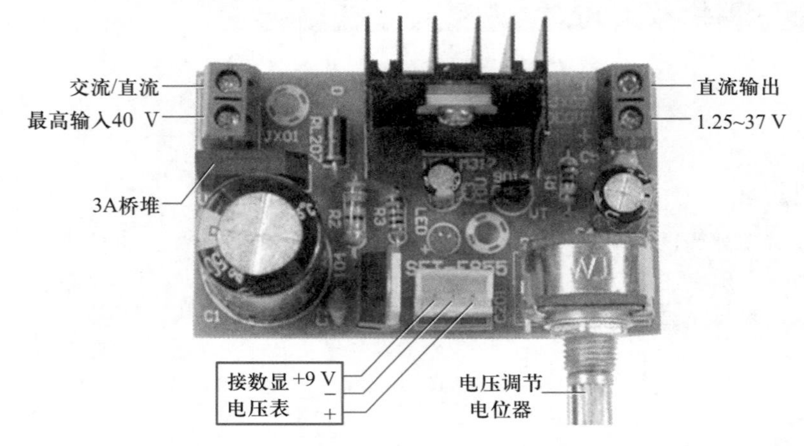

图 5-1 可调稳压电源印制电路板

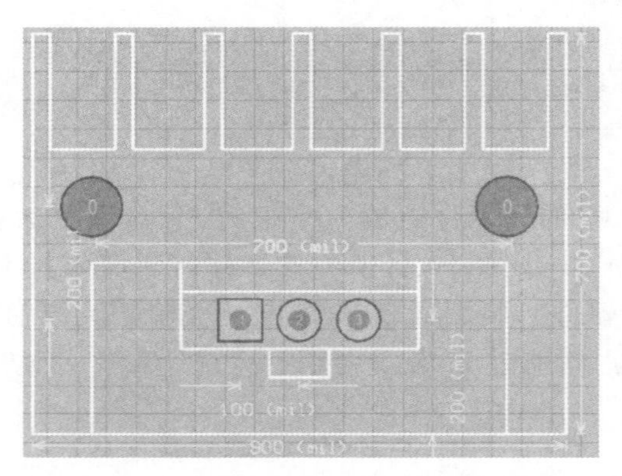

图 5-2 带散热片的三端稳压芯片封装

5.1.2 准备知识

封装就是元器件的外形和引脚的分布图。电路原理图中的元器件表示一个实际元器件的电气模型,其尺寸和外形都无关紧要,只要表达明确、没有错误即可。而 PCB 图中的元器件是实际元器件的几何模型,其尺寸至关重要。

元器件的封装信息主要包括两部分:外形和焊盘。元器件外形一般在顶层丝印层(Top OverLay)绘制,而焊盘的情况要复杂些。如果是表面贴片式元器件的焊盘,一般在顶层(Top Layer)绘制,如果是通孔式焊盘,一般在多层(Multi Layer)绘制。

不同的元器件可以有相同的封装,比如普通的电阻和二极管。同类元器件可以有不同的封装,如电阻,由于其阻值不同导致外形大小不同,其封装也就不同。因此在设计 PCB 图时,不但要知道元器件的名称,还要知道元器件封装。

1. 制作元器件封装前的准备工作

在开始制作元器件封装前,首先要收集元器件的封装信息。

封装信息主要来源于元器件厂家提供的用户手册。若没有用户手册，可以上网查找元器件信息，一般通过访问元器件厂商或供应商的网站可以获得相应信息。在查找中也可以通过搜索引擎进行。

如果有些元器件找不到相关资料，则只能依靠实际测量，一般要配备游标卡尺，测量要准确，特别是集成块的引脚间距。

标准的元器件封装外形轮廓和引脚焊盘间的位置关系必须按照实际元器件的尺寸进行制作，否则在装配印制电路板时可能因焊盘间距不正确而导致元器件不能安装到印制电路板上，或因外形尺寸不正确，而使元器件之间发生相互干扰。若元器件的外形轮廓画得太大，则浪费了 PCB 的空间；若画得太小，元器件则可能无法安装。

2. 认识元器件封装编辑器

打开一个系统自带的封装库，可以看到元器件封装编辑器，如图 5-3 所示。从界面图可以看出，元器件封装编辑器可分为菜单栏、工具栏、元器件库封装管理器、元器件封装编辑工作区和面板控制按钮等几个部分。

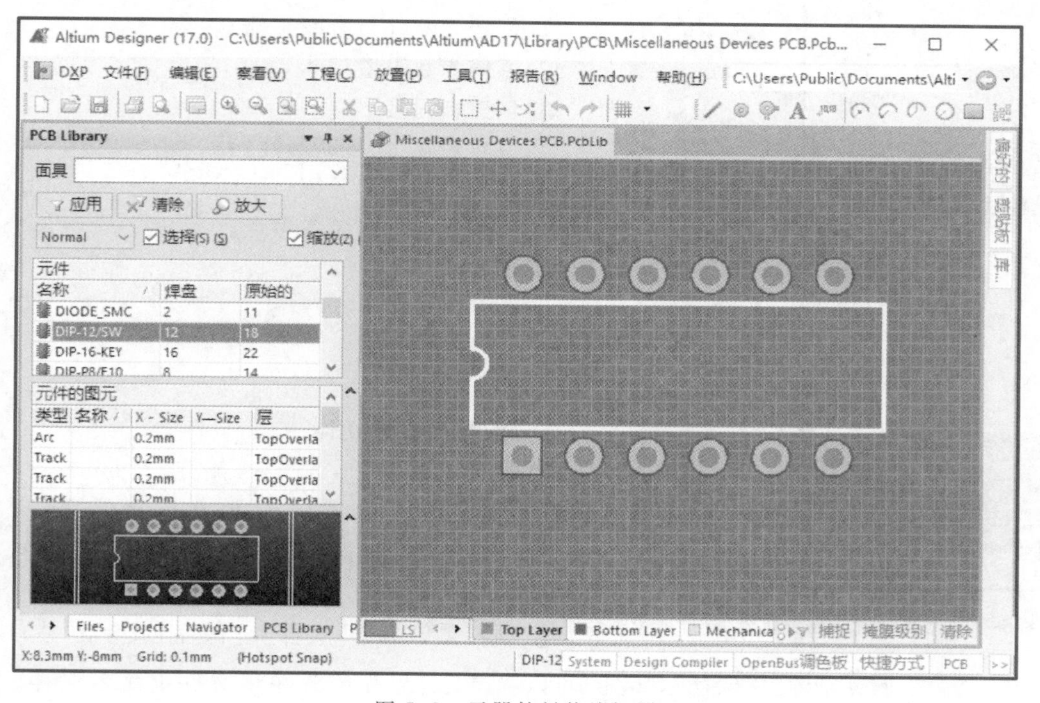

图 5-3　元器件封装编辑器

3. PCB 库放置工具栏

PCB 库放置工具栏如图 5-4 所示。用于在工作图面上放置各种图元，绘制封装外形等。各按钮功能见表 5-1。

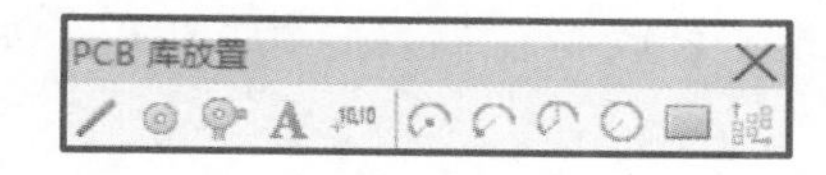

图 5-4　PCB 库放置工具栏

表 5-1　PCB 库放置工具栏各按钮功能

按钮	功能	按钮	功能	按钮	功能
	放置直线		放置焊盘		放置过孔
	放置字符串		放置坐标		从中心放置圆弧
	边缘法放置圆弧		边缘法放置任意角度圆弧		放置圆
	放置填充		阵列式粘贴		

4. 元器件封装库管理器

单击工作区面板“PCB Library”选项卡，打开“PCB Library”元器件封装库管理器，如图 5-5 所示，元器件封装库管理器主要用于对元器件封装进行管理。

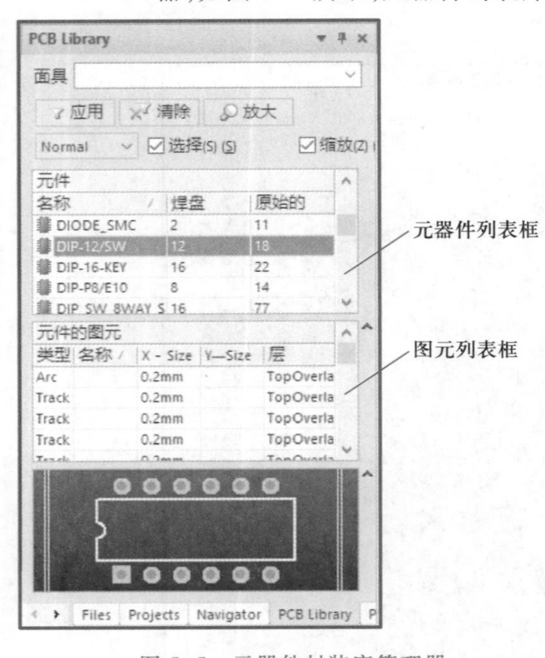

图 5-5　元器件封装库管理器

5. 手工制作元器件封装的步骤

① 新建元器件封装库文件。

② 系统参数设置。

③ 创建新封装。

④ 放置焊盘，设置其属性。

⑤ 绘制封装外形轮廓。

⑥ 设置元器件封装参考点。

⑦ 保存。

5.1.3　任务实施

1. 创建 PCB 库文件

① 执行菜单命令[文件]/[新建]/[Library]/[PCB 元器件库]，新建一个 PCB 库文件，启动 PCB 封装编辑器，新建元器件封装库默认文件名为“PcbLib1. PcbLib”。

② 执行菜单命令[文件]/[保存]或单击主工具栏按钮，系统弹出“保存”对话框，可以选择文件保存位置并将文件重命名保存，在这里重命名为“MyPcbLib.PcbLib”。

2. 重命名元器件封装

单击选择屏幕右下方面板控制按钮 PCB Library，打开元件封装管理器。可以看到封装库里多了一个名为“PCBCOMPONENT_1”的封装。执行菜单命令[工具]/[元件属性…]，在弹出的对话框中修改封装“名称”为“SRP”，如图 5-6 所示，然后单击“确定”按钮。

3. 设置参数

单击鼠标右键，选择命令[捕捉栅格]/[设置跳转栅格…]，或单击主工具栏中

的 按钮，选择[设置跳转栅格…]，打开栅格设置对话框，如图5-7所示，设置捕捉栅格大小，便于操作。

图5-6 重命名元器件封装

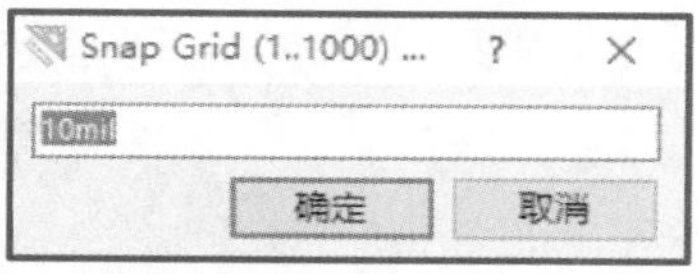

图5-7 栅格设置对话框

4. 放置焊盘

执行菜单命令[编辑]/[跳转]/[参考]，光标跳至原点(0,0)。

单击PCB库放置工具栏中的 按钮或执行菜单命令[放置]/[焊盘]，光标变成十字形状，上面还粘贴了一个焊盘的虚影。按下键盘“Tab”键，系统弹出“焊盘”属性对话框，如图5-8所示。焊盘“通孔尺寸”设为“38 mil”，外形X和Y尺寸均设为“70 mil”；焊盘的“标识”设为“1”，为了表明第1个引脚，在“外形”下拉列表框选择Rectangular，将1号焊盘的外形设为方形；“层”设置为“Muti-layer”。设置完毕单击“确

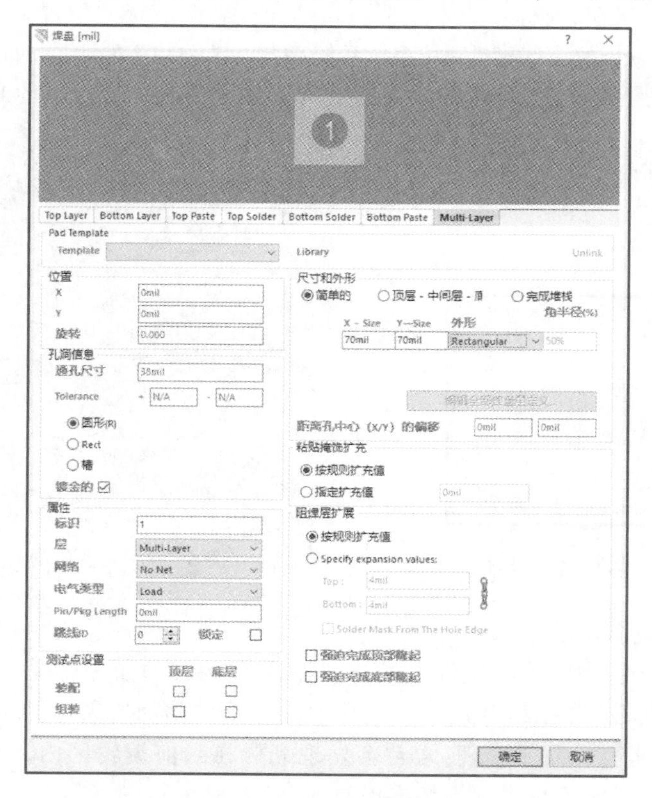

图5-8 “焊盘”属性对话框

▼视频5-1
放置焊盘、定位孔

定”按钮。将光标移到(0,0)点,单击左键,完成1号焊盘的放置。

用同样的方法在坐标点(100,0)、(200,0)的位置分别放置2、3号焊盘。焊盘孔径、外径与1号焊盘相同,外形设为“圆形”(Round)。

5. 放置散热片定位孔

放置散热片定位孔同样使用放置焊盘的方法,将焊盘的通孔尺寸、外径X和Y尺寸均设为100 mil,外形设为圆形(Round),“标识”设为0,“层”设为Mult-Layer,取消选中“镀金的”复选框。在坐标点(-250,200)、(450,200)的位置放置两个定位孔。

放置完焊盘、定位孔后如图5-9所示。

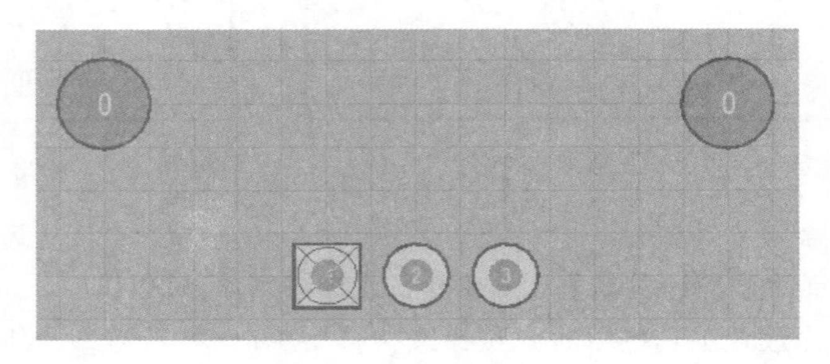

图5-9 放置焊盘、定位孔

6. 放置轮廓线

将工作层切换到Top Overlay(丝印层),执行菜单命令[放置]/[直线]或单击放置工具栏中的 按钮,光标变成十字形。移动光标到图纸合适位置,单击鼠标左键确定外形轮廓的起点,按下键盘“Tab”键,系统弹出“线约束”对话框,如图5-10所示,将“线宽”设为“5 mil”,绘制轮廓线。画完焊盘和直线后,元器件的封装如图5-11所示。

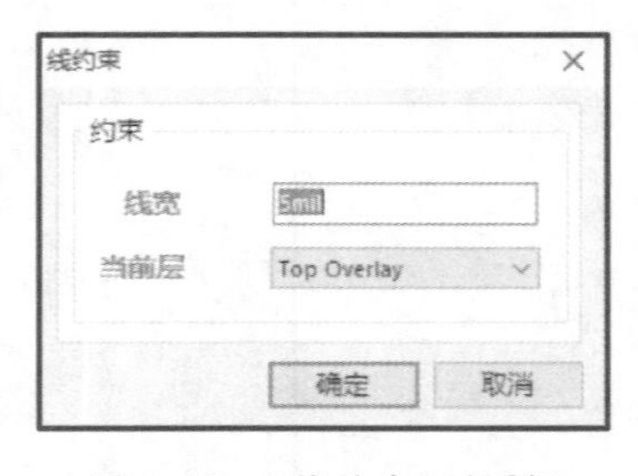

图5-10 “线约束”对话框

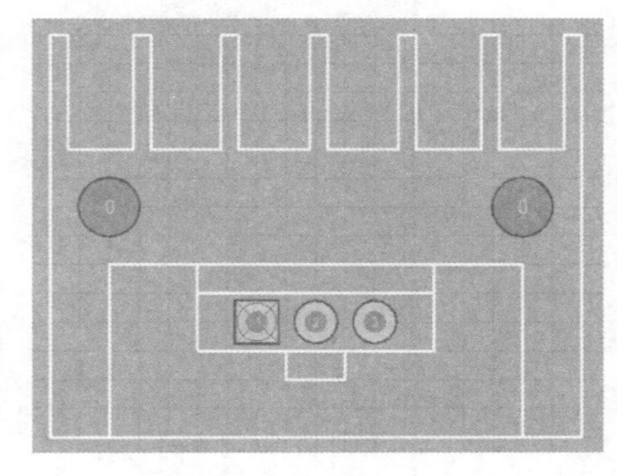

图5-11 元器件的封装

7. 设置封装参考点

执行菜单命令[编辑]/[设置参考]/[1脚],将封装的参考点设定在1号焊盘上。设置封装参考点之后,在PCB图设计过程中,放置该封装时,光标的位置就是参考点的位置,如果参考点位置不合理,常常会发现光标在当前编辑区内,元器件却不知道放到何处。所以一定要设置好封装参考点。

8. 封装检查

系统提供了PCB封装错误的检查功能。执行菜单命令[报告]/[元件规则检查…]，系统弹出“元件规则检查”对话框，如图5-12所示。勾选检查项后，单击“确定”按钮，系统生成图5-13所示的封装检查报告，从中获知封装检查的相关信息，从而可以根据信息更正PCB封装。

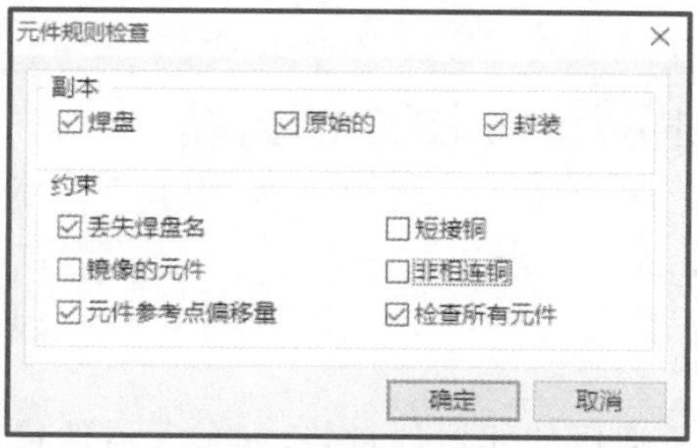

图5-12 “元件规则检查”对话框

图5-13 封装检查报告

9. 保存

单击保存按钮存盘。

5.1.4 操作技巧

1. 放置焊盘

在放置焊盘时，将光标移动到指定位置后，单击鼠标左键则放置了一个焊盘。如果不移动光标位置，接着单击鼠标左键，这时将会在同一位置放置另一个焊盘，而两个焊盘重叠在一起，又不容易发现错误，因此放置焊盘时要注意不要随意单击鼠标左键。

三端稳压芯片的引脚与定位孔之间的距离必须严格按照具体实物尺寸来设定，不然会导致芯片和散热片无法同时固定。实际测量中最好将三端稳压芯片安装到散热片上再测量。三端稳压芯片的引脚编号顺序不能错。在没有散热片时，可以反向安装，但是有了散热片就不能反向安装。

2. 设置参考点

通常情况下，参考点设置为封装的第1个焊盘中心位置，便于封装定位。如果设计者觉得这种方式不方便，可以选择执行菜单命令[编辑]/[设置参考]/[中心]，将参考点设在整个封装的中心，或者选择执行菜单命令[编辑]/[设置参考]/[定位]将参考点设在任意指定位置。

3. 手工绘制元器件封装容易出现的错误

手工绘制元器件封装是使用Altium Designer 17的一项基本功。而且封装对于PCB的质量至关重要。经常看到初学者因为在绘制元器件封装时出错，导致安装元器件非常麻烦。经常出现的错误有如下几种：

① 焊盘和孔的尺寸不对，太小，元器件安装不上；太大，焊接容易出现缝隙。

② 外形尺寸不对,元器件放不进去。

③ 焊盘和外形相对位置不对,导致元器件一边空隙大,一边小。

④ 丝印层的内容印到了焊盘上,导致元器件无法焊接。

由于 PCB 上大部分指标都使用英制,因此注意公英制的转换:1 in = 1 000 mil = 25.4 cm。

教学课件
5.2

5.2 项目 2:利用向导制作芯片 SN74F00 的封装

5.2.1 任务分析

手工制作封装的方式一般用于不规则的或不通用的元器件封装,如果元器件符合通用标准,可以通过向导快速制作元器件封装。

Altium Designer 17 元器件封装创建向导提供了 12 种元器件封装样式供用户选择,通过预先定义设计规则,在元器件封装管理器中自动生成新的元器件封装,非常方便。图 5-14 所示是 PCB 常用的 14 脚 DIP 集成电路芯片及封装,也是芯片 SN74F00 的封装。通过完成该项目,学会利用 PCB 元器件封装向导创建新封装的方法。

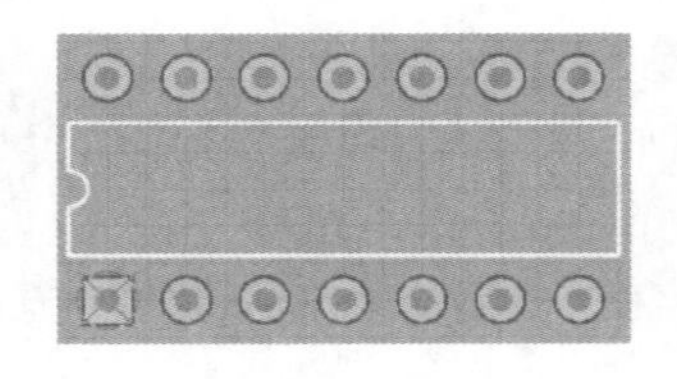

图 5-14 14 脚 DIP 集成电路芯片及封装

5.2.2 准备知识

双列直插封装(Dual In-line Packages,DIP)是一种传统的封装形式,也是目前最常见的集成电路芯片封装形式(见图 5-14)。DIP 封装方式的缺点是体积比较大,但由于这种封装的芯片一般价格比较低,而且体积大也就意味着散热条件好。制作 DIP 封装时需要注意以下几个指标,引脚数、同一列内引脚间距、两列引脚间距和焊盘参数。DIP 封装符合通用标准,不用手工绘制,直接用封装向导创建即可。

下载 DIP14 的数据手册,如图 5-15 所示。

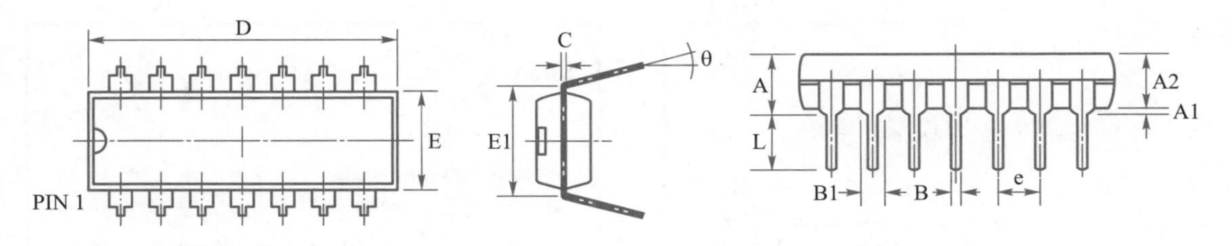

Symbol	Dimensions In Millrreders			Dimensions In Inches		
	Min	Nom	Max	Min	Nom	Max
A	–	–	4.31	–	–	0.170
A1	0.38	–	–	0.015	–	–
A2	3.15	3.40	3.65	0.124	0.134	0.144
B	–	0.46	–	–	0.016	–
B1	–	1.52	–	–	0.060	–
C	–	0.25	–	–	0.010	–
D	19.00	19.30	19.60	0.748	0.760	0.772
E	6.20	6.40	6.60	0.244	0.252	0.260
E1	–	7.62	–	–	0.300	–
e	–	2.54	–	–	0.100	–
L	3.00	3.30	3.65	0.118	0.130	0.142
θ	0°	–	15°	0°	–	15°

图 5-15 DIP14 的数据手册

由数据手册可知，焊盘参数：内径 B 为 16 mil，约 0.46 mm，为了考虑余量一般比数据手册的数据大，此处选择 32 mil，约 0.8 mm；外径 B1 为 60 mil，约 1.52 mm。

焊盘间距参数：纵向间距 e 为 100 mil，约 2.54 mm；横向间距 E1 为 300 mil，约 7.62 mm。

其余部分按照向导默认即可。

5.2.3 任务实施

▼视频 5-2

利用向导制作封装

① 执行菜单命令[工具]/[元器件向导...]，系统弹出图 5-16 所示元器件封装向导对话框。

② 单击"下一步"按钮，系统弹出图 5-17 所示的对话框，在该对话框可以选择元器件封装样式以及度量单位。该对话框内提供了 12 种元器件封装样式，其中包括 BALL Grid Arrays(BGA)（球栅阵列样式）、Diodes(二极管封装样式)、Capacitors(电容封装样式)、Daul In-line Packages(DIP)（双列直插封装样式）、Edge Connectors(金手指样式)、Leadless Chip Carriers(LCC)（无引线载体封装样式）、Resistors(电阻封装样式)、Small Outline Packages(SOP)（小外形尺寸封装样式）等。

根据本例要求，选择 DIP 封装样式，单位选择 Imperial(mil)。

③ 单击"下一步"按钮，系统弹出图 5-18 焊盘尺寸设置对话框。单击需要修改的尺寸，输入新的尺寸。这里将通孔尺寸改为 32 mil，焊盘外轮廓尺寸改为 60 mil。

④ 单击"下一步"按钮，系统弹出图 5-19 所示的对话框。在该对话框内，进行焊盘水平和垂直间距设置。这里将水平间距改为 300 mil，垂直间距为 100 mil。

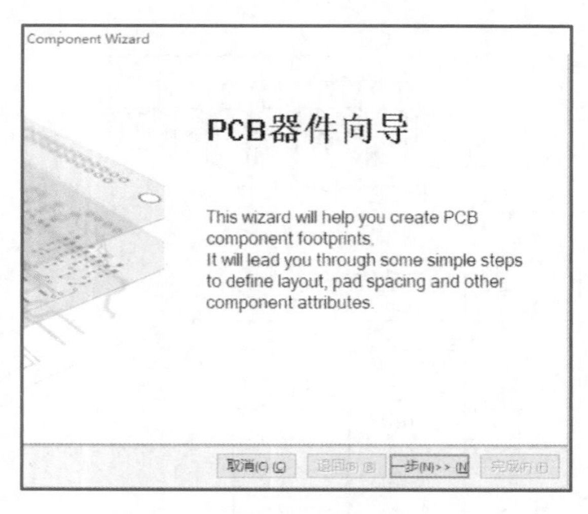

图 5-16 元器件封装向导对话框

图 5-17 元器件封装样式选择对话框

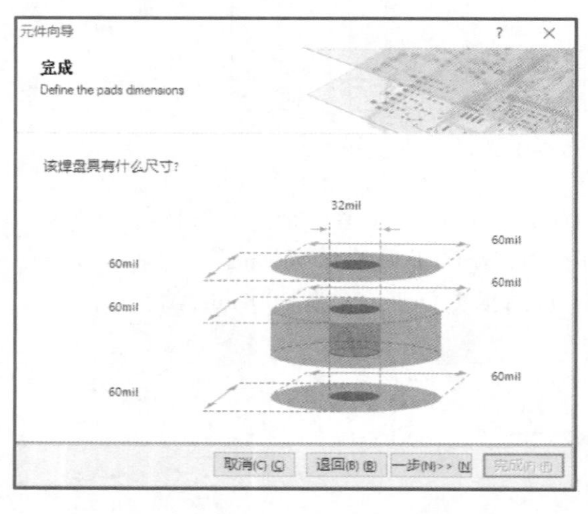

图 5-18 焊盘尺寸设置对话框

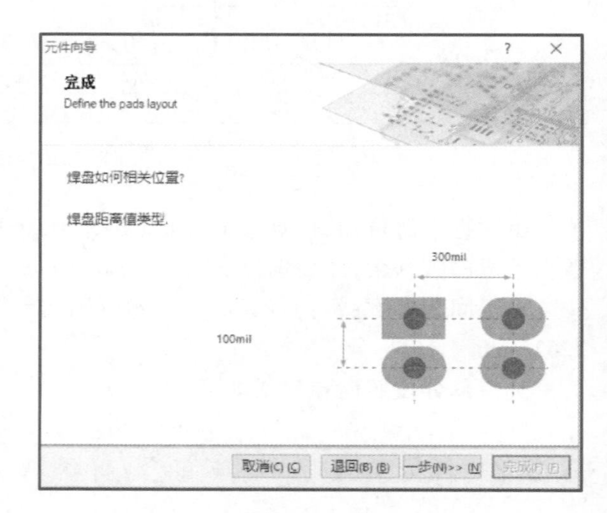

图 5-19 焊盘间距设置对话框

⑤ 单击“下一步”按钮,系统弹出图 5-20 所示的对话框。在该对话框内,进行外轮廓线宽度设置。这里将外轮廓线宽度改为 5 mil。

⑥ 单击“下一步”按钮,系统弹出图 5-21 所示的对话框。在该对话框内,进行焊盘数量设置。这里将焊盘总数设为 14。

⑦ 单击“下一步”按钮,系统弹出图 5-22 所示的对话框。在该对话框内,进行元器件封装名称设置。保持该元器件封装默认文件名 DIP14 不变。

⑧ 单击“下一步”按钮,系统弹出图 5-23 所示的封装向导结束对话框。

⑨ 在该对话框内,单击“完成”按钮完成新的元器件封装 DIP14 的设置。系统自动在元器件封装编辑界面打开 DIP14 元器件封装,以供用户进一步修改,如图 5-24 所示。

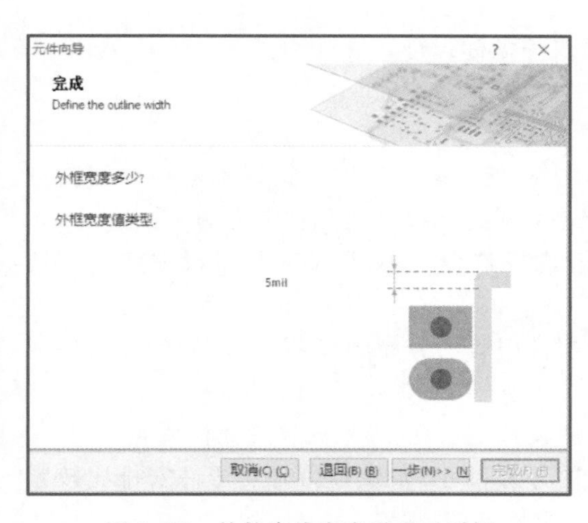

图5-20 外轮廓线宽度设置对话框

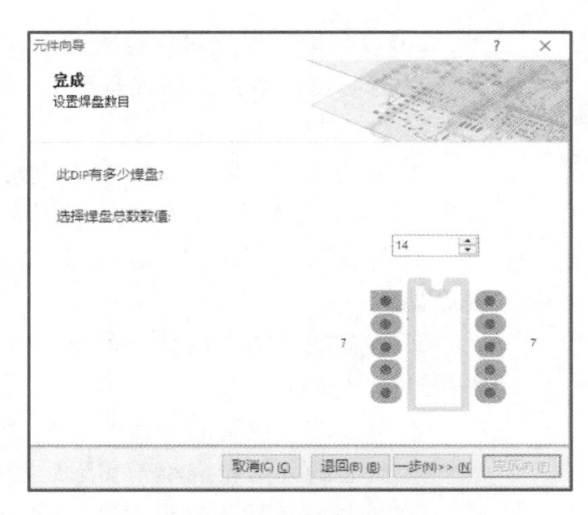

图5-21 焊盘数量设置对话框

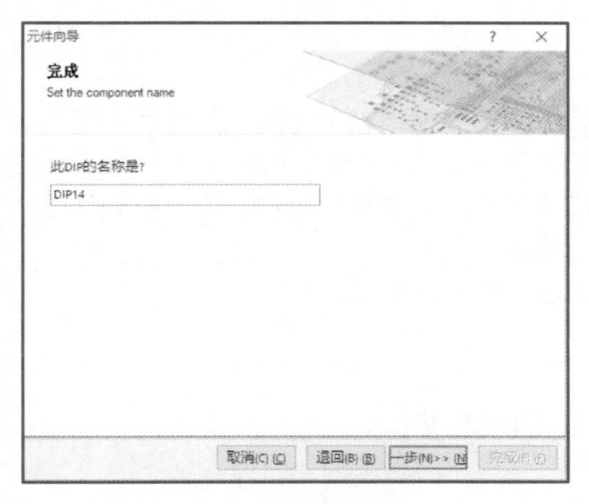

图5-22 封装名称设置对话框

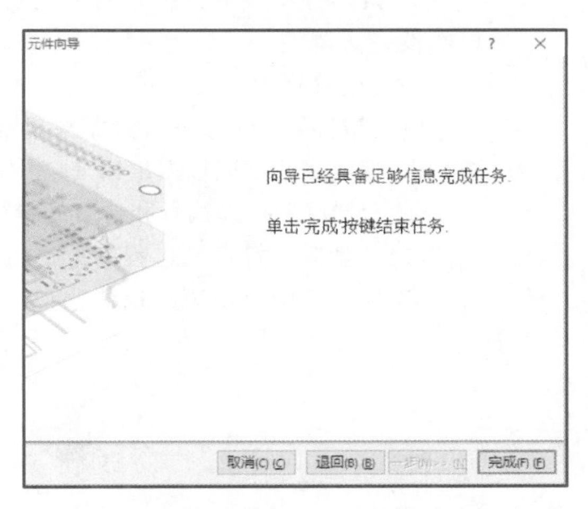

图5-23 封装向导结束对话框

5.2.4 操作技巧

1. 焊盘间走线的问题

使用DIP封装必然会碰到在焊盘间走线的问题。一般来讲,两个焊盘之间至少可以走一根宽度为6~15 mil信号线,安全距离(Clearance)设置在10~15 mil之间。对于某些加工工艺比较好的PCB,Clearance设置为10 mil,线宽为9 mil,就可以走两根线,焊盘之间不要走电源线,因为宽度不够。

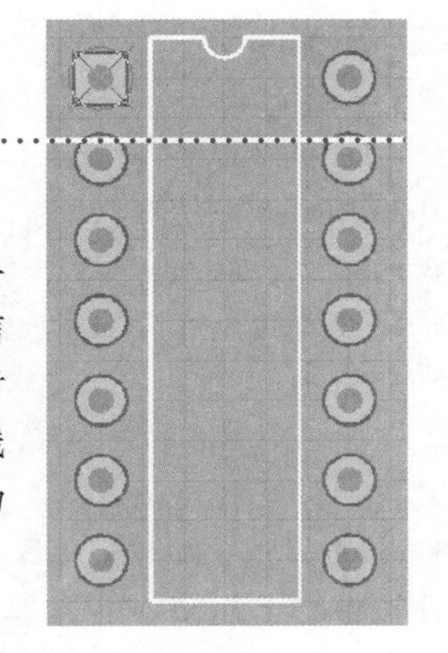

图5-24 元器件封装向导生成的DIP14元器件封装

2. 焊盘标识符

封装中的焊盘标识符一定要与其对应的原理图元器件引脚编号一致,否则封装将无法使用。如果两者不符时，双击焊盘进入焊盘属性设置对话框修改焊盘标识符。

3. 封装设计中常见错误类型

（1）机械错误

机械错误在元器件规则检查中是无法检查出来的。这些错误不会导致编辑过程出现任何出错提示，因此设计者更应该小心对待。以下是几种常见的机械错误：

① 焊盘大小选择不合适，尤其是焊盘内径选得太小，焊接时根本没法将引脚插进焊盘。

② 焊盘间的距离以及分布和实际元器件引脚的分布距离不一致，导致元器件无法在封装上安装。

③ 带安装定位脚的元器件未在封装中设计定位孔，导致元器件无法固定。

④ 封装的外形轮廓小于实际元器件的外形尺寸，如果布局时元器件安排比较紧密，有可能导致元器件挤得太紧，甚至无法安装。

⑤ 接插件出线的方向与实际元器件出线方向不一致，尤其是D形插座，焊接时根本没办法调整。

（2）电气错误

电气错误通常可以通过元器件规则检查，或者在网络表文件读入过程中由系统检查出来，因此往往可以根据出错信息找到错误并修改。以下是几种常见的电气错误：

① 元器件的引脚编号和封装的焊盘标识符不一致，有时候甚至连引脚数都不对。

② 焊盘标识符定义过程中重复定义焊盘标识符。

③ 封装库中出现短路现象，通常出现在特殊封装的元器件中。

教学课件 5.3

5.3 上机实践

1. 试利用向导方式分别制作表面贴片式元器件封装SOP20及通孔式元器件封装AXIAL0.4

制作过程中，需要注意以下几项：

① SOP20封装样式。选择Small Outline Package（SOP）封装样式；单位选择Metric（mm）；焊盘尺寸为2.2 mm×0.6 mm，相邻焊盘间距为1.27 mm，两排焊盘中心间距为9.3 mm；轮廓线宽度为0.2 mm。元器件封装SOP20如图5-25所示。

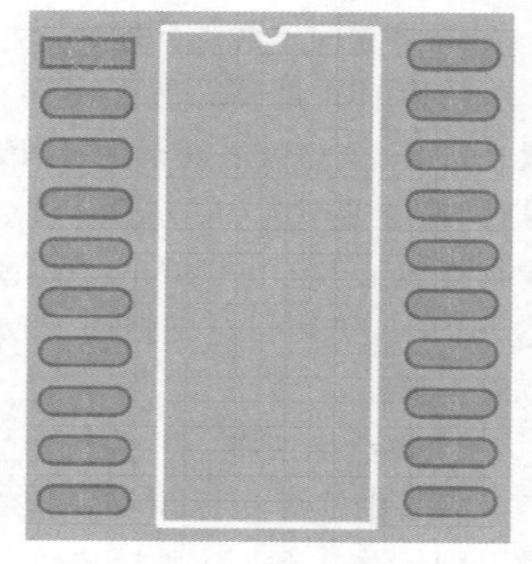
图5-25 元器件封装SOP20

② AXIAL0.4封装样式：选择Resistors封装样式；单位选择Imperial（mil）；元器件类型选择Through Hole（通孔式）；焊盘孔尺寸为33 mil，焊盘外轮廓尺寸为55 mil；焊盘水平间距为400 mil；外形轮廓线宽度为10 mil；焊盘距离外框40 mil；元器件封装名为AXIAL0.4。完成新的元器件封装AXIAL0.4

如图 5-26 所示。

修改外形尺寸,长度 240 mil,宽度 80 mil,修改好外形的 AXIAL0.4 如图 5-27 所示。

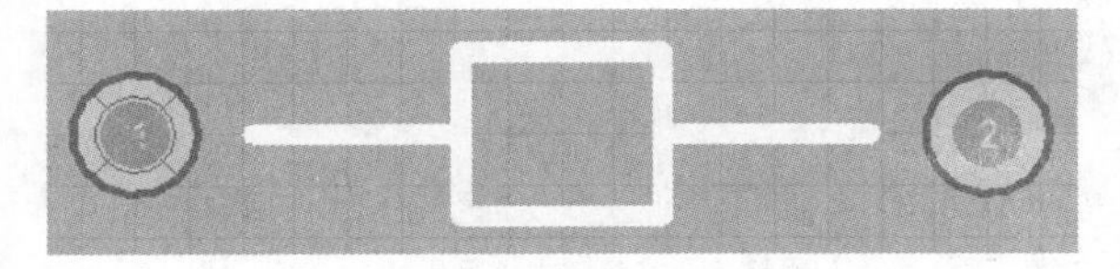

图 5-26 完成新的元器件封装 AXIAL0.4

图 5-27 修改好外形的 AXIAL0.4

2. 试利用手工方式制作元器件封装 DIP-8

焊盘 1 形状设为方形,其他焊盘为圆形;焊盘通孔直径为 32 mil,焊盘 X 和 Y 尺寸均为 60 mil;相邻焊盘间距为 100 mil,两排焊盘中心间距为 300 mil;轮廓线宽度为 5 mil。制作完成后的 DLP-8 如图 5-28 所示。

3. 手工创建图 5-29 所示某继电器封装

图中栅格间距为 100 mil;焊盘外形尺寸为 100 mil/100 mil,通孔直径为 50 mil。

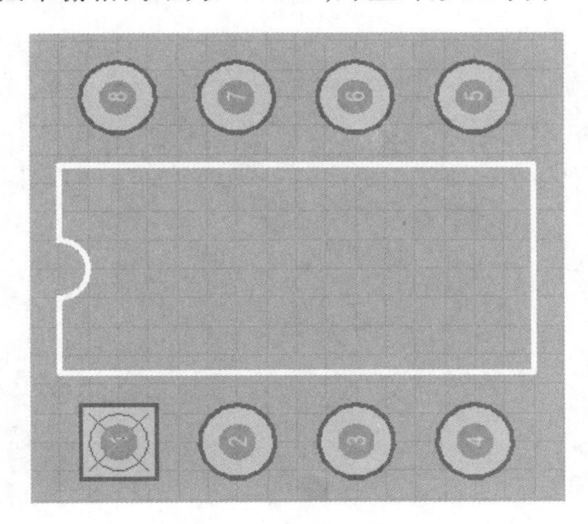

图 5-28 制作好的 DIP-8

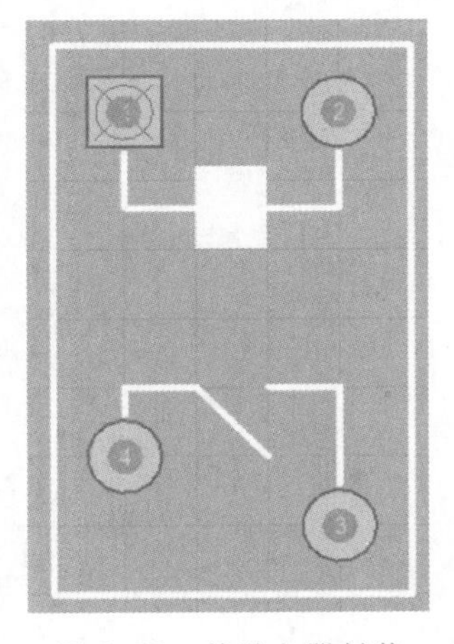

图 5-29 某继电器封装

本单元小结

本单元主要介绍了印制电路板元器件封装库建立的方式,以及元器件封装编辑器的组成、元器件封装的管理方法。

着重讲述了制作新的元器件封装的两种方法,手工制作元器件封装和利用封装向导制作元器件封装。利用向导制作元器件封装相对简单,但只适于创建系统提供的 12 种样式的元器件封装,适用范围比较窄。相对来说手工制作元器件封装较为复杂,但可以制作任何样式的元器件封装。

思考与练习

1. 填空题

(1) 新建元器件封装库可以执行菜单命令[文件]/[新建]/______。

(2) 制作元器件封装有两种方式，分别是______、______。

(3) 利用封装向导可以制作____种样式的元器件封装。

(4) 制作通孔式元器件封装时，焊盘所属图层应为______。

(5) 制作通孔式元器件封装时，元器件外形轮廓线放置图层应为______。

2. 判断题

(1) 执行菜单命令[文件]/[新建]/[Library]/[PCB 元件库]可以生成的元器件库是集成元件库。 ( )

(2) 利用封装向导可以制作任何样式的元器件封装。 ( )

(3) 在制作元件封装时，应采用交互布线工具绘制元件外形轮廓。 ( )

(4) 执行菜单命令[文件]/[新建]/[Library]/[PCB 元件库]与执行菜单命令[设计]/[生成 PCB 库]生成元器件库效果相同。 ( )

第6单元　原理图设计进阶

能力目标

- 熟练使用总线、总线入口、网络标号
- 学会绘制层次电路原理图
- 学会编译项目
- 学会生成相关报表

知识点

- 总线与总线入口、网络标号的含义
- 层次原理图电路绘制方法
- 原理图查错方法
- 相关报表

电路原理图是设计印制电路板的基础，只有绘制正确的原理图，才能设计一块具有指定功能的印制电路板。在第 2 单元，我们学习了简单原理图的绘制方法，但是实际原理图往往很复杂，连线也较多，这就需要通过放置总线与总线入口、网络标号等来解决。对于庞大复杂的电路图，用一张电路原理图来绘制显得比较困难，此时可以采用层次电路来简化。本单元通过完成下列项目来学习这些内容。

▼教学课件

6.1

6.1　项目 1：绘制循环彩灯控制电路原理图

6.1.1　任务分析

循环彩灯控制电路如图 6-1 所示，555 定时器与电阻、电容构成多谐振荡器，为计数器 74LS163 提供时钟信号，译码器 74LS154 的输出控制彩灯的亮暗，实现彩灯循环变化。图 6-1 与前面电路相比，采用了集成元器件，引脚多了，如果用绘制普通导线的方法，图纸走线过多太乱，所以这里需要利用总线与总线入口、网络标号等来绘制该原理图。另外，系统所带元器件库中 555 定时器的引脚位置不合适，需要调整。

通过实施该项目达到以下学习目标：

① 理解总线与总线入口、网络标号的含义。

② 熟练使用总线与总线入口、网络标号。

③ 能够绘制较复杂电路原理图。

表6-1为循环彩灯控制电路元器件一览表。

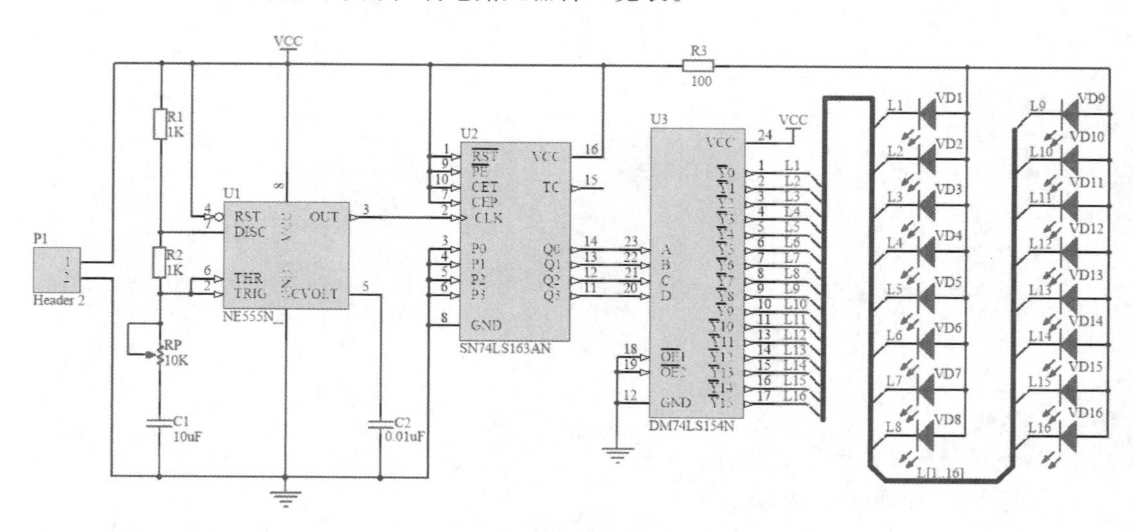

图6-1 循环彩灯控制电路原理图

表6-1 循环彩灯控制电路元器件一览表

元器件序号（Designator）	库元器件名（LibRef）	注释或参数值（Comment）	元器件所在库（Library）
VD1～VD16	LED1	LED	Miscellaneous Devices. IntLib
C1	Cap	10 μF	
C2	Cap	0.01 μF	
R1 R2	Res2	1 kΩ	
R3	Res2	300 Ω	
RP	RPot	10 kΩ	
U1	NE555N	NE555N	ST Analog Timer Circuit. IntLib
U2	SN74LS163AN	SN74LS163AN	TI Logic Counter. IntLib
U3	DM74LS154N	DM74LS154N	FSC Logic Decoder Demux. IntLib
P1	Header 2	Header 2	Miscellaneous Connectors. IntLib

6.1.2 准备知识

1. 总线

总线是用一条粗线来代表数条导线，用以简化电路原理图。使用总线代替一组导线，需要与总线入口和网络标号相配合。总线与一般的导线的性质不同，它本身没有电气连接意义，必须由总线接出的各个单一入口上的网络标号来完成电气意义上的连接。具有相同网络标号的导线在电气上是连接的，这样做既可以节省电路原理图的空间，又便于读图。

2. 总线入口

总线与导线或元器件引脚连接时必须使用总线入口，总线入口是 45°或 135°倾斜的短线段。

3. 网络标号

在一些复杂的电路原理图中，直接使用画导线方式，会使图纸显得杂乱无章，而使用网络标号则可以使图纸变得清晰易读。网络标号是一个电气连接点，具有相同网络标号的图件之间在电气上是相通的。网络标号和标注文字不同，前者具有电气连接功能，后者只是说明文字。

4. 编译工程

在完成电路原理图的绘制之后，应该对整个工程进行编译，即进行电气检查，检查工程中各原理图是否正确。它可以检查出一些不应该出现的短路、开路、多个输出引脚短路、未连接的输入引脚等错误。

注意：对工程进行编译是对原理图的电气连接进行检查，电气连接以外的故障是检测不出来的。因此，要排除所有故障，还是需要设计者根据设计要求检查和修改电路。

在编译工程之前，可以根据实际情况对原理图编译参数进行设置，以便按照要求进行电气检查和生成报告。设置编译参数时，主要设置错误报告类型（Error Reporting）、电气连接矩阵（Connection Matrix）等选项。由于这些参数的设置都有一定的规则，建议初学者不要随便更改。

① 执行菜单命令［工程］/［工程参数…］，打开原理图编译参数设置对话框，如图 6-2 所示。

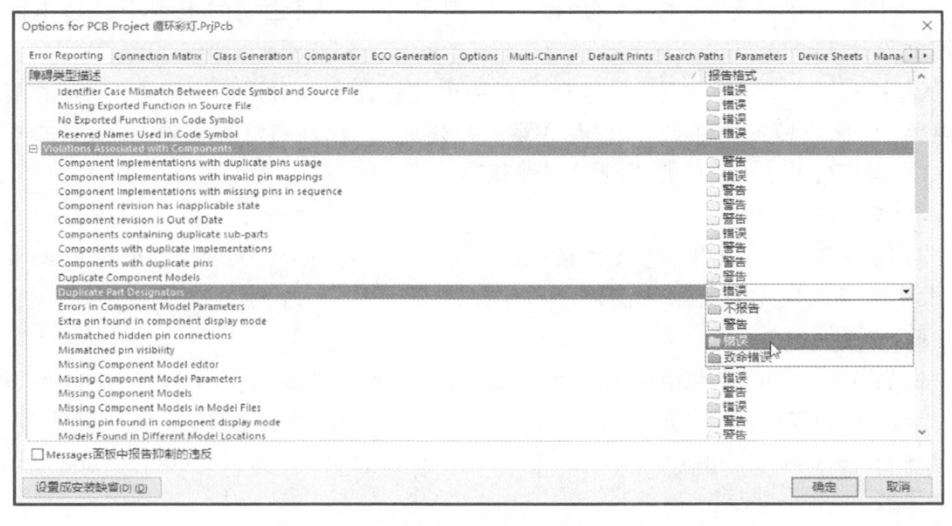

图 6-2　原理图编译参数设置对话框

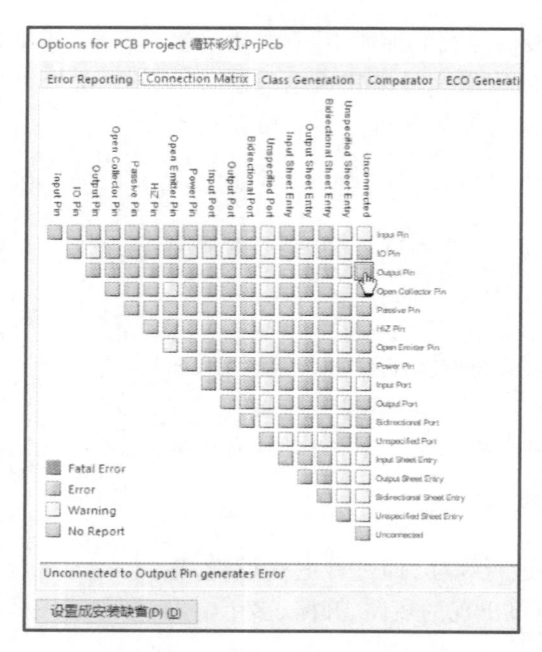

图 6-3　电气连接矩阵设置对话框

② 单击“Error Reporting”标签,可以设置所有可能出现错误的报告类型。共有 4 种报告类型,致命错误、错误、警告、无报告。如果要修改某一项的报告类型,可以在该项后单击▒图标,在下拉列表中选择一种即可,如图中将原理图中元器件序号重复(Duplicate Part Designators)的报告类型设置为错误。单击“设置成安装缺省”可恢复到系统默认值。

③ 单击“Connection Matrix”标签,可以设置各种电气连接的检查报告类型,如图 6-3 所示。共有 4 种电气连接的检查报告类型,其中,红色代表致命错误,橙色代表错误,黄色代表警告,绿色代表无报告。如果要改变某一报告信息,可以在矩阵图中单击相应的方块,每单击一次将改变一种报告类型。如图中设置当输出引脚没连接时,产生错误信息。单击“设置成安装缺省”可恢复到系统默认值。

6.1.3　任务实施

1. 新建工程

① 建立一个名为“循环彩灯控制电路”的文件夹,便于文件管理。

② 执行菜单命令[文件]/[新建]/[Project...],建立一个空工程文件。

2. 新建原理图文件

① 执行菜单命令[文件]/[新建]/[原理图],在上面建立的工程中新建电路原理图文件。

② 执行菜单命令[文件]/[保存],在弹出的保存文件对话框中输入“循环彩灯控制电路”为该原理图文件名,并保存在第一步建立的“循环彩灯控制电路”文件夹中。

③ 保存完后,一个新的原理图文件就建成了。

3. 设置图纸参数

执行菜单命令[设计]/[文档选项...],打开“文档选项”对话框,把图纸设置为 A4 大小。其他使用系统默认设置。

4. 放置元器件

由表 6-1 可知,本电路用到了 5 个元器件库,系统默认加载了 Miscellaneous Devices. IntLib 和 Miscellaneous Connectors. IntLib 2 个元器件库,另外 3 个元器件库 ST Analog Timer Circuit. IntLib、TI Logic Counter. IntLib、FSC Logic Decoder Demux. IntLib 需用加载。

① 在“库...”面板单击[Libraries...]按钮打开“可用库”对话框,如图 6-4 所示。单击“安装”按钮,在打开的对话框查找要加载的元器件库添加即可。

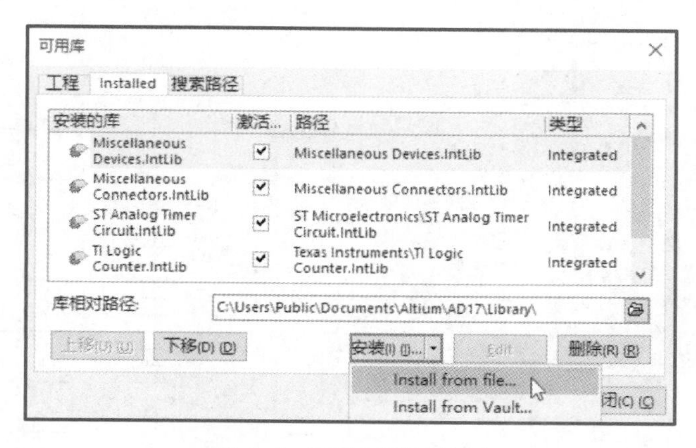

图 6-4 “可用库”对话框

▼视频 6-1

修改元器件引脚位置

② 将所需元器件放置到原理图图纸，并编辑属性。

③ 调整 U1 引脚位置。双击 U1，打开元件属性对话框，如图 6-5 所示。将“Graphical”区域“Lock Pins”前的复选框取消，该元件引脚解除锁定，用鼠标拖动需要移动的引脚，调整到合适位置，再将“Lock Pins”前的复选框选中即可。

④ 元器件布局。用拖动、旋转的办法调整元器件位置。如果元器件引脚没有在栅格点上，可选中元器件，执行菜单命令[编辑]/[对齐]/[对齐到栅格上]即可将元器件引脚调整到栅格点上，调整位置后如图 6-6 所示。

5. 绘制总线

在绘制总线前，一般先用绘制导线的方式绘制元器件引脚的引出线，然后再绘制总线。

单击配线工具栏中的按钮，或执行菜单命令[放置]/[总线]，光标变为十字形状，开始绘制，绘制方法操作与导线相同。如图 6-7 所示。

图 6-5 元件属性对话框

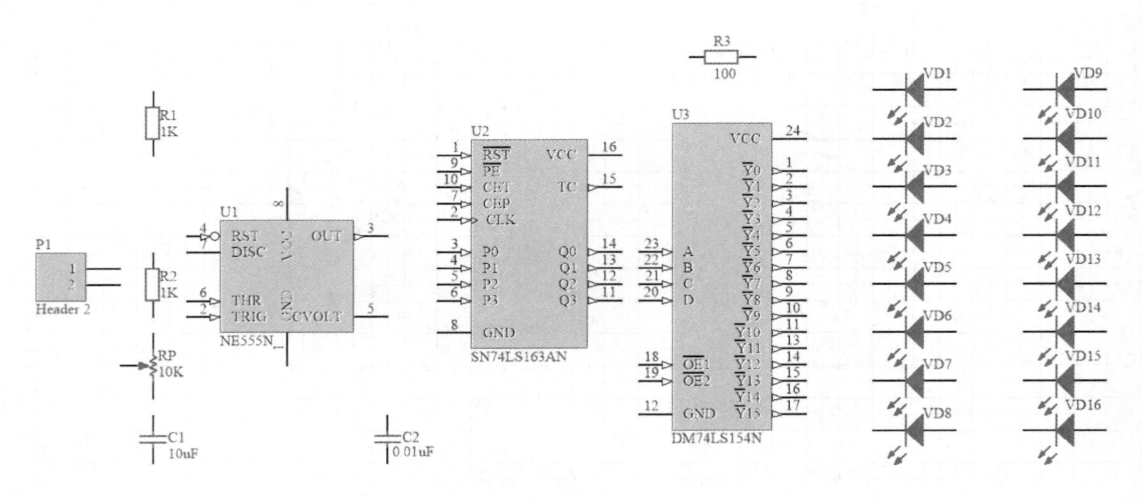

图 6-6　元器件调整位置后的原理图

视频 6-2
总线的使用

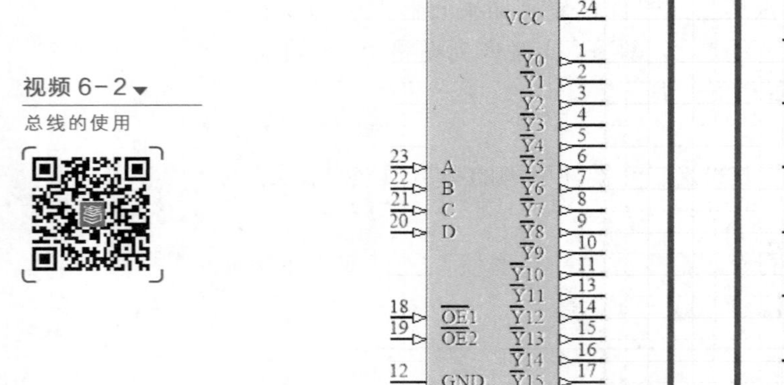

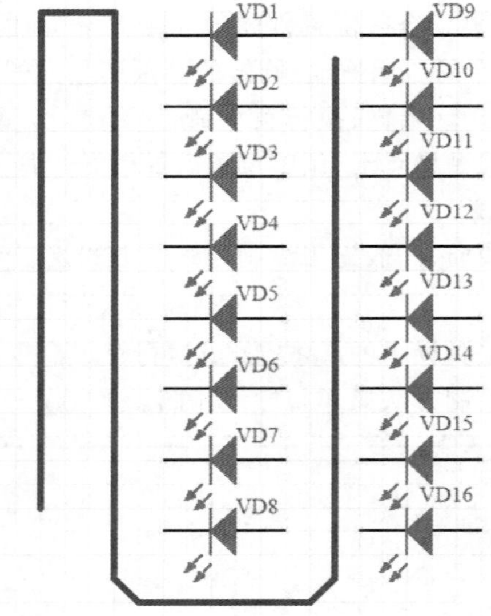

图 6-7　绘制总线

6. 放置总线入口

① 单击配线工具栏中的 按钮，或执行菜单命令[放置]/[总线入口]，光标变为十字形状并带着悬浮的总线入口，将光标移动到适当位置，按空格键可改变倾斜角度，单击鼠标左键放置总线入口，如图 6-8 所示。单击鼠标右键退出放置状态。

双击所放置总线入口或在放置状态时按 Tab 键，可弹出总线入口属性对话框，可以修改其线宽和颜色等。

② 总线入口没有与元器件相应的引脚相连，可以通过移动元器件的位置或者用导线将元器件引脚与总线入口相连，连接后的效果如图 6-9 所示。

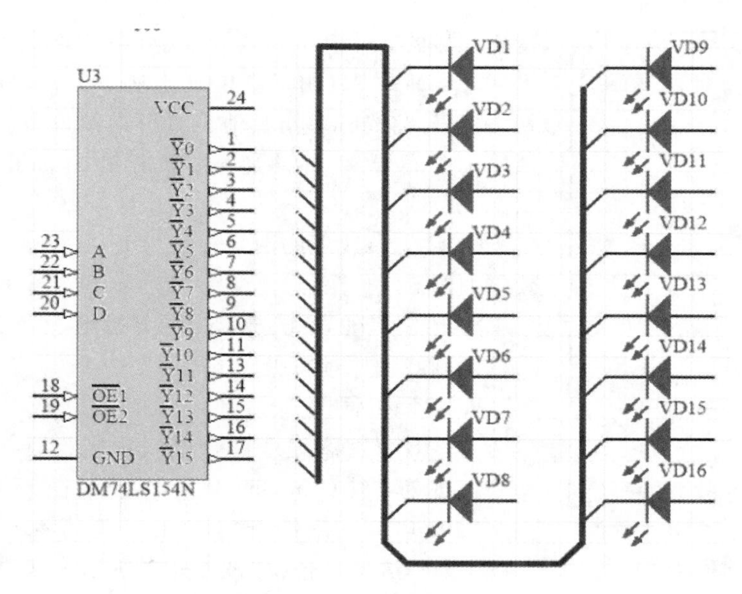

图 6-8 放置总线入口

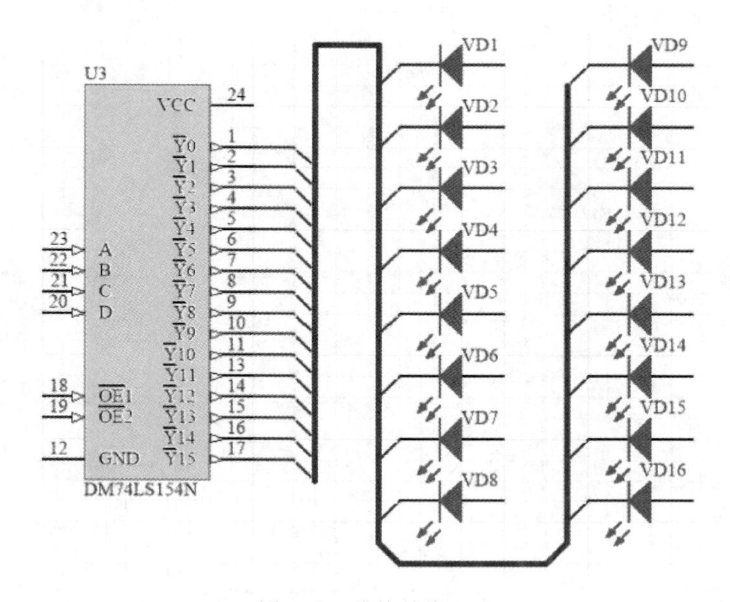

图 6-9 连接总线入口

7. 放置网络标号

在图 6-9 中，元器件之间还没有实现电气连接，还必须放置网络标号。具有相同网络标号的图件之间在电气上是相通的。

① 单击配线工具栏中的 Net1 按钮，或执行菜单命令［放置］/［网络标号］，光标变为十字形状，并有一虚线框跟随光标移动，按 Tab 键，打开网络标号属性对话框，如图 6-10 所示。

② 在“网络”栏输入网络标号名如“L1”，单击“确定”，将虚线框移动到需要放置

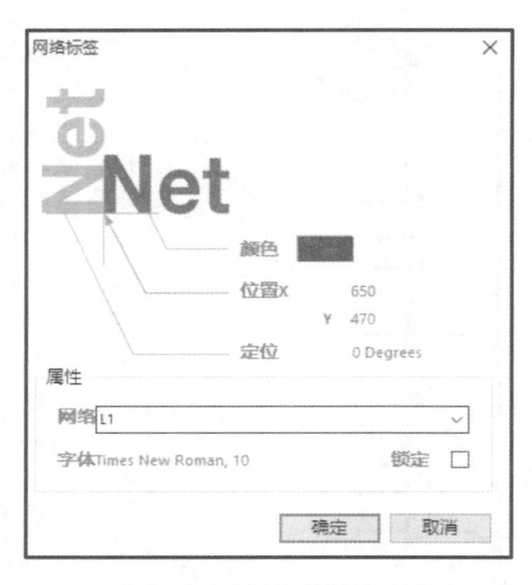

图 6-10 网络标号属性对话框

网络标号的元器件引脚或导线上，当红色米字形电气捕捉标志出现时，表明建立电气连接，单击鼠标左键放下网络标号，将光标移至其他位置可继续放置。观察可见网络标号的数字自动递增，单击鼠标右键退出放置状态。

③ 注意总线上的网络标号为 L［1..16］。放置后的效果如图 6-11 所示。

8. 绘制其他导线，放置电源与接地

绘制好的原理图见图 6-1。

9. 编译工程

通过对原理图编译进行电气规则检查。执行菜单命令［工程］/［Compile PCB Project 循环彩灯控制电路.PRJPCB］，系统开始对工程进行编译。并生成"Messages"信息报告，如图 6-12 所示。双击某项违规信息，显示违规详细信息，同时违规处高亮显示，可以帮助用户迅速找到违规处并进行修改，修改后再次进行编译，直到编译无误为止。

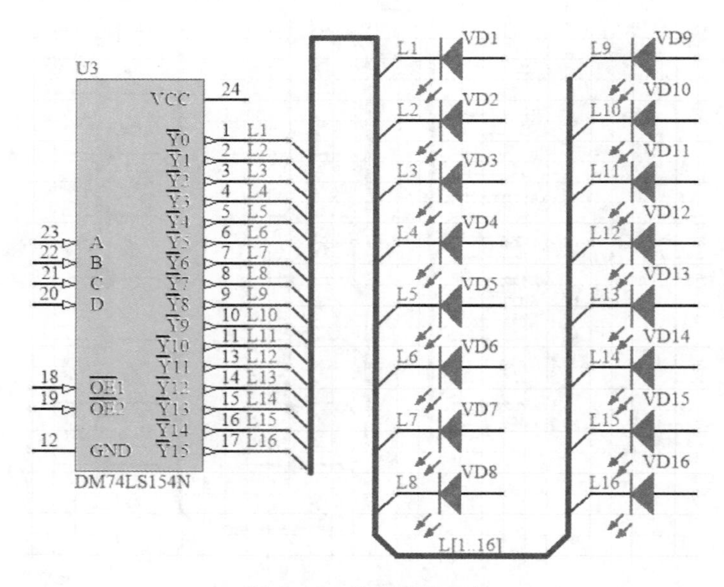

图 6-11 放置网络标号

该原理图违规的内容是：有一个警告错误，"NetR2-1"没有驱动源。分析电路可知，此处不需要驱动源，忽略此警告错误。

注意：在编译过程中，可能出现不显示"Messages"对话框问题，可以执行菜单命令［察看］/［Workspace Panels］/［System］/［Messages］，打开"Messages"对话框。

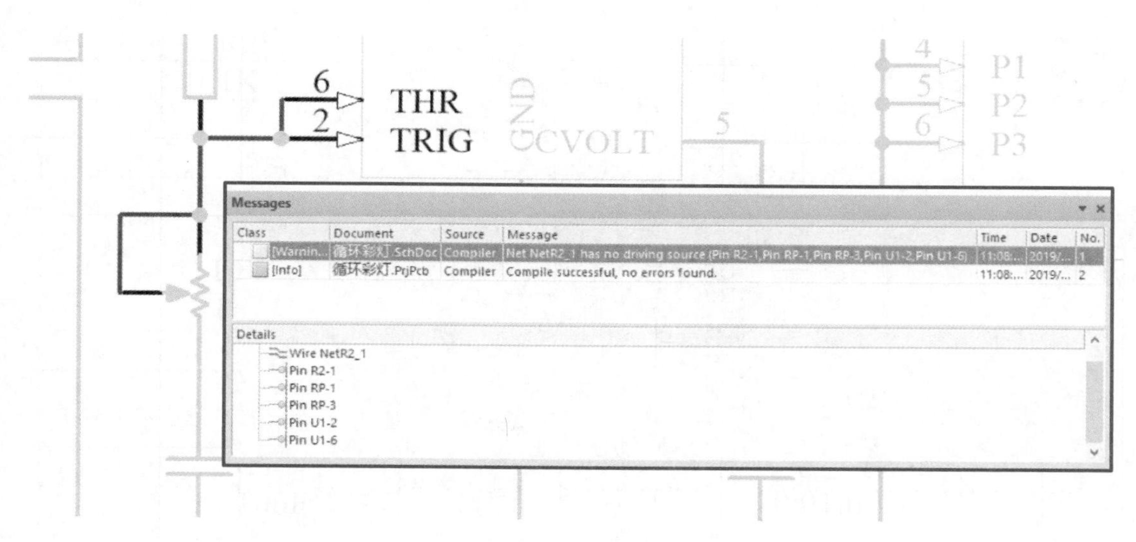

图 6-12 “Messages”对话框

▾视频 6-3

导航面板的使用

6.1.4 操作技巧

1. 导航面板的使用

导航面板(Navigator)提供了快速定位元器件、浏览网络分布的方法。

打开一个已经绘制完毕的原理图文件，单击“Navigator”面板标签，打开导航面板。对该原理图进行编译，“Navigator”面板即可显示相关内容，如图 6-13 所示。在“Navigator”面板“实例”区域显示原理图中所有元器件的序号、注释等信息，“Net/Bus”区域显示原理图中所有网络连接。

(1) 快速定位元器件

单击“实例”区域中要查看的元器件如 U1，或在 U1 所在行上单击鼠标右键，在弹出的快捷菜单中选择“Jump to U1”，则 U1 高亮显示在工作窗口，其他元器件呈灰色掩膜状态，如图 6-14 所示。单击图纸可清除灰色掩膜状态。

(2) 快速查看网络连接

单击“Net/Bus”区域中要查看的网络名称如 GND，则 GND 网络的连接情况高亮显示在工作窗口，其他元器件及网络连接呈灰色掩膜状态，如图 6-15 所示。

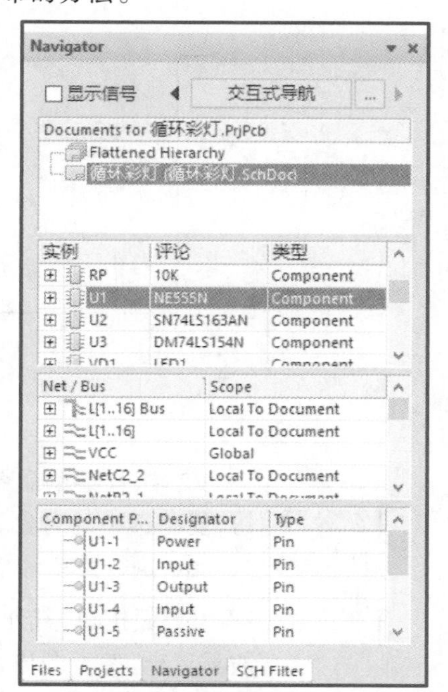

图 6-13 “Navigator”面板

2. 阵列粘贴

阵列粘贴工具一般用于一次粘贴多个相同的对象。使用阵列粘贴工具复制对象，既操作方便，又节省时间。具体操作步骤如下：

① 选中要复制的元器件，如电阻 R1，如图 6-16 所示。

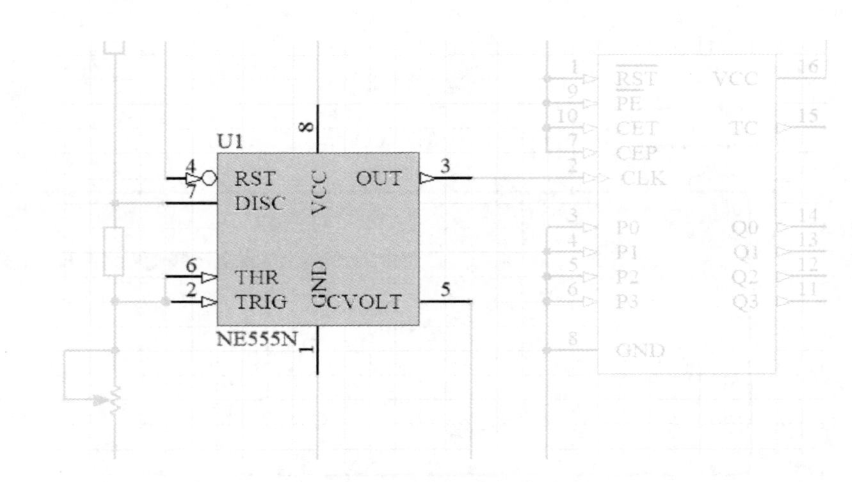

图 6-14 定位元器件效果图

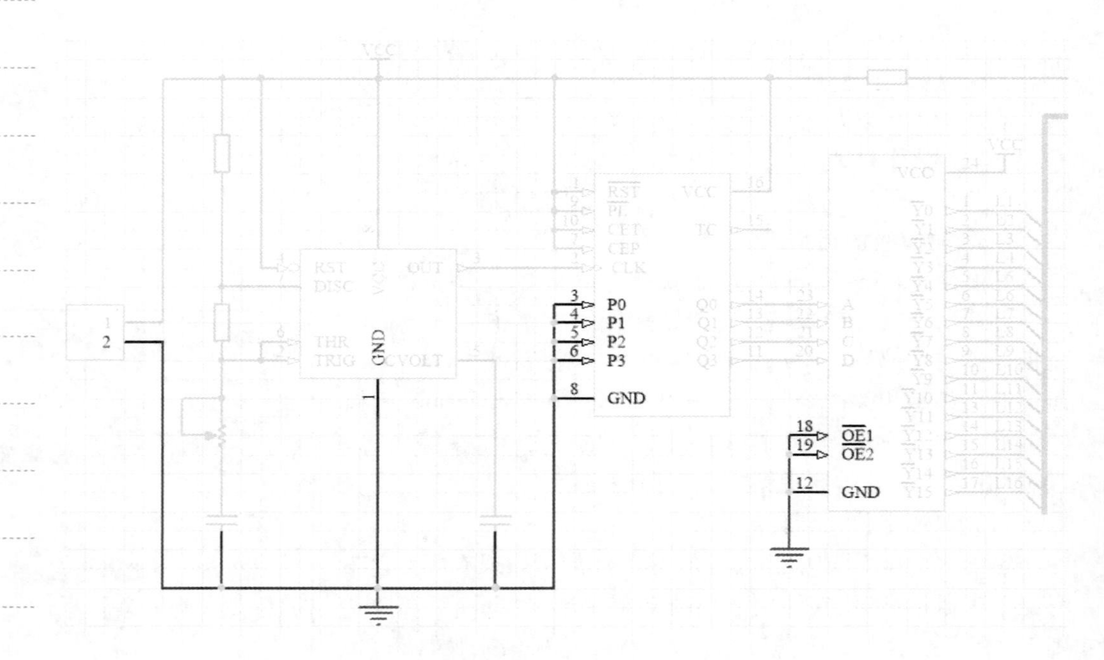

图 6-15 查看 GND 网络连接效果图

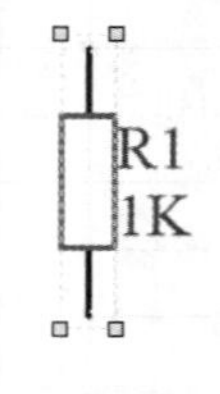

图 6-16 选择被复制对象

② 执行菜单命令[编辑]/[复制],或按 Ctrl+C 组合键,或单击主工具栏按钮,复制选中的对象。

③ 执行菜单命令[编辑]/[灵巧粘贴...],或单击实用工具栏中“绘图工具”的按钮,打开“智能粘贴”对话框,如图 6-17 所示。选中“使能粘贴阵列”前的复选框,参考图进行阵列粘贴的设置。

列:“数目”文本框设置水平方向粘贴的列数,“间距”文本框设置水平方向的间距。

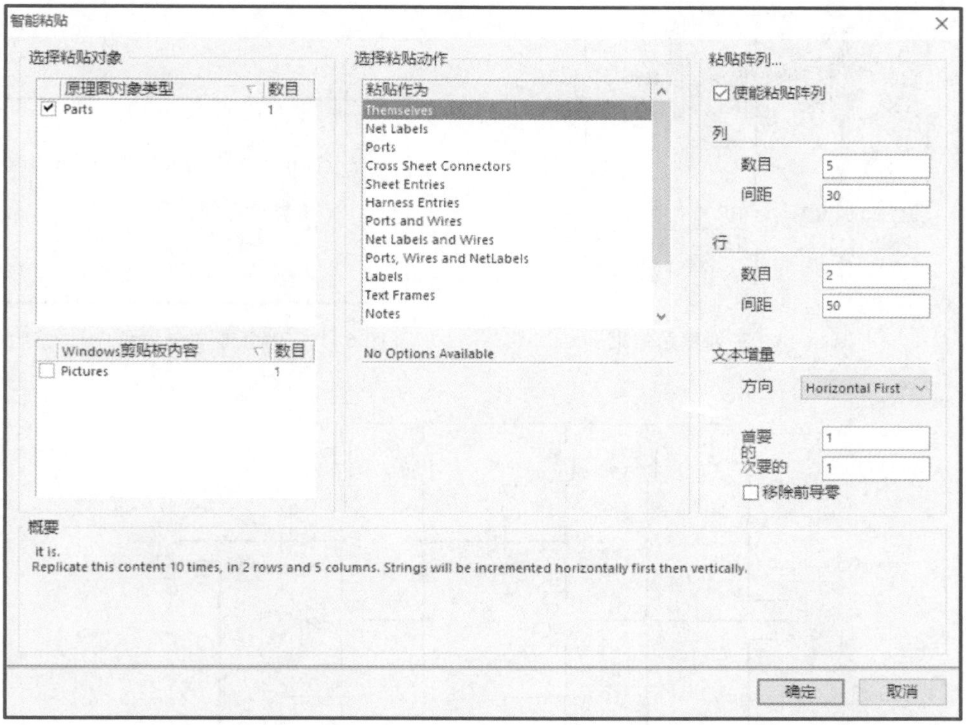

图 6-17 “智能粘贴”对话框

行：“数目”文本框设置竖直方向粘贴的行数，“间距”文本框设置竖直方向的间距。

文本增量：用于设置元器件序号的增量。

④ 设置参数对话框后，单击“确定”按钮，光标变为十字光标，在合适位置单击鼠标左键开始粘贴，如图 6-18 所示。

3. 统一为元器件编号

在绘制原理图的时候，主要放置元器件和连线，元器件可能会被删除或调整位置，因此元器件序号（Designator）常常不够规范，很可能会有重复或遗漏。Altium Designer 17 提供了一种途径，在原理图绘制完毕后统一为图纸上的所有元器件进行编排序号。

以图 2-43 所示的两级放大电路为例介绍统一为元器件编排序号的操作。

① 执行菜单命令[工具]/[Annotation]/[复位标号...]，弹出确认重置元器件序号对话框，如图 6-19 所示。单击“Yes”按钮，所有元器件序号设置为“?”，如图 6-20 所示。

② 执行菜单命令[工具]/[Annotation]/[注释...]，弹出“注释”对话框，如图 6-21所示。

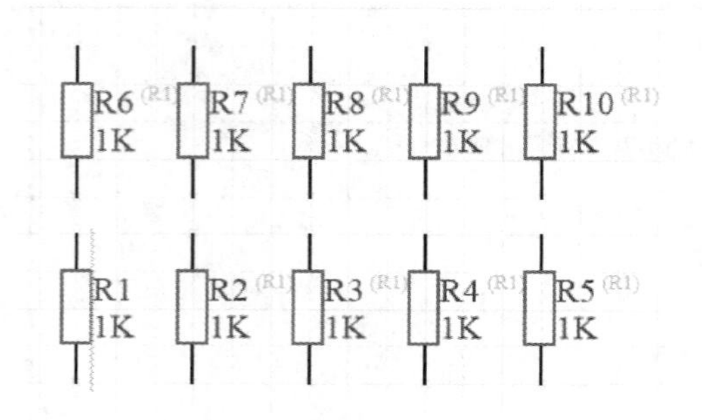

图 6-18 阵列粘贴结果

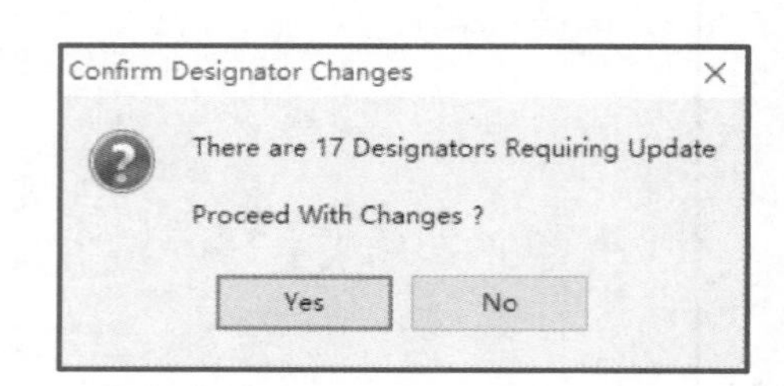

图 6-19 确认重置元器件序号对话框

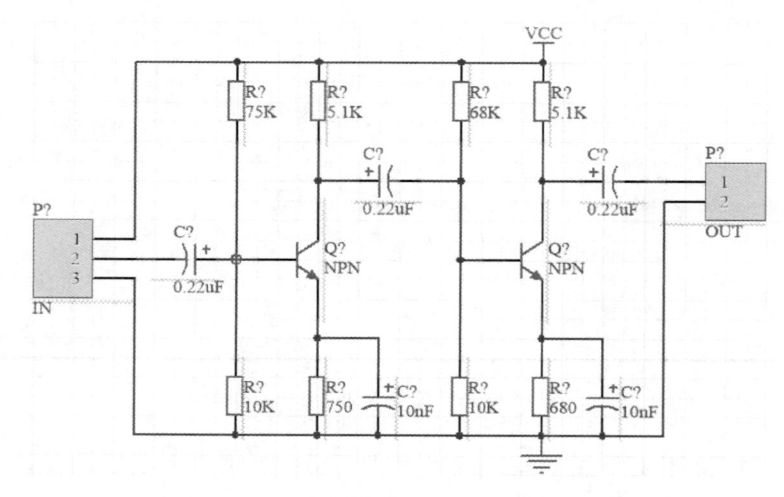

图 6-20 所有元器件序号设置为“？”

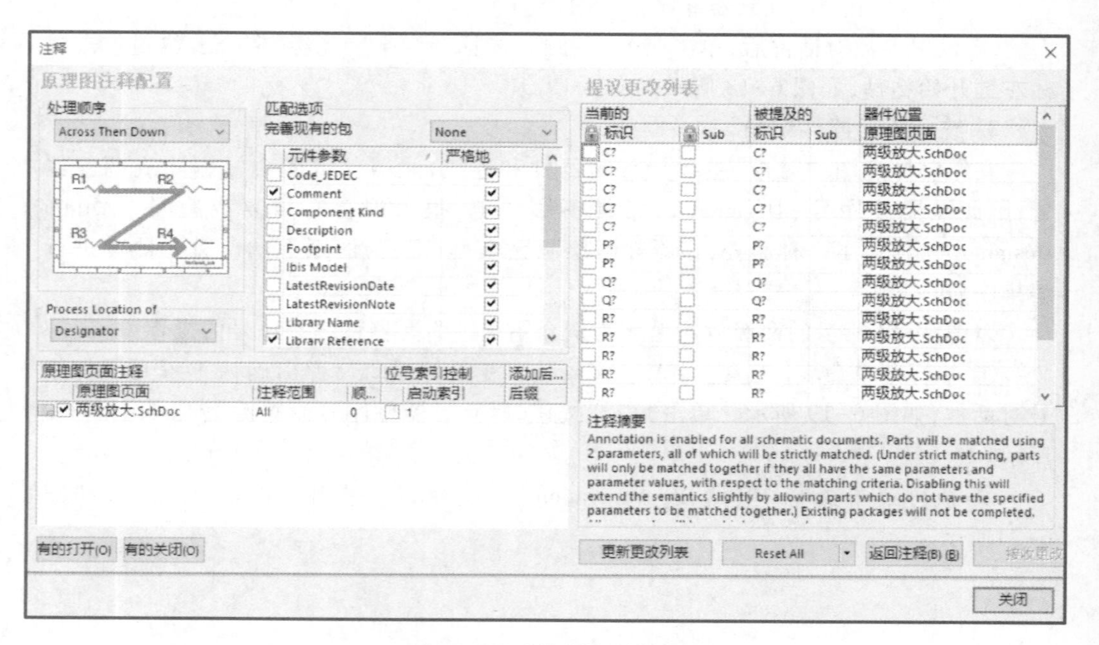

图 6-21 “注释”对话框

左侧“处理顺序”区，用来选择自动编排序号的方案；“匹配选项”区，用来选择匹配参数来决定标识对象，系统要求至少选择一个参数，默认选择“Comment”；“原理图页面注释”区，用来选择对哪些图纸进行自动编排序号；“启动索引”用来设置编排序号的起始值。右侧“提议更改列表”显示出原来元器件编排序号的情况和根据设置将要得到的编排序号情况。

③ 单击“更新更改列表”按钮，弹出提示对话框如图6-22所示。单击“OK”按钮确认后，系统自动进行标注，并将结果在右侧的“提议更改列表”中显示，如图6-23所示。

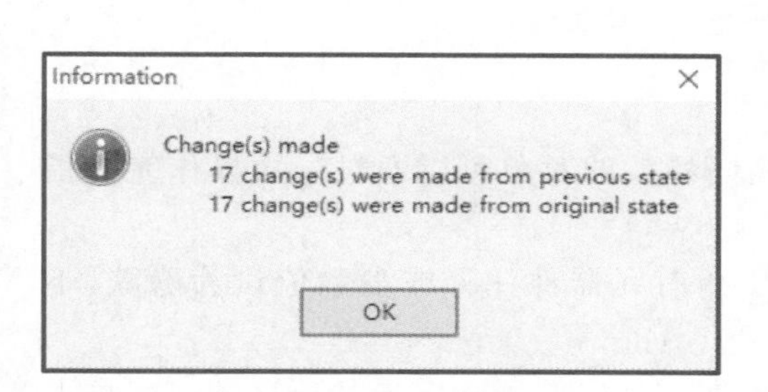

图6-22　提示对话框

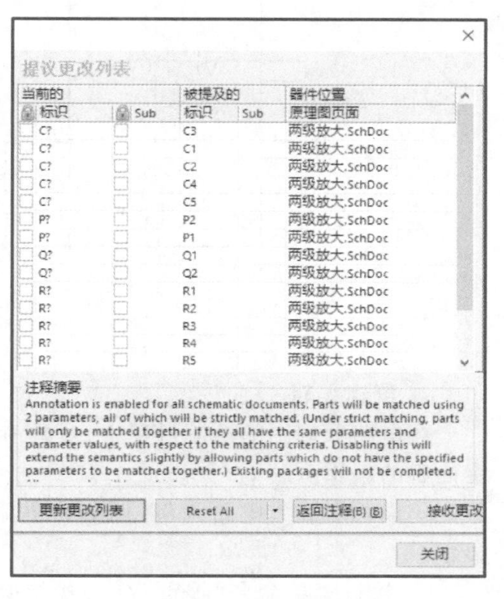

图6-23　元器件序号变化

④ 单击“接受更改(建立ECO)”按钮，弹出“工程更改顺序”对话框，显示改动的情况，如图6-24所示。

图6-24　“工程更改顺序”对话框

⑤ 单击“执行更改”按钮,系统对自动注释状态进行检查,检查完成后单击“关闭”按钮,返回“注释”对话框,单击“关闭”按钮完成自动编排序号,结果如图 6-25 所示。

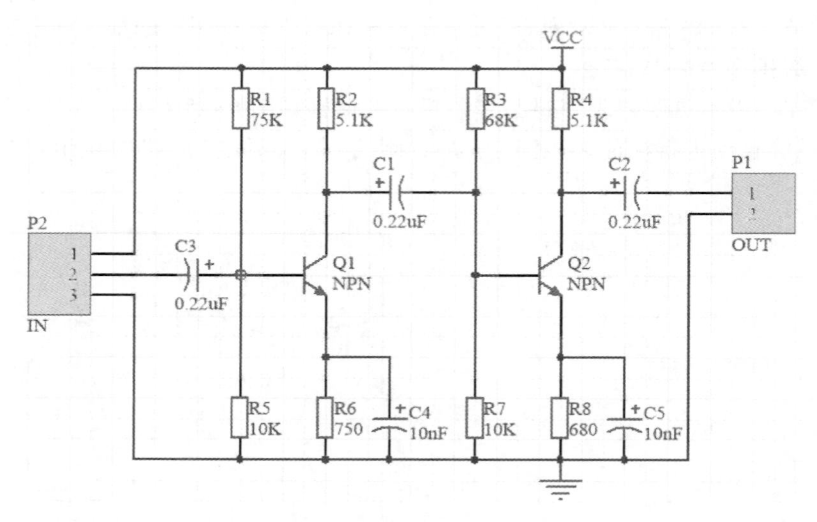

图 6-25　自动编排序号的结果

视频 6-4
群体编辑

4. 群体编辑

在电路原理图的绘制过程中,对具有相同特性的对象可以通过一次操作完成指定内容的编辑。

仍以两级放大电路为例,例如将电路中所有元器件注释或参数值设为隐藏,不显示。

① 执行菜单命令[编辑]/[查找相似对象],光标变为十字形状。移动光标单击要修改的任一元器件注释或参数值,如 R1 的参数值 75K,系统弹出图 6-26 所示“发现相似目标”对话框。

② 图形对象的每种属性对应的匹配规则一栏,提供了三种匹配方式:Same(与该属性相同的)、Different(与该属性不同的)、Any(任意)。本例将“Object Kind”选“Same”,“Comment”选“Same”,其他选“Any”。选中“选择匹配”。

a. 缩放匹配:选中此项,所有与用户设定条件匹配的图形对象将以适当比例显示在原理图工作区内。

b. 选择匹配:选中此项,所有与用户设定条件匹配的图形对象将被选中。

c. 清除现有的:选中此项,系统将清除已经存在的设定内容。

d. 隐藏匹配:选中此项,所有与用户设定条件匹配的图形对象将被高亮显示。

e. 创建表达:选中此项,将创建一个选项表达式,从而便于在以后的操作中选用。

③ 单击“应用”按钮,可以看到工作区内元器件的注释或参数值已经被选中并高亮显示。再单击“确定”按钮,关闭对话框,屏幕弹出“SCH Inspector”对话框,如图 6-27所示。

④ 在图 6-27 所示的“SCH Inspector”对话框中,选中“Hide”选项右侧的复选框,

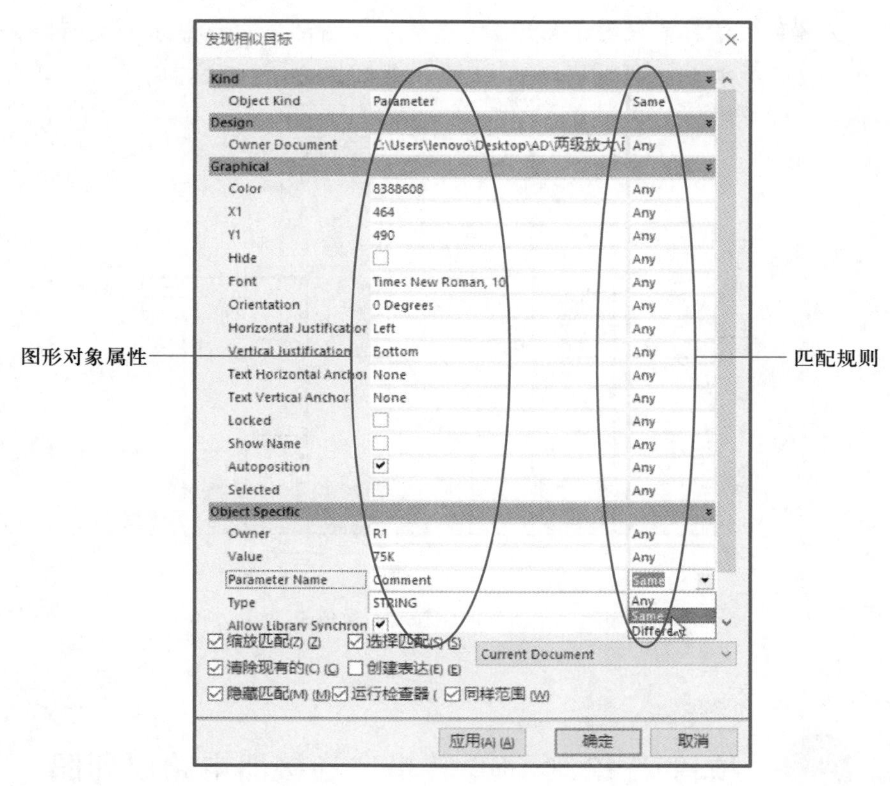

图 6-26　"发现相似目标"对话框

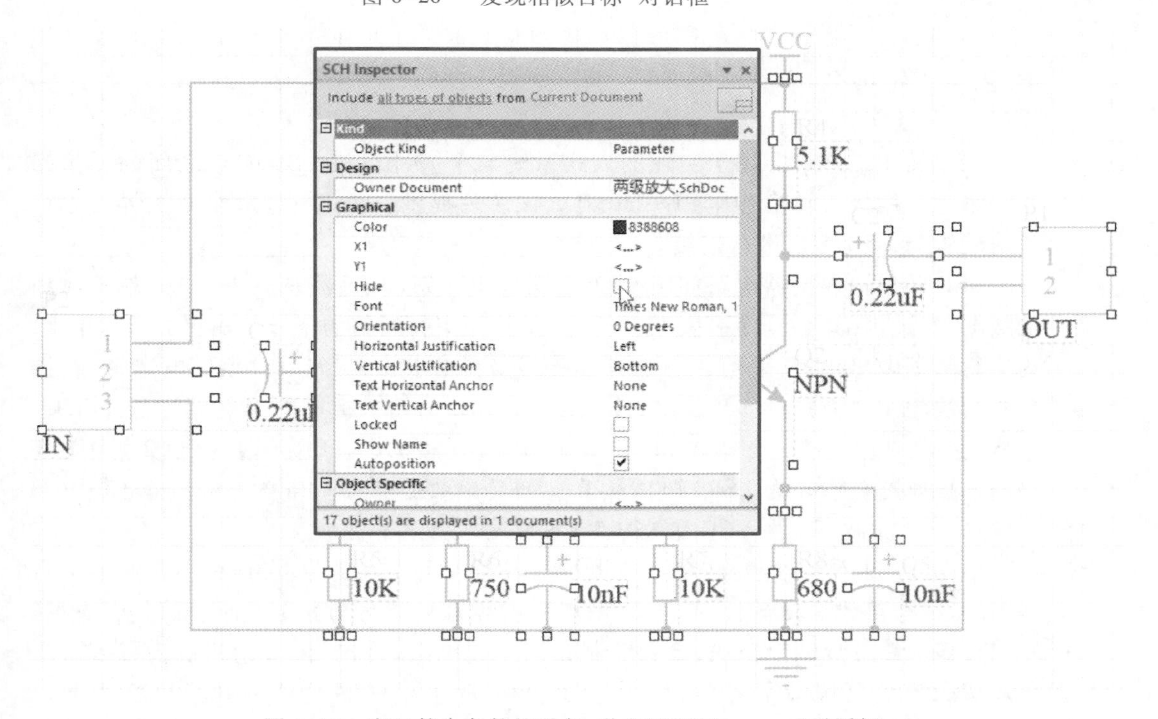

图 6-27　亮显符合条件的对象，弹出"SCH Inspector"对话框

此时所有元器件的注释或参数值被隐藏，整个原理图都是灰色显示。关闭“SCH Inspector”对话框，单击主工具条 按钮，恢复正常显示，如图 6-28 所示。

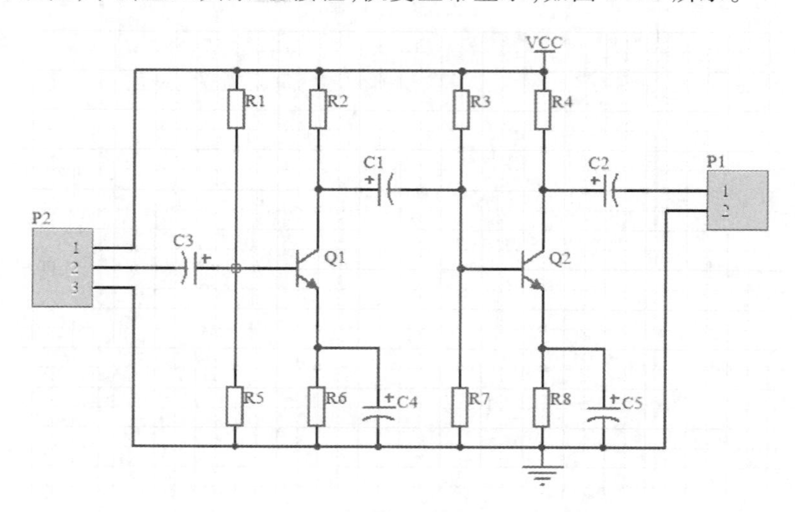

图 6-28 元器件的注释或参数值被隐藏

教学课件
6.2

6.2 项目 2：绘制 USB 转串口连接器电路原理图

6.2.1 任务分析

USB 转串口连接器用于实现嵌入式系统与个人计算机 USB 接口之间的通信问题。采用专用接口转换芯片 PL-2303HX，该芯片提供一个 RS-232 全双工异步串行通信装置与 USB 接口进行连接。

USB 转串口连接器电路如图 6-29 所示。PL-2303HX 将从其 DM、DP 端接收到的数据，经过内部的处理后，从 TXD、RXD 端按照串行通信的格式传输出去。图中 P1 为串行数据输出接口，采用 4 芯杜邦连接线对外连接。J1 为用户板供电选择，若接 5 V，模块为用户板提供 5 V 供电；接 3.3 V 则模块为用户板提供 3.3 V 供电。VD1～VD3 为 3 个 LED，分别为 POWER LED、RXD LED 和 TXD LED。Y1、C1、C2 为 U1 外接的晶振电路。USB 为 USB 接口，从 D-、D+传输数据。C3～C6 为滤波电容，其中 C3 为 VCC 5 V 滤波，C4 为 VCC 滤波，C5、C6 为 VCC 3.3 V 滤波。

由图 6-29 看到，USB 转串口连接器电路原理图有点复杂，设计在一张图纸上有些臃肿，检查修改也比较困难，如果采用层次原理图设计方法，则能克服上述缺点。所以将该电路分成四个模块，分别绘制在四张图纸上，这样便于绘制、检查、修改，还可以实现统一模块的重复调用。另外系统所带元器件库没有接口转换芯片 PL-2303HX，需要制作。下面通过完成 USB 转串口连接器电路原理图来学习层次原理图设计方法。

通过实施该项目达到以下学习目标：

① 能够自上而下绘制层次原理图。

② 能够自下而上绘制层次原理图。

③ 学会编译工程。

④ 学会生成相关报表。

表 6-2 为 USB 转串口连接器电路元器件一览表。

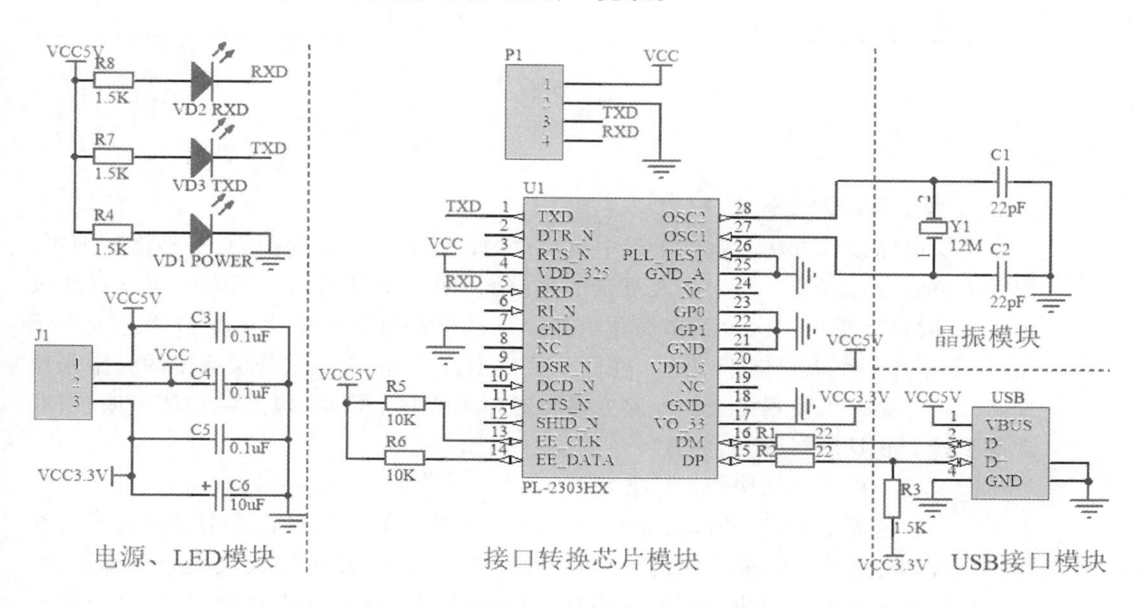

图 6-29　USB 转串口连接器电路原理图

表 6-2　USB 转串口连接器电路元器件一览表

元器件序号 (Designator)	库元器件名 (LibRef)	注释或参数值 (Comment)	元器件所在库 (Library)
U1	PL-2303HX(自制)	PL-2303HX	
C1、C2	Cap	22 pF	Miscellaneous Devices. IntLib
C3、C4、C5	Cap	0.1 μF	
C6	Cap Pol2	10 μF	
R1、R2	Res2	22 Ω	
R3、R4、R7、R8	Res2	1.5 kΩ	
R5、R6	Res2	10 kΩ	
Y1	XTAL	12M	
VD1	LED3	POWER	
VD2	LED3	RXD	
VD3	LED3	TXD	

续表

元器件序号 (Designator)	库元器件名 (LibRef)	注释或参数值 (Comment)	元器件所在库 (Library)
USB	1-1470156-1		AMP Serial Bus USB. IntLib
J1	Header 3		Miscellaneous Connectors. IntLib
P1	Header 4H		

6.2.2 准备知识

1. 层次原理图设计方法

层次电路设计方法与软件工程中模块化的设计方法非常相似,是一种化整为零、聚零为整的设计方法。对于庞大复杂的电路图,用一张电路原理图来绘制显得比较困难,此时可以采用层次电路来简化电路。层次电路可将整张大图划分为若干个子图,每个子图还可以再向下细分。在同一项目中,可以包含无限分层深度的无限张原理图。这样做可以使很复杂的电路变成相对简单的几个模块,电路结构清晰明了,非常便于检查和日后修改。

(1) 自上而下的层次图设计方法

所谓自上而下的设计方法,就是由电路模块图产生原理图。首先要根据系统结构将系统划分为完成不同功能的子模块,建立一张总图,用电路模块代表子模块,然后将总图中各个电路模块对应的子原理图分别绘制。这样逐步细化,最终完成整个系统原理图的设计。

自上而下层次原理图设计的基本步骤如下:

① 新建一个原理图文件,作为总图。

② 绘制总图。

③ 绘制子原理图。

④ 编译工程,保存。

(2) 自下而上的层次图设计方法

所谓自下而上的层次图设计方法就是由原理图产生电路模块图。在设计层次原理图时,用户有时不清楚每个模块有哪些端口,这时用自上而下的设计方法就很困难。在这种情况下,应采用自下而上的设计方法。即先设计好下层模块的原理图,然后由这些原理图产生电路模块,再将电路模块之间的电气关系连接起来构成总图。

自下而上层次原理图设计的基本步骤如下:

① 绘制最底层的各子原理图。

② 创建总图。

③ 由子原理图生成总图。

④ 编译工程,保存。

2. 生成报表

原理图设计完成后,用户需要掌握项目中各种重要的相关信息,以便及时对设计进行校对、比较、修改等工作，这就需要由原理图生成各种报表。常用的报表有网络表、元器件列表、项目组织结构文件等。

6.2.3 任务实施

1. 新建工程

① 建立一个名为“USB 转串口连接器”的文件夹，便于文件管理。

② 执行菜单命令[文件]/[新建]/[Project...]，建立一个“USB 转串口连接器”工程文件，保存在第一步建立的“USB 转串口连接器”文件夹中。

2. 绘制原理图元器件

系统所带元器件库没有接口转换芯片 PL-2303HX，需要自行制作。通过搜索引擎可以查到该芯片相关信息。PL-2303HX 外形如图 6-30 所示，引脚功能见表 6-3。封装设置为 SSOP28。

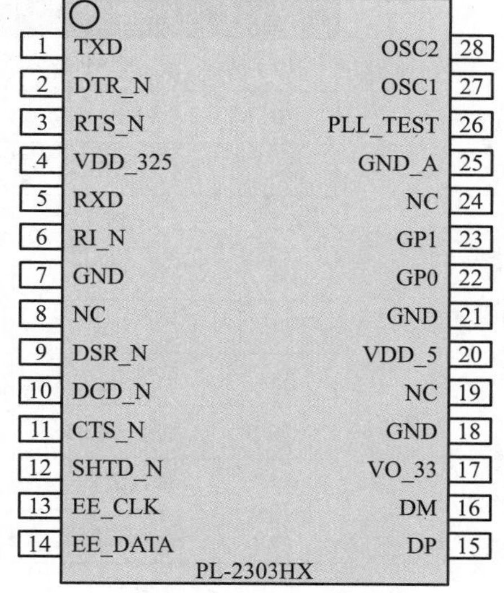

图 6-30 PL-2303HX 外形图

表 6-3 接口转换芯片 PL-2303HX 引脚功能一览表

引脚号	引脚名	电气类型	引脚描述
1	TXD	输出	数据输出到串口
2	DTR_N	输出	数据终端准备好，低电平有效
3	RTS_N	输出	发送请求，低电平有效
4	VDD_325	电源	电源
5	RXD	输入	串口数据输入
6	RI_N	输入	振铃指示，低电平有效
7	GND	电源	电源地
8	NC	无源	无连接
9	DSR_N	输入	数据设备准备好，低电平有效
10	DCD_N	输入	数据传送检测，低电平有效
11	CTS_N	输入	清除发送，低电平有效
12	SHTD_N	输出	关闭 RS-232 收发器，低电平有效
13	EE_CLK	输入/输出	串行 EEPROM 时钟信号
14	EE_DATA	输入/输出	串行 EEPROM 数据信号
15	DP	输入/输出	USB D+信号
16	DM	输入/输出	USB D-信号
17	VO_33	电源	USB 收发器 3.3 V 电源
18	GND	电源	电源地

续表

引脚号	引脚名	电气类型	引脚描述
19	NC	无源	无连接
20	VDD_5	电源	电源
21	GND	电源	电源地
22	GP0	无源	一般输入/输出引脚
23	GP1	无源	一般输入/输出引脚
24	NC	无源	无连接
25	GND_A	电源	PLL 电源地
26	PLL_TEST	输入	PLL 测试模式设置
27	OSC1	输入	振荡器输入
28	OSC2	输出	振荡器输出

① 执行菜单命令[文件]/[新建]/[Library]/[原理图库],新建一个原理图元器件库文件并保存,进入原理图元器件库编辑器。将新建元器件命名为“PL-2303HX”。

② 执行菜单命令[工具]/[文档选项...],在打开的对话框设置捕捉栅格和可见栅格尺寸均为10。按Ctrl+Home组合键,使坐标原点显示在窗口中心。

③ 绘制元器件外形。选择绘制矩形工具绘制矩形。将光标移到(0,0)点并单击,确定左上角点,拖动光标至(100,-150)并单击,确定右下角点。

④ 放置引脚。单击放置引脚工具,在矩形外形的边上依次放置28个引脚,并根据表6-3设置引脚属性。得到库元器件图如图6-31所示。

图6-31 PL-2303HX

⑤ 设置元器件属性。

⑥ 设置元器件封装为SSOP28_L。

3. 绘制层次原理图总图

① 在上面建立的工程中新建原理图文件“USB转串口连接器.SchDoc”,作为总图,并保存在第一步建立的“USB转串口连接器”文件夹中。

视频6-5

绘制总图

② 单击配线工具栏中的按钮,或执行菜单命令[放置]/[图表符],光标变为十字形,在光标的右下角有一个默认大小的方块图随着光标一起移动。

③ 单击鼠标左键,确定方块图的左上角,接着移动光标来调整方块图的大小,然后再单击鼠标左键确定方块图的右下角,放置后的方块图如图6-32所示。

光标将带着和刚才绘制的方块图一样大小的虚影移动,可继续放置方块图,单击鼠标右键,可退出绘制方块图的状态。

④ 双击放置后的方块图或放置前按 Tab 键，弹出图 6-33 所示对话框。

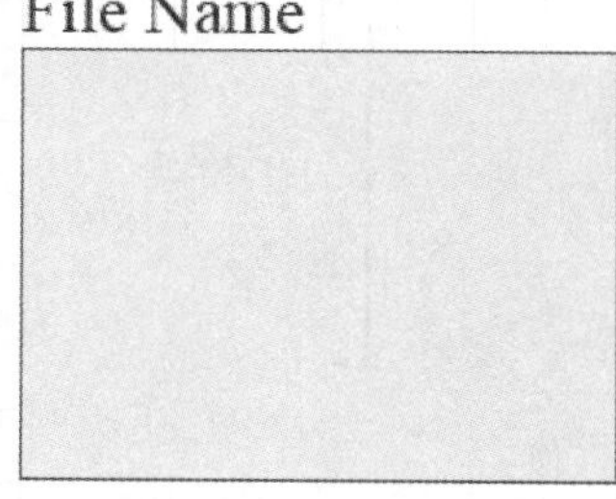

图 6-32　放置方块图

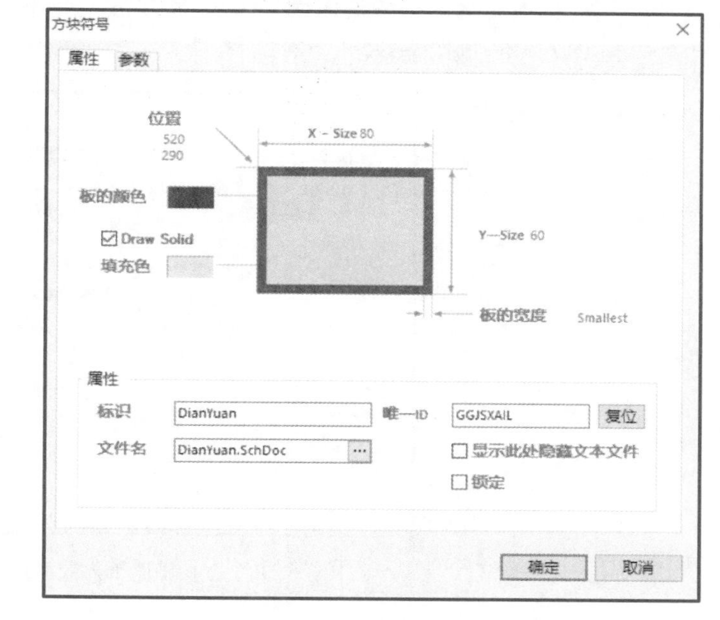

图 6-33　设置方块图属性对话框

标识填方块图的名称，如输入“DianYuan”。

文件名为方块图所代表的下一层子原理图的名称（含扩展名），如输入“DianYuan. SchDoc”。

唯一 ID 为系统的区别码，一般不需要用户修改。

⑤ 用同样的方法放置另外三个方块电路，完成后如图 6-34 所示。

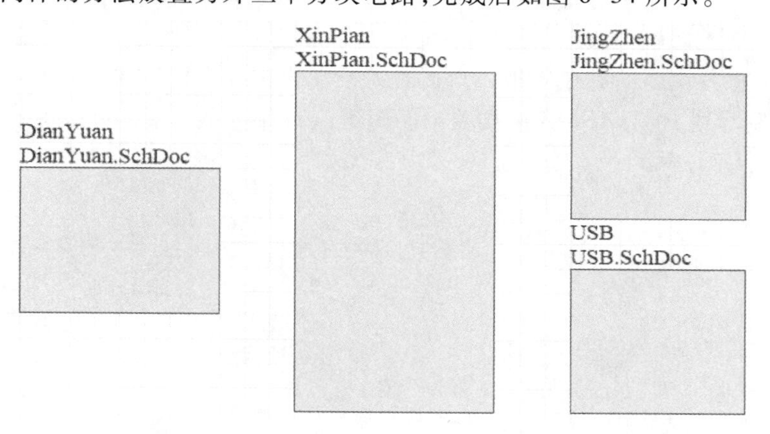

图 6-34　完成设置后的方块图符号

如果对方块图的文字标注不满意，可双击该文字标注，打开文字标注属性对话框，对文字标注的字体大小、颜色及摆放角度进行修改。

⑥ 放置方块图图纸入口。单击配线工具栏中的按钮，或执行菜单命令［放

置]/[添加图纸入口],光标变为十字形,将光标移入 DianYuan 方块图并单击左键,十字光标上叠加一个方块图图纸入口,按 Tab 键弹出方块图图纸入口属性设置对话框,如图 6-35 所示。

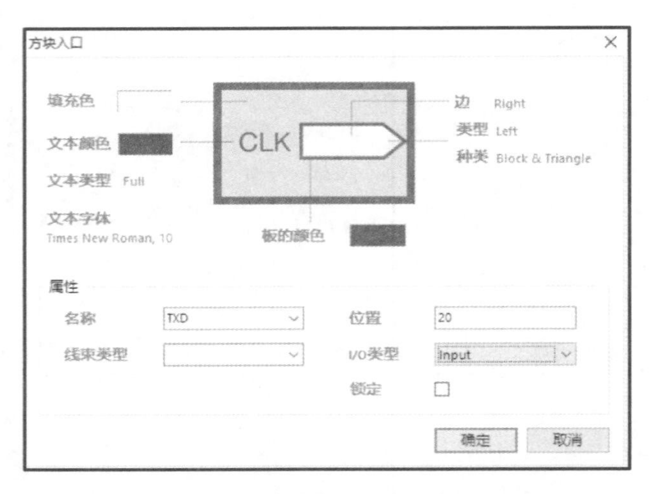

图 6-35 方块图图纸入口属性设置对话框

名称为方块图图纸入口的名称,在此将其改为“TXD”。

I/O 类型为方块图图纸入口的输入/输出类型。单击该项右侧的▼按钮,在下拉列表中有“Unispecified”(不确定)、“Output”(输出)、“Input”(输入)、“Bidiretion”(双向)4 个选项。在此选“Iutput”。

线束类型为设定图纸入口符号的外观样式,即箭头的方向,在此选“Left”。

设置结束后,单击“确定”按钮即可。

⑦ 移动光标,将方块图图纸入口移到适当位置,单击鼠标左键即可。这样第一个方块图图纸入口就完成了。这时系统仍处于放置方块图图纸入口的命令状态,用同样的方法将方块图的其他图纸入口放置好。单击鼠标右键退出放置状态。

⑧ 绘制导线,将具有电气连接关系的图纸入口用导线连接起来,总图绘制完毕,如图 6-36 所示。

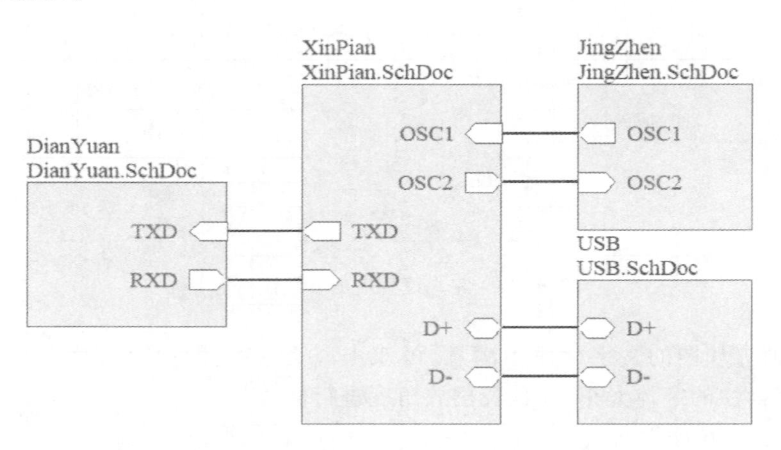

图 6-36 绘制好的总图

4. 绘制子图

① 在总图窗口，执行菜单命令[设计]/[产生图纸]，光标变为十字形。

② 将光标移至方块图 DianYuan 上单击，系统自动生成一个布好 I/O 端口与方块图 DianYuan 属性同名的子图原理图文件“DianYuan. SchDoc”。如图 6-37 所示。

▼视频 6-6

创建子图

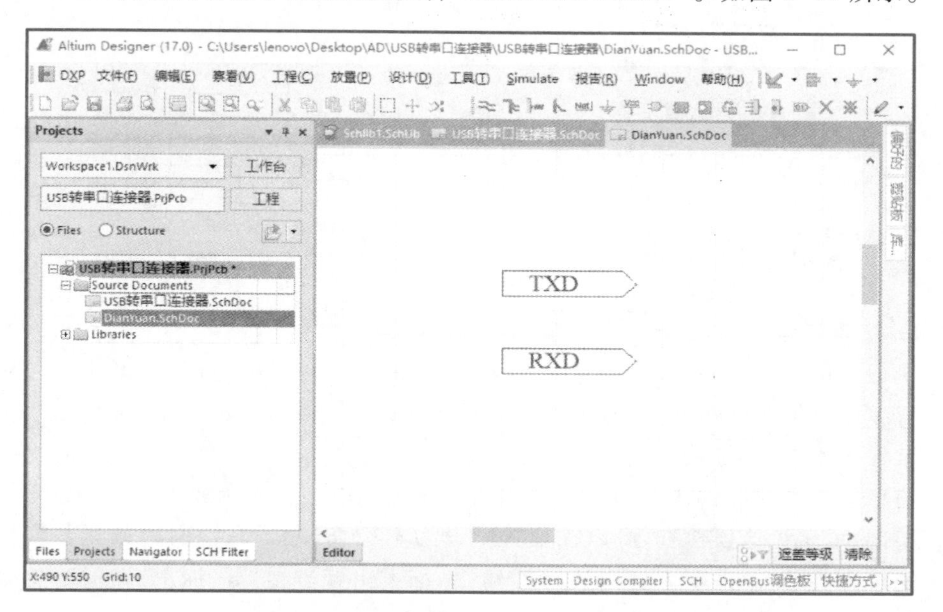

图 6-37 由方块图产生的子图原理图文件

③ 在系统自动生成的子图中按照绘制原理图的方法绘制子原理图。绘制子原理图时应对端口的位置进行相应调整。绘制后的效果如图 6-38 所示。

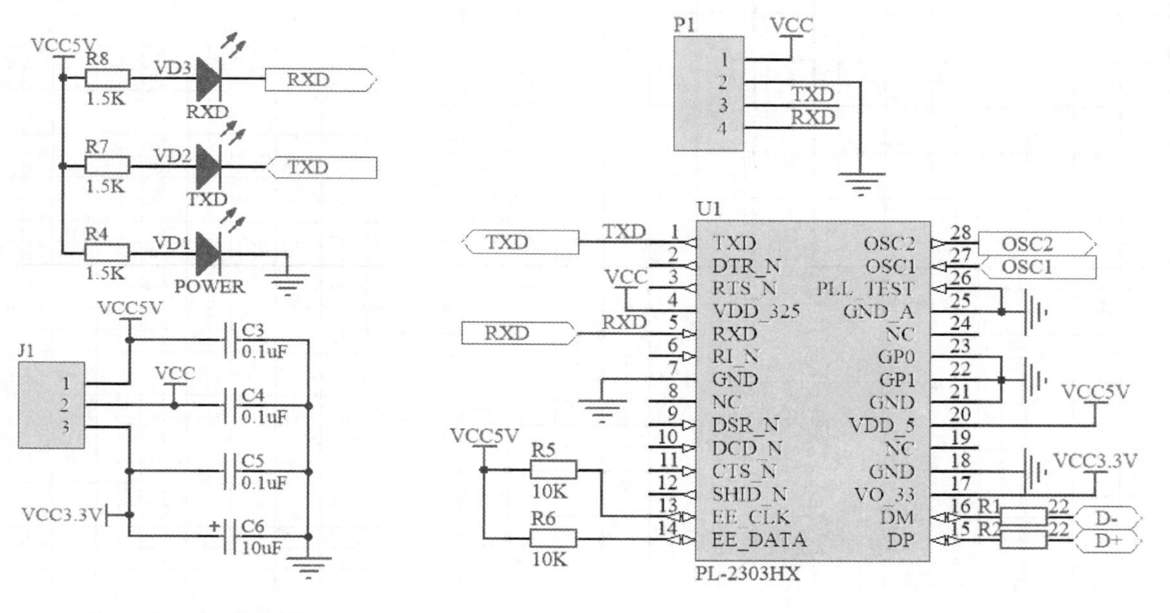

图 6-38 “电源”子图

图 6-39 “接口转换芯片”子图

④ 用相同的方法绘制其他方块图的子原理图，绘制后的效果分别如图 6-39、图 6-40、图 6-41 所示。

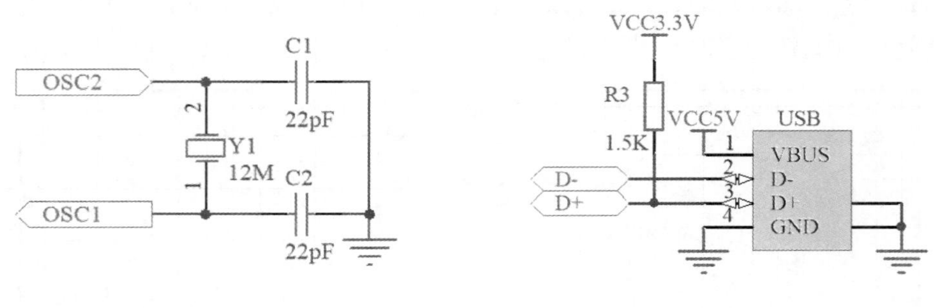

图 6-40 “晶振”子图　　　　图 6-41 “SUB”子图

5. 编译工程

执行菜单命令[工程]/[Compile PCB Project USB转串口连接器.PrjPcb]，对工程进行编译。编译后在 Projects 面板可以看到层次管理结构，如图 6-42 所示。生成的信息报告如图 6-43 所示。

信息报告中，指出 U1-6、9、10、11 引脚为输入引脚未被使用或未连接。这不一定是错误，为了避免这项检查，可以在设置中设为不检查，或者在该引脚放置忽略错误的标记。方法是：单击配工具栏的 ╳ 按钮，光标上出现红色“×”标记，在需要忽略的错误对象上单击即可。

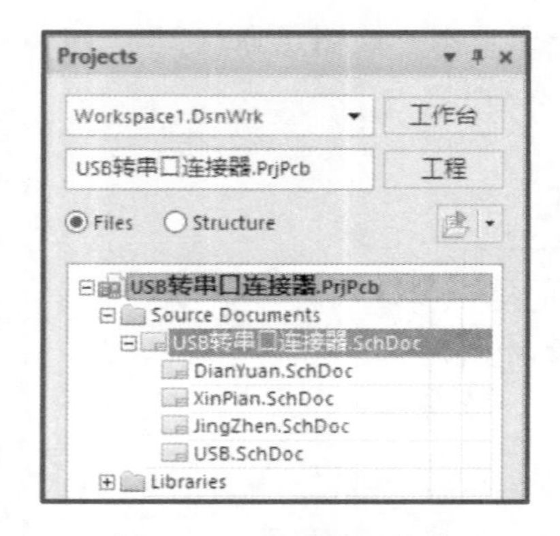

图 6-42 层次管理结构

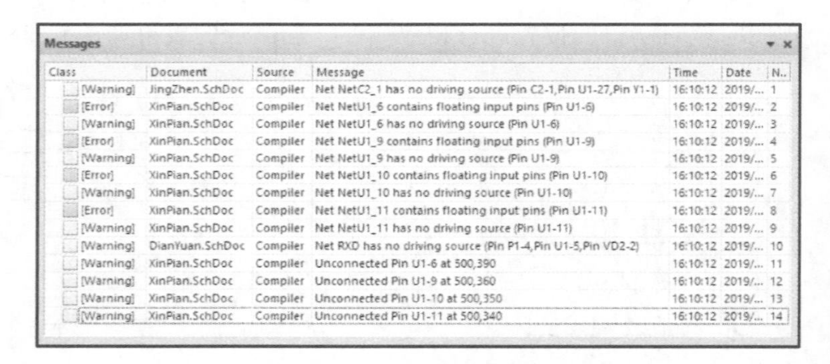

Messages

Class	Document	Source	Message	Time	Date	N..
[Warning]	JingZhen.SchDoc	Compiler	Net NetC2_1 has no driving source (Pin C2-1,Pin U1-27,Pin Y1-1)	16:10:12	2019/...	1
[Error]	XinPian.SchDoc	Compiler	Net NetU1_6 contains floating input pins (Pin U1-6)	16:10:12	2019/...	2
[Warning]	XinPian.SchDoc	Compiler	Net NetU1_6 has no driving source (Pin U1-6)	16:10:12	2019/...	3
[Error]	XinPian.SchDoc	Compiler	Net NetU1_9 contains floating input pins (Pin U1-9)	16:10:12	2019/...	4
[Warning]	XinPian.SchDoc	Compiler	Net NetU1_9 has no driving source (Pin U1-9)	16:10:12	2019/...	5
[Error]	XinPian.SchDoc	Compiler	Net NetU1_10 contains floating input pins (Pin U1-10)	16:10:12	2019/...	6
[Warning]	XinPian.SchDoc	Compiler	Net NetU1_10 has no driving source (Pin U1-10)	16:10:12	2019/...	7
[Error]	XinPian.SchDoc	Compiler	Net NetU1_11 contains floating input pins (Pin U1-11)	16:10:12	2019/...	8
[Warning]	XinPian.SchDoc	Compiler	Net NetU1_11 has no driving source (Pin U1-11)	16:10:12	2019/...	9
[Warning]	DianYuan.SchDoc	Compiler	Net RXD has no driving source (Pin P1-4,Pin U1-5,Pin VD2-2)	16:10:12	2019/...	10
[Warning]	XinPian.SchDoc	Compiler	Unconnected Pin U1-6 at 500,390	16:10:12	2019/...	11
[Warning]	XinPian.SchDoc	Compiler	Unconnected Pin U1-9 at 500,360	16:10:12	2019/...	12
[Warning]	XinPian.SchDoc	Compiler	Unconnected Pin U1-10 at 500,350	16:10:12	2019/...	13
[Warning]	XinPian.SchDoc	Compiler	Unconnected Pin U1-11 at 500,340	16:10:12	2019/...	14

图 6-43 Messages 面板

信息报告还警告有信号驱动问题。信号驱动主要用于电路仿真检查，与 PCB 设计无关。若去除有关信号驱动问题可以将它们的报告模式设置为“无报告”。

6. 生成报表

(1) 网络表

执行菜单命令[设计]/[工程的网络表]/[Protel]，系统将自动在当前文件下添加一个与原理图同名的网络表文件。

(2) 元器件列表

对于比较复杂的工程，元器件种类、数量都很多，单靠人工很难统计到准确的信息，此时可以利用系统提供的工具很快地完成这项工作。元器件列表主要包括元器件的名称、序号、封装、注释、描述等信息，又叫元器件报表或元器件清单。

打开工程中的任意一张原理图。执行菜单命令[报告]/[Bill of materials]，打开工程总元器件列表对话框，如图 6-44 所示。其中列出了工程中所用到的所有元器件。若想改变显示内容，可单击“展示”区的复选框。

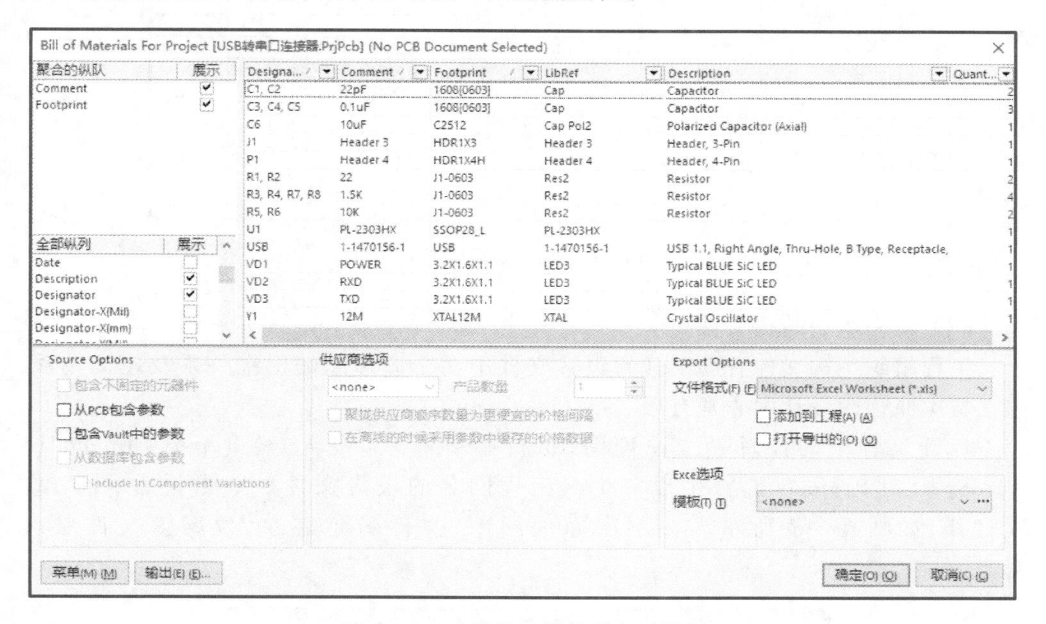

图 6-44　工程总元器件列表对话框

单击“菜单”中的“报告...”按钮，可以生成预览元器件报告单，如图 6-45 所示。单击“输出···”按钮，元器件列表生成 Excel 文件，如图 6-46 所示。

报告预览

Report Generated From Altium Designe

#	Designator	Comment	Footprint	LibRef	Description
1	C1, C2	22pF	1608[0603]	Cap	Capacitor
2	C3, C4, C5	0.1uF	1608[0603]	Cap	Capacitor
3	C6	10uF	C2512	Cap Pol2	Polarized Capacitor (Axial)
4	J1	Header 3	HDR1X3	Header 3	Header, 3-Pin
5	P1	Header 4	HDR1X4H	Header 4	Header, 4-Pin
6	R1, R2	22	J1-0603	Res2	Resistor
7	R3, R4, R7, R8	1.5K	J1-0603	Res2	Resistor
8	R5, R6	10K	J1-0603	Res2	Resistor
9	U1	PL-2303HX	SSOP28_L	PL-2303HX	
10	USB	1-1470156-1	USB	1-1470156-1	USB 1.1, Right Angle, Thru
11	VD1	POWER	3.2X1.6X1.1	LED3	Typical BLUE SiC LED
12	VD2	RXD	3.2X1.6X1.1	LED3	Typical BLUE SiC LED
13	VD3	TXD	3.2X1.6X1.1	LED3	Typical BLUE SiC LED
14	Y1	12M	XTAL12M	XTAL	Crystal Oscillator

Page 1 of 1

所有(A) (A)　宽度(W) (W)　100%　100 %　1

输出(E) (E)..　打印(P) (P)..　打开报告(O) (O)..　导出(S)　关闭(C) (C)

图 6-45　预览元器件报告单

Designator	Comment	Footprint	LibRef	Description	Quantity
C1, C2	22pF	1608[0603]	Cap	Capacitor	2
C3, C4, C5	0.1uF	1608[0603]	Cap	Capacitor	3
C6	10uF	C2512	Cap Pol2	Polarized Capacitor (Axial)	1
J1	Header 3	HDR1X3	Header 3	Header, 3-Pin	1
P1	Header 4	HDR1X4H	Header 4	Header, 4-Pin	1
R1, R2	22	J1-0603	Res2	Resistor	2
R3, R4, R7, R8	1.5K	J1-0603	Res2	Resistor	4
R5, R6	10K	J1-0603	Res2	Resistor	2
U1	PL-2303HX	SSOP28_L	PL-2303HX		1
USB	1-1470156-1	USB	1-1470156-1	USB 1.1, Right Angle, Thru-Hole, B Type, R	1
VD1	POWER	3.2X1.6X1.1	LED3	Typical BLUE SiC LED	1
VD2	RXD	3.2X1.6X1.1	LED3	Typical BLUE SiC LED	1
VD3	TXD	3.2X1.6X1.1	LED3	Typical BLUE SiC LED	1
Y1	12M	XTAL12M	XTAL	Crystal Oscillator	1

图 6-46 用 Excel 显示元器件列表

(3) 工程组织结构文件

工程组织结构文件有助于理解设计文件中多个原理图的层次关系及连接关系，这在层次原理图设计中非常有用。

打开工程中的任意一张原理图，执行菜单命令[报告]/[Report Project Hierarchy]，在 Projects 面板生成一个与工程同名的报告文件。双击报告文件，将其打开，如图 6-47 所示。在层次原理图中，文件名越靠左，说明该文件层次越高。

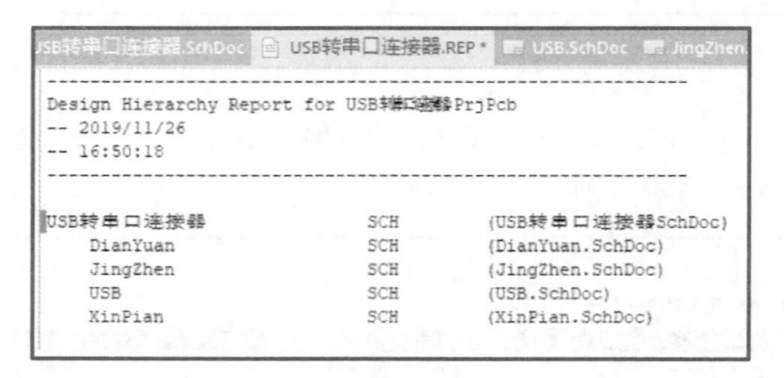

```
------------------------------------------------------------
Design Hierarchy Report for USB转串口连接器.PrjPcb
-- 2019/11/26
-- 16:50:18
------------------------------------------------------------

USB转串口连接器              SCH        (USB转串口连接器.SchDoc)
    DianYuan                SCH        (DianYuan.SchDoc)
    JingZhen                SCH        (JingZhen.SchDoc)
    USB                     SCH        (USB.SchDoc)
    XinPian                 SCH        (XinPian.SchDoc)
```

图 6-47 生成的工程组织结构文件

(4) 生成工程元器件库

在绘制电路原理图时，是从不同的元器件库中将元器件放到图纸上。因此同一个工程中的元器件可能来自很多个元器件库，不便于工程的元器件管理。可以利用系统提供的功能，将同一个工程中的全部元器件汇集为一个新的元器件库。如果修改库中的元器件，则只对该工程有影响，而不会影响其他工程。打开工程中的任意一张原理图。执行菜单命令[设计]/[生成原理图库]，系统就会在 Projects 面板自动生成一个与工程同名的元器件库，如图 6-48 所示，这就是本项目的元器件库。单击窗口左下侧的 SCH Library 标签，打开 SCH Library 面板，如图 6-49 所示。可以看到本工程的全部元器件都包含在其中。

图 6-48　生成元器件库文件

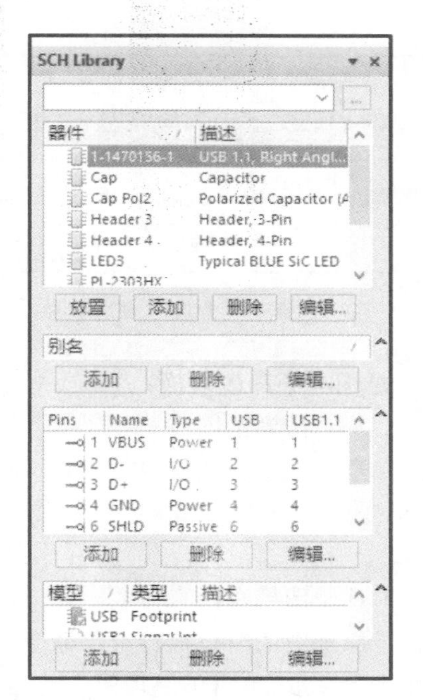

图 6-49　SCH Library 面板

6.2.4　操作技巧

1. 层次原理图自下而上设计方法

层次原理图自下而上的设计方法，就是由预先画好的子原理图来产生方块图符号，从而形成层次原理图总图来表达整个系统。

自下而上层次原理图设计的基本操作如下：

① 在原理图编辑窗口按照绘制原理图的方法绘制最底层的各个子原理图，把需要与其他子原理图相连的端口用电路 I/O 端口的形式表示出来（见图 6-38、图 6-39、图 6-40、图 6-41）。

② 新建一个原理图文件，作为总图。

③ 执行菜单命令［设计］/［Create Sheet Symbol From Sheet］，系统弹出对话框，如图 6-50 所示。在该对话框中选中其中一个原理图的名称后，单击“OK”按钮，这时系统将自动产生代表该子原理图的方块图。

④ 在适当的位置单击鼠标左键，即可将方块图放置在层次原理图总图中。如图 6-51 所示，可以看出，系统已将原理图的 I/O 端口相应转化为方块图的图纸入口。

⑤ 用同样的方法产生其他子原理图的方块图，并将方块图之间有电气连接关系的图纸入口用导线连接起来，即可得到如图 6-36 所示的总图。自下而上的设计过程宣告完成。

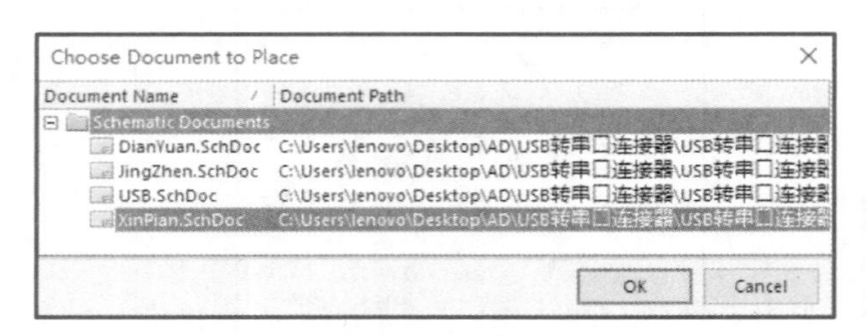

图 6-50　选择产生方块图的原理图

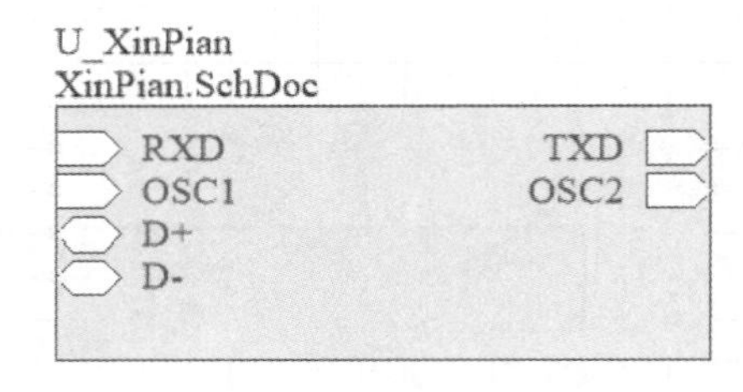

图 6-51　由子原理图产生的方块图

2. 总图与子图的切换

(1) 从总图到子图

编译绘制完毕的项目，执行菜单命令［工具］/［上/下层次］或单击主工具栏按钮，鼠标变成十字形，单击总图中某个方块图的图纸入口符号切换到对应的子原理图。

(2) 从子图到总图

在子原理图的窗口执行菜单命令［工具］/［上/下层次］或单击主工具栏按钮，鼠标变成十字形，单击子原理图中的某一个 I/O 端口，系统会自动切换到总图对应的方块图上，且光标会停在与刚刚单击的 I/O 端口相对应的方块图图纸入口上。

单击鼠标右键可退出切换命令状态。

3. 常见问题

(1) 没有正确区分图纸入口与电路端口

图纸入口与电路端口这两个图件在外观上极其相似，在功能上也相似，容易产生混淆。它们的区别是，图纸入口只能用在层次原理图总图的方块图，在普通原理图上无法用；电路端口主要针对具体元器件的连接，用在普通原理图上。

(2) 忽略电路端口与元器件引脚的电气属性匹配

在层次原理图子图的绘制中，象征子图信号出入口的端口与子图中具体元器件的引脚必然发生联系，但元器件引脚默认的电气属性（如 Input/Output、Power）与相连的端口电气属性可能有冲突，导致编译时报告电气属性不匹配的错误。这时需要修改，使端口与元器件引脚的电气属性相匹配。

(3) 无法正确形成总体与子图的层次关系

这主要是由于没有形成总图中方块图与子图的正确映射造成的。必须使方块图的“文件名”与子图的保存名完全一致，包括扩展名，这样才能有效建立方块图与子图的链接。

教学课件
6.3

6.3 上机实践

1. 绘制图 6-52 所示存储器电路原理图

绘制过程中，需要注意以下几项：

① 元器件“2764”需要查找,且找到后引脚需要修改。

② 注意总线、总线入口与网络标号的配合。

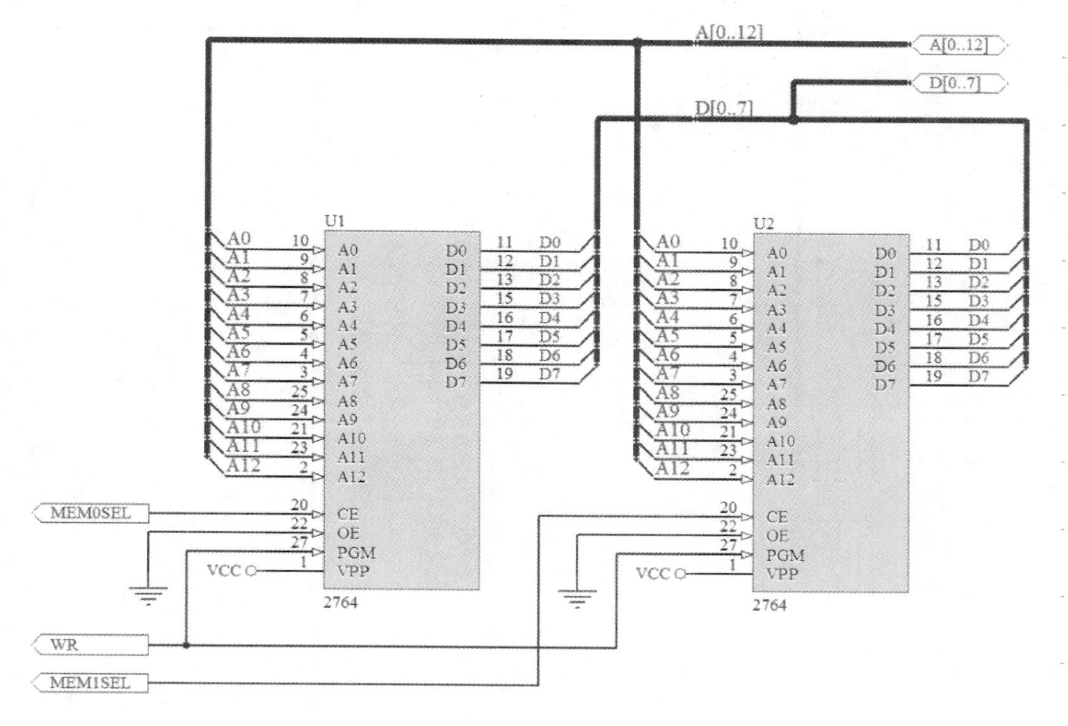

图 6-52 存储器电路原理图

2. 绘制图 6-53 所示单片机最小系统电路原理图,并生成网络表、元器件列表、项目元器件库

图 6-53 所示为单片机最小系统电路原理图。此系统包含了最简单的电源及保护电路、振荡电路、复位电路、发光二极管指示电路、ISP 在线编程电路及一个 40 针插座。其中 40 针插座将单片机的各信号引出,可以扩展各种单片机应用电路。绘制过程中,需要注意 U1 的引脚位置需要调整。

3. 绘制图 6-54 所示反相放大及比较器电路原理图

要求用层次原理图的绘制方法,编译工程,练习总图与子图的切换,并生成网络表、元器件列表、工程组织结构表、元器件库。

绘制过程中,需要注意以下几项:

① 模块 1 为第 1 张子图,模块 2 为第 2 张子图。

② JP3 是为了印制电路板与正负电源、地相接放置的插接件。

4. 用层次原理图绘制方法绘制图 6-1 所示循环彩灯控制电路原理图

绘制完成后编译工程,练习总图与子图的切换,并生成网络表、元器件列表、工程组织结构表、元器件库。

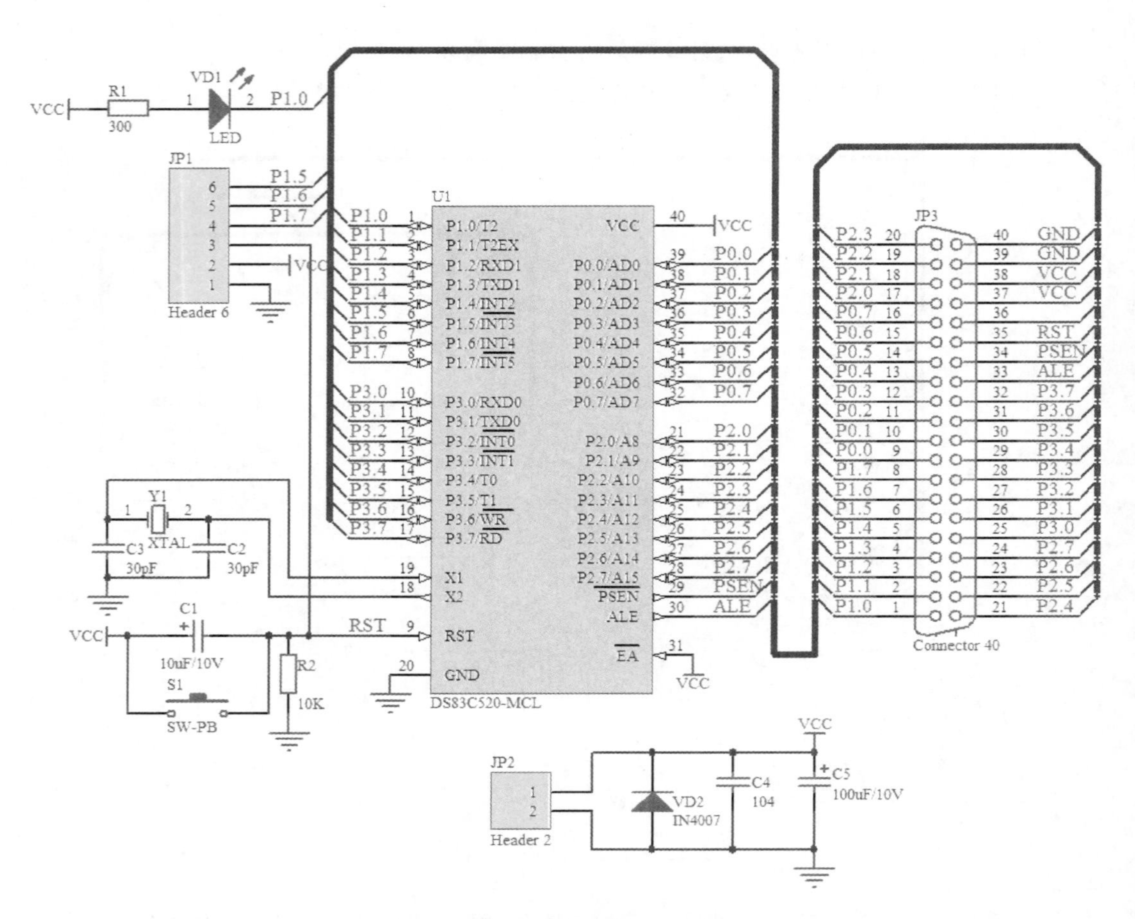

图 6-53　单片机最小系统电路原理图

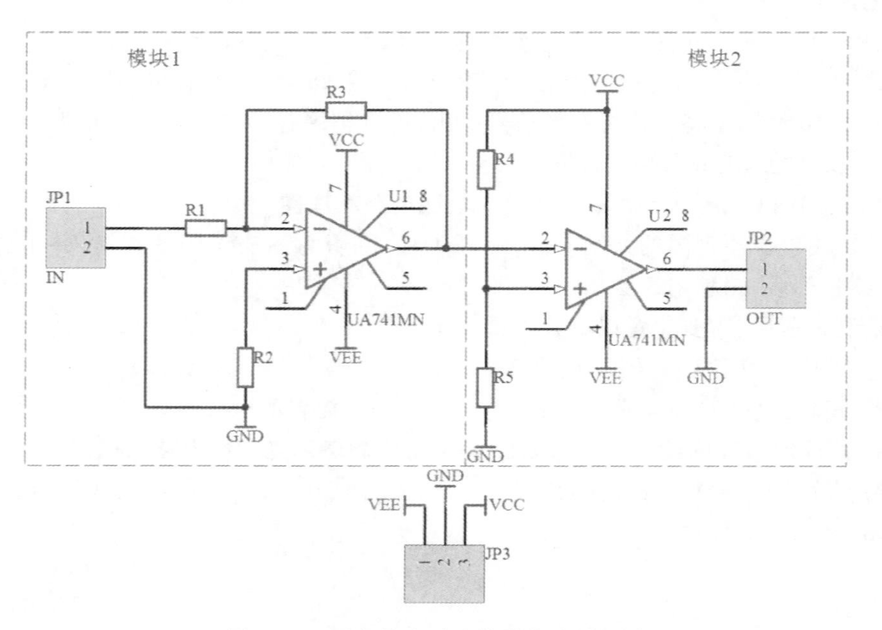

图 6-54　反相放大及比较器电路原理图

本单元小结

可以使用总线代替一组导线，简化电路原理图。总线必须与总线入口和网络标号配合使用。总线与一般的导线的性质不同，它本身没有电气连接意义，只是一种示意线，而网络标号可以完成电气意义上的连接，具有相同网络标号的图件在电气上是连通的。

层次原理图是一种化整为零、聚零为整的设计方法，对于规模较大的电路原理图，可以把整张图分成几部分来画，使很复杂的电路变成相对简单的几个模块，电路结构清晰明了，非常便于检查和日后修改。层次原理图由总图和若干个子图构成，它们之间的连接通过 I/O 端口和网络标号实现。其设计方法有两种，自上而下和自下而上的设计方法。

对工程进行编译是很重要的一项工作。编译工程过程中，系统会根据用户的设置，对整个工程进行检查，并提供有关设计错误类型及分布、网络构成、原理图层次等报告，如果编译时发现原理图有错误，可以通过信息框准确定位并进行修改。对于层次原理图来说，编译的过程也是将若干个子原理图联系起来的过程。

原理图设计完成后，可以由原理图生成各种报表，为用户掌握工程中各种重要的相关信息提供了方便。常用的报表有网络表、元器件报表、工程组织结构文件等。

思考与练习

1. 填空题

（1）使用总线代替一组导线，需要与________和________相配合。

（2）网络标号和标注文字不同，前者具有______功能，后者只是________。

（3）设计层次原理图时，既可以__________进行设计，也可以_________进行设计。

（4）对于层次原理图来说，编译的过程也是将若干______联系起来的过程。

（5）网络表文件是一张电路原理图中全部元器件和电气连接关系的列表，它包含电路中的________和________。

2. 判断题

（1）在 Altium Designer 17 不能将整个电路按不同的功能分别画在几张图纸上。（　）

（2）自下而上层次原理图的设计方法，就是由预先画好的子原理图来产生方块图符号，从而产生层次原理图总图来表达整个系统。（　）

（3）层次原理图间切换是指从总图切换到它上面某方块图对应的子图上，或者从某一层子原理图切换到它的上层原理图中。（　）

（4）编译工程是对电路板图的检查。（　）

3. 问答题

（1）总线和一般导线有何区别？使用中应注意哪些问题？

（2）网络标号与标注文字有何区别？使用中应注意哪些问题？

（3）简述自上而下层次原理图设计的基本步骤。

（4）在设计层次原理图时，用户不清楚每个模块有哪些端口，这时用哪种设计方法合适？

（5）当打开一个工程中的原理图后，发现导航面板内容是空的，这时应该怎样操作可以使面板中显示与工程有关的信息？

第7单元　印制电路板设计进阶

能力目标

- 学会锁定预先放置元器件再自动布局
- 学会自动布线前预布线
- 学会放置大面积覆铜
- 学会设计规则检查
- 能够设计较复杂印制电路板

知识点

- 设计规则检查的方法
- 调整布线的方法
- 修改元器件封装的方法

第 3 单元介绍了印制电路板设计的基本方法，但自动布线往往很难满足电路的特殊要求，一般要对印制电路板进行调整。另外布线是否成功和布线的质量高低取决于设计规则的合理性，也依赖于设计者的设计经验。

7.1 项目 1：设计循环彩灯控制电路 PCB

▼教学课件
7.1

7.1.1　任务分析

循环彩灯控制电路见图 6-1，是第 6 单元项目 1 绘制的原理图，其元器件一览表见表 7-1。本项目通过完成“设计循环彩灯控制电路 PCB”任务来进一步学习印制电路板的设计方法。

本项目要求制作形状为圆形，直径大小为 80 mm 的双面印制电路板，电源和地线宽度为 1 mm，一般线宽为 0.5 mm。彩灯的封装需要自己制作。

通过实施该项目达到以下学习目标：

① 进一步熟悉 PCB 的设计方法。

② 熟练自制元器件封装、修改封装。

③ 学会锁定预先放置元器件再自动布局。

④ 学会在自动布线前预布线。

⑤ 学会手工调整布线。

⑥ 学会设计规则检查,修改 PCB。

表 7-1 循环彩灯控制电路元器件一览表

元器件序号 (Designator)	库元器件名 (LibRef)	注释或参数值 (Comment)	元器件封装 (FootPrint)	元器件所在库 (Library)
VD1~ VD16	LED1	LED	RB. 1/. 2(自制)	Miscellaneous Devices. IntLib
C1	Cap	10 μF	RAD-0. 3	
C2	Cap	0. 01 μF	RAD-0. 3	
R1 R2	Res2	1 kΩ	AXIAL-0. 4	
R3	Res2	300 Ω	AXIAL-0. 4	
RP	RPot	10 kΩ	VR5	
U1	NE555N	NE555N	DIP8	ST Analog Timer Circuit. IntLib
U2	SN74LS163AN	SN74LS163AN	NO16	TI Logic Counter. IntLib
U3	DM74LS154N	DM74LS154N	N24A	FSC Logic Decoder Demux. IntLib
P1	Header 2	Header 2	HDR1X2	Miscellaneous Connectors. IntLib

7.1.2 准备知识

1. 设计规则检查

设计规则检查(DRC,Design Rule Check)是 Altium Designer 17 重要功能之一。该功能可以检查 PCB 设计是否满足设计规则要求。可以检查出各种违反布线规则的情况,例如布线安全间距错误、宽度错误、未走线网络错误等。

设计规则检查可以后台运行,在线实时自动检查,也可以手动运行检查是否违反设计规则。

(1) 在线实时自动检查

Altium Designer 17 支持在线的实时规则检查,即在制作过程中软件按照在“设计规则”中的设置,自动进行检查,如果有错误,则高亮显示。软件默认的高亮显示颜色为鲜绿色。

执行菜单命令 [工具]/[优先选项…],系统弹出图 7-1 所示“参数选择”对话框，单击对话框左侧“General”，选中“编辑选项”区域中的“在线 DRC”（系统默认为选中状态），即可进行在线实时规则检查。

图 7-1　“参数选择”对话框

（2）手动批处理检查

布线结束后，统一进行设计规则检查。

① 执行菜单命令[工具]/[设计规则检查…]，系统弹出图 7-2 所示“设计规则检测”对话框。

② 在图 7-2 所示对话框内设定生成报告选项。包括创建报告文件、创建违反事件等。

③ 单击“Rules To Check”，系统显示图 7-3 所示需要检查的规则。在设置框右部分显示所有已设置的设计规则。如需对某项规则进行在线检查，则勾选该规则后的“在线”选项；如需对某些规则进行批量检查，则勾选该规则后的“批量”选项。

④ 检查报告选项及检查规则设置完成后，单击“运行 DRC...”按钮开始规则检查。检查结束后，系统自动生成一个检查报告文件，并将错误信息提示在信息列表（Messages）中，如图 7-4 所示。

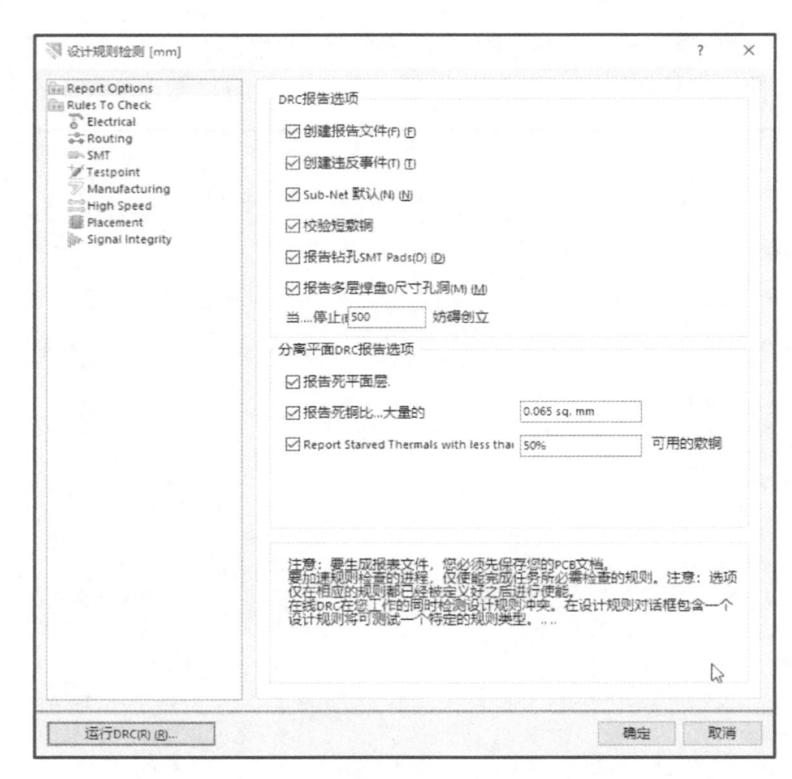

图 7-2 “设计规则检测”对话框

图 7-3 “Rules To Check”设置检查规则

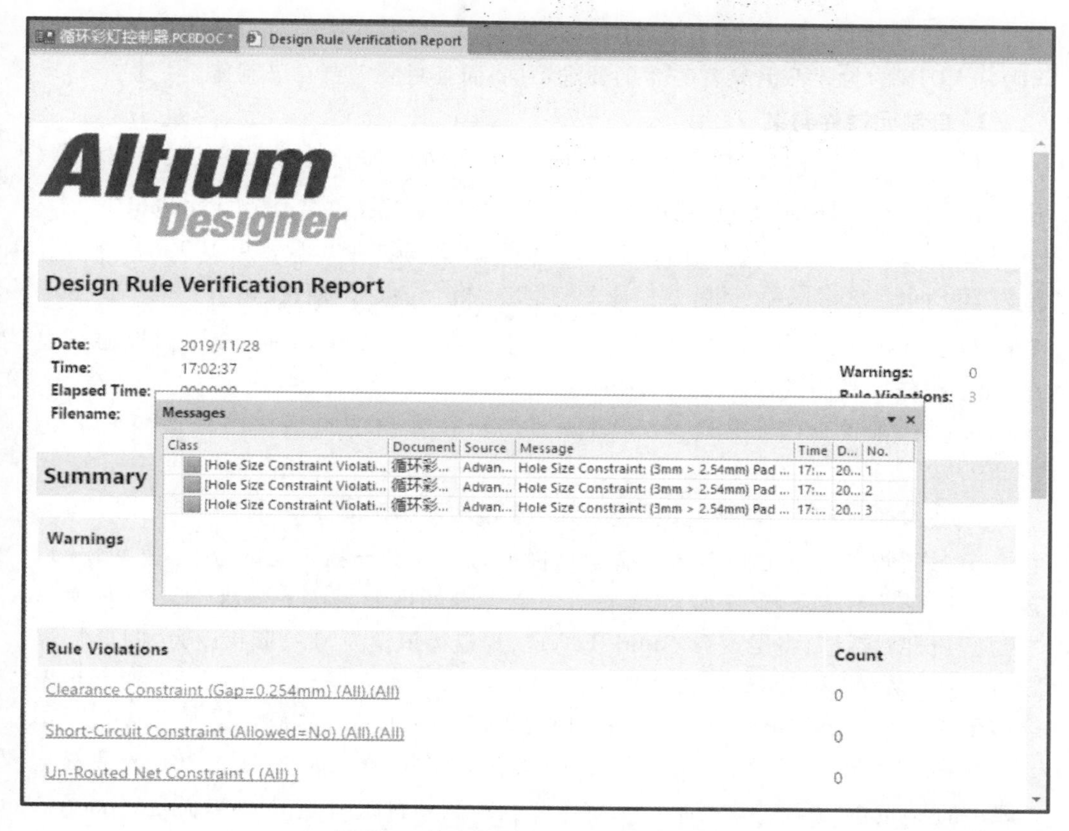

图7-4 检查报告文件和错误信息提示

⑤ 生成检查报告文件后，需要对报告错误信息进行分析。同时在PCB编辑器内单击“Messages”面板信息，可查阅错误信息并找出错误的原因，进行修改。修改后再执行“设计规则检测”，查看是否还存在错误。

在这里需要说明的是，错误信息需要进行分析，并不是所有的错误信息都需要修改。

2. 元器件列表

元器件列表用来整理一个印制电路板或一个工程中的元器件，形成一个元器件材料清单，便于用户查询和元器件购买。执行菜单命令[报告]/[Bill of Materials]，系统将弹出元器件列表生成对话框。在该对话框中可以设置输出的元器件清单文件格式，以及执行相关的操作。方法与第六单元中的讲述相同，不再详述。

7.1.3 任务实施

1. 准备电路原理图

① 绘制原理图。直接利用第6单元项目1的结果。

② 检查元器件的封装形式。在第6单元项目1的实施过程中，没有关注元器件的封装形式，现在要设计PCB，元器件必须要有正确的封装形式。执行菜单命令[工

具]/[封装管理器...],检查元器件的封装形式,与表7-1中要求不同的进行修改。VD1～VD16的封装不但与表7-1的要求不同,而且封装需要自己制作。

2. 自制元器件封装

视频7-1 绘制发光二极管的封装

① 执行菜单命令[文件]/[新建]/[库]/[PCB元件库],进入元器件封装编辑器。执行菜单命令[文件]/[保存]或单击主工具栏按钮,将文件名改为“VD.PcbLib”。

② 参数设置。VD1～VD16的封装为RB.1/.2,即两个焊盘相距100 mil,外形直径为200 mil。单击鼠标右键,选择命令[捕捉栅格]/[设置跳转栅格...],或单击主工具栏中的按钮,选择[设置跳转栅格...],打开栅格设置对话框,设置捕捉栅格大小,便于操作。具体设置如图7-5所示。

③ 执行菜单命令[工具]/[元件属性...],在弹出的对话框中修改封装名为“RB.1/.2”。

④ 执行菜单命令[编辑]/[跳转]/[参考],光标跳至原点(0,0)。

⑤ 放置焊盘。单击PCB库放置工具栏中的按钮或执行菜单命令[放置]/[焊盘],光标变成十字形状,上面还粘贴了一个焊盘的虚影。按下键盘“Tab”键,弹出“焊盘”属性对话框,将层设为“Multi-Layer”,焊盘标识设为“1”,形状设为“圆形”,焊盘通孔直径设为“30 mil”,焊盘外径设为“60 mil”;设置完毕点击“确定”按钮。将光标移至(0,0)点,单击鼠标,放置第一个焊盘。移到(100 mil,0)放置第二个焊盘。

⑥ 绘制外形轮廓。将图层转换到顶层丝印层(Top Overlay),单击PCB库放置工具栏中的按钮,或执行菜单命令[放置]/[圆环],画封闭圆,圆心坐标为(50 mil,0),半径为100 mil。单击PCB库放置工具栏中的按钮,或执行菜单命令[放置]/[走线],画“+”符号标志。

⑦ 保存该封装。设计的封装如图7-6所示。

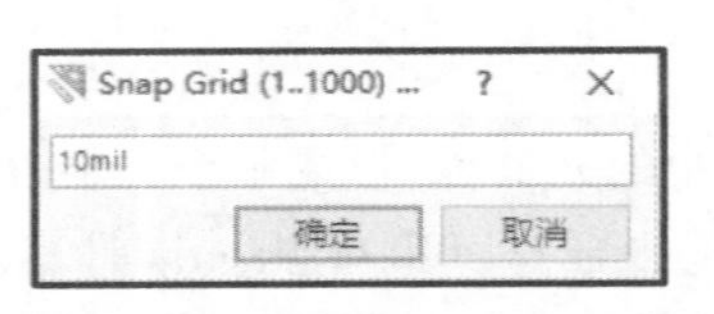

图7-5 栅格设置对话框

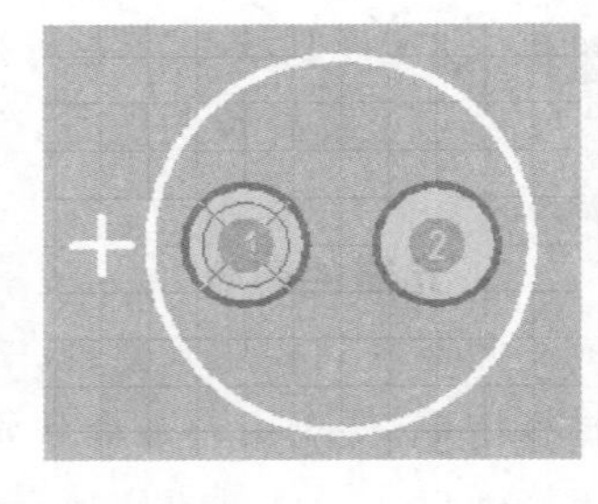

图7-6 发光二极管实物及封装RB.1/.2

视频7-2 修改原理图元器件封装

3. 修改原理图文件VD1～VD16的封装

① 在原理图编辑器窗口,执行菜单命令[编辑]/[查找相似对象],光标变为十字形状。移动光标单击元器件VD1,系统弹出图7-7所示对话框。

② 单击Current Footprint/LED-1后的选项框,在展开的菜单中选择“Same”,再单击“应用”按钮,再单击“确定”按钮,屏幕弹出“SCH Inspector”对话框,如图7-8所示。

③ 在“Current Footprint”右边输入“RB.1/.2”,按“Enter”键确认,完成修改操作。

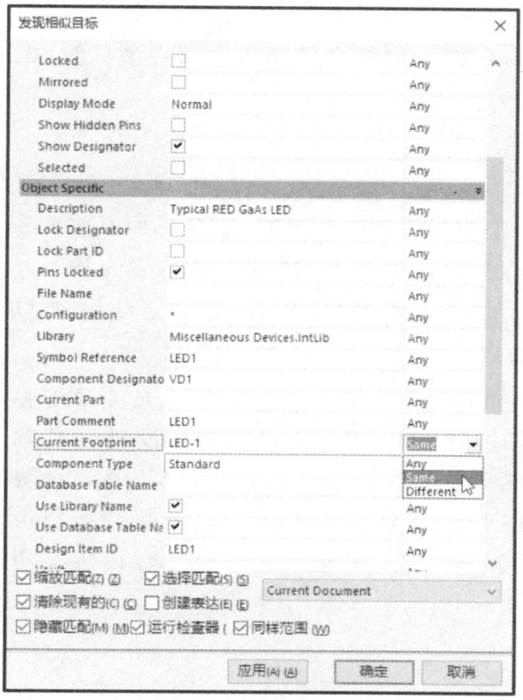

图 7-7 查找 VD1～VD16

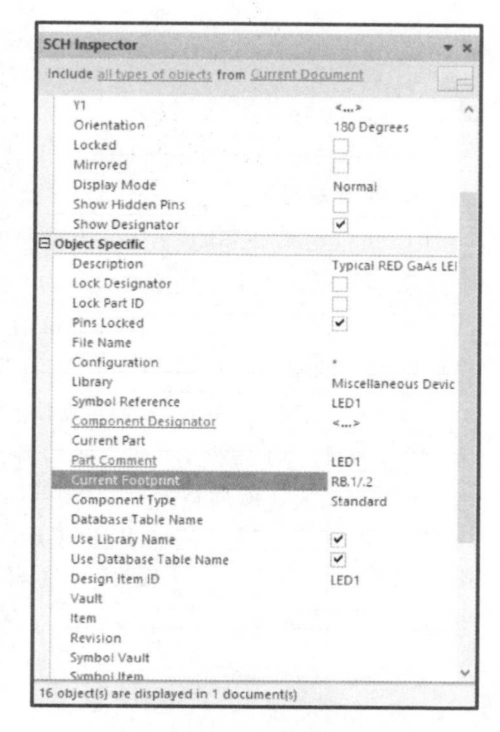

图 7-8 “SCH Inspector”对话框

4. 创建 PCB 文件

① 执行菜单命令[文件]/[新建]/[PCB]，在上面建立的工程中新建 PCB 文件。

② 执行菜单命令[文件]/[保存]，在弹出的保存文件对话框中输入“循环彩灯控制电路”为该 PCB 文件名，并保存在建立的“循环彩灯控制电路”文件夹中。

5. 印制电路板参数设置

① 按键盘“Q”键，将印制电路板的单位由“mil”转换为“mm”。

② 执行菜单命令[察看]/[栅格]/[设置跳转栅格…]，或单击应用程序工具栏中的 按钮，选择[设置跳转栅格…]，打开栅格设置对话框如图 7-9 所示，设置捕捉栅格大小，便于操作。

③ 执行菜单命令[设计]/[板层颜色…]，将 Mechanical 1 的颜色修改，使其与 Keep Out Layer 的颜色不同。把本次设计不需要的层设为不显示，其他暂保留系统默认设置。

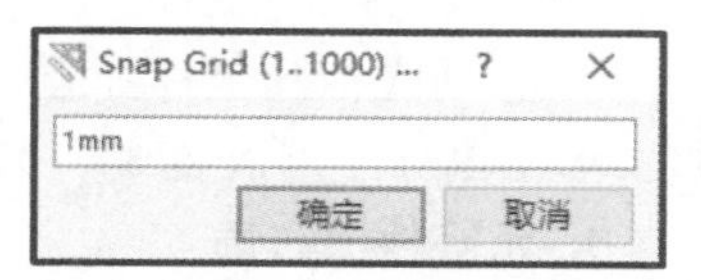

图 7-9 栅格设置对话框

6. 规划印制电路板

① 重新设置坐标原点。执行菜单命令[编辑]/[原点]/[设置]，光标变成十字形，在图纸中心，单击鼠标左键，完成坐标原点重置工作。

② 在机械层 Mechanical 1 绘制印制电路板物理边界。单击放置工具栏中的 按钮，或执行菜单命令[放置]/[圆环]，画封闭圆，圆心坐标为(0,0)，半径为 40 mm。选中该圆形区域，执行菜单命令[设计]/[板子形状]/[根据选择对象定义]，即可形

成电路板物理边界。

③ 在禁止布线层 Keep-Out Layer 绘制印制电路板电气边界。圆心坐标为(0,0),半径为 38 mm。

手工规划的印制电路板如图 7-10 所示。

7. 放置螺钉孔

视频 7-3 放置螺钉孔

① 执行菜单命令[放置]/[焊盘]或单击布线工具栏按钮,在坐标原点放置一个焊盘,其 X、Y 尺寸和孔径均设置为3 mm,不镀金,螺钉孔的焊盘标识设置为 0。

② 选中放置的螺钉孔,执行菜单命令[编辑]/[剪裁]或单主工具栏按钮,移动光标到选中的螺钉孔单击鼠标左键,将其剪切。

③ 单击应用工具栏按钮或执行菜单命令[编辑]/[特殊粘贴...],系统弹出"特殊粘贴"对话框,单击"粘贴阵列"按钮,弹出图 7-11 所示"设置粘贴阵列"对话框。"条款计数"设置为"3"(表示放置 3 个螺钉孔),"文本增量"设置为"0"(表示焊盘序号均为 0 不变),"阵列类型"选择"圆形"(表示螺钉孔圆形排列),"间距"(角度)设置为 120(表示 3 个螺钉孔相隔 120°)。参数设置完毕单击"确定"按钮。

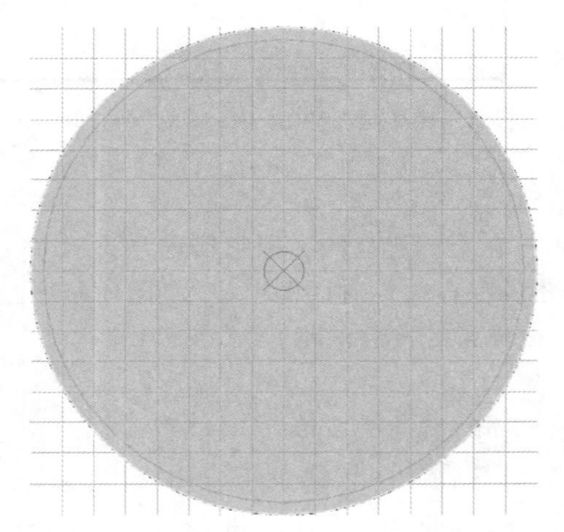

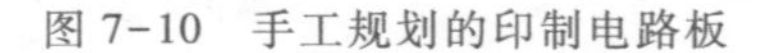

图 7-10 手工规划的印制电路板

图 7-11 "设置粘贴阵列"对话框

④ 移动光标到坐标原点,单击鼠标左键确定圆心,沿纵轴向上移动光标到(0,28),单击鼠标左键放置 3 个螺钉孔,如图 7-12 所示。

8. 元器件预布局

本电路中 16 个发光二极管采用圆形排列,为了提高布局效率与效果,采用预布局方式,通过阵列粘贴,在自动布局之前放置好 16 个发光二极管,并锁定。

① 执行菜单命令[放置]/[器件...]或单击配线工具栏按钮,系统弹出图 7-13 所示"放置元件"对话框。在"封装"栏输入"RB.1/.2","位号"栏输入"VD1","注释"设置为空,单击"确定"按钮。沿纵轴向上移动光标到(0,35),单击鼠标左键放置 1 个发光二极管,如图 7-14 所示。

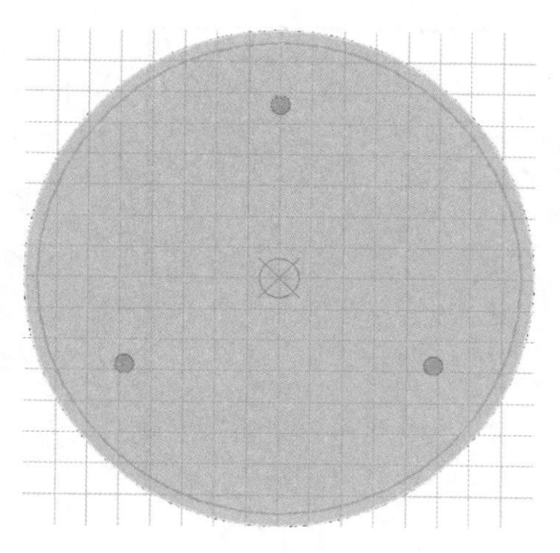

图 7-12 放置 3 个螺钉孔

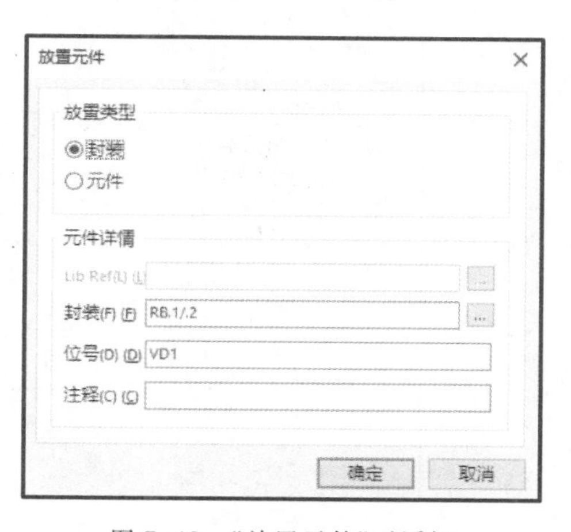

图 7-13 “放置元件”对话框

▼视频 7-4
发光二极管预布局

② 选中放置的发光二极管 VD1，将其剪切。

③ 单击应用工具栏按钮，弹出图7-11所示“设定粘贴阵列”对话框。“条款计数”设置为“16”（表示放置 16 个发光二极管），“文本增量”设置为“1”（表示元器件序号依次增加 1），“陈列类型”选择“圆形”，“间距”（角度）设置为“-22.5”（表示 16 个发光二极管相隔 22.5°顺时针排开）。参数设置完毕单击“确定”按钮。

④ 移动光标到坐标原点，单击鼠标左键确定圆心，沿纵轴向上移动光标到（0,35），单击鼠标左键放置 16 个发光二极管，如图 7-15 所示。

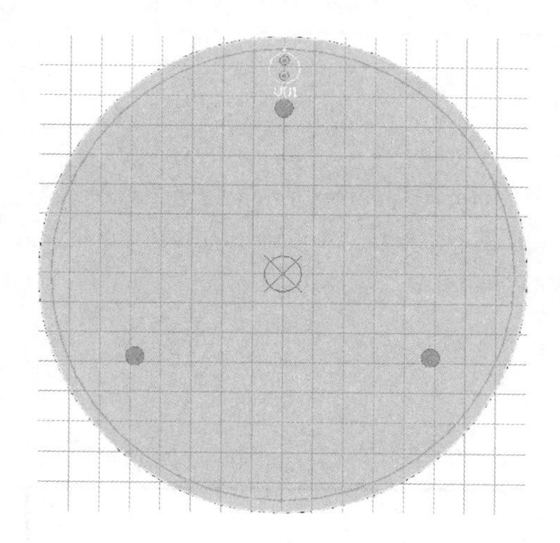

图 7-14 放置 1 个发光二极管 VD1

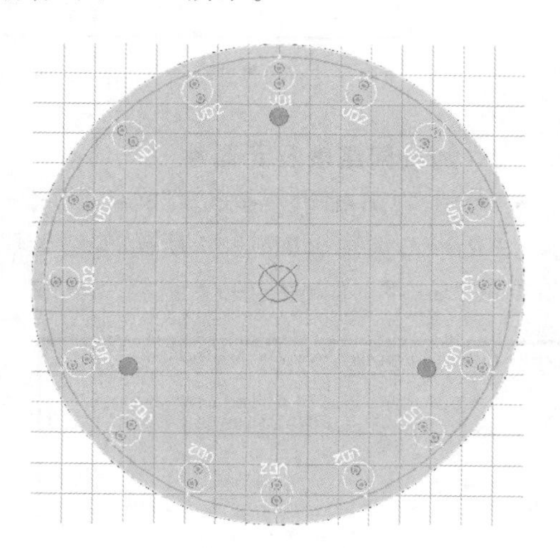

图 7-15 放置 16 个发光二极管

▼视频 7-5
锁定预布局元器件

⑤ 锁定预布局。为了防止已经排列好的发光二极管在自动布局时重新布局，必须将其锁定，这样在自动布局时，它们的位置就不会移动。

双击发光二极管 VD1，弹出图 7-16 所示对话框，，在“元件属性”栏中选中“锁定”后的复选框，将该元器件锁定。依次将 16 个发光二极管设定为锁定。

也可用查找替换的方式一次性将 16 个发光二极管设定为锁定。

图 7-16 锁定元器件

9. 加载网络表及元器件

① 在 PCB 编辑器执行菜单命令[设计]/[Import Changes From 循环彩灯控制电路.PRJPCB],弹出图 7-17 所示匹配元器件对话框,单击“Automatically Create Component Links”,弹出图 7-18 所示“Information”对话框。

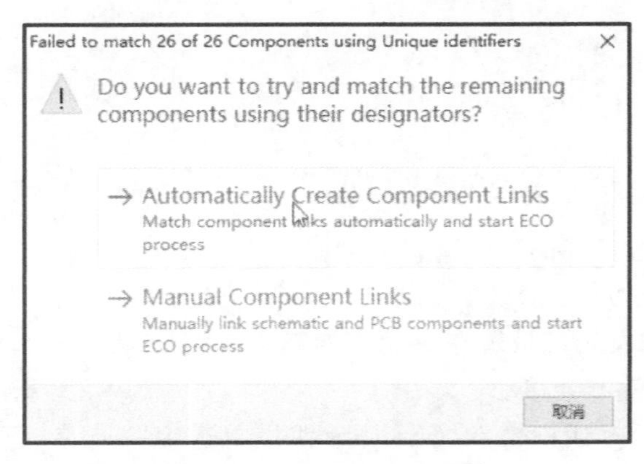

图 7-17 匹配元器件对话框

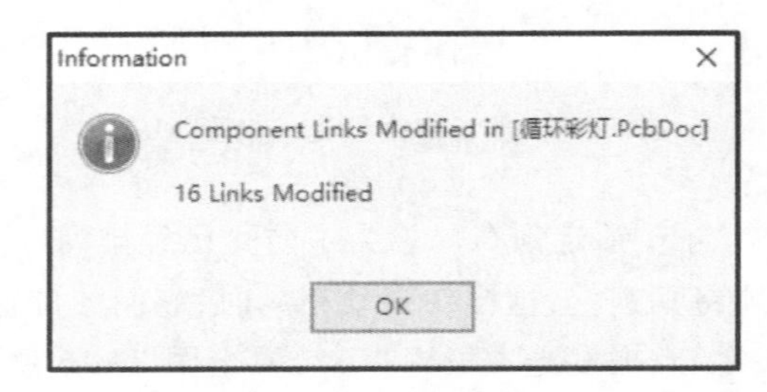

图 7-18 “Information”对话框

② 单击“OK”后弹出图 7-19 所示“工程更改顺序”对话框。

工程更改顺序

修改					状态		
使...	作用	受影响对象		受影响文档	检测	完成	消息
Change Component ...							
☑	Modify	-> LED1 [VD1]	In	循环彩灯.PcbDoc			
☑	Modify	-> LED1 [VD2]	In	循环彩灯.PcbDoc			
☑	Modify	-> LED1 [VD3]	In	循环彩灯.PcbDoc			
☑	Modify	-> LED1 [VD4]	In	循环彩灯.PcbDoc			
☑	Modify	-> LED1 [VD5]	In	循环彩灯.PcbDoc			
☑	Modify	-> LED1 [VD6]	In	循环彩灯.PcbDoc			
☑	Modify	-> LED1 [VD7]	In	循环彩灯.PcbDoc			
☑	Modify	-> LED1 [VD8]	In	循环彩灯.PcbDoc			
☑	Modify	-> LED1 [VD9]	In	循环彩灯.PcbDoc			
☑	Modify	-> LED1 [VD10]	In	循环彩灯.PcbDoc			
☑	Modify	-> LED1 [VD11]	In	循环彩灯.PcbDoc			
☑	Modify	-> LED1 [VD12]	In	循环彩灯.PcbDoc			
☑	Modify	-> LED1 [VD13]	In	循环彩灯.PcbDoc			
☑	Modify	-> LED1 [VD14]	In	循环彩灯.PcbDoc			
☑	Modify	-> LED1 [VD15]	In	循环彩灯.PcbDoc			
☑	Modify	-> LED1 [VD16]	In	循环彩灯.PcbDoc			

生效更改　执行更改　报告更改(R) (R)...　☐仅显示错误　关闭

图 7-19　“工程更改顺序”对话框

③ 单击“生效更改”按钮，系统逐项检查提交的修改有无违反规则的情况，并在状态栏的“检测”列中显示是否正确。其中“√”表示正确，“×”表示有错误。如果不正确，则需要返回电路原理图进行修改。

④ 单击“执行更改”按钮，将网络表和元器件载入 PCB 编辑器中。单击“关闭”按钮，关闭对话框，即可看见载入的元器件和网络预拉线，如图 7-20 所示。

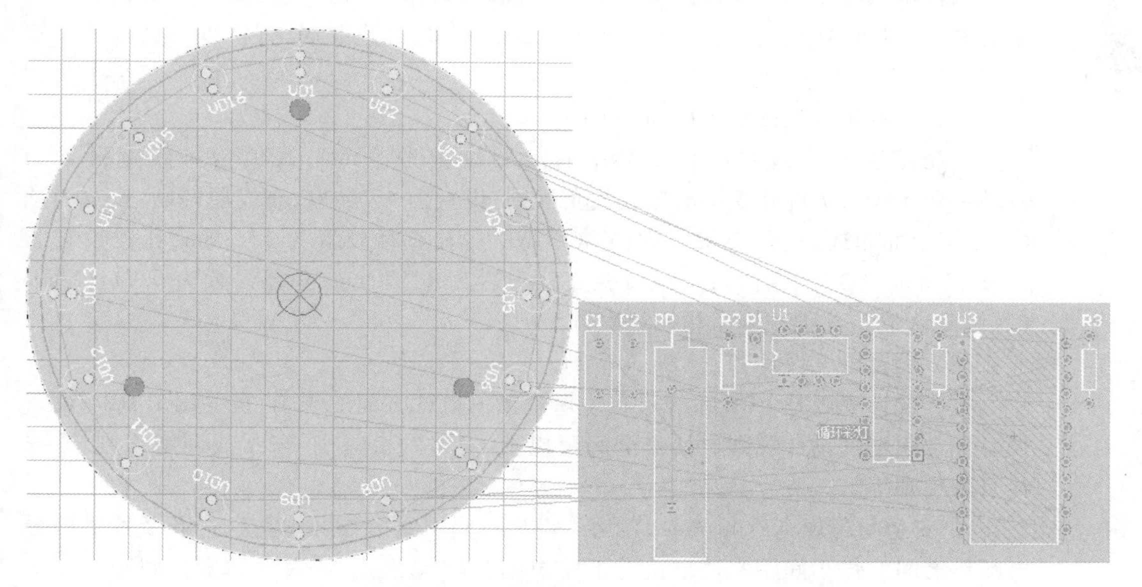

图 7-20　加载网络表和元器件后的 PCB 编辑器

10. 元器件布局

将元器件拖到 PCB 区域，删除“Room”空间。通过移动、旋转等方法合理地调整元器件的位置，减少网络飞线的交叉。在调整的过程中，要兼顾电磁兼容性、散热、机械固定、便于调节维修等方面因素，使之在满足电气功能要求的同时，更加优化。参考布局如图 7-21 所示。执行菜单命令［察看］/［切换到 3 维显示］可切换到图 7-22 所示 3D 显示图。

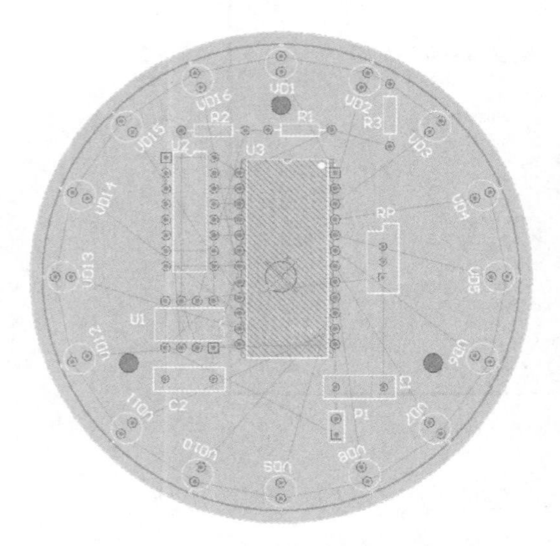

图 7-21 参考布局

图 7-22 3D 显示图

视频 7-6

设置布线规则

11. 设置布线规则

在自动布线之前需要设置布线规则，合理进行参数设置是提高布线质量和成功率的关键。布线规则设置后，系统会自动监视 PCB，若违反规则，将以高亮显示违规内容。

（1）设置布线设计规则（Routing）

导线宽度限制规则：VCC、GND 的线宽设置为 1 mm，其他信号线宽设置为 0.254～0.5 mm，优选 0.5 mm；布线拐角规则：设置为 45°转弯；布线层规则：设置为顶层、底层双面布线；过孔类型规则：VCC、GND 过孔直径设置为 1.5 mm，孔径设置为 0.711 2 mm（系统默认值），其他过孔直径设置为 1.27 mm，孔径设置为 0.711 2 mm（系统默认值）；其他规则采用系统默认。

（2）设置电气设计规则（Electrical）

电气设计规则是 PCB 布线过程中所遵循的电气方面的规则，主要用于 DRC 电气校验。常用电气设计规则包括安全间距规则、短路约束规则、未布线网络规则、未连接引脚规则等。

① 安全间距规则（Clearance）：用于设置不同网络的导线、焊盘、过孔及覆铜等导电图形之间的最小间距。通常情况下安全间距越大越好，但太大的安全间距会造成电路布局不够紧凑，增加印制电路板的尺寸，提高制板成本。

执行菜单命令［设计］/［规则…］，系统弹出“PCB 规则及约束编辑器”对话框。单击“Electrical”左边的“+”，展开电气设计规则。单击“Clearance”，打开图 7-23 所示安全间距规则设置对话框。图中显示系统默认的安全间距为 0.254 mm，用户可以根据实际需要自行设置安全间距，安全间距通常设置为 10～20 mil（0.254～0.508 mm）。

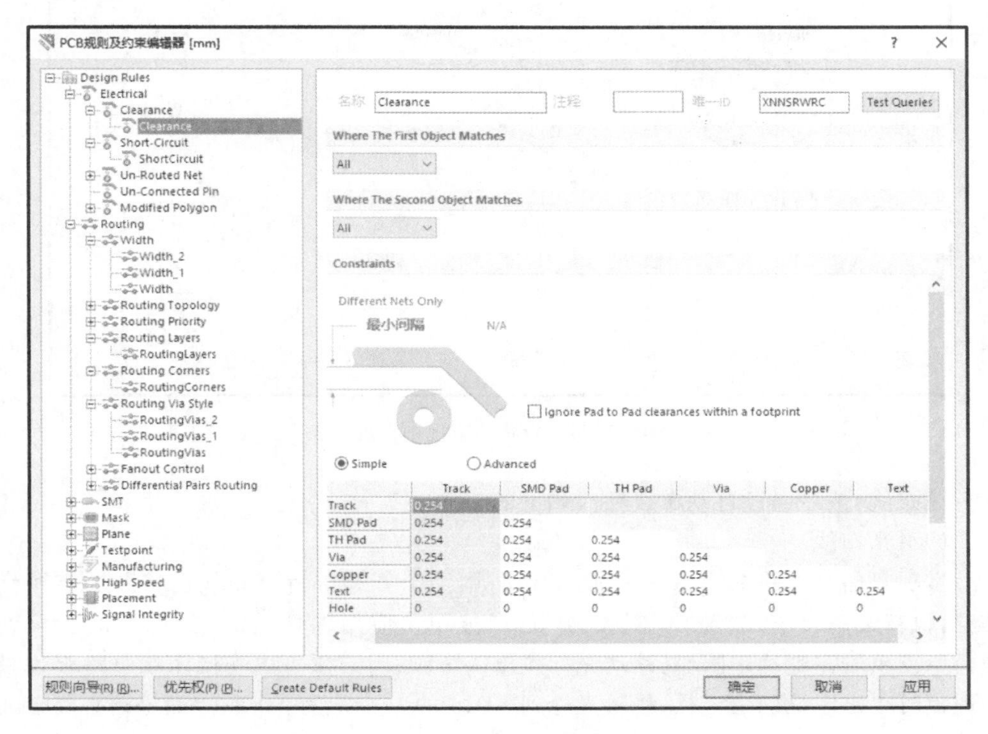

	Track	SMD Pad	TH Pad	Via	Copper	Text
Track	0.254					
SMD Pad	0.254	0.254				
TH Pad	0.254	0.254	0.254			
Via	0.254	0.254	0.254	0.254		
Copper	0.254	0.254	0.254	0.254	0.254	
Text	0.254	0.254	0.254	0.254	0.254	0.254
Hole	0	0	0	0	0	0

图 7-23　安全间距规则设置

在两个“匹配对象的位置”区中，可以设置规则适用的对象范围。

设置安全间距一般依赖于布线经验，最小间距的设置会影响到印制导线走向，应根据实际情况调节。在板的密度不高的情况下，最小间距可设置大一些。

本项目安全间距采用系统默认值。

② 短路约束规则（Short-Circuit）：用于设置印制电路板上的导线是否允许短路。默认设置为不允许，如图 7-24 所示。

在一些特殊的电路中，如带有模拟地和数字地的模数混合电路，在设计时，虽然这两个地是属于不同网络的，但在电路设计完成之前，设计者必须将这两个地在某一点连接起来，这就需要允许短路存在。为此可以对两个地线网络单独设置一个允许短路的规则，在两个“匹配对象的位置”区中分别选中数字地（DGND）和模拟地（AGND），然后选中“允许短电流”复选框即可。

一般情况下短路约束规则设置为不允许。本项目采用系统默认值。

③ 未布线网络规则（Un-Routed Net）：用于设置检查未布线网络范围，对于未布线网络，使其仍保持飞线。默认设置为整个印制电路板。一般使用系统默认设置。

④ 未连接引脚规则（Un-Connected Pin）：用于设置检查未布线引脚范围。默认状态下此项无设置。本项目采用系统默认设置。

12. 布线

在实际设计中，自动布线之前常常需要对某些重要的网络或有特殊要求的地方

图 7-24 短路约束规则设置

视频 7-7
预布线

进行预布线，然后通过自动布线完成剩下的工作。

(1) 预布线

本项目印制电路板边缘采用圆弧布线，用手工方式进行预布线。将图层转换到底层，执行菜单命令[放置]/[圆弧(中心)]或单击应用工具栏按钮，将光标移到坐标原点单击左键确定圆心，移动光标拉出一个圆，当圆弧可以连接印制电路板边缘的焊盘时单击左键确定半径，移动光标到 VD14 的 1 号焊盘单击左键确定圆心确定圆弧的起点，移动光标到 VD15 的 1 号焊盘单击左键确定圆心确定圆弧的终点完成连线，单击右键退出。预布线结果如图 7-25 所示。

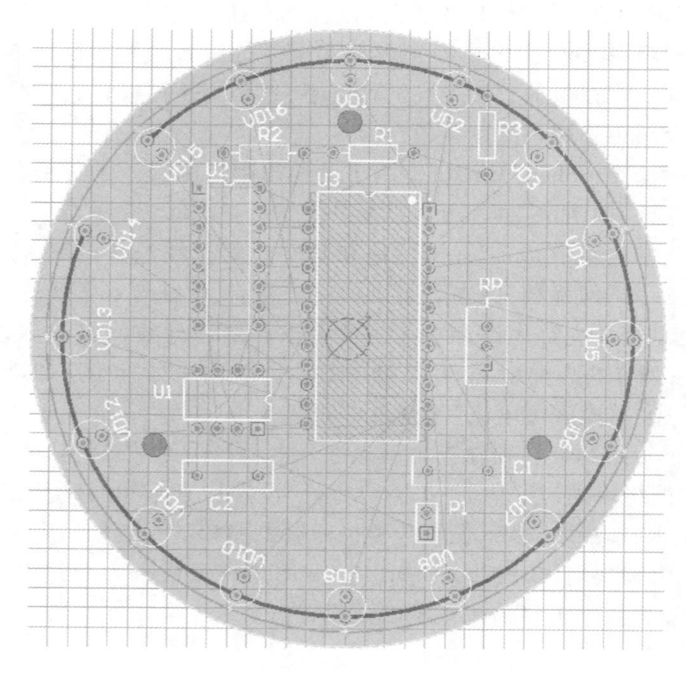

图 7-25 预布线结果

（2）自动布线

执行菜单命令［自动布线］/［Auto Route］/［全部...］，系统弹出图7-26所示"Situs布线策略"对话框，将对话框下端"锁定已有布线"的复选框选中。

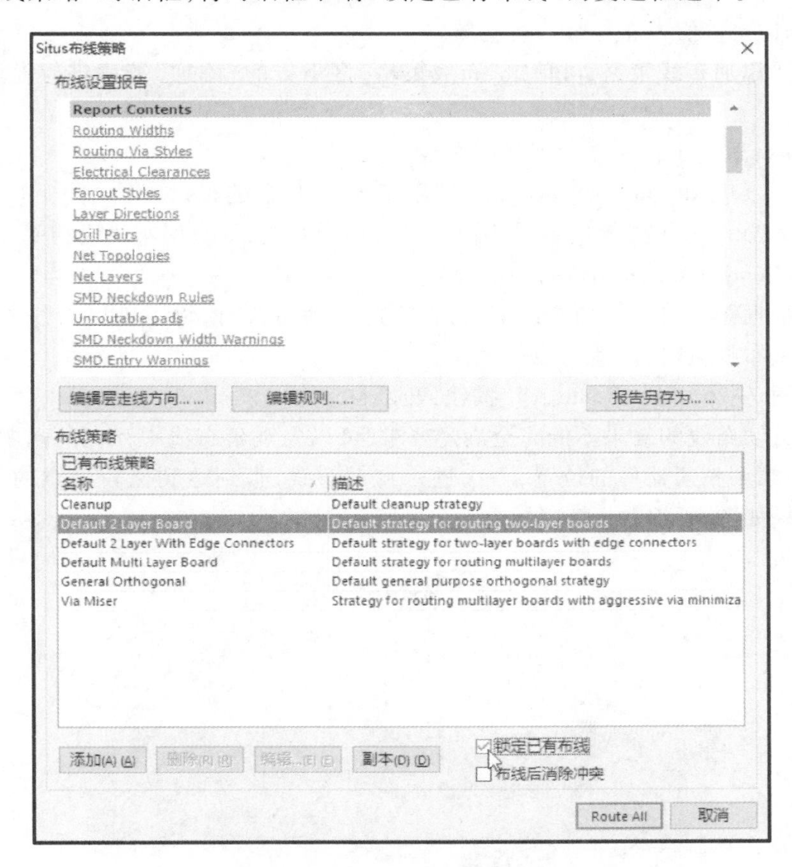

图7-26　"Situs布线策略"对话框

① 查看已设置的布线规则。在图7-26中的"布线设置报告"区域显示的是已设置的布线规则，若要修改，可单击下方的"编辑规则..."按钮，在弹出的对话框中修改。

② 设置布线层的走线方式。单击图7-26中"编辑层走线方向..."按钮，在弹出的"层说明"对话框，可以根据实际要求设置布线层的走线方向。如采用单面布线，设置Bottom Layer为"Any"（底层任意方向布线），其他层为"Not Used"（不使用）；如采用双面布线，设置Bottom Layer为"Horizontal"（水平布线），Top Layer为"Vertical"（垂直布线），其他层为"Not Used"（不使用）。

一般在两层以上印制电路板的布线，布线层的走线可以选择"Automatic"，系统会自动设置相邻层采用正交方式走线。

系统默认双面板顶层走垂直线，底层走水平线。这里使用系统的默认设置。

③ 布线策略。系统自动设置了6个布线策略。

Cleanup：默认的自动清除策略，布线后将自动清除不必要的连线。

Default 2 Layer Board：默认的双面板布线策略。

Default 2 Layer With Edge Connectors:默认的带边沿插接的双面板布线策略。

Default Multi Layer Board:默认的多层板布线策略。

General Orthogonal:默认正交策略。

Via Miser:多层板布线最少过孔策略。

如果要添加布线策略,可单击“布线策略”区下方的“添加”按钮进行设置。主要有以下几项。

Memory:适用于存储器元器件的布线。

Fan Out Signal/ Fan out to Plane:适用于SMD焊盘的布线。

Layers Pattern:智能性决定采用何种算法用于布线,以确保布线成功率。

Main/Completion:采用推挤布线方式。

可以根据需要自行添加布线策略,在实际自动布线时,为了确保布线成功率,可以多次调整布线策略,以达到最佳效果。

单击图7-26中的“Route All”按钮,开始自动布线。

一般自动布线的效果不能完全满足要求,可以先观察布线中存在的问题,然后撤销布线,适当调整元器件的位置,再次进行自动布线,直到达到比较满意的效果。自动布线结果如图7-27所示。

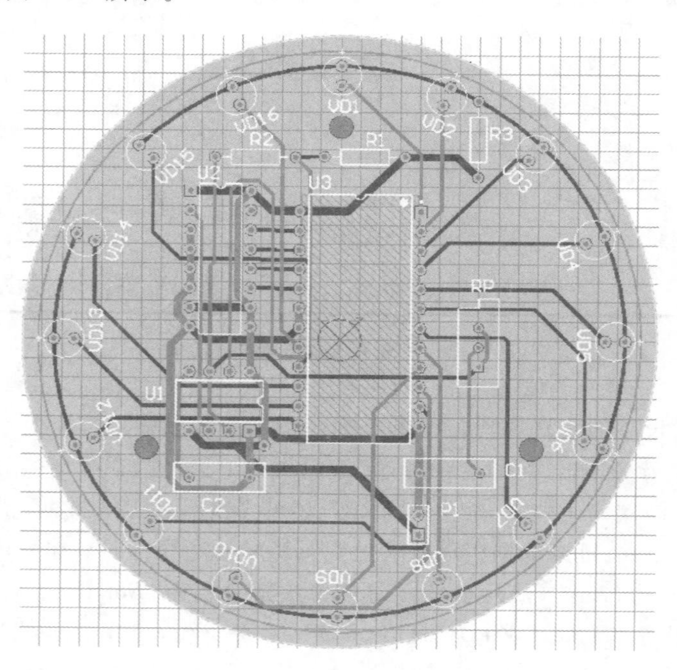

图7-27 自动布线后的PCB图

13. 布线修改

自动布线之后,要仔细检查印制电路板,修改不合理的走线。例如,输入导线和输出导线平行走线会导致寄生反馈,有可能引起自激振荡,应该避免;如果存在网络没有布通,或者存在拐弯太多、总长度太大的线,则应拆除导线,重新调整布局,然后重新布线。

简单调整布线可以直接选择交互布线工具，在不合理的布线处手工布线，系统会自动删除原布线。图 7-28 所示为修改后的布线效果。

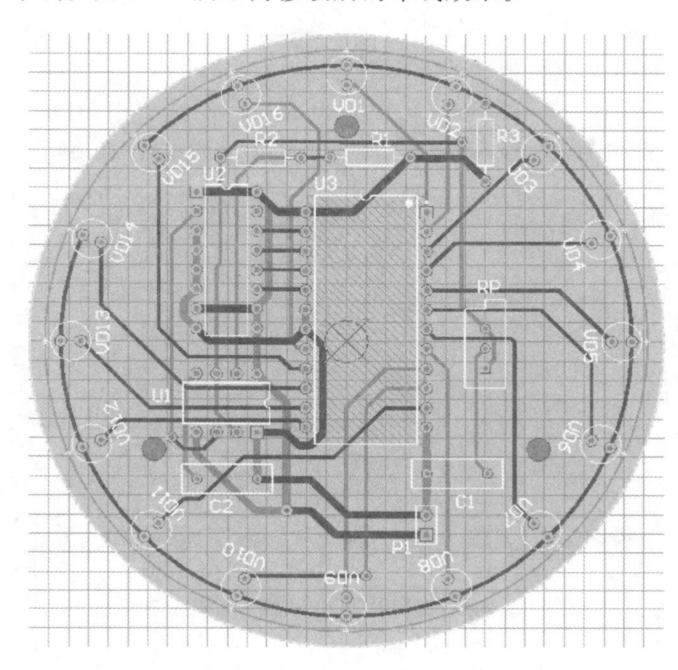

图 7-28 修改后的布线效果

14. 电气规则检查

执行菜单命令[工具]/[设计规则检查...]，系统弹出“设计规则检查”对话框。采用系统默认设置，单击“运行 DRC...”按钮开始规则检查。检查结果如图 7-29 所示。

从错误报告可知，有 3 个 Hole Size Constraint 错误，3 个螺钉孔太大，超出规则范围；6 个 Silk To Solder Mask 错误，开放阻焊到丝印对象的距离小于规则允许值。

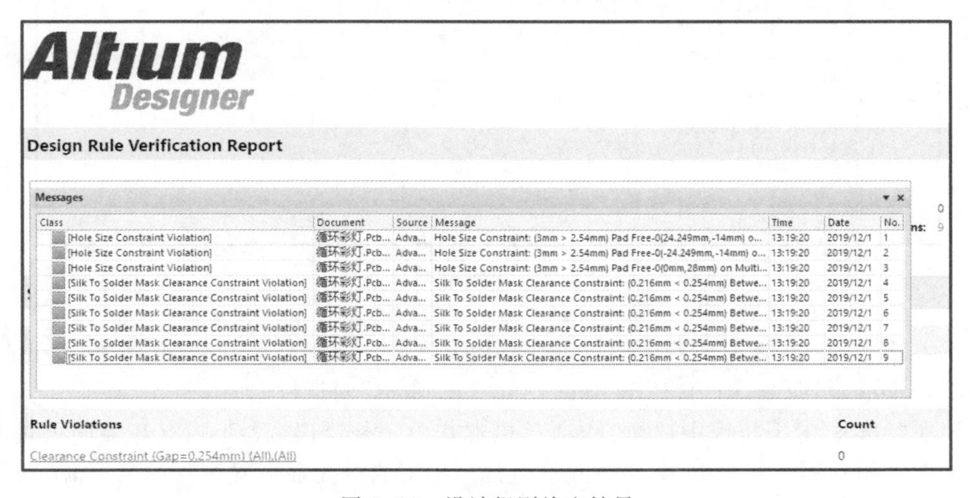

Design Rule Verification Report

Messages

Class	Document	Source	Message	Time	Date	No.
[Hole Size Constraint Violation]	循环彩灯.Pcb...	Adva...	Hole Size Constraint: (3mm > 2.54mm) Pad Free-0(24.249mm,-14mm) o...	13:19:20	2019/12/1	1
[Hole Size Constraint Violation]	循环彩灯.Pcb...	Adva...	Hole Size Constraint: (3mm > 2.54mm) Pad Free-0(-24.249mm,-14mm) o...	13:19:20	2019/12/1	2
[Hole Size Constraint Violation]	循环彩灯.Pcb...	Adva...	Hole Size Constraint: (3mm > 2.54mm) Pad Free-0(0mm,28mm) on Multi...	13:19:20	2019/12/1	3
[Silk To Solder Mask Clearance Constraint Violation]	循环彩灯.Pcb...	Adva...	Silk To Solder Mask Clearance Constraint: (0.216mm < 0.254mm) Betwe...	13:19:20	2019/12/1	4
[Silk To Solder Mask Clearance Constraint Violation]	循环彩灯.Pcb...	Adva...	Silk To Solder Mask Clearance Constraint: (0.216mm < 0.254mm) Betwe...	13:19:20	2019/12/1	5
[Silk To Solder Mask Clearance Constraint Violation]	循环彩灯.Pcb...	Adva...	Silk To Solder Mask Clearance Constraint: (0.216mm < 0.254mm) Betwe...	13:19:20	2019/12/1	6
[Silk To Solder Mask Clearance Constraint Violation]	循环彩灯.Pcb...	Adva...	Silk To Solder Mask Clearance Constraint: (0.216mm < 0.254mm) Betwe...	13:19:20	2019/12/1	7
[Silk To Solder Mask Clearance Constraint Violation]	循环彩灯.Pcb...	Adva...	Silk To Solder Mask Clearance Constraint: (0.216mm < 0.254mm) Betwe...	13:19:20	2019/12/1	8
[Silk To Solder Mask Clearance Constraint Violation]	循环彩灯.Pcb...	Adva...	Silk To Solder Mask Clearance Constraint: (0.216mm < 0.254mm) Betwe...	13:19:20	2019/12/1	9

Rule Violations	Count
Clearance Constraint (Gap=0.254mm) (All),(All)	0

图 7-29 设计规则检查结果

定位与修改错误的方法如下：

方法一：在“Messages”对话框双击一个错误，如“Hole Size Constraint”，则违反规则的螺钉孔被放大且显示违反规则信息，如图7-30所示。对于该设计我们需要3 mm的螺钉孔，可以修改系统默认的规则。

执行菜单命令[设计]/[规则...]，在弹出的对话框中单击“Hole Size”，将“最大的”改为“3 mm”即可，如图7-31所示。再次运行设计规则检查，该错误消失。

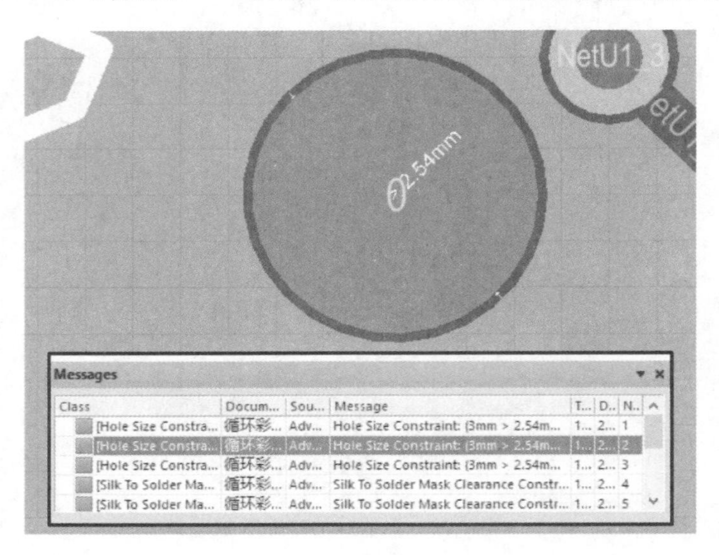

图7-30 定位错误

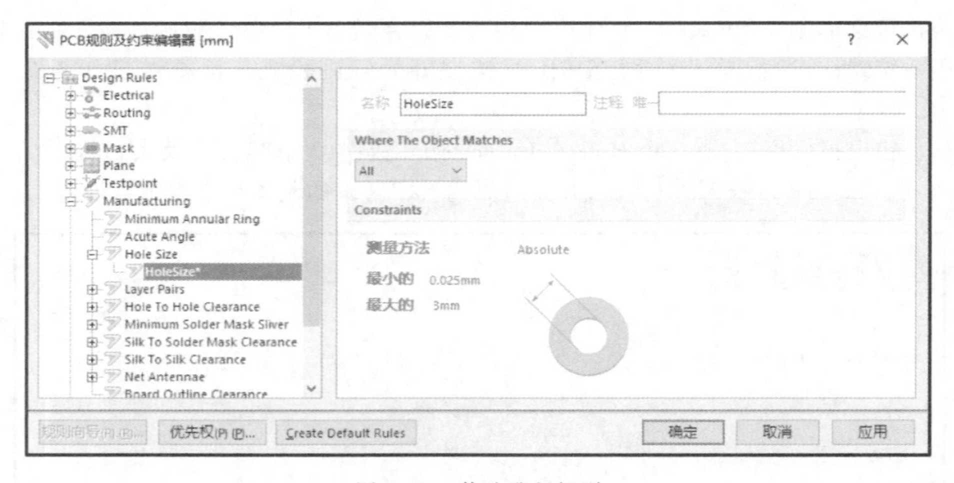

图7-31 修改孔径规则

方法二：在PCB编辑器右下角，单击“PCB”按钮，出现浮动菜单，选择“PCB Roles And Violations”命令，弹出“PCB Rules And Violations”对话框，如图7-32所示。

在“Mask”的下拉框中选择“Mask”，单击其中一条错误，看到在PCB界面可过滤掉工作区的其他所有对象，只允许没有过滤掉的对象高亮显示并进行编辑，如图7-33所示。

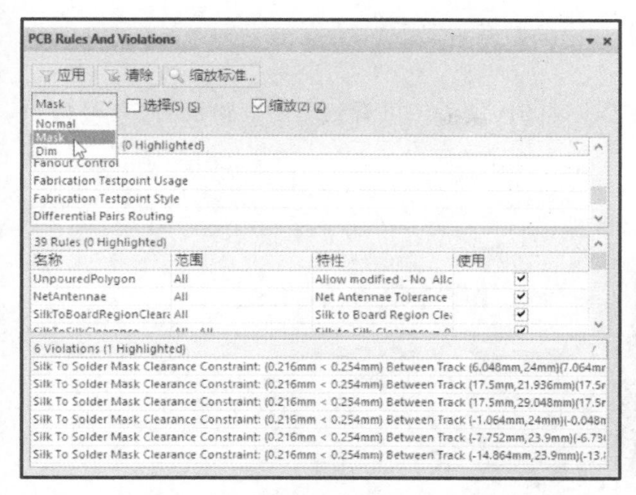

图 7-32 “PCB Rules And Violations”对话框

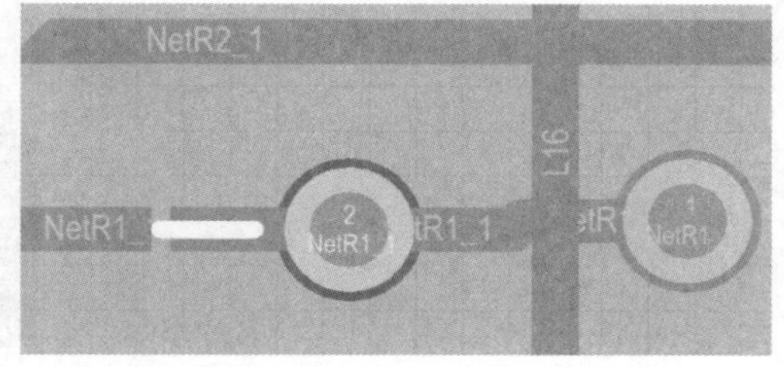

图 7-33 高亮显示违规对象

执行菜单命令[设计]/[规则...]，在弹出的对话框中单击“Silk To Solder Mask Clearance”，将数据改为“0.2 mm”即可，如图 7-34 所示。再次运行设计规则检查，该错误消失。

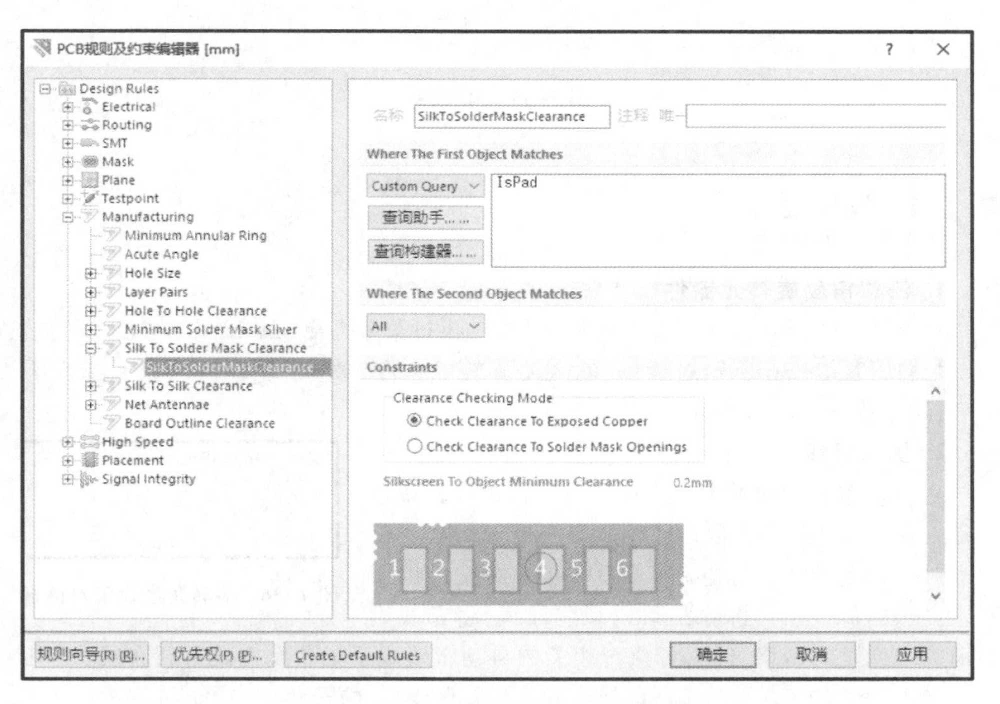

图 7-34 修改开放阻焊到丝印对象的距离

15. 生成项目封装库

执行菜单命令[设计]/[生成PCB库]，系统就会在Projects面板自动生成一个与工程同名的封装库，这就是本工程的封装库。单击窗口左下侧的PCB Library标签，打开PCB Library面板，可以看到本工程的全部元器件封装都包含在其中。如果修改库中的封装，则只对该工程有影响，而不会影响其他工程。

16. 3D 模型

执行菜单命令[工具]/[遗留工具]/[3D 显示]，可看到印制电路板的 3D 模型如图 7-35 所示。

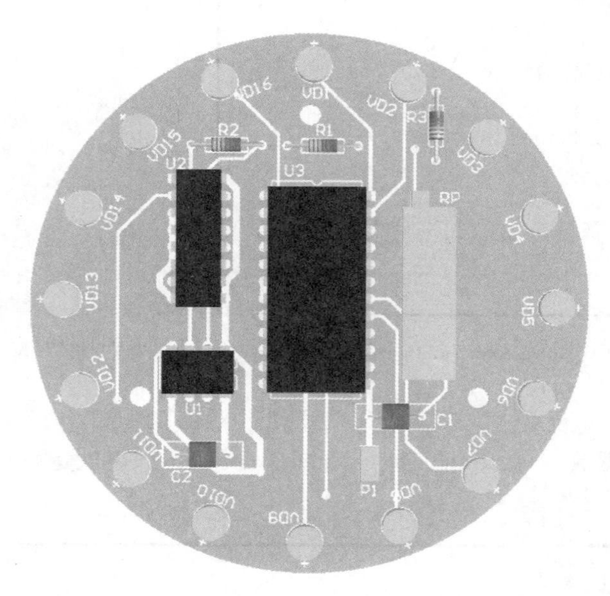

图 7-35　3D 模型

7.1.4　操作技巧

1. 任意角度旋转元器件

在 PCB 编辑环境，选中要旋转的元器件，执行菜单命令[编辑]/[移动]/[旋转选择...]，打开图 7-36 所示对话框，输入要旋转的角度，单击“确定”按钮，光标变为十字形，用单击选中的元器件，完成旋转。

2. 拆除导线

从自动布线生成的 PCB 图可以看出，自动布线还不是太完美，需要进行手工调整。

图 7-36　旋转角度设置对话框

对于较复杂的印制电路板，调整布线时常借助于系统提供的拆线工具拆除某条或某些导线，将布线后的铜膜线恢复为网络飞线，再执行相关的自动布线或手工布线方式重新布线。

自动拆线的菜单命令在[自动布线]/[取消布线]的子菜单，功能如下：

全部：拆除印制电路板所有布线。

网络：拆除指定网络的所有布线。

连接：拆除指定的两个焊盘之间的布线。

器件：拆除与指定元器件相连的布线。

3. 改变导线的工作层

在 PCB 绘制导线时，有时一条导线需要分别在两个工作层绘制，如水平线在 Bottom Layer 绘制，垂直线在 Top Layer 绘制，而在两条线的交点处需要放置一个过孔实现电气连接，方法如下：

在 Bottom Layer 绘制一条水平线，在绘制状态按下小键盘的“ * ”或“ + ”键，当前层变成 Top Layer，单击鼠标左键，出现一个过孔，继续移动光标绘制完成在 Top Layer 层的导线，如图 7-37 所示。

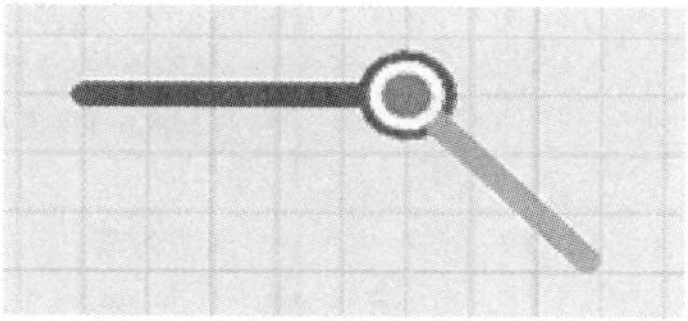

图 7-37　改变导线的工作层

4. 补泪滴

为了让焊盘更坚固，防止机械制版时焊盘与导线之间断开，常在焊盘和导线之间用铜膜布置一个过渡区，形状像泪滴，故该操作称为补泪滴。补泪滴方法如下：

执行菜单命令[工具]/[滴泪...]，系统弹出图 7-38 所示补泪滴设置对话框。选中“All”，则对所有焊盘补泪滴；若选中“Selected only”则只对选中的焊盘、过孔补泪滴。补泪滴的效果如图 7-39 所示。

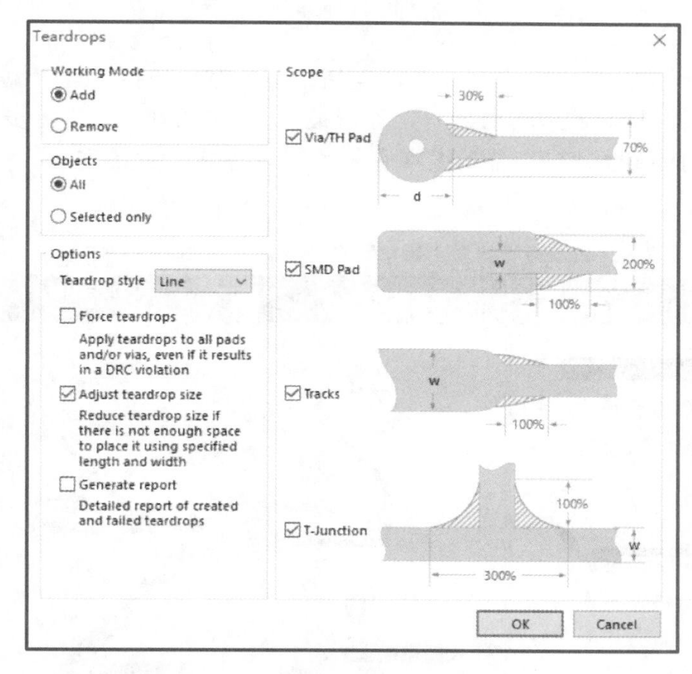

图 7-38　补泪滴设置对话框

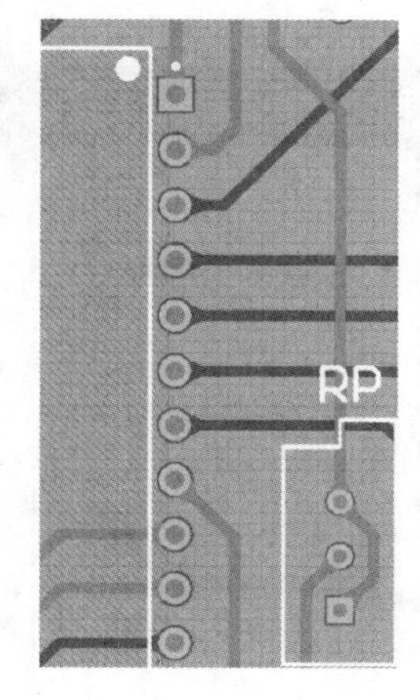

图 7-39　补泪滴的效果

5. 元器件重新编号

在 PCB 编辑环境，执行菜单命令[工具]/[重新标注...]，打开图 7-40 所示对话框，选择序号排列顺序及标注方式，单击“确定”即可对元器件重新编号。

6. 合理与不合理走线比较

和布局类似，布线也是 PCB 设计过程中的关键环节，不良的布线可能严重降低电路系统的抗干扰性能，甚至完全不能工作。因此，布线技能对操作者要求较高，除

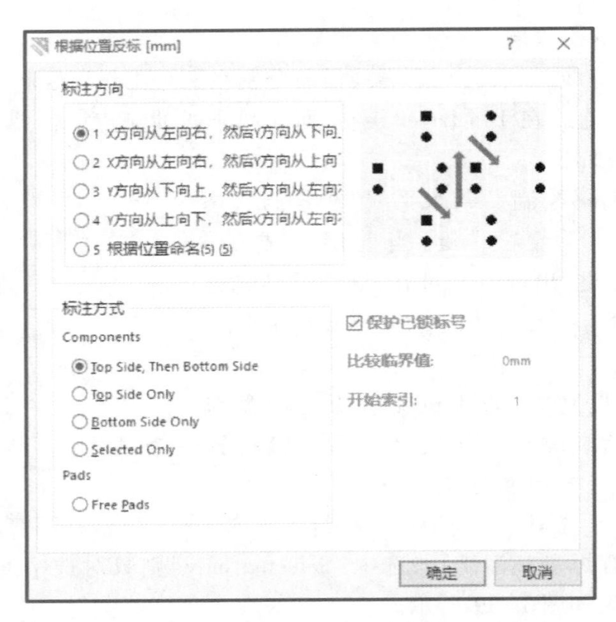

图 7-40 元器件重新编号设置对话框

了能灵活运用布线软件功能之外，还必须牢记并灵活运用一般的布线规律。可以说布线过程是整个 PCB 板设计过程中技巧性最强，工作量最大，最体现设计水平的步骤。表 7-2 为合理与不合理走线比较表，希望大家在设计过程中能自觉遵守、灵活运用。

表 7-2 合理与不合理走线比较表

合理走线	不合理走线及原因	合理走线	不合理走线及原因
	焊盘直径与导线不成比例		导线拐角为锐角
	导线起点不在焊盘中心		
	导线中心轴线与焊盘中心不重合		

续表

合理走线	不合理走线及原因	合理走线	不合理走线及原因
	导线长		没有充分利用空间
	过孔距离太小		顶层、底层导线平行

7.2 项目 2：设计 USB 转串口连接器 PCB

▼教学课件 7.2

7.2.1 任务分析

USB 转串口连接器电路原理图见图 6-29，是第 6 单元项目 2 绘制的原理图，其元器件一览表见表 7-3。本项目通过完成“设计 USB 转串口连接器 PCB”任务来学习贴片双面印制电路板的设计方法。图 7-41 所示为 USB 转串口连接器实物图。

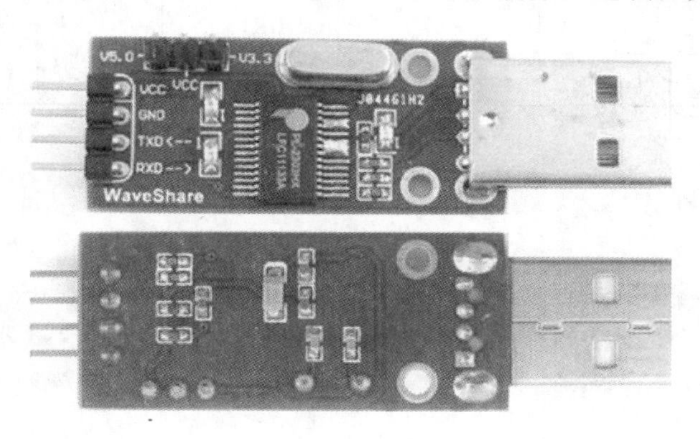

图 7-41 USB 转串口连接器实物图

本项目要求制作形状为矩形,大小为 1 700 mil×700 mil 的双面印制电路板,电源和地线网络线宽为 15 mil,一般线宽为 10 mil。顶层与底层都可放置元器件,晶振、USB 接口的封装需要自己制作。

通过实施该项目达到以下学习目标:

① 进一步熟悉 PCB 的设计方法。

② 熟练自制元器件封装、修改封装。

③ 学会表面贴片式元器件的双面放置方法。

④ 熟悉表面贴片式元器件布线规则设置。

⑤ 熟练进行自动布线及手工调整布线。

表 7-3 USB 转串口连接器元器件一览表

元器件序号(Designator)	库元器件名(LibRef)	注释或参数值(Comment)	元器件封装(FootPrint)	元器件所在库(Library)
U1	PL-2303HX(自制)	PL-2303HX	SSOP28_L	Maxim Communication Transceiver. IinLib
C1C2	Cap	22 pF	1608[0603]	Miscellaneous Devices. IntLib
C3 C4 C5	Cap	0.1 μF	1608[0603]	
C6	Cap Pol2	10 μF	C2512	
R1 R2	Res2	22 Ω	J1-0603	
R3 R4 R7 R8	Res2	1.5 kΩ	J1-0603	
R5 R6	Res2	10 kΩ	J1-0603	
Y1	XTAL	12M	XTAL12M(自制)	
VD1	LED3	POWER	3.2×1.6×1.1	
VD2	LED3	RXD	3.2×1.6×1.1	
VD3	LED3	TXD	3.2×1.6×1.1	
USB	1-1470156-1		USB(自制)	AMP Serial Bus USB. IntLib
J1	Header 3		HDR1X3	Miscellaneous Connectors. IntLib
P1	Header 4H		HDR1X4	

7.2.2 准备知识

1. SMD 元器件的布线规则

执行菜单命令[设计]/[规则…],弹出“PCB 规则及约束编辑器”对话框。SMT 规则是针对贴片式元器件布线设置的规则,主要包括以下 3 个子规则,系统默认为未设置规则。

① SMD To Corner(SMD 焊盘与走线拐弯处最小间距限制规则):用于设置 SMD

焊盘与走线拐弯处最小间距大小。

在“PCB 规则及约束编辑器”对话框中，单击“SMT”项打开子规则，用鼠标右键单击“SMD To Corner”，系统弹出一个子菜单，选中“新建规则”建立“SMD To Corner”子规则，单击该规则名称，编辑区域出现该规则属性设置信息，如图 7-42 所示。在“Where The Object Matches”区可以设置规则适用的范围，“Constraints”（约束）区中的“距离”用于设置 SMD 焊盘与走线拐弯处最小间距，系统默认为 0 mil。

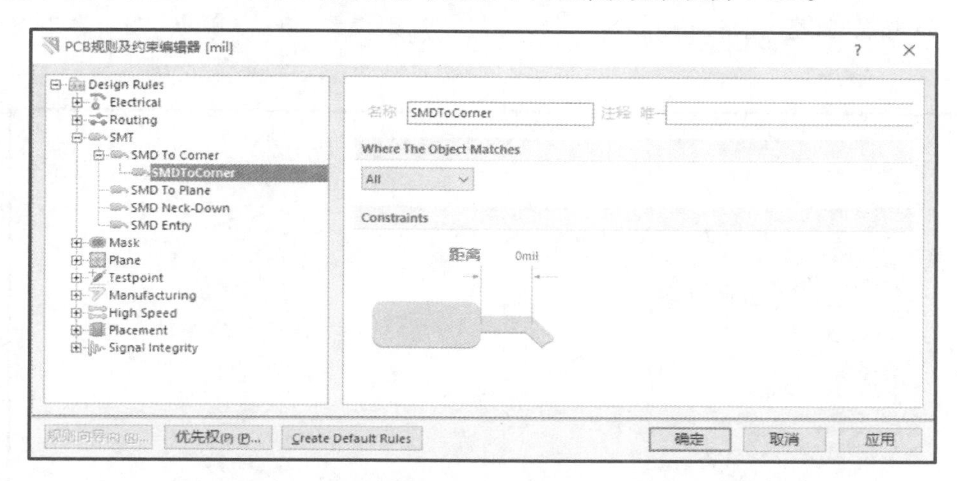

图 7-42　SMD 焊盘与走线拐弯处最小间距限制规则设置

② SMD To Plane（SMD 焊盘与电源层过孔间的最小长度限制规则）：用于设置 SMD 焊盘与电源层中过孔间的最短布线长度。

用鼠标右键单击“SMD To Plane”，系统弹出一个子菜单，选中“新建规则”建立“SMD To Plane”子规则，单击该规则名称，编辑区域出现该规则属性设置信息，如图7-43所示。“距离”用于设置 SMD 焊盘与电源层中过孔间的最短布线长度，系统默认为 0 mil。

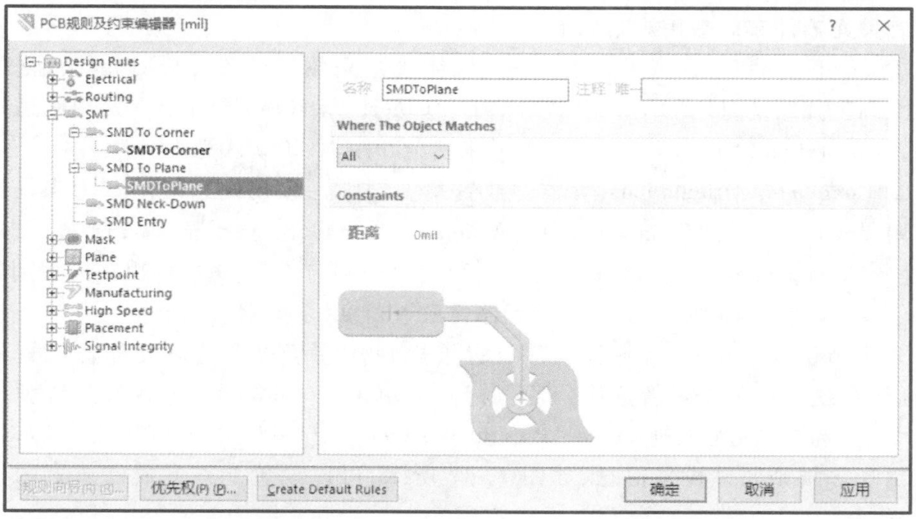

图 7-43　SMD 焊盘与电源层过孔间的最小长度限制规则设置

③ SMD Neck-Down（SMD 焊盘宽度与导线宽度的比例规则）：用于设置 SMD 焊盘在连接导线处的焊盘宽度与导线宽度的比例，可定义一个百分比。

用鼠标右键单击“SMD Neck-Down”，系统弹出一个子菜单，选中“新建规则”建立“SMD Neck-Down”子规则，单击该规则名称，编辑区域出现该规则属性设置信息，如图 7-44 所示。“收缩向下”用于设置 SMD 焊盘宽度与导线宽度的比例，如果导线的宽度太大，超出设置的比例值，视为冲突，不予布线。系统默认为 50%。

所有规则设置完毕，单击“应用”按钮确认规则设置，单击“确定”按钮退出设置状态。

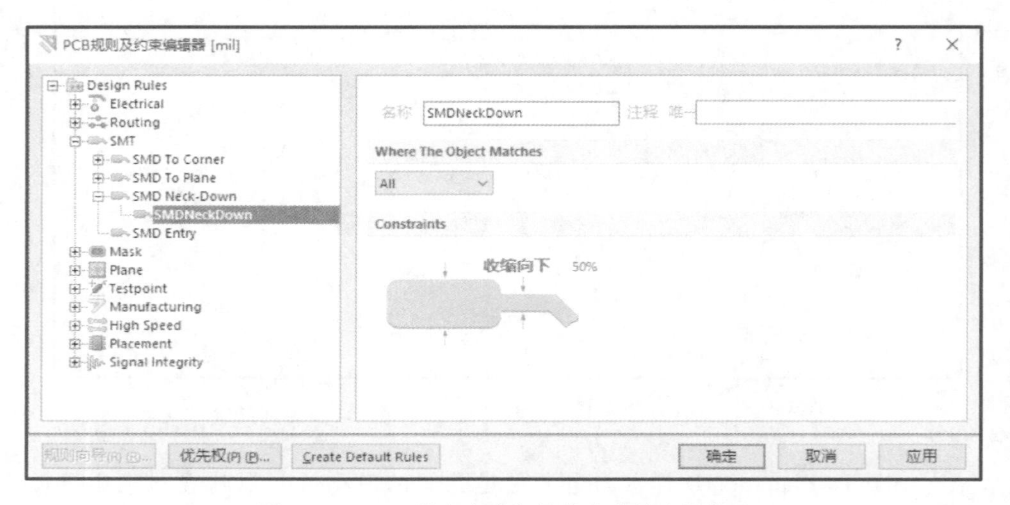

图 7-44 SMD 焊盘宽度与导线宽度的比例设置

2. 元器件布局规则

元器件布局规则可以设置得很多，一般只设置少数几个必需的规则，其他采用默认设置。执行菜单命令[设计]/[规则...]，系统弹出“PCB 规则及约束编辑器”对话框。有关元器件布局常用规则如下。

① Component Clearance（元器件间距限制规则）：用于设置布局时元器件之间的最小距离。如图 7-45 所示。在“Where The Object Matches”区可以设置规则适用的范围，“Constraints（约束）”区用于设置最小安全间距，系统默认为 10 mil。

② Component Orientations（元器件放置角度规则）：该规则系统默认为未设置规则。用鼠标右键单击“Component Orientations”，系统弹出一个子菜单，选中“新建规则”建立“Component Orientations”子规则，单击该规则名称，编辑区域出现该规则属性设置信息，如图 7-46 所示，可以设置元器件放置角度，系统默认为 0 度。

③ Permitted Layers（允许元器件放置层规则）：用于设置允许元器件放置的电路板层，系统默认为未设置规则。用鼠标右键单击“Permitted Layers”，系统弹出一个子菜单，选中“新建规则”建立“Permitted Layers”子规则，单击该规则名称，编辑区域出现该规则属性设置信息，如图 7-47 所示，可以设置允许元器件放置的印制电路板层。

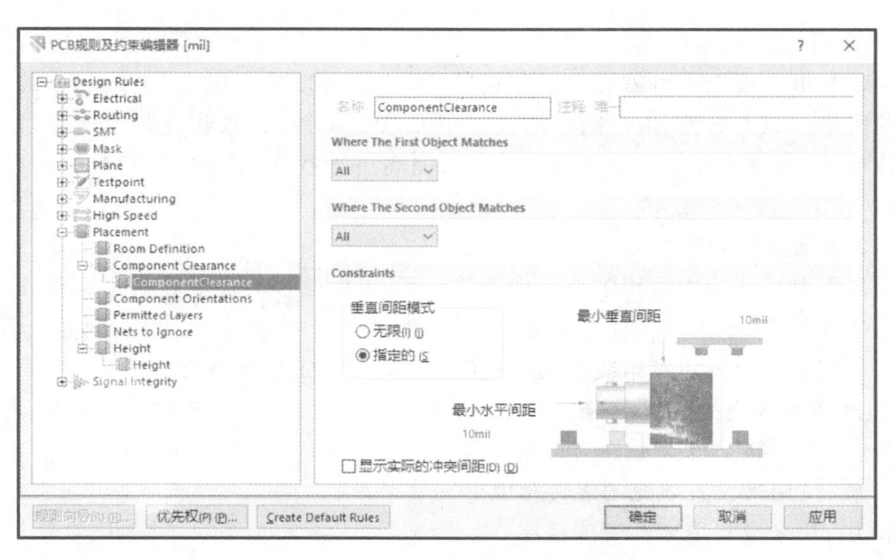

图 7-45　元器件间距限制规则

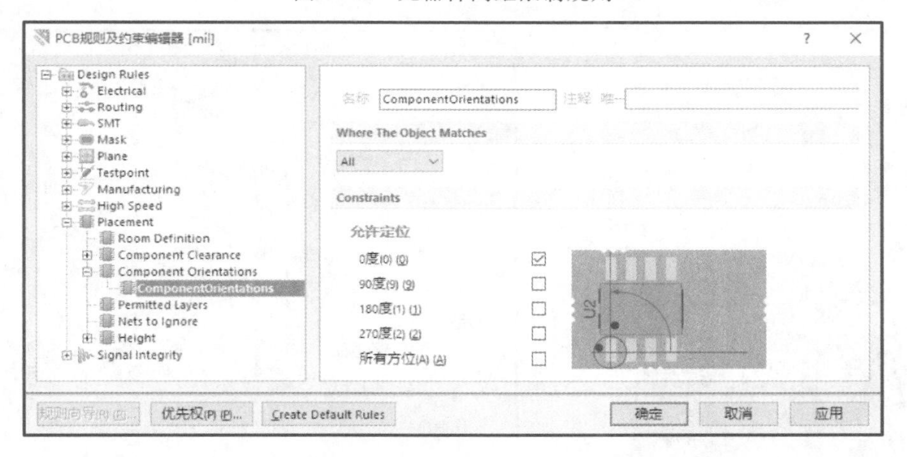

图 7-46　元器件放置角度规则

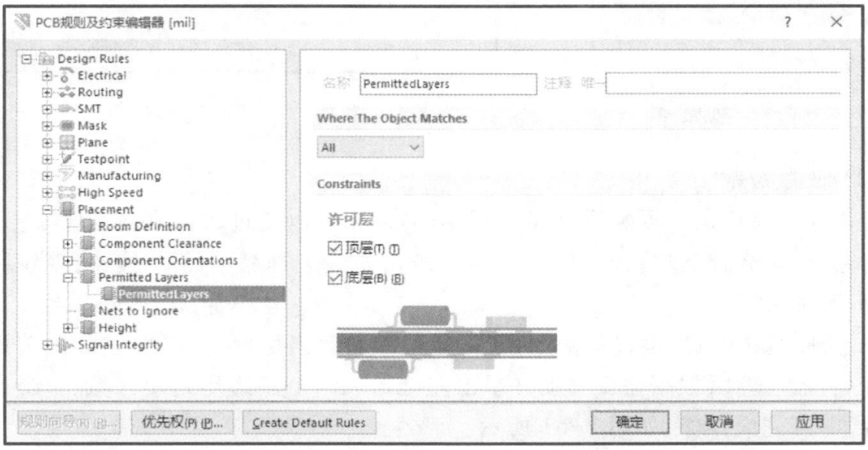

图 7-47　允许元器件放置层规则

3. 覆铜

在印制电路板上有时需要大面积铜箔，如覆铜可以加粗电源、地线网络的导线，使电源网络承载大电流；给电路中的高频单元放置覆铜区，吸收高频电磁波，以免干扰其他单元；对整个印制电路板覆铜，可以提高抗干扰能力。放置覆铜一般有两种方法。

(1) 放置矩形填充

如果需要用到的大面积铜箔是规则的矩形，可以通过放置矩形填充实现。

① 执行菜单命令[放置]/[填充]或单击布线工具栏中的▇按钮，光标变为十字形状。只需确定矩形块对角线上两个角的位置即可，如图 7-48 所示。

② 在放置填充的过程中，按 Tab 键，或放置填充完成后，双击放置的填充，即可进入图 7-49 所示的“填充”属性对话框。

a. 旋转：用来设置填充的旋转角度。

b. 层：用来设置填充放置的板层。

c. 网络：用来设置填充的所属网络。

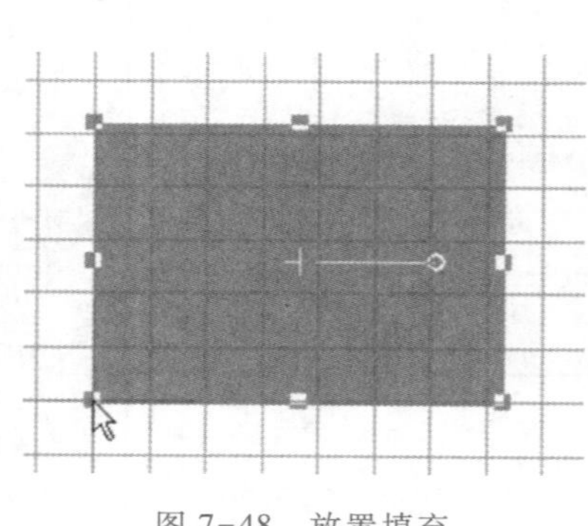

图 7-48 放置填充

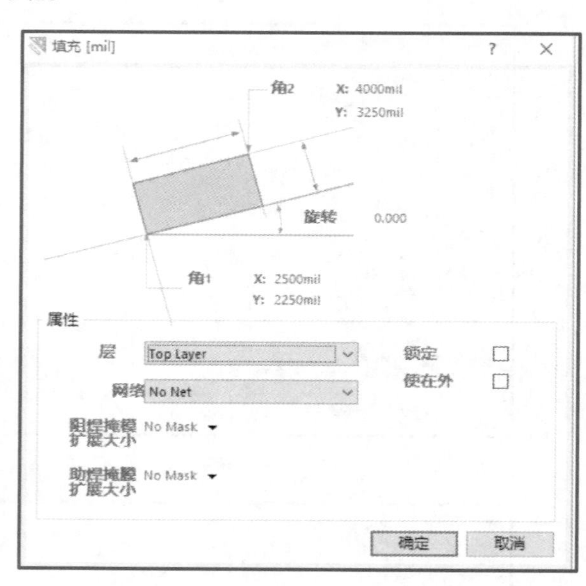

图 7-49 “填充”属性对话框

(2) 放置覆铜

如果需要用到的大面积铜箔是不规则的形状，可以通过放置覆铜实现。

① 执行菜单命令[放置]/[覆铜…]或单击布线工具栏中的▦按钮，系统弹出图 7-50 所示对话框。

② 选择填充模式，设置覆铜参数，移动光标到适当位置，单击左键确定覆铜的第一个定点位置，然后根据需要移动并单击左键形成一个多边形封闭区域，单击鼠标右键确定，即可完成操作，如图 7-51 所示。

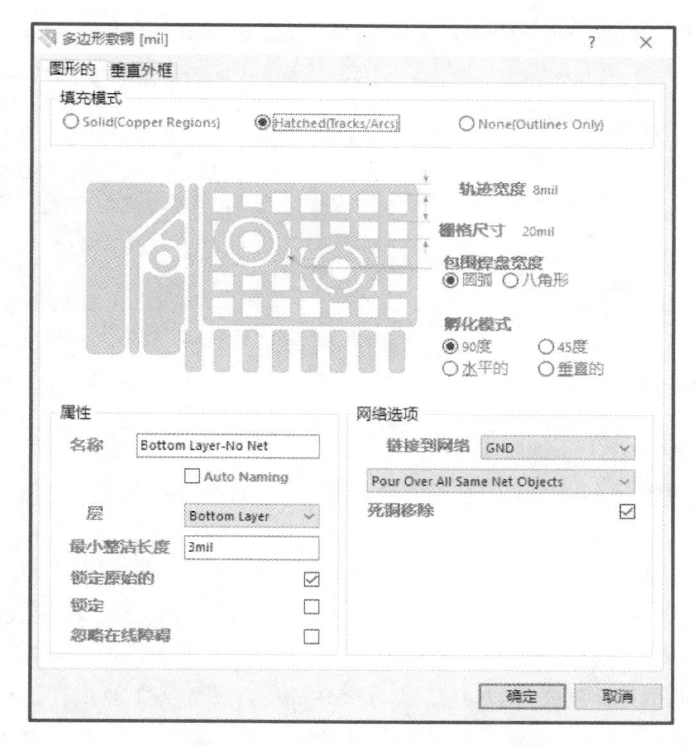

图 7-50　“多边形敷铜”属性对话框

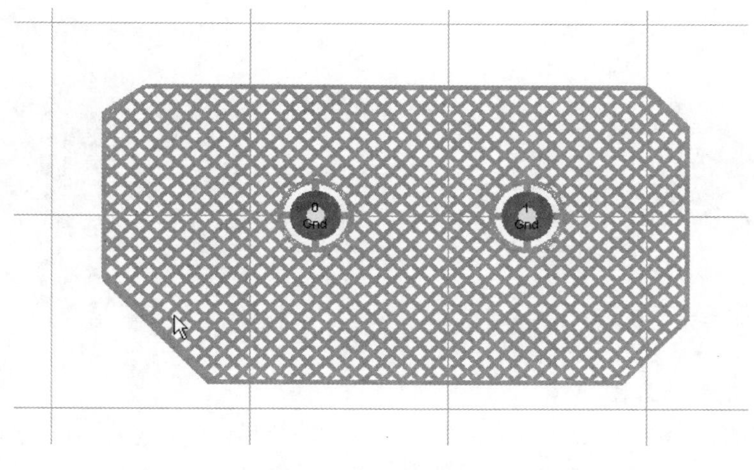
图 7-51　放置的覆铜

7.2.3　任务实施

1. 自制元器件封装

(1) 制作晶振封装

晶振实物如图 7-52 所示。晶振封装图形：焊盘中心间距为 200 mil，焊盘外径尺寸为 60 mil，焊盘孔径尺寸为 30 mil，圆弧半径为 60 mil，封装名为 XTAL12M，如图 7-53所示。

图 7-52 晶振实物图

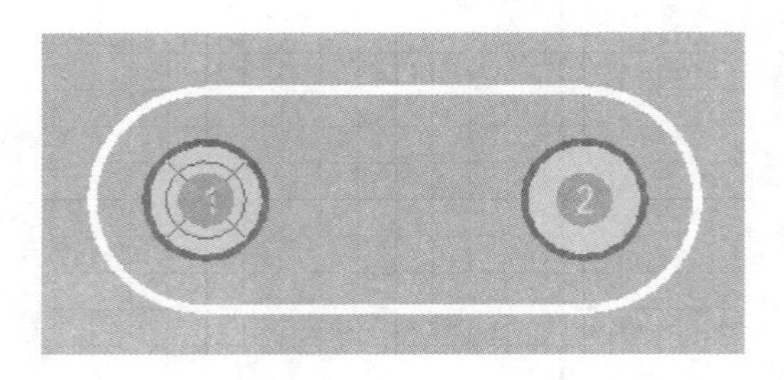

图 7-53 晶振的封装

（2）制作 USB 接口封装

USB 接口实物如图 7-54 所示，它有 4 个引脚，两个外壳屏蔽固定脚，另有两个突起用于固定。

USB 接口封装如图 7-55 所示。USB 接口外框尺寸为 640 mil×480 mil；4 个引脚采用贴片式焊盘，贴片焊盘 X 尺寸为 100 mil、Y 尺寸为 50 mil、层为 Top Layer；焊盘 1、2 及焊盘 3、4 中心间距为 100 mil，焊盘 2、3 中心间距为 80 mil。两个外壳屏蔽固定脚采用通孔式焊盘，通孔式焊盘 X 尺寸为 150 mil、Y 尺寸为 120 mil、孔径为 90 mil，中心间距为 480 mil。用于固定的两个突起采用螺钉孔，螺钉孔 X 尺寸为 40 mil、Y 尺寸为 40 mil、孔径为 40 mil，中心间距为 160 mil。贴片焊盘打点处为 1 号焊盘。

图 7-54 USB 接口实物图

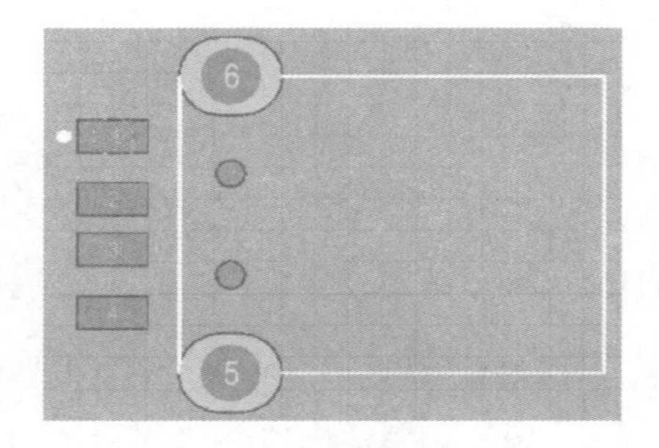

图 7-55 USB 接口封装

2. 准备电路原理图

① 绘制原理图。直接利用第 6 单元项目 2 的结果。

② 按照表 7-3 的要求检查元器件的封装形式并修改。

3. 创建 PCB 文件

① 执行菜单命令[文件]/[新建]/[PCB]，在建立的工程中新建 PCB 文件。

② 执行菜单命令[文件]/[保存]，在弹出的保存文件对话框中输入“USB 转串口连接器”为该 PCB 文件名，并保存在建立的“USB 转串口连接器”文件夹中。

4. 电路板参数设置

① 执行菜单命令[察看]/[栅格]/[设置跳转栅格…]，或单击应用程序工具栏中的 按钮，选择[设置跳转栅格…]，设置捕捉栅格大小，便于操作。

② 执行菜单命令[设计]/[板层颜色...]，将 Mechanical 1 的颜色修改，使其与 Keep Out Layer 的颜色不同。把本次设计不需要的层设为不显示，其他暂保留系统默认设置。

5. 规划电路板

① 执行菜单命令[编辑]/[原点]/[设置]，光标变成十字形状，在图纸适当位置，单击鼠标左键，重新设置坐标原点。

② 执行菜单命令[工具]/[优先选项...]，打开"参数选择"对话框，在 General 的其他区，将光标类型设为大十字光标，如图 7-56 所示。

③ 绘制电路板物理边界。把当前层切换到机械 Mechanical1 层，执行菜单命令[放置]/[直线]，单击坐标原点开始放置直线，绘制一个封闭的四边形，尺寸为 1 700 mil×700 mil。选中该四边形区域，执行菜单命令[设计]/[板子形状]/[根据选择对象定义]，即可形成电路板物理边界。

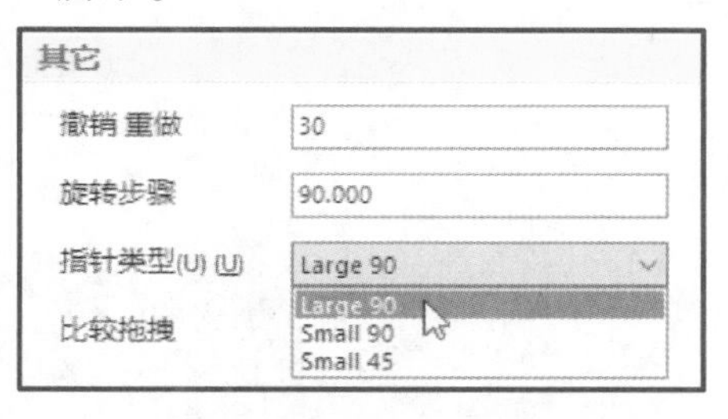

图 7-56 设置大十字光标

④ 绘制电路板电气边界。把当前层切换到禁止布线层 Keep-Out Layer，执行菜单命令[放置]/[禁止布线区]/[导线]，绘制一个封闭的略小于物理边界的四边形即为电气边界，手工规划的电路板如图 7-57 所示。

6. 放置螺钉孔

在电路板右侧距板的短边为 400 mil、长边 120 mil 处上下放置两个直径为 130 mil、孔径为 80 mil 的螺钉孔，见图 7-57。

图 7-57 手工规划的电路板

7. 加载网络表及元器件

① 在 PCB 编辑器执行菜单命令[设计]/[Import Changes From USB 转串口连接器.PRJPCB]，系统弹出"工程变化订单"对话框。

② 单击"生效更改"按钮，系统逐项检查提交的修改有无违反规则的情况，并在状态栏的"检查"列中显示是否正确。其中"√"表示正确，"×"表示有错误。如果不正确，则需要返回电路原理图进行修改。

③ 单击"执行更改"按钮，将网络表和元器件载入 PCB 编辑器中。单击"关闭"按钮，关闭对话框，即可看见载入的元器件和网络预拉线，如图 7-58 所示。

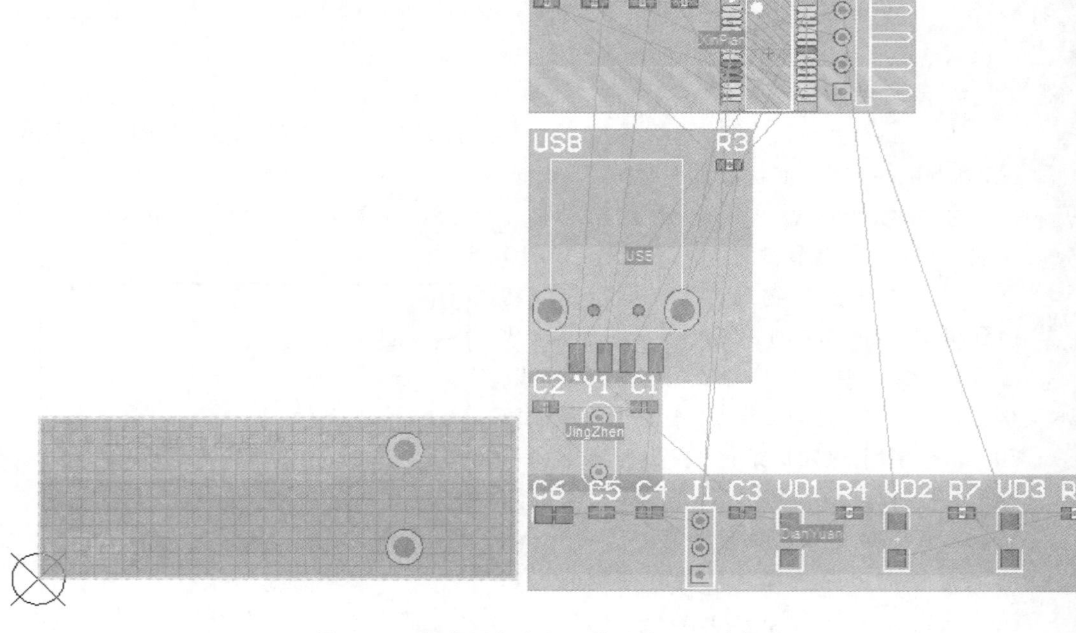

图 7-58 加载网络表和元件后的 PCB 编辑器

8. 元器件布局

（1）元器件布局时考虑的因素

① 将串口连接 P1 和 USB 接口分别置于电路板的两边。

② 芯片置于板的中央，晶振靠近连接的芯片引脚放置，振荡回路就近放置在晶振边上。

③ 发光二极管置于顶层便于观察状态，VD1 限流电阻 R4 就近置于顶层，VD2、VD3 限流电阻 R7、R8 就近置于底层。

④ 电源跨接线 J1 置于板的边缘，便于操作。

⑤ 电源滤波电容就近放置在芯片电源附近，小贴片电阻 R5～ R8、电容 C1～ C6 放置在底层。

（2）布局规则设置

设置 Permitted Layers（允许元器件放置层规则）为顶层、底层两面布局，其他用默认设置。

（3）电气设计规则（Electrical）设置

将安全间距规则（Clearance）设置为全部对象 5 mil。

（4）元器件布局

该工程采用双面布局。小贴片电阻 R5～ R8、电容 C1～ C6 放置在底层，其他元器件放置在顶层。参考元器件布局时考虑的因素，通过移动、旋转元器件等方法合理调整元器件的位置，减少网络飞线的交叉。

① 将丝印层的元器件序号字号变小，更改线宽为 5 mil，字高为 30 mil。

② 将放置在顶层的元器件调整好位置，图 7-59 所示为顶层的布局。

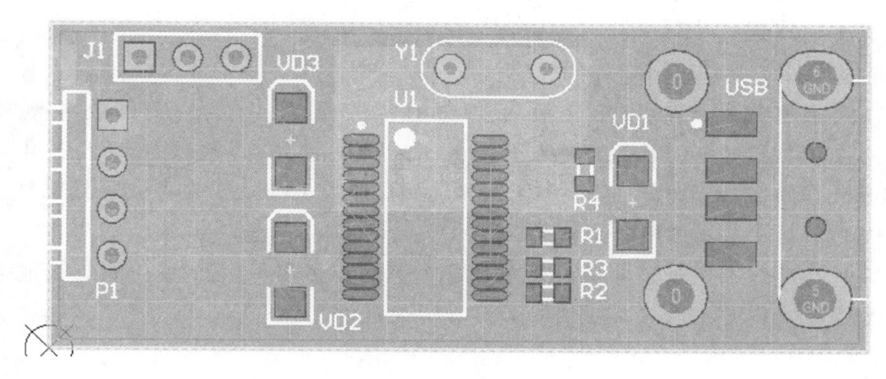

图 7-59 顶层的布局

③ 底层的布局。将鼠标对准放在顶层的元器件,按住左键,单击键盘的 L 键,该元器件翻转到底层,元器件焊盘所在层面由顶层转换为底层,并且元器件的有关文字标注也随元器件由顶层丝印层转换为底层丝印层。用鼠标拖动在底层的元器件调整好位置。

为方便调整底层元器件的布局,在 PCB 板层颜色对话框中,暂时可将 Top Layer 和 Top Overlay 复选框取消,不显示顶层元器件的封装。图 7-60 所示为底层的布局,图 7-61 所示为双面的布局。

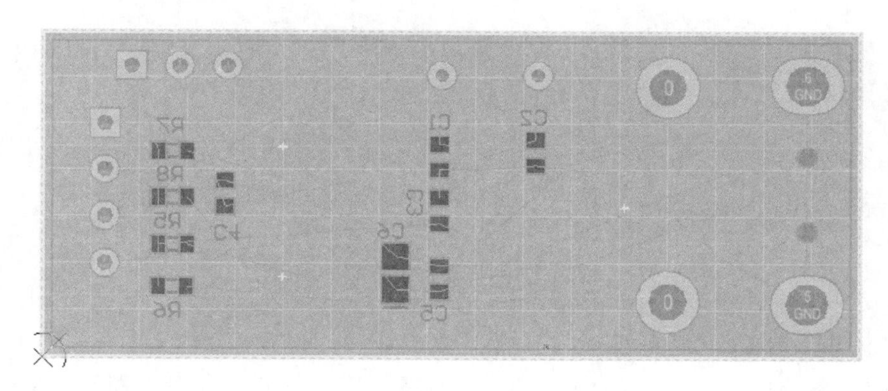

图 7-60 底层的布局

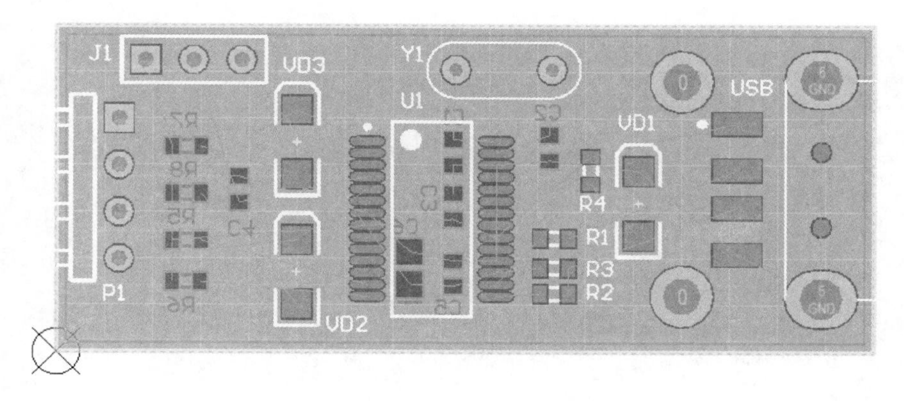

图 7-61 双面的布局

9. 设置布线规则

（1）布线设计规则（Routing）

导线宽度限制规则（Width）：全板为 10 mil，优先级依次减小；布线拐角规则（Routing Corners）：45°转弯；布线层规则（Routing Layers）：顶层、底层双面布线；过孔类型规则（Routing Via Style）：过孔直径为 25 mil，过孔孔径为 15 mil；其他采用系统默认。

（2）SMT 元器件布线规则（SMT）

SMD 焊盘与走线拐弯处最小间距限制规则（SMD To Corner）设置为 0 mil，其他采用系统默认。

10. 布线

地线不用单独连接，采用多点接地法，在顶层、底层都敷设接地覆铜。

（1）自动布线

执行菜单命令[自动布线]/[全部对象]，在弹出的对话框中单击“Route all”按钮，进行自动布线。一般自动布线的效果不能完全满足要求，可以先观察布线中存在的问题，然后撤销布线，适当调整元器件的位置，再次进行自动布线，直到达到比较满意的效果。自动布线结果如图 7-62 所示。

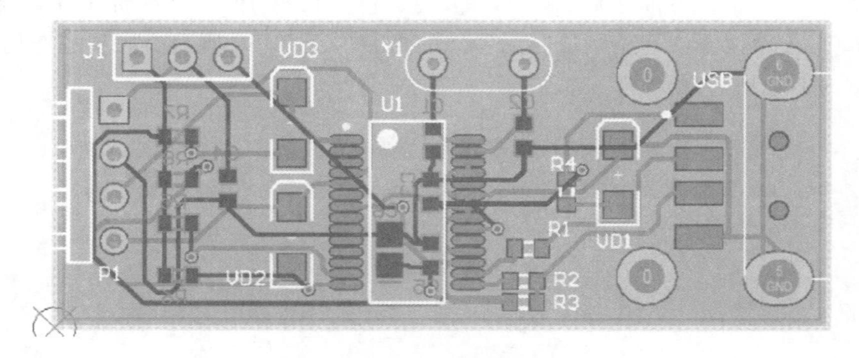

图 7-62 自动布线后的 PCB 图

（2）删除 GND 网络布线

执行菜单命令[工具]/[取消布线]/[网络]，将光标移至印制电路板 GND 网络单击左键，GND 网络的布线即可删除。图 7-63 所示为删除 GND 网络布线后的 PCB 图。

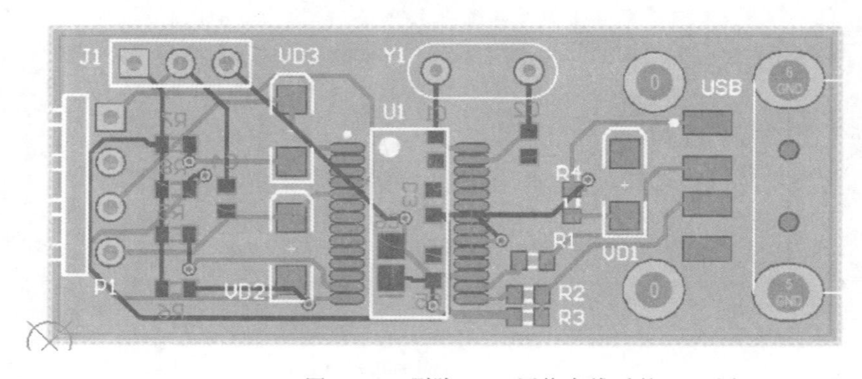

图 7-63 删除 GND 网络布线后的 PCB 图

(3) 修改布线

将不合适的布线手工调整。修改布线过程中单击小键盘的“ * ”键可以自动放置过孔，并切换工作层。图7-64所示为调整后顶层的布线情况，图7-65所示为调整后底层的布线情况，图7-66所示为调整后双面的布线情况。

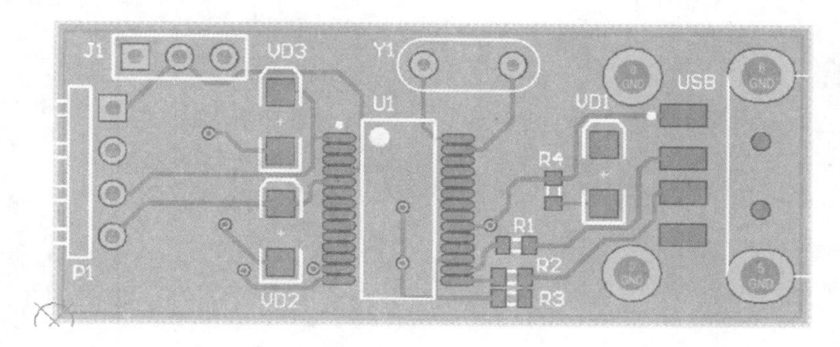

图7-64 调整后顶层的布线情况

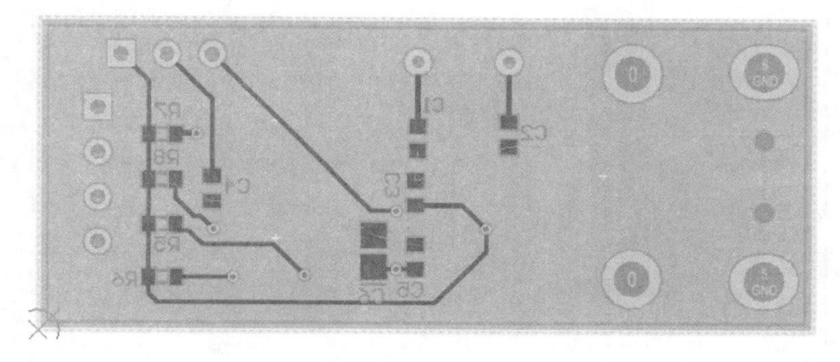

图7-65 调整后底层的布线情况

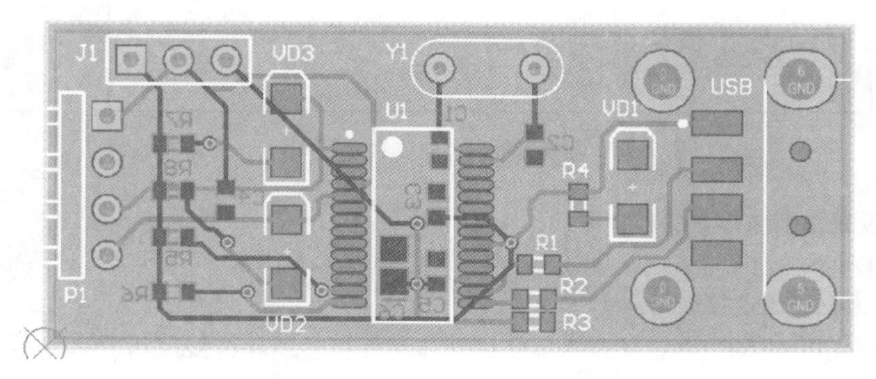

图7-66 调整后双面的布线情况

11. 放置接地覆铜

放置接地覆铜可以实现就近接地，也可以提高抗干扰能力。该项目双面放置接地覆铜，在放置覆铜前，将两个螺钉孔的网络设置为GND。

视频 7-8

放置接地敷铜

(1) 将螺钉孔的网络设置为 GND

双击螺钉孔,系统弹出“焊盘”属性对话框,如图 7-67 所示。选择“属性”区“网络”下拉列表中的“GND”,单击“确定”按钮,将螺钉孔的网络设置为 GND。

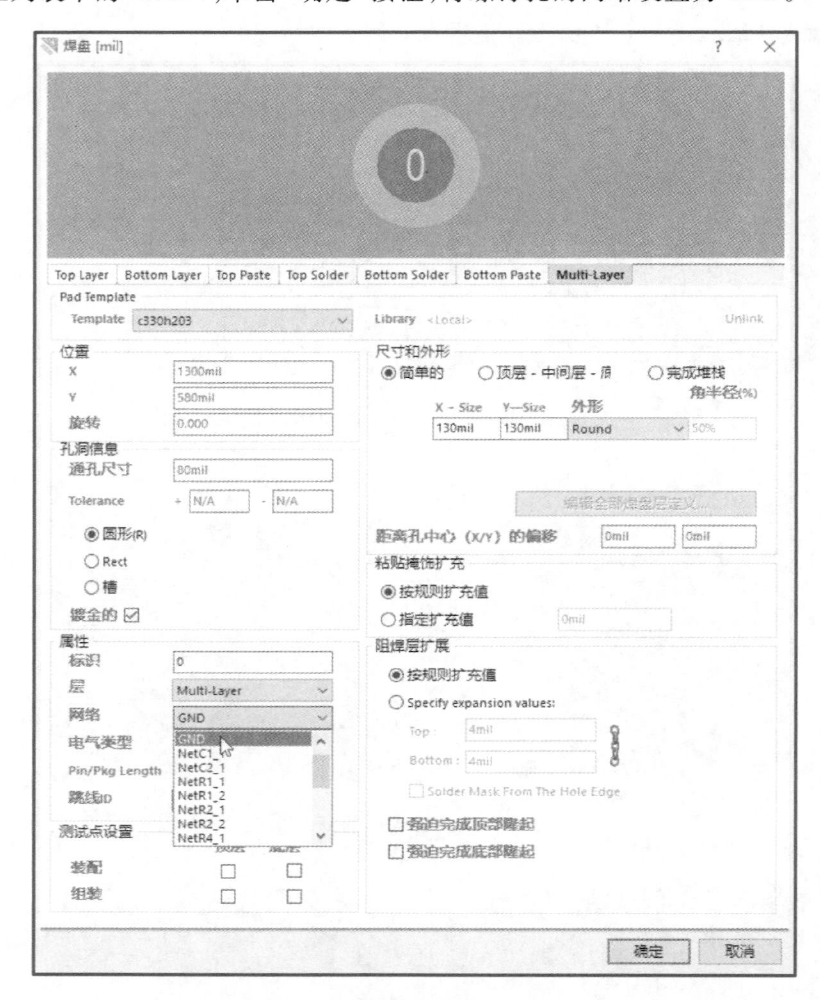

图 7-67 将螺钉孔的网络设置为 GND

(2) 设置覆铜与焊盘的连接方式

执行菜单命令[设计]/[规则…],系统弹出“PCB 规则及约束编辑器”对话框。“Plane”项为电源层连接规则。

① Power Plane Connect Style:用于设置过孔或焊盘与电源层的连接方式。采用系统默认设置。

② Power Plane Clerance:用于设置电源层与焊盘或过孔之间的安全距离、适用范围。采用系统默认设置。

③ Polygon Connect Style:用于设置敷铜与焊盘之间的连接方式。提供了 3 种连接方式:No Connect(不连接)、Direct Connect(直接连接)和 Relief Connect(缓冲连接)。缓冲连接又包含连接点选择(2 点和 4 点)、连接导线宽度设置。该项目采用

Direct Connect（直接连接）方式，如图7-68所示。

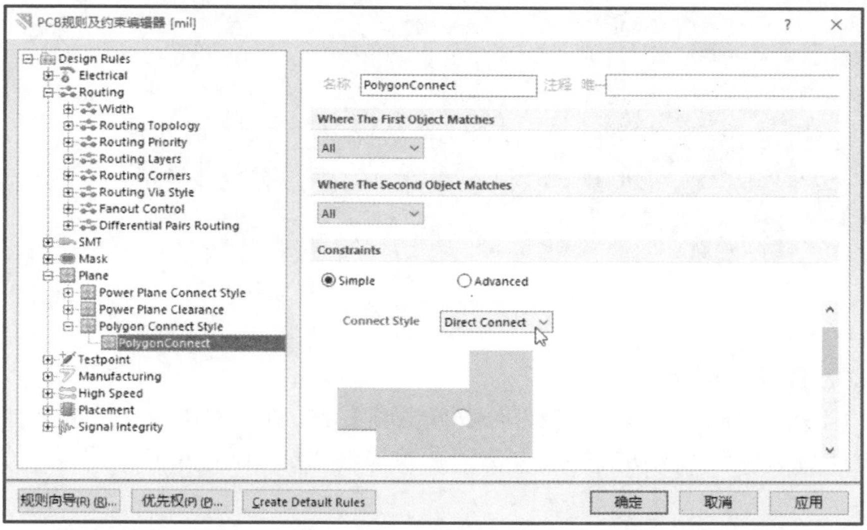

图7-68　设置敷铜与焊盘之间的连接方式

（3）放置接地覆铜

执行菜单命令［放置］/［多边形覆铜…］或单击布线工具栏中的按钮，系统弹出图7-69所示对话框。选择“Solid（Copper Regions）”实心填充（铜区），“层”设为“Top Layer”或“Bottom Layer”，设置“链接到网络”为GND，删除死铜，分别在顶层、底层放置矩形覆铜，覆铜效果如图7-70所示。

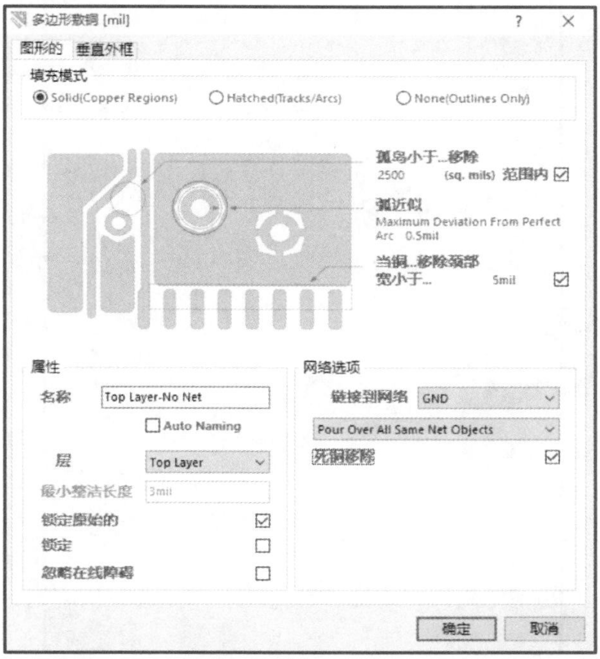

图7-69　覆铜设置对话框

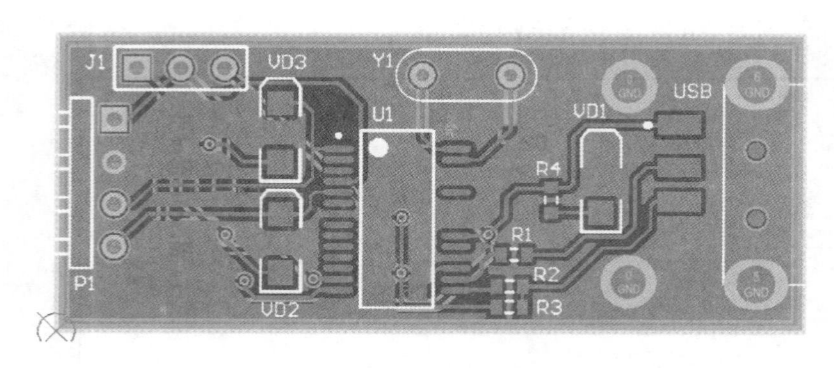

图 7-70 覆铜效果

12. 放置说明文字

为了便于对外连接,应对关键部位放置说明文字。在此对串口连接端 P1 和电源跨接线 J1 各引脚放置说明文字。方法为在顶层丝印层(Top Overlay)相应位置放置字符串。

选择 Top Overlay 层,执行菜单命令[放置]/[字符串]或单击布线工具栏A按钮,按 Tab 键,打开图 7-71 所示编辑文字属性对话框。文本框输入"VCC",层选"Top Overlay"。修改宽、高,单击"确定"按钮。用同样方法放置其他文字,如图 7-72 所示。

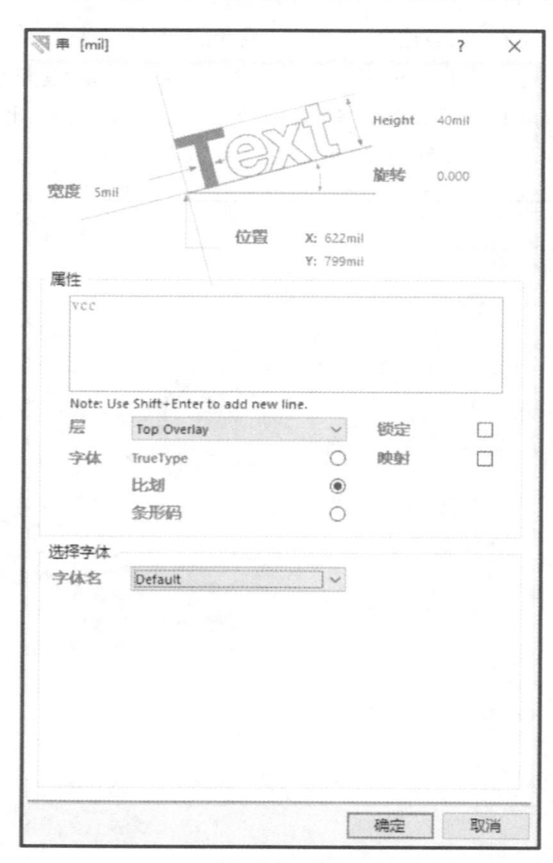

图 7-71 编辑文字属性对话框

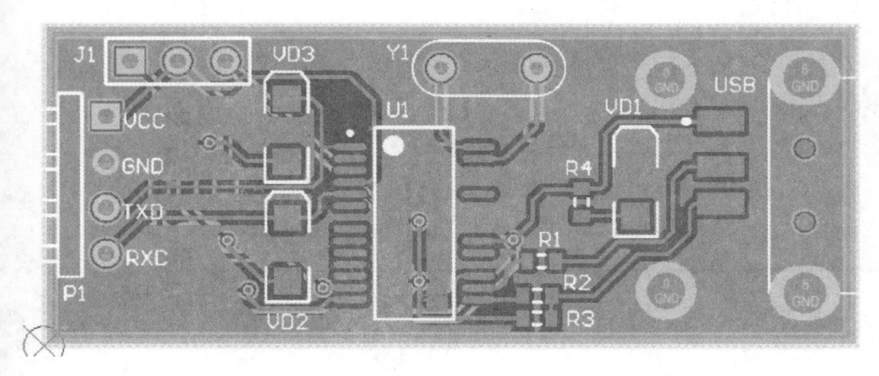

图 7-72　放置说明文字后的 PCB

13. 生成 PCB 库

在原理图编辑器或在 PCB 编辑器执行菜单命令[设计]/[生成 PCB 库]，可以生成该工程 PCB 库“USB 转串口连接器 . PcbLib”。

至此，USB 转串口连接器 PCB 设计完毕。

7.2.4　操作技巧

1. 调整电路板大小

在 PCB 设计中，有时布局后发现印制电路板的大小不合适，需要调整，方法如下：

方法一：可执行菜单命令[编辑]/[移动]/[拖动]，移动印制电路板物理边界和电气边界，不断线。

方法二：执行菜单命令[放置]/[直线]，重新绘制印制电路板物理边界和电气边界，去掉老的边界线，选中新绘制的闭合边界线，执行菜单命令[设计]/[板子形状]/[根据选择对象定义]即可。

2. PCB 与原理图的相互更新

在 PCB 设计中，有时在原理图和 PCB 图都设计好的情况下，难免会对其中的元器件或电路进行局部的更改。有时在 PCB 图上做修改，想自动地将更改反映到原理图上去；或者在原理图上进行了修改，也希望能对应更改 PCB 图，系统提供了很好的 PCB 与原理图相互更新的功能。

（1）由原理图更新 PCB

对原理图进行了修改后，在原理图编辑环境下，执行菜单命令[设计]/[Update PCB ×××. PcbDoc]，在弹出的工程变化订单管理对话框中，依次单击“生效更改”按钮和“执行更改”按钮，即可完成从原理图对 PCB 的更新。（注意更新后将 Room 删除）

（2）由 PCB 更新原理图

由 PCB 更新原理图与由原理图更新 PCB 方法相同。在 PCB 编辑环境下，执行菜单命令[设计]/[Update Schematice in [×××. PrjPcb]]，即可完成从 PCB 对原理图的更新。

3. 增加板层

系统默认制作双层板,可用的信号层仅有顶层和底层。如果制作多层板,需要添加信号层和内部电源/接地层。方法如下:

执行菜单命令[设计]/[叠层管理...],系统弹出图7-73所示对话框。在该对话框中可以增加层、删除层、移动层所处的位置及对各层的属性进行设置。

"Add Layer"添加信号层,"Add Internal Plane"添加内部电源接地层。

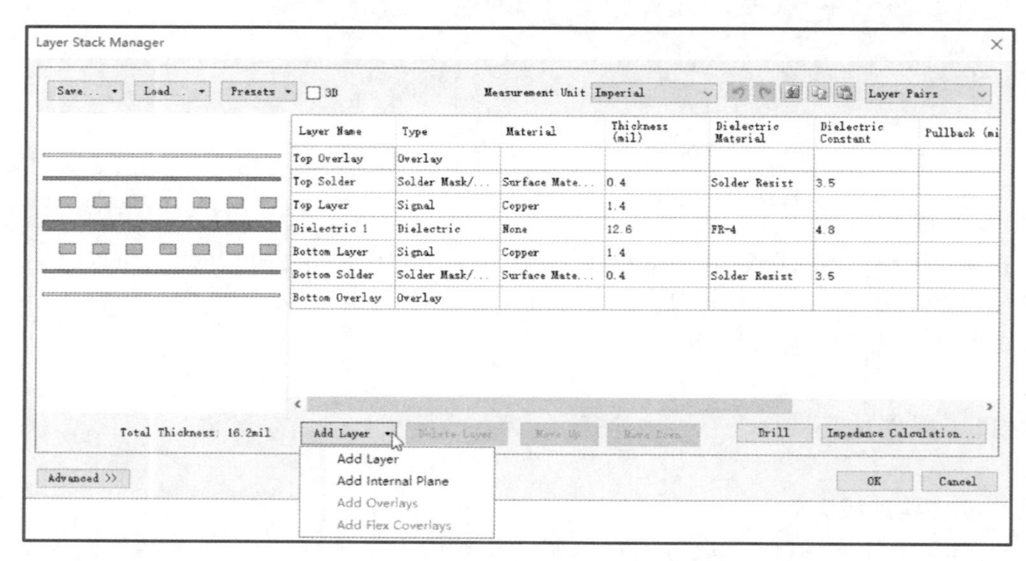

图7-73　层堆栈管理对话框

4. 手工布线注意的问题

由于自动布线还存在一些问题,如走线比较凌乱、拐弯太多和不美观等,此外还有对于电路的电气特性需要考虑的一些问题,自动布线还没有很好的解决,因此部分有经验的工程师喜欢手工布线。但在手工布线时需要注意一些问题:

① 导线转折点不应是锐角,一般为了连线方便,都选择135°角。出现锐角的最大缺点是时间一长,导线锐角处容易从板子上脱落。

② 在双面板中,上下两层信号线要基本遵循相互垂直走线的原则。

③ 对于小信号电路(如场效应管栅极、晶体管基极)以及高频信号电路的连线应尽可能短。如果线太长的话,前者容易受干扰,后者容易产生信号反射。

④ 高频电路应严格限制平行走线的最大长度。

⑤ 由于地线、电源线电流大,导线相应也较宽,因此应先走地线、电源线,然后再走其他线。

⑥ 尽可能少用过孔。

5. 打印输出

完成PCB设计后,为便于焊接元器件和存档,还需要将PCB打印输出。既可打印输出一张完整的混合PCB图,也可以将各个层面单独打印输出。

(1) 页面设置

执行菜单命令[文件]/[页面设置...],系统弹出图7-74所示页面设置对话框。

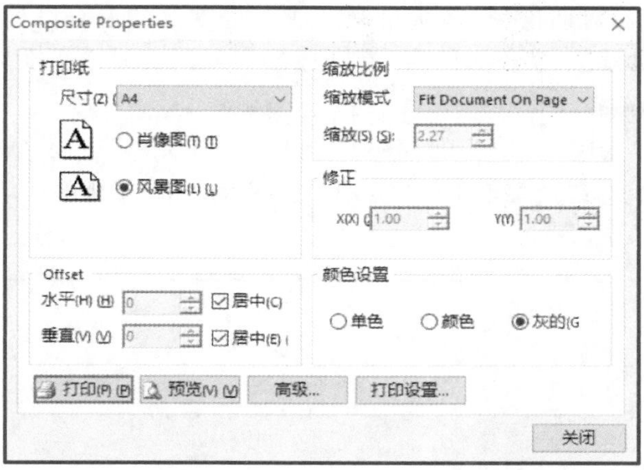

Composite Properties

打印纸
尺寸(Z) (A4
肖像图(T) (T)
风景图(L) (L)

缩放比例
缩放模式　Fit Document On Page
缩放(S) (S):　2.27

修正
X(X) (1.00　Y(Y)　1.00

Offset
水平(H) (H)　0　居中(C)
垂直(V) (V)　0　居中(E)

颜色设置
单色　颜色　灰的(G

打印(P) (P)　预览(V) (V)　高级...　打印设置...
关闭

图 7-74　页面设置对话框

在该对话框中，“打印纸”区用于设置图纸尺寸和打印方向；“缩放比例”区用于设置打印比例，在“缩放模式”下拉列表框中选择“Fit Document On Page”则按打印纸大小打印，选择“Scaled Print”则可以在“缩放”栏中设置打印比例；“颜色设置”区用于设置输出颜色。

一般打印检查图时，可以设置“缩放模式”为“Fit Document On Page”，“颜色设置”设置为“灰色”，这样可以放大打印图纸上的 PCB，并便于分辨不同的工作层。

在打印用于 PCB 制板的图纸时，“缩放模式”应选择“Scaled Print”，并将“刻度”栏设置为“1”，“彩色组”设置为“单色”，这样打印出的图纸可以用于热转印制电路板。

（2）打印输出

单击图 7-74 所示对话框中的“高级…”按钮，弹出 PCB 打印输出属性对话框，如图 7-75 所示，在此对话框设置打印层面。

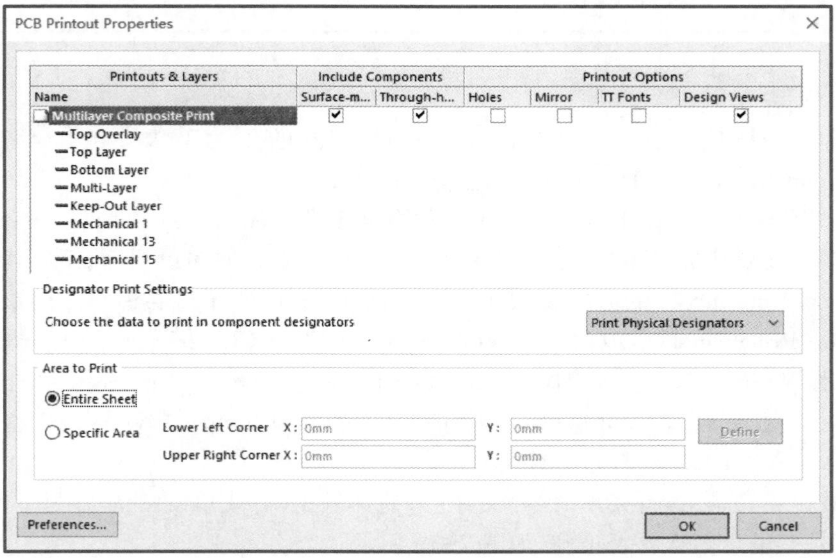

PCB Printout Properties

Printouts & Layers	Include Components		Printout Options			
Name	Surface-m...	Through-h...	Holes	Mirror	TT Fonts	Design Views
Multilayer Composite Print	✓	✓	☐	☐	☐	✓
Top Overlay						
Top Layer						
Bottom Layer						
Multi-Layer						
Keep-Out Layer						
Mechanical 1						
Mechanical 13						
Mechanical 15						

Designator Print Settings
Choose the data to print in component designators　Print Physical Designators

Area to Print
Entire Sheet
Specific Area　Lower Left Corner X: 0mm　Y: 0mm　Define
Upper Right Corner X: 0mm　Y: 0mm

Preferences...　OK　Cancel

图 7-75　PCB 打印输出属性对话框

在图7-75所示对话框中,系统自动形成一个默认的混合图输出,包括顶层、底层、顶层丝印层、机械层、禁止布线层、复合层。一般制板时不需要输出机械层,可将该层删除。

用鼠标右键单击图7-75中的Mechanical1(机械层),系统弹出输出设置快捷菜单,如图7-76所示。选择菜单中的“Delete”将Mechanical1删除。用同样的方法删除其他不需要打印的层。

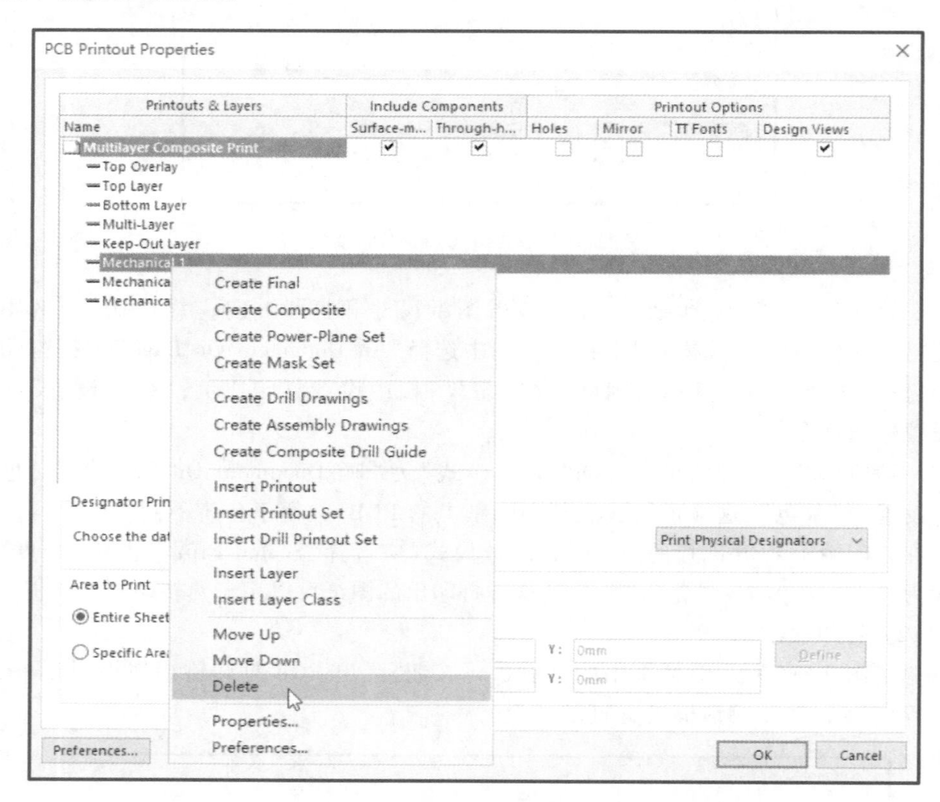

图7-76 输出设置

在输出图样时,还可以选择是否显示焊盘和过孔的孔,如果要显示孔,将图7-75中“Printout Options”下的“Holes”复选框选中即可。

① 单面板制板图输出。单面板制板时输出底层(Bottom Layer)即可。在图7-76所示的输出设置快捷菜单中,选择“Insert Printout”建立新的输出层面,系统建立一个名为“New PringtOut 1”的输出层,如图7-77所示,默认的输出层为空。用鼠标右键单击“New PringtOut 1”,在弹出的快捷菜单中选中“Insert Layer”,弹出“板层属性”对话框,如图7-78所示,选中打印输出“Bottom Layer”。输出层设置完毕,单击“是”按钮退出对话框,此时“New PringtOut 1”的输出层设置为Bottom Layer。用同样方法设置输出Keep-Out Layer(禁止布线层)

参数设置完毕,执行菜单命令[文件]/[打印预览...]或单击图7-74中“预览”按钮,可以观察输出图样是否正确,如图7-79所示。

执行菜单命令[文件]/[打印...]或单击图7-74中“打印”按钮输出底层图,用于单面板制板。

PCB Printout Properties

Printouts & Layers	Include Components		Printout Options			
Name	Surface-m...	Through-h...	Holes	Mirror	TT Fonts	Design Views
New PrintOut 1	✔	✔	✔			✔
Multilayer Composite Print	✔	✔				✔
Top Overlay						
Top Layer						
Bottom Layer						
Multi-Layer						
Keep-Out Layer						

Designator Print Settings

Choose the data to print in component designators　Print Physical Designators

Area to Print

Entire Sheet

Specific Area　Lower Left Corner X: 0mm　Y: 0mm　Define

Upper Right Corner X: 0mm　Y: 0mm

Preferences...　OK　Cancel

图 7-77　新建打印输出层

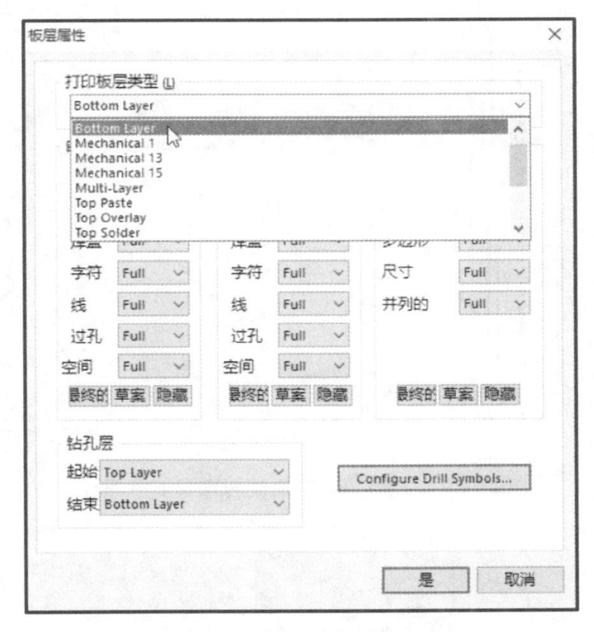

图 7-78　“板层属性”对话框

② 双面板制板图输出。双面板制板图输出与单面板相似，但需要建立两个新的输出层面。一个用于底层输出，与单面板设置相同；另一个用于顶层输出，输出层面为 Top Layer 和 Keep-Out Layer，设置方法与前面相同，同时必须选中图 7-75 中“Mirror”的复选框，输出镜像图样。图 7-80 所示为双面板打印预览效果图。

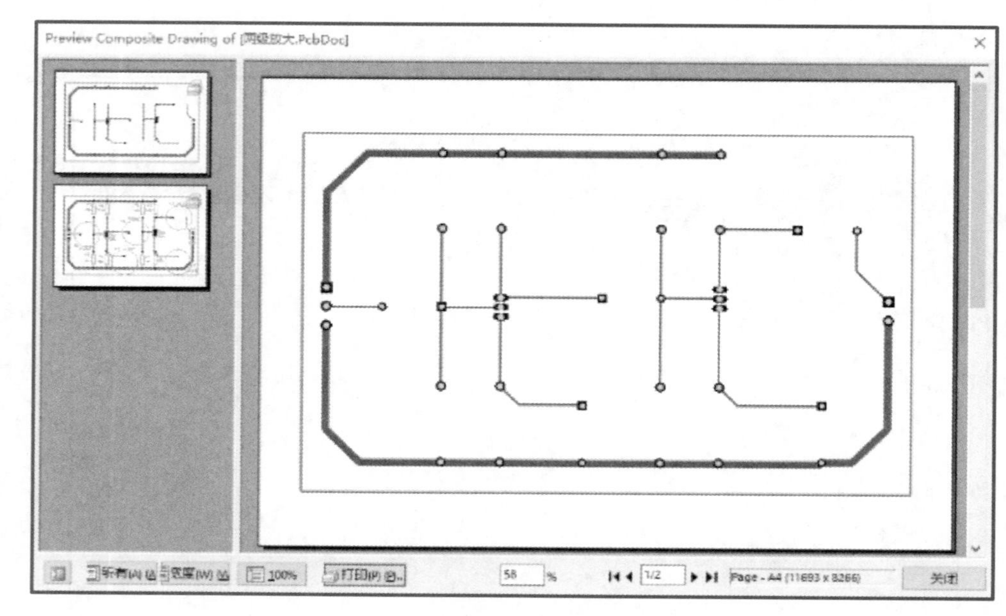

图 7-79 单面板底层打印预览效果

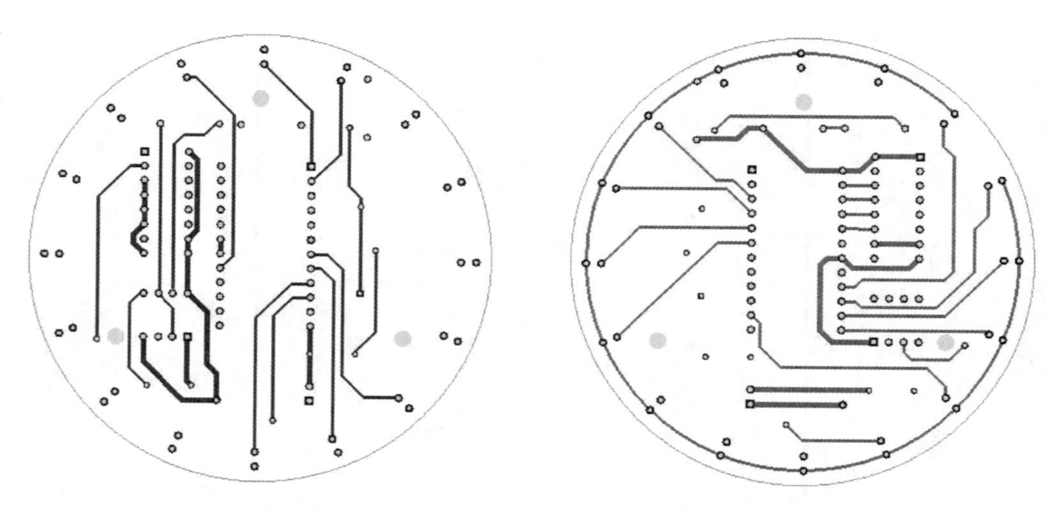

图 7-80 双面板顶层、底层打印预览效果图

教学课件

7.3

7.3 上机实践

1. 设计图 7-81 所示调光电路的 PCB

要求制作大小为 2 800 mil×2 200 mil 单面印制电路板。JP2 网络的线宽为 50 mil,其他布线的宽度为 30 mil,元器件列表见表 7-4。

设计过程中,需要注意以下几项:

① 设置自动布线规则:板层与线宽。

② 放置安装孔。

③ PCB 设计完成后,进行 DRC 检查并进行修改。

④ 生成元器件报表。

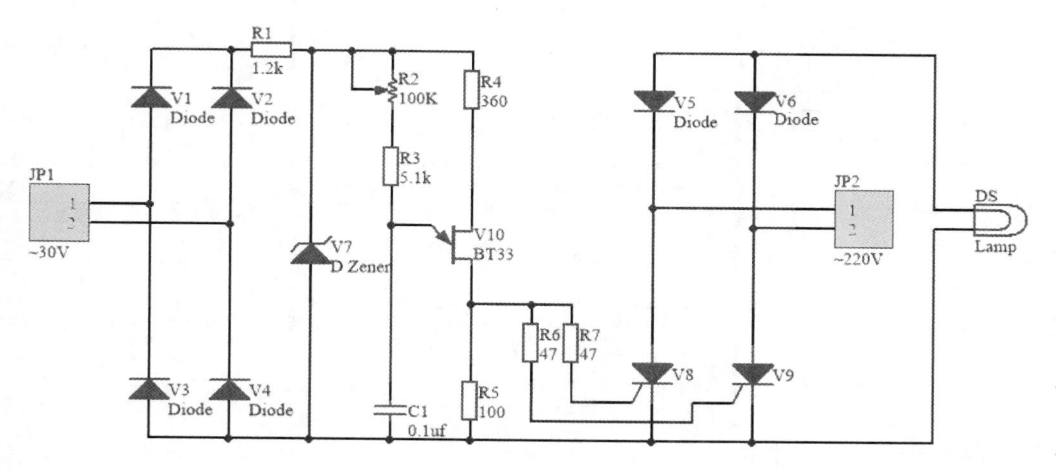

图 7-81 调光电路

表 7-4 调光电路元器件一览表

元器件序号(Designator)	库元器件名(LibRef)	元器件封装(FootPrint)	元器件所在库(Library)
R1、R3~R7	Res2	AXIAL-0.4	Miscellaneous Devices. IntLib
R2	RPot	VR4	
C1	Cap	RAD-0.3	
V1~ V6	Diode	DO-41	
V7	D Zener	DIODE-0.7	
V8~ V9	SCR	TO-220-AB	
V10	UJT-N	TO-39	
DS	Lamp	PIN2	
JP1~JP2	Header 2	HDR1X2	Miscellaneous Connectors. IntLib

2. 设计图 7-81 所示单片机最小系统电路的 PCB

图 7-82 所示为单片机最小系统电路原理图。该电路为第 6 单元上机实践的内容,可直接利用,但要注意检查元器件封装是否满足要求。

本项目要求制作大小为 3 200 mil×2 800 mil 的双面电路板,电源、地线宽为 30 mil,其他线宽 10 mil。表 7-5 为电路所用元器件一览表。

设计过程中,需要注意以下几项:

① 元器件的封装有的与系统默认不同,需要修改。

② C1、C5、VD1 的封装需要自己制作。RB.1/.2、RB.2/.4 的制作参考本单元项目 1 的内容。

③ PCB 设计完成后，进行 DRC 检查并进行修改。

④ 生成元器件报表。

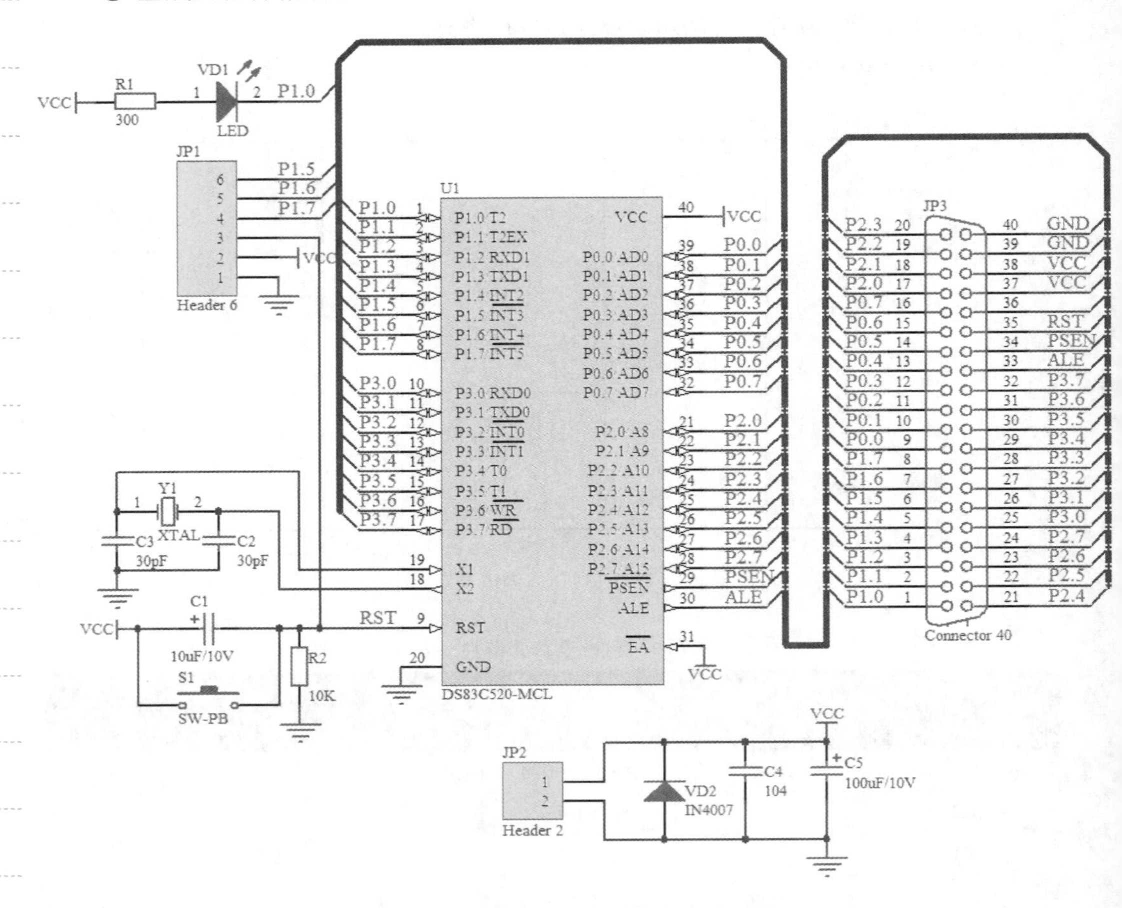

图 7-82 单片机最小系统电路原理图

表 7-5 单片机最小系统电路元器件一览表

元器件序号（Designator）	库元器件名（LibRef）	注释或参数值（Comment）	元器件封装（FootPrint）	元器件所在库（Library）
C1	Cap Pol2	10 μF/10 V	RB. 1/. 2（自制）	Miscellaneous Devices. IntLib
C2	Cap	30 pF	RAD-0. 2	
C3	Cap	30 pF	RAD-0. 2	
C4	Cap	0. 01 μF	RAD-0. 2	
C5	Cap Pol2	100 μF/10 V	RB. 2/. 4（自制）	
R1	Res2	300 Ω	AXIAL-0. 3	
R2	Res2	10 kΩ	AXIAL-0. 3	
VD1	LED1	LED	RB. 1/. 2（自制）	

续表

元器件序号 (Designator)	库元器件名 (LibRef)	注释或参数值 (Comment)	元器件封装 (FootPrint)	元器件所在库 (Library)
VD2	Diode	IN4007	DIODE-0.4	
S1	SW-PB	SW-PB	SPST-2	
Y1	XTAL	XTAL	R38	
U1	DS83C520-MCL	DS83C520-MCL	DIP40B	Dallas Microcontroller 8-Bit. IntLib
JP1	Header 6	Header 6	HDR1X6	Miscellaneous Connectors. IntLib
JP2	Header 2	Header 2	HDR1X2	
JP3	Connector 40	Connector 40	HDR2X20	

本单元小结

本单元介绍了锁定预先放置元器件、自动布线前预布线、手工布线、拆除布线、放置大面积覆铜、设计规则检查、补泪滴、PCB与原理图的相互更新、放置安装孔、放置说明文字等内容。

进行印制电路板设计规则检查(DRC)可以生成违反设计规则报告文件。在PCB编辑器内可以利用"Messages"信息面板或"PCB"面板查看违反规则状况。对违反规则信息,应仔细进行分析、修改。

为便于文件存档、印制电路板加工生产以及电路板元器件的安装,需要生成各种报表文件,如元器件列表、元器件库等。

完成PCB设计后,为便于焊接元器件和存档,需要将PCB打印输出。而PCB的打印输出输出有其自身特点,需灵活掌握。

思考与练习

1. 填空题

(1) 设计规则检查的英文全称是______________________,缩写是____。

(2) 进行印制电路板设计规则检查,应执行的命令为__________/__________。

(3) 执行__________命令,生成元器件封装库。

(4) 执行__________命令,生成元器件集成库。

(5) 执行__________命令,放置泪滴。

(6) 自动布线前,应把印制电路板中预先布的线________。

2. 简答题

(1) 如何添加内部电源层?

(2) 安装孔如何放置?

(3) 原理图与PCB图如何相互更新?

第8单元　印制电路板综合设计

能力目标

- 熟练使用 Altium Designer 17
- 熟练绘制电路原理图
- 熟练制作原理图元器件、元器件封装
- 熟练设计单面、双面印制电路板
- 学会设计四层板

知识点

- 设计单面、双面、多层印制电路板的方法

经过前面几单元的学习，已经了解了电路原理图和 PCB 设计的整个过程。这里通过几个实例来巩固前面学到的知识。

教学课件
8.1

8.1 项目1：设计 L4978 开关电源 PCB

8.1.1　任务分析

L4978 开关电源原理图如图 8-1 所示。该电源为一非隔离型 DC/DC 变换器，核心器件是 ST 公司生产的开关电源芯片 L4978。该电路允许输入电压范围为 5~55 V，输出电压范围为 3.3~50 V（此开关电源为降压型，输出电压小于输入电压），最大输出电流可达 2 A。

图中电阻 R1 和电容 C3 决定系统工作频率，L4978 最高允许频率为 500 kHz。电阻 R3 和 R4 构成电压反馈回路，分压比决定输出电压的高低。R4 的阻值为 4.7 kΩ，调整 R3 的阻值，可改变输出电压。输出电压与 R3 阻值关系见表 8-1。L4978 开关电源元器件一览表见表 8-2。

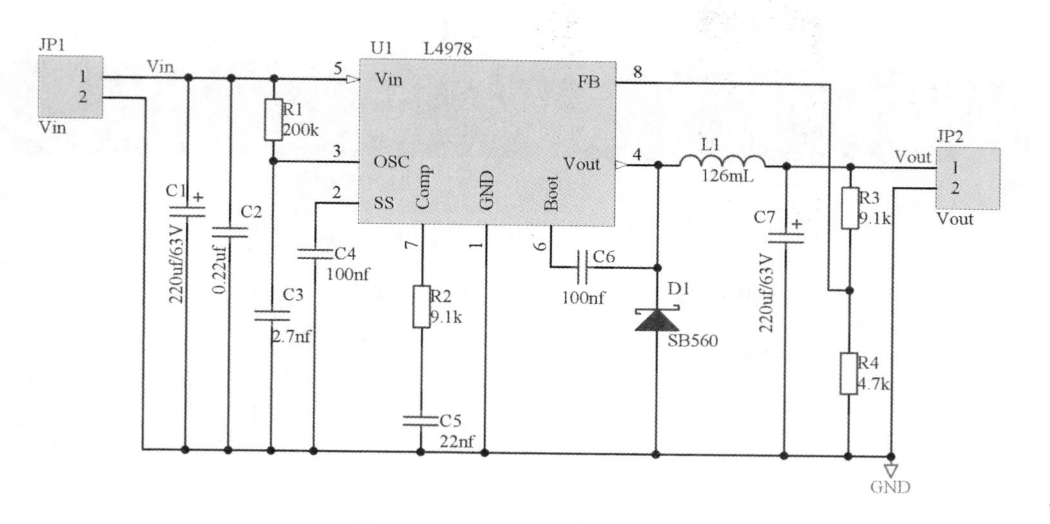

图 8-1　L4978 开关电源原理图

表 8-1　输出电压与 R3 阻值关系列表

U_O/V	R3/ kΩ	R4/ kΩ	U_O/V	R3/ kΩ	R4/ kΩ
3.3	0	4.7	15	16	4.7
5.1	2.7	4.7	18	20	4.7
12	12	4.7	24	30	4.7

表 8-2　L4978 开关电源元器件一览表

元器件序号 (Designator)	库元器件名 (LibRef)	注释或参数值 (Comment)	元器件封装 (FootPrint)	元器件所在库 (Library)
R1	Res2	20 kΩ	AXIAL-0.4	Miscellaneous Devices. IntLib
R2	Res2	9.1 kΩ	AXIAL-0.4	
R3	Res2	9.1 kΩ	AXIAL-0.4	
R4	Res2	4.7 kΩ	AXIAL-0.4	
C1	Cap Pol2	220 μF/63 V	RB5-10.5	
C2	Cap	0.22 μF	RAD-0.2	
C3	Cap	2.7 nF	RAD-0.2	
C4	Cap	100 nF	RAD-0.2	
C5	Cap	22 nF	RAD-0.2	
C6	Cap	100 nF	RAD-0.2	
C7	Cap Pol2	220 μF/63 V	RB5-10.5	

续表

元器件序号 (Designator)	库元器件名 (LibRef)	注释或参数值 (Comment)	元器件封装 (FootPrint)	元器件所在库 (Library)
D1	D Schottky	SB560	DIODE-0.7	
L1	Inductor	126 mH	RB5-10.5	
U1	L4978(自制)	L4978	DIP-8	
JP1	Header 2	Vin	RAD-0.2	Miscellaneous Connectors.IntLib
JP2	Header 2	Vout	RAD-0.2	

8.1.2　准备知识

设计印制电路板总体思路如下：

① 分析任务，准备资料，包括原理图分析，元器件资料准备，明确设计要求，例如散热要求、机械防护要求、电磁兼容性要求、电路板尺寸要求、特殊加工要求等。

② 建立项目文件夹，明确保存路径。

③ 准备元器件。在系统提供的元器件库内查找，如果没有，则自己制作。

④ 绘制原理图。根据项目规模划分单元，确认是否需要绘制层次原理图及其层次划分。

⑤ 设计印制电路板。

⑥ 生成有关报表。

8.1.3　任务实施

1. 新建工程

建立一个名为“L4978”的文件夹。执行菜单命令[文件]/[新建]/[Project...]，建立一个工程文件，并保存为“L4978”。

2. 新建原理图文件

执行菜单命令[文件]/[新建]/[原理图]，新建原理图文件，并保存为“L4978”。

3. 载入元器件库

由表8-2可以看出，L4978开关电源涉及的元器件除L4978需自己制作外，其余都是系统默认集成元器件库Miscellaneous Devices.IntLib和Miscellaneous Connectors.IntLib内的元器件。

4. 绘制原理图

(1) 放置元器件

按照表8-2元器件列表的内容放置除L4978以外元器件，注意修改属性，观察元器件封装是否正确。

（2）制作元器件 L4978

系统自带元器件库中没有 L4978，需要制作，这种情况在电子行业中是很常见的，学会自己制作元器件是很有必要的。

① 执行菜单命令[设计]/[生成原理图库]。系统建立一个工程专用元器件库，将已放置在图面上的元器件自动载入该库，文件名为 L4978. SchLib。系统自动转到原理图元器件编辑器中。

② 单击元器件编辑器中“添加”按钮，将新元器件名重命名为 L4978。

③ 绘制一个 120×80 的矩形。

④ 执行菜单命令[放置]/[引脚]，按图 8-1 所示放置元器件引脚，编辑引脚属性。

⑤ 单击元器件编辑器中“编辑”按钮，编辑元器件属性。完成元器件的绘制。

（3）放置元器件 L4978

① 单击元器件编辑器中“放置”按钮，将刚完成的 L4978 放置到原理图编辑器，按 Tab 键修改属性。标识符为 U1，注释为 L4978。

② 单击“Add...”按钮，选择“FootPrint”选项添加元器件封装。

③ 系统弹出图 8-2 所示“PCB 模型”对话框，在“名称”框内输入 L4978 封装名“DIP-8”。如果对封装熟悉，可按“浏览...”按钮浏览查询。

④ 单击“确定”按钮，拖动鼠标放置 L4978。

（4）调整元器件布局

调整元器件位置包括元器件的属性、位置、方向。

（5）绘制导线、放置网络标号

原理图布线工作可与调整元器件穿插进行。布线后的结果见图 8-1。

（6）检查、修改

首先自己观察原理图有无差错；然后启动系统提供的检查工具，根据设定规则对绘制的原理图进行检查，并做进一步的调整和修改，保证原理图正确无误；另外，可执行菜单命令[工具]/[封装管理器...]，检查元器件封装是否正确，为后续的 PCB 设计做好准备。

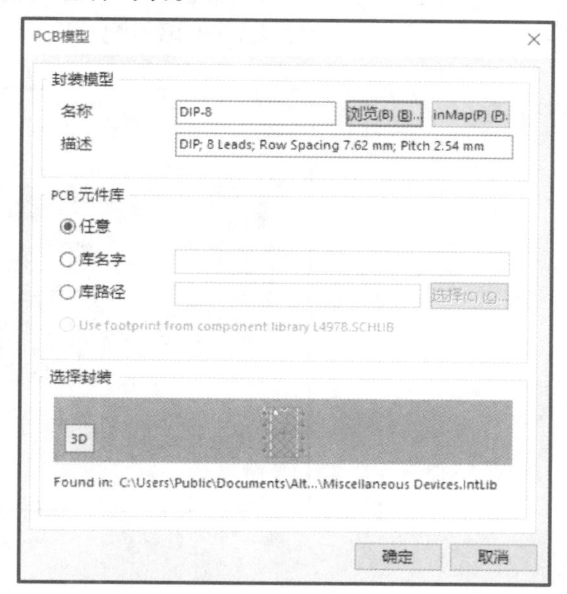

图 8-2 “PCB 模型”对话框

5. 新建 PCB 文档

执行菜单命令[文件]/[新建]/[PCB]，在建立的工程中新建 PCB 文件，并保存为 L4978. PcbDoc。

6. 参数设置

① 按键盘 Q 键，将印制电路板的单位由“mil”转换为“mm”。

② 单击应用程序工具栏中的按钮,选择[设置跳转栅格...],设置捕捉栅格大小为1 mm,便于操作。

③ 执行菜单命令[设计]/[板层颜色...],修改Mechanical 1的颜色,使其与Keep Out Layer的颜色不同。把本次设计不需要的层设为不显示,其他暂保留系统默认设置。

7. 规划电路板

该电路元器件比较少,因此采用单层板。初步规划印制电路板的尺寸为:宽度80 mm,高度50 mm。

① 执行菜单命令[编辑]/[原点]/[设置],设置PCB左下点为新的坐标基准点。

② 在机械层(Mechanical1)绘制尺寸为80 mm×50 mm封闭的矩形边框作为物理边界。选中该区域,执行菜单命令[设计]/[板子形状]/[根据选择对象定义],形成印制电路板物理边界。

③ 执行菜单命令[设计]/[板子形状]/[根据板子外形生成线条],系统弹出"从板外形而来的线/弧原始数据"对话框,"宽度"设为"0. 254 mm",单击"确定"按钮,板边界自动转化为线条。

④ 在禁止布线层Keep Out Layer绘制一个距物理边界1 mm的电气边界。

绘制完成后的印制电路板边框,如图8-3所示。

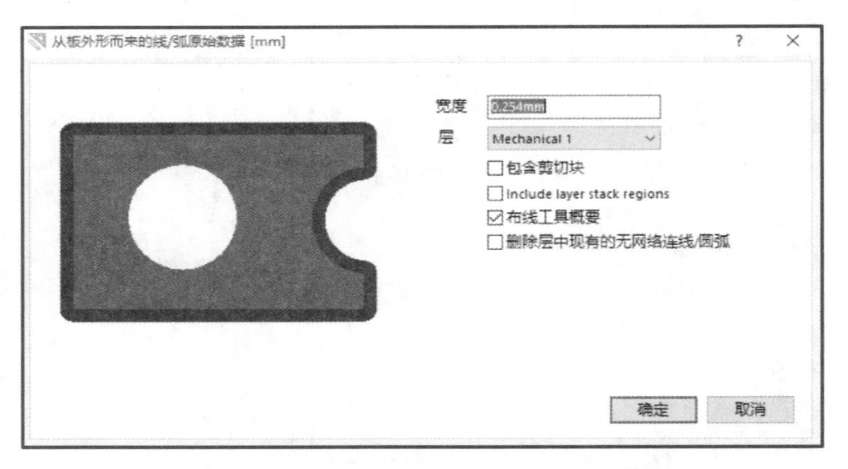

图8-3 "从板外形而来的线/弧原始数据"对话框

8. 放置安装孔

为便于印制电路板的安装,还要在印制电路板的四个角各布置4个安装孔。

执行菜单命令[放置]/[焊盘]或单击布线工具栏按钮,放置焊盘作为安装孔。其X、Y尺寸和孔径均设置为3 mm,不镀金,焊盘编号设置为0,图层为复合层,并选择"锁定"选项锁定焊盘。加安装孔后的印制电路板如图8-4所示。

9. 载入网络表和元器件

① 在PCB编辑器执行菜单命令[设计]/[Import Changes From L4978. PRJPCB],

图8-4 L4978印制电路板

系统弹出“工程更改顺序”对话框。

② 单击“生效更改”按钮，系统逐项检查提交的修改有无违反规则的情况，并在状态栏的“检查”列中显示是否正确。其中“√”表示正确，“×”表示有错误。如果不正确，则需要返回电路原理图进行修改。

③ 单击“执行更改”按钮，将网络表和元器件载入PCB编辑器中。单击“关闭”按钮，关闭对话框，即可看见载入的元器件和网络预拉线，如图8-5所示。

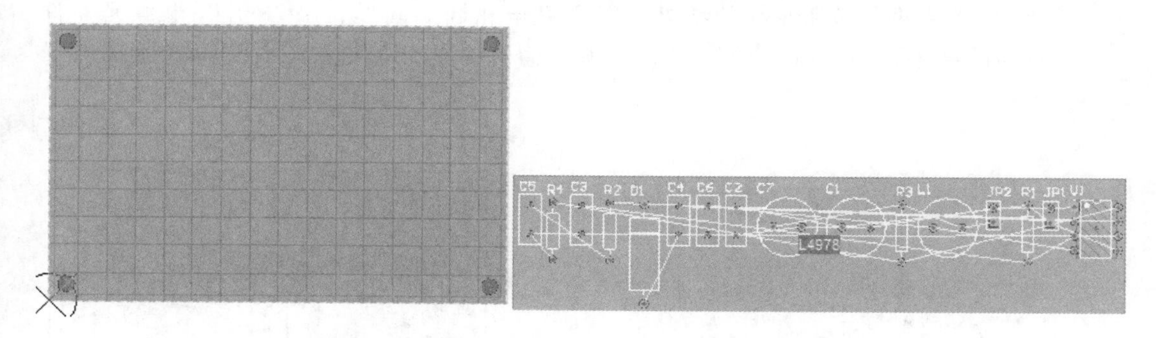

图8-5 加载网络表和元器件后的PCB编辑器

10. 元器件布局

元器件布局应按照第3单元介绍的布局原则进行。本电路涉及高频及发热元器件，元器件布局时，电流主回路（C1、U1、D1、L1、C7）及控制回路（R1、R2、R3、R4、C3、C4、C5、U1）应主次分明，且能满足布线后，电流流向简洁流畅；控制回路要求从输出端单点接地；R1、C3振荡回路及R2、C5补偿回路尽量靠近U1相应引脚。

（1）自动布局

选中要布局的元器件，执行菜单命令[工具]/[器件布局]/[在矩形区域排列]，光标变为十字形，在可布局区域绘制矩形，即可开始在选择的矩形中自动布局。布局完成后如图8-6所示。删除“Room”空间。

（2）手工调整元器件布局

① 位置、方向调整。对于单面板来说，元器件布置的位置和方向很重要，决定了

布线能否完全布通、是否路径短而且顺畅、飞线的多少等，并最终决定了这块板是否可以使用。

调整元器件位置可执行菜单命令[编辑]/[移动]，也可以直接用鼠标拖动。

改变元器件方向简便的方式是在移动或拖动元器件的过程中，按空格键改变元器件的旋转角度。

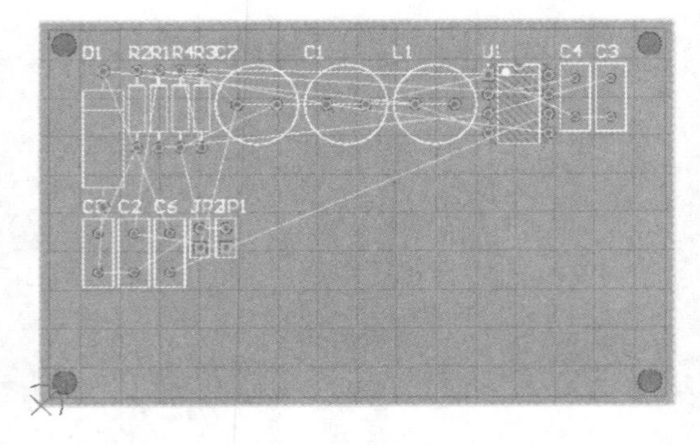

图 8-6 元器件自动布局结果

② 调整印制电路板尺寸。在元器件布局调整过程中，发现印制电路板的尺寸比较大，现在将它改成 50 mm×50 mm。

执行菜单命令[编辑]/[移动]/[拖动]，移动电路板物理边界和电气边界不断线，即可形成一个 50 mm×50 mm 的印制电路板物理边界；将电气边界调整为 48 mm×48 mm；移动安装孔位置，完成印制电路板尺寸的调整。

③ 重新调整元器件位置和方向，重新调整后的印制电路板如图 8-7 所示。

④ L4978 开关电源元器件布局提示。应该说，任何一个电路图，不同的人设计，元器件的布局和布线的结果都不会完全相同。同样，L4978 开关电源元器件布局的结果也不是唯一的。图 8-8 所示为 L4978 开关电源芯片厂商推荐的布局布线图。

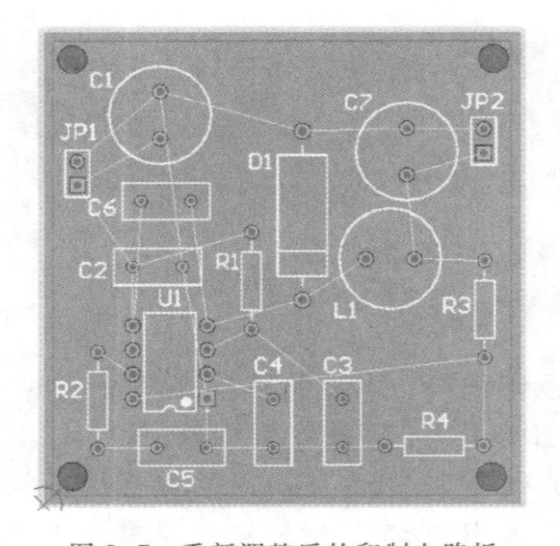

图 8-7 重新调整后的印制电路板

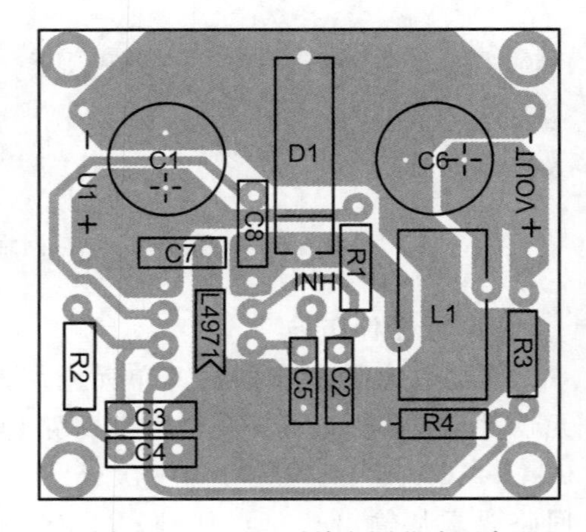

图 8-8 L4978 开关电源芯片厂商推荐的布局布线图

11. 设置布线规则

导线宽度限制规则(Width)：将布线宽度设置为 0. 254～25. 4 mm，推荐宽度设为 1 mm。

布线拐角规则(Routing Corners)：45°转弯。

布线层规则(Routing Layers)：设置为底层单面布线。

其他采用系统默认设置。

12. 布线

(1) 自动布线

执行菜单命令[自动布线]/[Auto Route]/[全部...],系统弹出"Situs 布线策略"对话框。在"布线设置报告"区域显示的是已设置的布线规则,若要修改,可单击下方的"编辑规则..."按钮,在弹出的对话框中修改。

单击"Auto All"按钮,开始自动布线。自动布线结果如图8-9所示。(如果一次布线的结果不很理想,可重复布线操作,直至基本满意为止)

(2) 手工调整布线

自动布线结束后,需要对布线进行手工调整。调整重点是地线,其次是电源回路。

① 地线调整。地线的调整不单是宽度、走向的调整。由于这是一个开关电源电路,最高频率可达500 kHz,为避免电磁干扰,L4978集成电路及其周围辅助元器件,要求单点接地。

将图层转换到底板层。执行菜单命令[放置]/[Track]或单击布线工具栏中按钮,对接地网络重新布线,系统自动删除原来的布线。

② 电源回路调整。电源回路调整包括输入和输出两部分。电源回路的布线一方面要加宽,另一方面要注意电流的流向应利于滤波。

③ 其他回路的调整。布线要短、流畅。

一般来说,布线的调整不会一步到位,会有反复,直至满意为止。图8-10所示为调整后的PCB图。

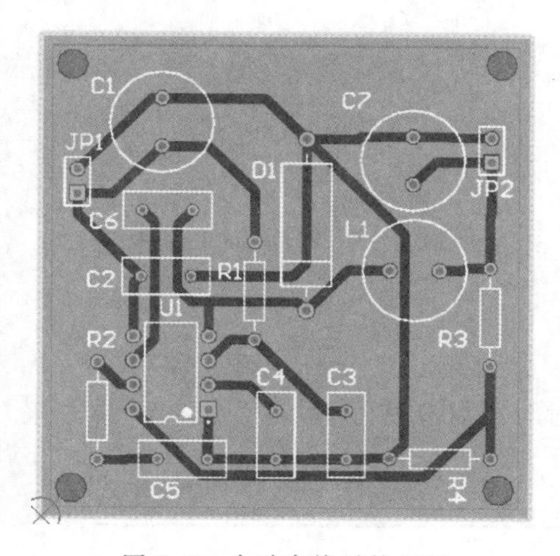

图8-9 自动布线后的PCB

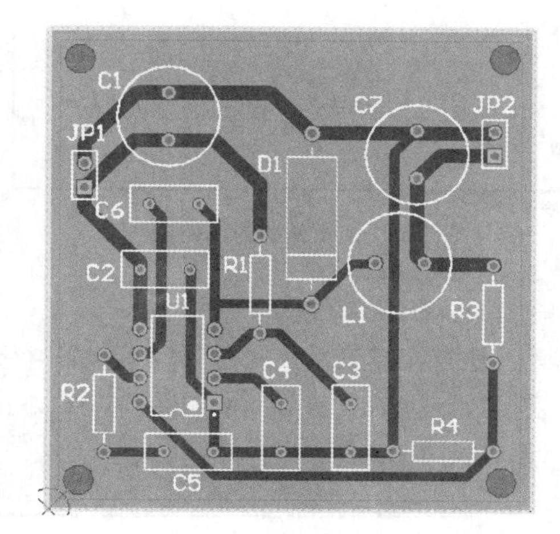

图8-10 调整后的PCB图

13. 放置敷铜

将电源和地线出入口部分放置多边形填充敷铜,而且不要镂空的。

① 设置覆铜与焊盘的连接方式。执行菜单命令[设计]/[规则...],系统弹出"PCB规则及约束编辑器"对话框。"Plane"项为电源层连接规则。

将"Polygon Connect Style"(敷铜与焊盘之间的连接方式)设置为"Direct Connect"

（直接连接）方式，其他采用系统默认设置。

② 放置覆铜。执行菜单命令[放置]/[覆铜...]或单击配线工具栏中的按钮，系统弹出图 8-11 所示对话框。选择“Solid（Copper Regions）”（实心填充铜区），“层”设为“Bottom Layer”，“链接到网络”为“GND”，删除死铜，在底层放置多边形覆铜。

用同样办法，放置 Vin 和 Vout 网络的敷铜，敷铜后的印制电路板如图 8-12 所示。

14. 放置说明文字

为了便于对外连接，对关键部位应放置说明文字。在顶层丝印层（Top Overlay）相应位置放置字符串“VIN”“VOUT”，见图 8-12。

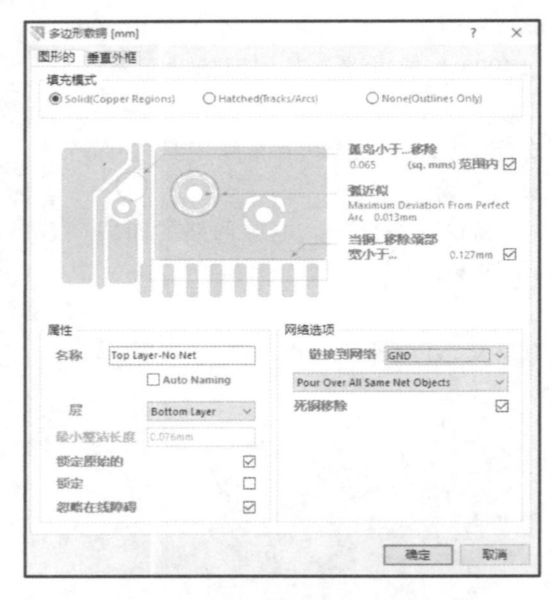

图 8-11　覆铜设置对话框

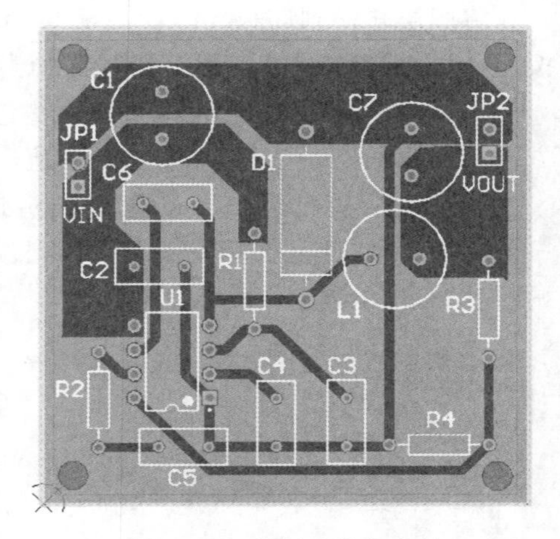

图 8-12　敷铜后的电路板

15. DRC 检查

执行菜单命令[工具]/[设计规则检查...]，系统弹出“设计规则检测”对话框。采用系统默认设置，单击“运行 DRC...”按钮开始规则检查，并自动生成 DRC 检查报告，如图 8-13 所示。

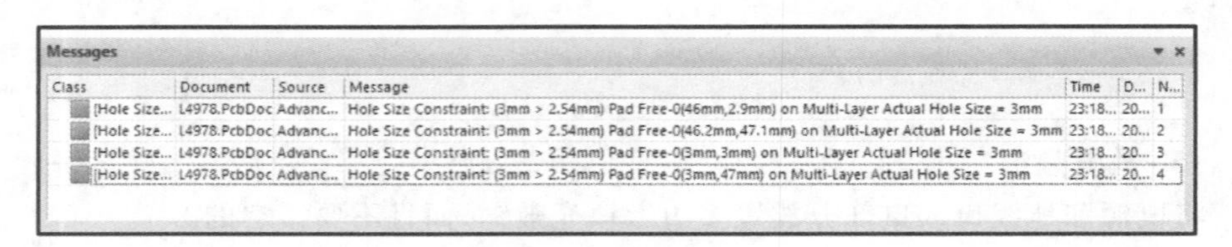

Messages

Class	Document	Source	Message	Time	D...	N...
[Hole Size...	L4978.PcbDoc	Advanc...	Hole Size Constraint: (3mm > 2.54mm) Pad Free-0(46mm,2.9mm) on Multi-Layer Actual Hole Size = 3mm	23:18...	20...	1
[Hole Size...	L4978.PcbDoc	Advanc...	Hole Size Constraint: (3mm > 2.54mm) Pad Free-0(46.2mm,47.1mm) on Multi-Layer Actual Hole Size = 3mm	23:18...	20...	2
[Hole Size...	L4978.PcbDoc	Advanc...	Hole Size Constraint: (3mm > 2.54mm) Pad Free-0(3mm,3mm) on Multi-Layer Actual Hole Size = 3mm	23:18...	20...	3
[Hole Size...	L4978.PcbDoc	Advanc...	Hole Size Constraint: (3mm > 2.54mm) Pad Free-0(3mm,47mm) on Multi-Layer Actual Hole Size = 3mm	23:18...	20...	4

图 8-13　DRC 检查报告

检查结果显示有4处错误。它们是4个安装孔太大，超出规则范围。该错误可以忽略。

至此，L4978开关电源印制电路板就设计完成了。只需将L4978.PcbDoc文档交给印制电路板制造商，就可以生产出印制电路板。图8-14所示为L4978开关电源印制电路板3D效果图。

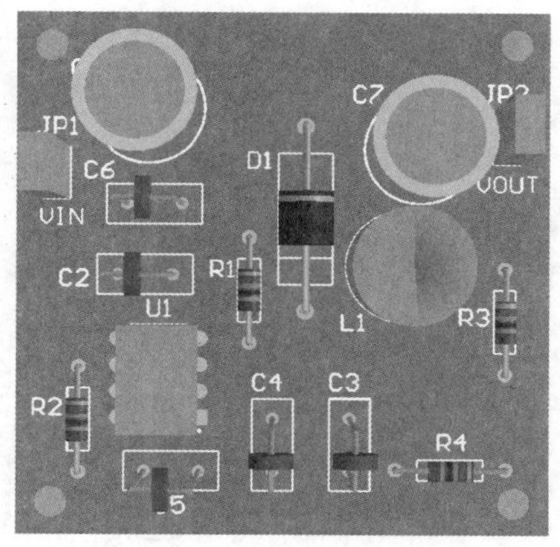

图8-14　L4978开关电源印制电路板3D效果图

16. 后续工作

一般在印制电路板设计完成后，还需要生成元器件清单、打印图纸等，这里不一一介绍。

8.2　项目2：设计单片机学习板 PCB

▼教学课件 8.2

8.2.1　任务分析

图8-15所示为单片机学习板实物图，图8-16所示为单片机学习板电路原理图。该单片机学习板能实现8个发光二极管轮流点亮；可编程实现电子钟功能，在8个数码管上显示时、分、秒，并可用按键调整时间。要求设计大小为7 000 mil×5 000 mil的双面印制电路板。所有电源、地线以及电源模块的线宽为40 mil，其他布线的宽度为10 mil。单片机学习板电路元器件一览表见表8-3。

通过完成单片机学习板 PCB 设计任务，能够熟练使用 Altium Designer 17 软件进行双面印制电路板设计。

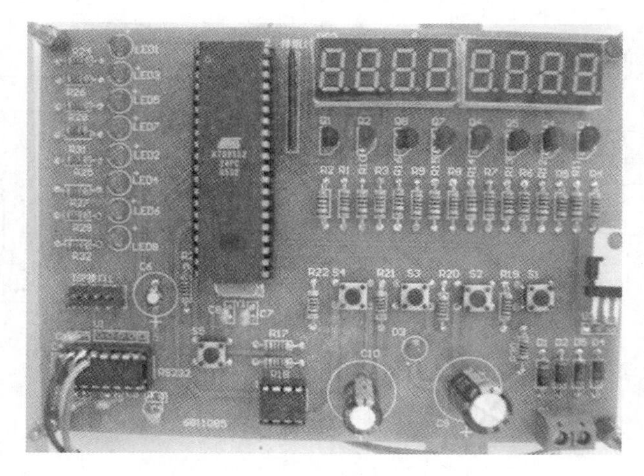

图8-15　单片机学习板实物图

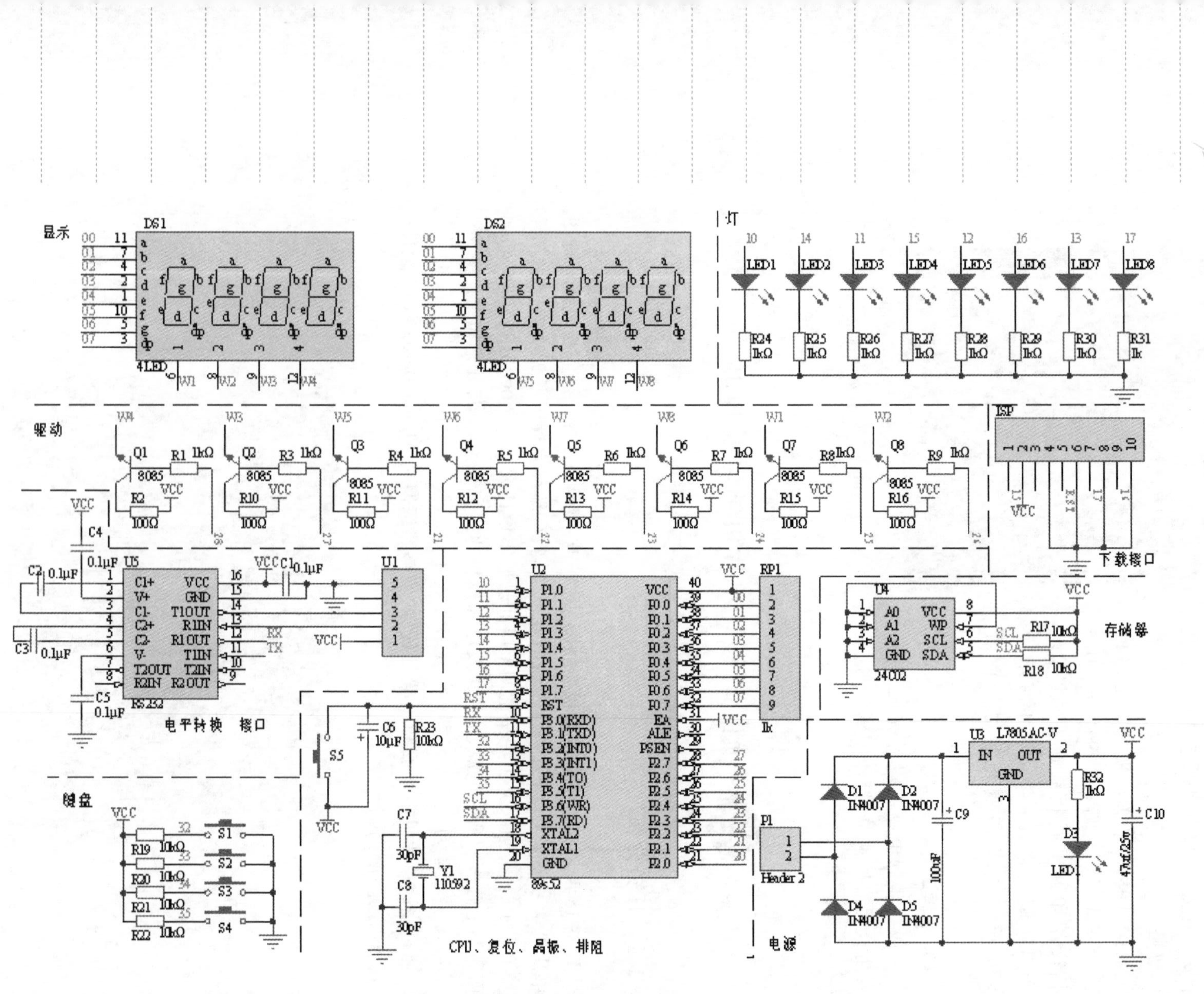

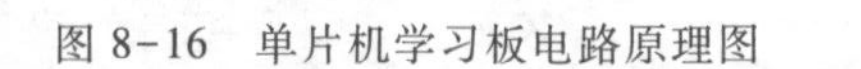
图 8-16　单片机学习板电路原理图

表8-3 单片机学习板电路元器件一览表

元器件序号(Designator)	库元器件名(LibRef)	注释或参数值(Comment)	元器件封装(FootPrint)	元器件所在库(Library)
DS1、DS2	4LED(自制)	4LED	4LED(自制)	
C1~C5	Cap	0.1 μF	RAD-0.2	Miscellaneous Devices.IntLib
C6	Cap Pol2	10 μF	RB.2/.4(自制)	
C7、C8	Cap	30 pF	RAD-0.2	
C9	Cap Pol2	100 μF/25 V	RB.2/.4(自制)	
C10	Cap Pol2	47 μF/25 V	RB.2/.4(自制)	
D1 D2 D4 D5	Diode	IN4007	DIODE-0.4	
S1~S5	SW-PB		SW(自制)	
Y1	XTAL	110592	RAD-0.4	
LED1~LED8 D3	LED1		RB.1/.2(自制)	
Q1~Q8	NPN	8085	TO-92A	
R1、R3~R9	Res2	1 kΩ	AXIAL-0.4	
R2、R10~R16	Res2	100 Ω	AXIAL-0.4	
R17~R23	Res2	10 kΩ	AXIAL-0.4	
R24~R32	Res2	1 kΩ	AXIAL-0.4	
RP1	Header 9	1 kΩ	HDR1X9	Miscellaneous Connectors.IntLib
ISP	Header 10		HDR2X5	
P1	Header 2	Header 2	HDR1X2	
U1	Header 5		HDR1X5	
U2	DS83C520-MCL	89S52	DIP40B	Dallas Microcontroller 8-Bit.IntLib
U3	L7805ACV	L7805ACV	TO220ABN	ST Power Mgt Voltage Regulator.IntLib
U4	M24C02BN6	24C02	PSDIP8A	ST Memory EEPROM Serial.IntLib
U5	MAX232ACPE	RS232	PE16A	Maxim Communication Transceiver.IntLib

8.2.2 任务实施

1. 新建工程

建立一个名为“单片机学习板”的文件夹。新建一个名为“单片机学习板”的工程,保存在上述文件夹中。

2. 绘制原理图元器件

由表 8-3 可知,两个四位共阳极数码管 DS1、DS2 系统自带元器件库里没有,需要自制。在进行设计前,需要先绘制四位共阳极数码管的原理图图形,如图 8-17 所示。

① 执行菜单命令[文件]/[新建]/[库]/[原理图库],新建一个原理图元器件库文件并保存,进入原理图元器件库编辑器。

② 把“Miscellaneous Devices. IntLib”中元器件 Dpy Green-CA 复制过来。

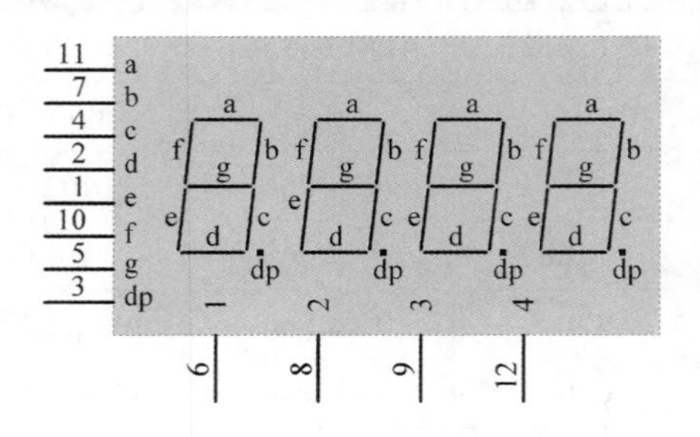

图 8-17　四位数码管

打开“Miscellaneous Devices. IntLib”文件,单击 SCH Library 面板标签,选择 Dpy Green-CA 元器件。执行菜单命令[工具]/[拷贝元件…],在弹出的对话框“Destination Library”中选择目标库文件,如图 8-18所示,单击“OK”按钮,完成元器件的复制,如图 8-19 所示。

视频 8-1
绘制四位数码管

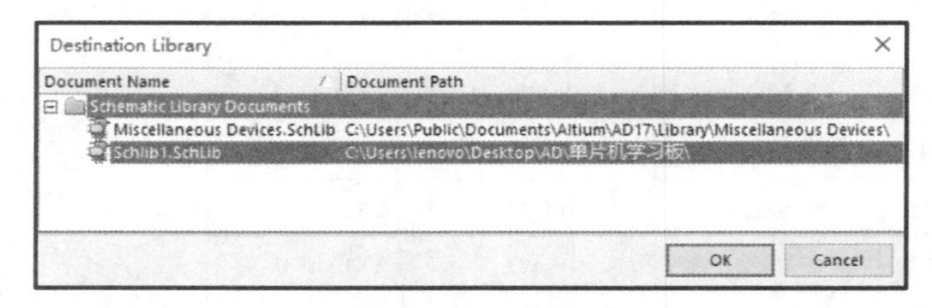

图 8-18　选择目标库文件

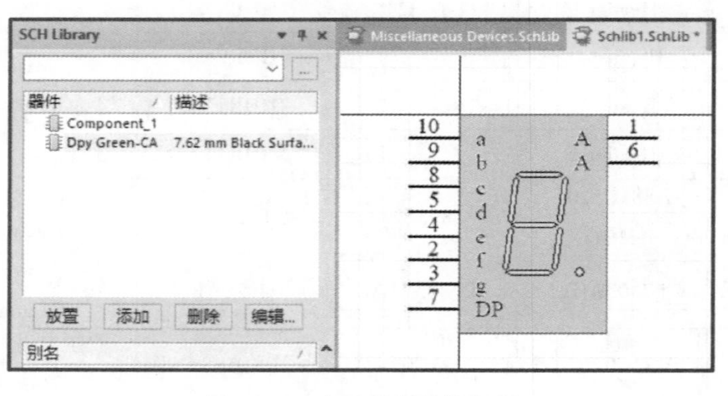

图 8-19　完成元器件的复制

③ 移走引脚 1、6,将矩形框拉大,复制三个“8”字形,放置并编辑 12 个引脚的名称及序号,见图 8-17。

④ 元器件重命名为“4LED”。

⑤ 设置元器件属性。在 SCH Library 面板,选中新绘制元器件 4LED,单击“编辑”按钮,打开设置元器件属性对话框。在“Default Designator”文本框中输入默认标识“DS?”,在“注释”文本框中输入注释“4LED”,选中上述两项的“可视”复选框,单击“确定”按钮。

四位数码管元器件绘制完毕。

3. 设计元器件封装

由表 8-3 可知,电路中电容 C6、C9、C10,发光二极管 LED1~LED8、D3,四脚按钮开关 S1~S5,四位数码管 DS1、DS2 的封装需要手工制作。

(1) 电容的封装 RB.2/.4

电容实物及封装图如图 8-20 所示,焊盘孔径为 30 mil、外径为 70 mil。

(2) 发光二极管的封装 RB.1/.2

发光二极管实物及封装图如图 8-21 所示,焊盘孔径为 30 mil、外径为 70 mil。

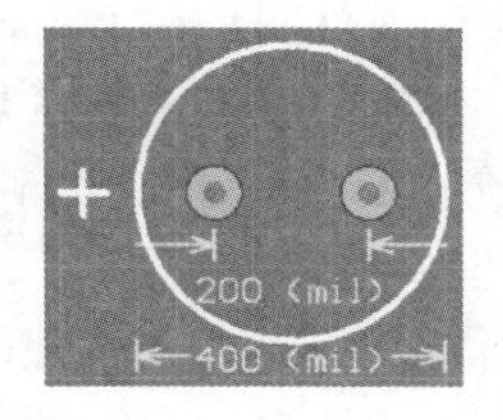

图 8-20 电容实物及封装 RB.2/.4 图

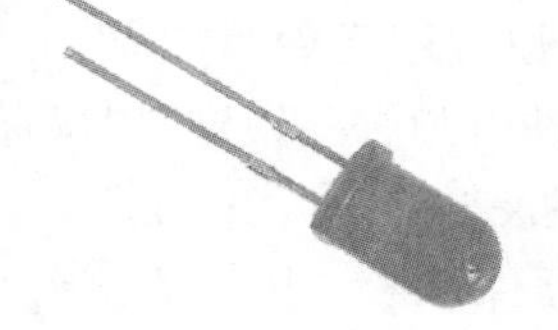
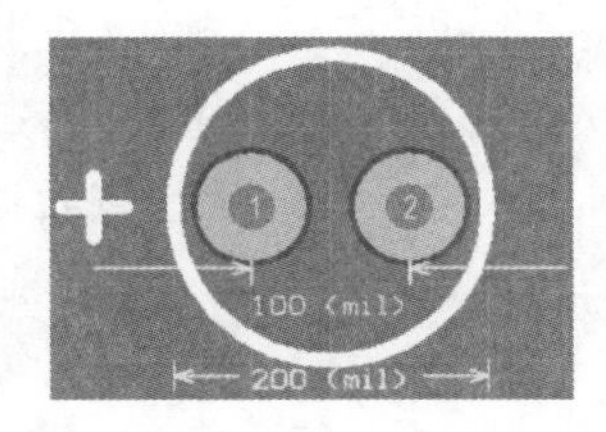

图 8-21 发光二极管实物及封装 RB.1/.2 图

(3) 四脚按钮开关的封装 SW

四脚按钮开关实物及封装图如图 8-22所示,焊盘孔径为 40 mil、外径为 80 mil。

(4) 四位数码管的封装 4LED

四位数码管的实物及封装如图 8-23 所示,焊盘孔径为 30 mil、外径为 70 mil。

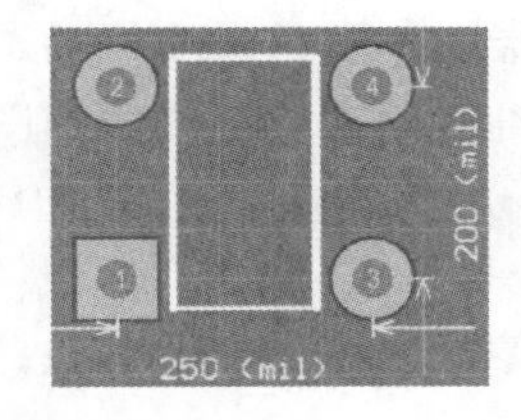

图 8-22 四脚按钮开关实物及封装 SW 图

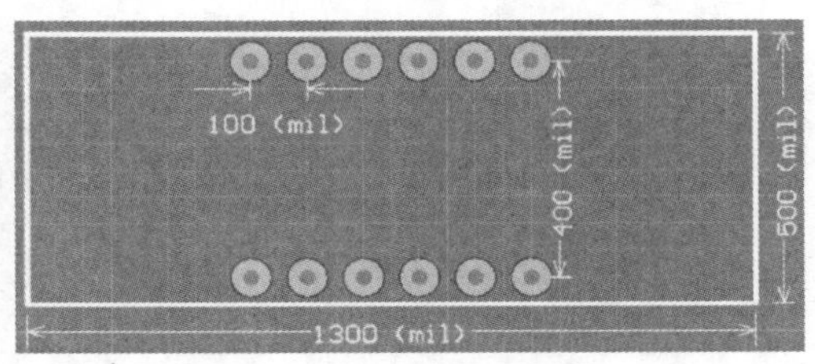

图 8-23 四位数码管实物及封装 4LED 图

4. 新建原理图文件

新建"单片机学习板"原理图文件,保存在"单片机学习板"文件夹中。

5. 载入元器件库

按照表 8-3 将所需元器件库载入。

6. 绘制原理图

单片机学习板原理图所用元器件较多,可根据电路功能分为电源、键盘、CPU 及复位晶振、存储器、电平转换及接口、驱动、显示、灯、下载接口等功能模块,按功能模块绘制原理图条理清楚,不易出错。另外在不便使用导线连接的地方,使用网络标号实现电气连接可使电路清晰不乱,增强可读性。

(1) 放置元器件

在相应元器件库中选择原理图元器件放置到图纸上，并编辑属性，注意元器件封装的修改。

(2) 元器件的修改

在放置的元器件中，U2、U4、U5引脚的位置及名称与要求不符，需要修改。

① 修改引脚的名称。双击要修改的元器件，打开“Properties for Schematic Component in Sheet(原理图元件属性)”对话框，单击对话框左下角的“Edit Pins...”按钮，弹出“元件引脚编辑器”对话框，在该对话框修改引脚的名称。

② 改动引脚的位置。双击要修改的元器件，打开“Properties for Schematic Component in Sheet(原理图元件属性)”对话框，将“Graphical”区域“Lock Pins”前的复选框取消，该元器件引脚解除锁定，用鼠标拖动需要移动的引脚，调整到合适位置，再将“Lock Pins”前的复选框选中即可。

③ 修改元器件外形。执行菜单命令[设计]/[生成原理图库]，系统建立一个该工程专用元器件库，将已放置在图面上的元器件自动载入该库，文件名为“单片机学习板 . SchLib。”系统自动转到原理图元器件编辑器中，在原理图元器件编辑器修改元器件外形。修改好后，在元器件库编辑器窗口，执行菜单命令[工具]/[更新原理图]，原来放置在原理图的元器件自动更新为修改后的元器件。

修改后的元器件U2、U4、U5分别如图8-24、图8-25、图8-26所示。

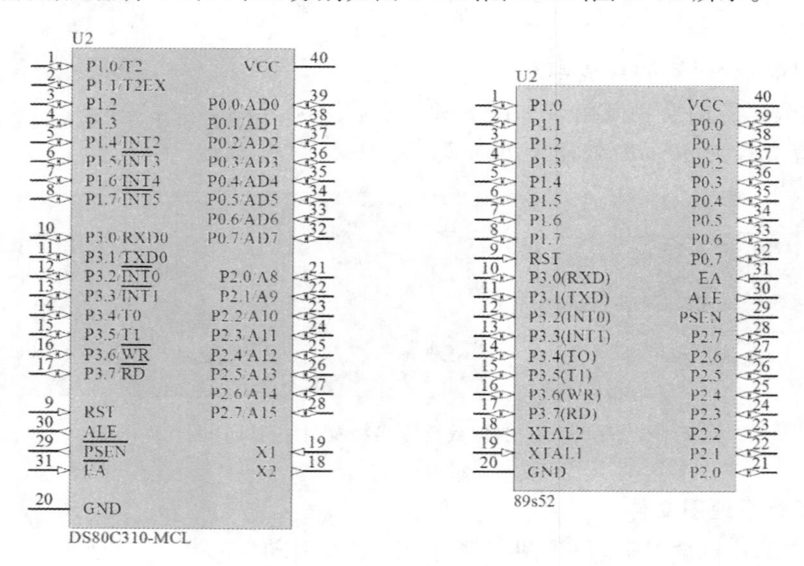

图8-24 U2修改前后的效果

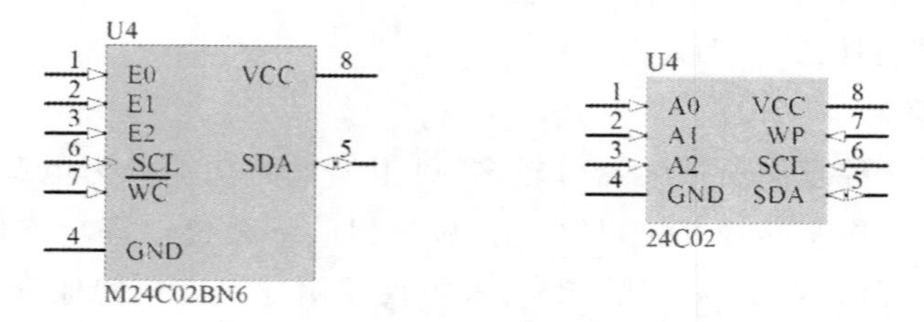

图8-25 U4修改前后的效果

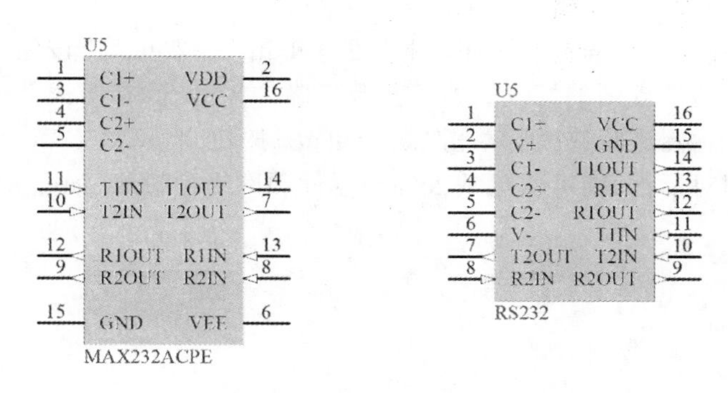

图 8-26 U5 修改前后的效果

（3）调整元器件位置、连线

按照图 8-16 所示调整元器件位置、方向，连接导线，放置网络标号。

（4）检查、修改

检查原理图绘制是否正确，另外执行菜单命令［工具］/［封装管理器…］，检查元器件封装是否正确。

7. 创建 PCB 文件

利用 PCB 向导新建并规划印制电路板。单击 Files 面板下部“从模板新建文件”标题栏中的“PCB Board Wizard…”选项，即可进入 PCB 文件生成向导，生成大小为 7 000 mil×5 000 mil 的双面印制电路板，并保存在建立的“单片机学习板”文件夹中。

在印制电路板四角放置 4 个焊盘作为安装孔，孔径、外径均为 120 mil，焊盘编号均为 0，如图 8-27 所示。

图 8-27 规划完成的电路板

8. 加载网络表及元器件

在 PCB 编辑器执行菜单命令［设计］/［Import Changes From 单片机学习板.

PRJPCB]，系统弹出“工程更改顺序”对话框。单击“生效更改”按钮，系统逐项检查提交的修改有无违反规则的情况，“√”表示正确，“×”表示有错误。如果不正确，则需要返回电路原理图进行修改。单击“执行更改”按钮，将网络表和元器件载入 PCB 编辑器中。关闭对话框，即可看见载入的元器件和网络预拉线，如图 8-28 所示。

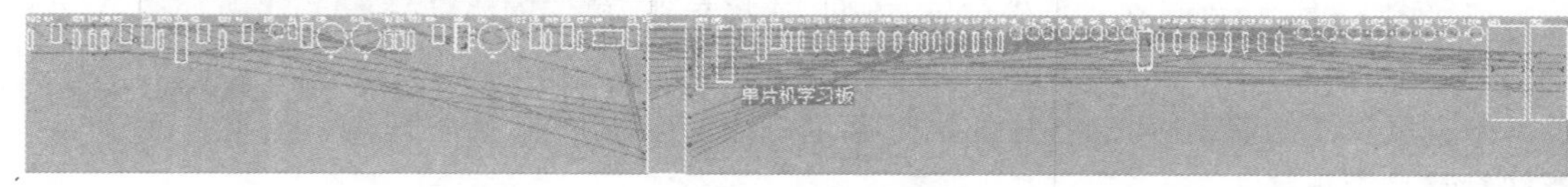

图 8-28　加载网络表和元器件后的 PCB 编辑器

9. 元器件布局

（1）自动布局

选中要布局的元器件，执行菜单命令[工具]/[器件布局]/[在矩形区域排列]，光标变为十字形，在可布局区域绘制矩形，即可开始在选择的矩形中自动布局。布局完成后的 PCB 如图 8-29 所示。删除“Room”空间。

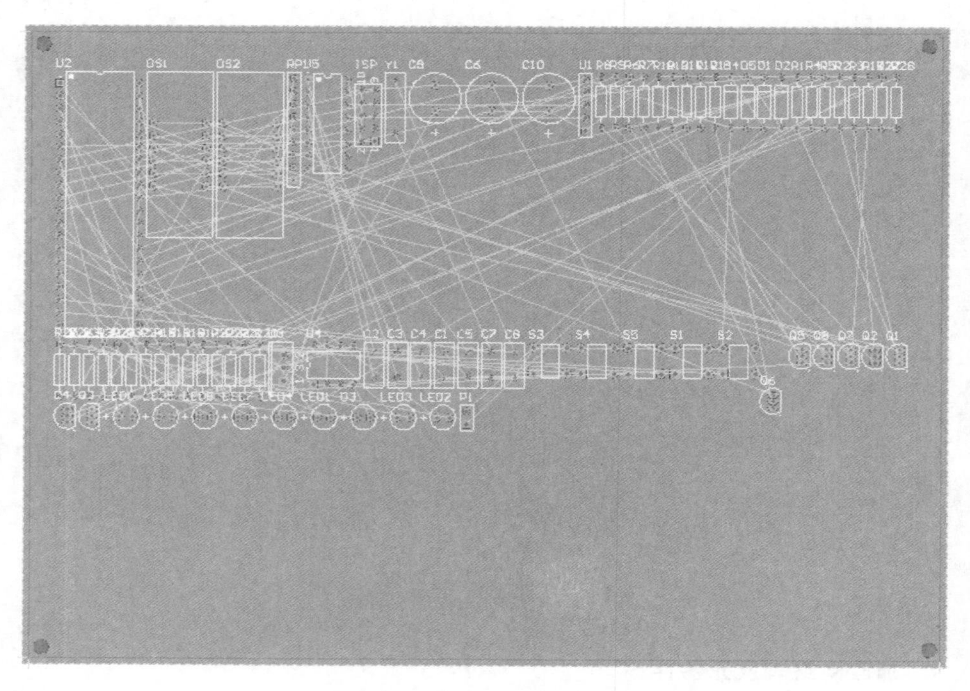

图 8-29　自动布局的 PCB

（2）手工调整元器件布局

自动布局后的结果不令人满意，还需要用手工布局的方法，重新调整元器件的布局。

重新布局时，单片机芯片置于板的中部，与芯片有关的元器件围绕其进行布局，晶振靠近连接的芯片引脚位置，振荡回路就近放置在晶振旁边。芯片的滤波电容就近放置于芯片的电源端附近。

通过移动、旋转元器件调整布局后的 PCB 如图 8-30 所示。

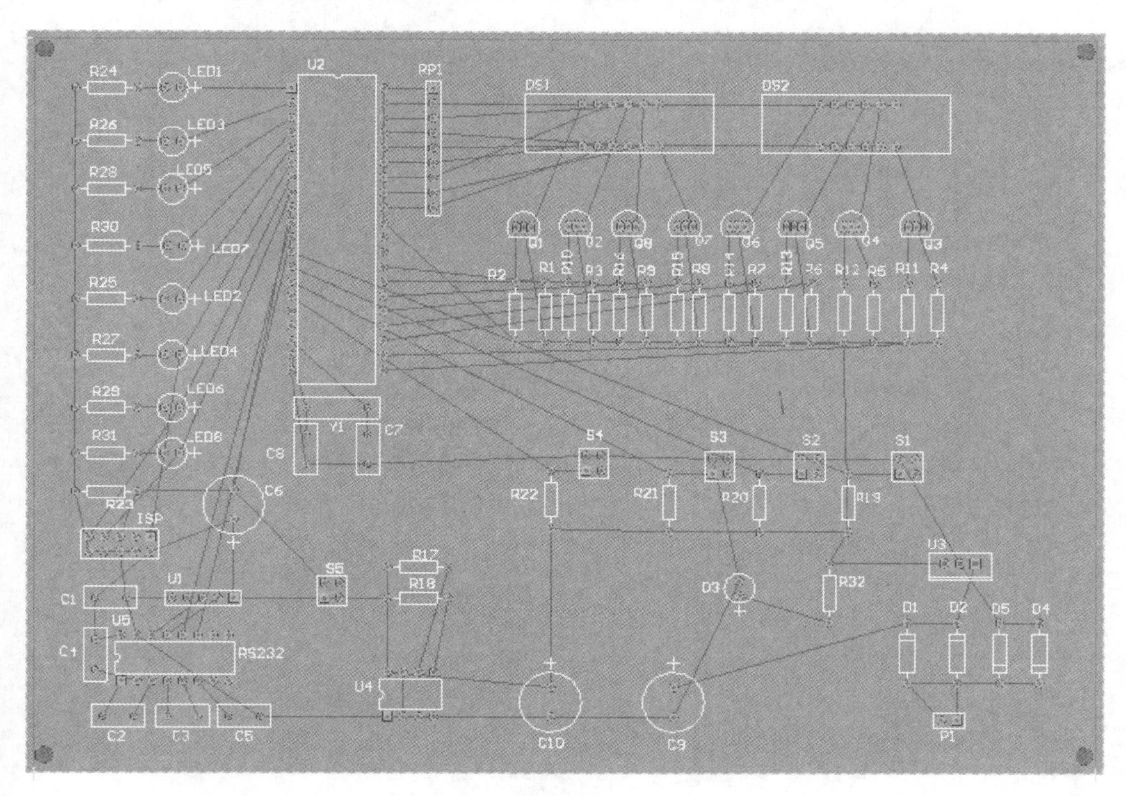

图 8-30　调整布局后的 PCB

10. 设置布线规则

导线宽度限制规则（Width）：VCC、GND、电源模块网络均为 40 mil，全板为 10 mil，优先级依次减小；布线拐角规则（Routing Corners）：45°转弯；布线层规则（Routing Layers）：顶层、底层双面布线；其他采用系统默认。

11. 布线

（1）自动布线

执行菜单命令［自动布线］/［Auto Route］/［全部…］，在弹出的对话框中单击“Route all”按钮，进行自动布线。一般自动布线的效果不能完全满足要求，可以先观察布线中存在的问题，然后撤销布线，适当调整元器件的位置，再次进行自动布线，直到达到比较满意的效果。自动布线后的 PCB 如图 8-31 所示。

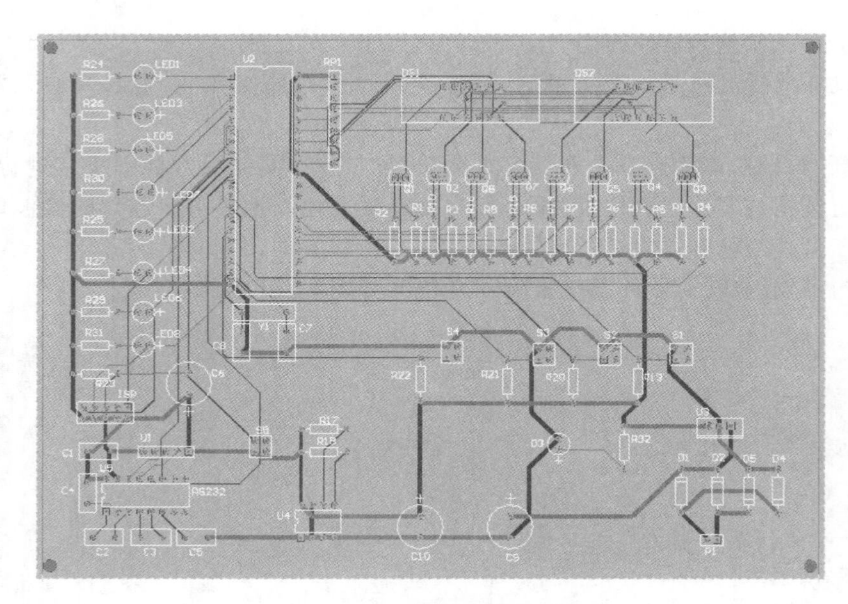

图 8-31 自动布线后的 PCB

（2）修改布线

自动布线的布通率较高，但由于自动布线采用拓扑规则，有些地方不可避免会出现一些较机械的布线方式，影响电路板的性能，所以需要将不合适的布线手工调整。修改布线过程中单击小键盘的“ * ”键可以自动放置过孔，并切换工作层。图 8-32 为调整后的 PCB。

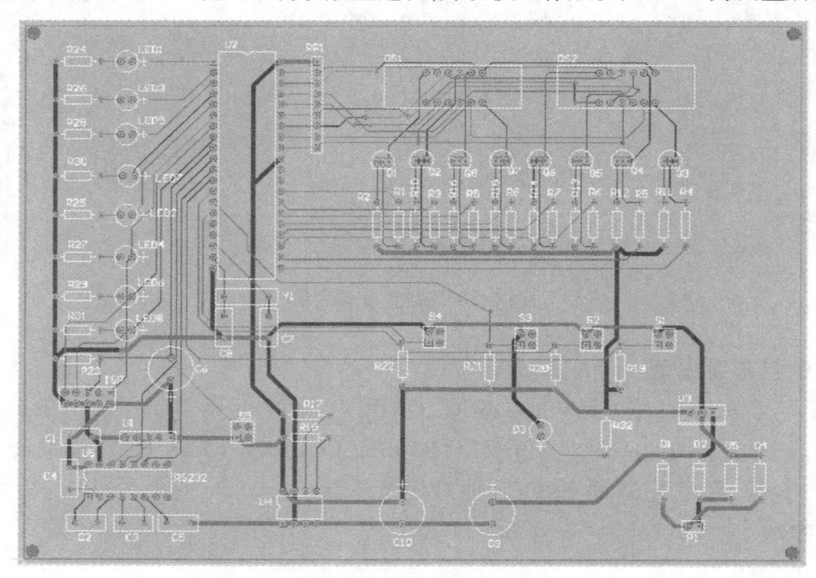

图 8-32 调整后的 PCB

12. DRC 检查

执行菜单命令[工具]/[设计规则检查...]，系统弹出“设计规则检查器”对话框。采用系统默认设置，单击“运行设计规则检查...”按钮开始规则检查。并自动生成

DRC检查报表。

检查后没有错误,可以生成元器件清单、打印图纸等。

图8-33、图8-34所示为厂商推荐的布局布线图。

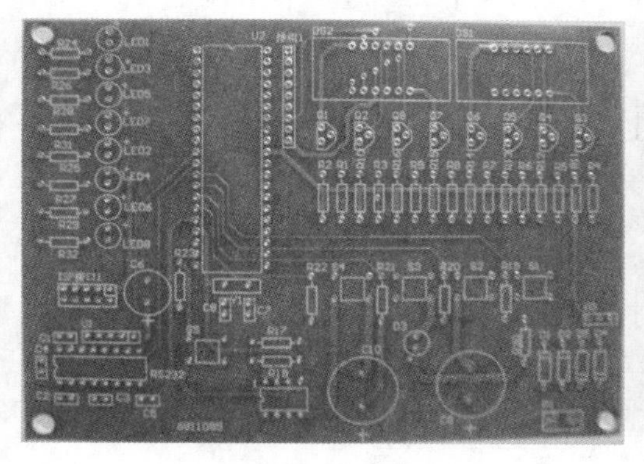

图8-33 厂商推荐的布局布线图(顶层)

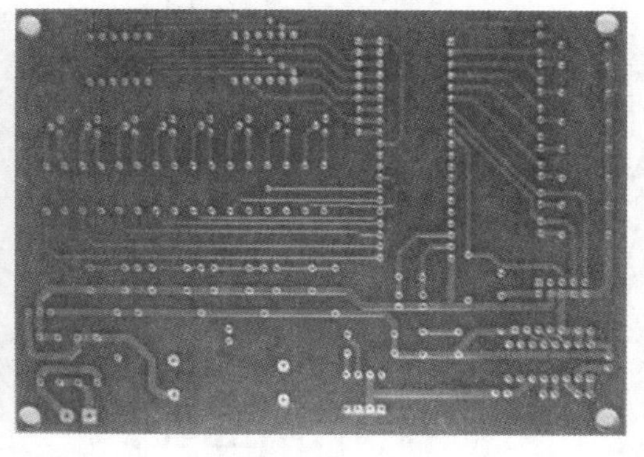

图8-34 厂商推荐的布局布线图(底层)

▼教学课件
8.3

8.3 项目3:设计U盘四层PCB

8.3.1 任务分析

U盘是应用广泛的便携式存储器件,图8-35所示为U盘的电路原理图。该电路主要由U盘控制模块、存储模块、电源模块、滤波模块、写保护模块组成。U盘控制器U2采用芯片IC1114,Flash存储器U3采用三星K9F0BDUDB。电源电压转换器U1采用芯片AT1201,完成将计算机提供的电压转换为U盘工作电压。

表8-4为U盘电路元器件一览表。U盘小巧,所以PCB元器件大部分采用贴片式元器件,而且电路板双面放置元器件,设计为四层PCB。

多层板与双面板不同的地方在于多了内电层,内电层一般用于接地和接电源,使PCB板中大量的接地或接电源引脚不必再在顶层或底层走线,而可以直接(直插式元器件)或就近通过过孔(贴片式元器件)接到内电层,极大地减少顶层和底层的布线密度,有利于其他网络的布线。但有时一个系统中可能存在多个电源和地,如常见的+5 V、+12 V、-12 V、-5 V等电源,而接地网络也有电源地、信号地、模拟地、数字地之分,如果再采用一个电源或接地网络对应一个内电层的方法,势必导致内电层的数目太多,电路板的制作成本成倍增加。此时可以采取内电层分割的办法,将一个内电层分割为几个部分,将某个电源或接地网络引脚比较密集的区域划分给该网络,而将另一个区域划分给其他电源或接地网络。

根据设计的要求和U盘外壳的限制,确定电路板的长、宽尺寸。经过分析,确定本电路板长、宽参考尺寸为45 mm×15 mm,并且受外壳固定柱的限制,中间有一个半径为1 mm的半圆形的缺口,便于该电路板固定于U盘外壳中。

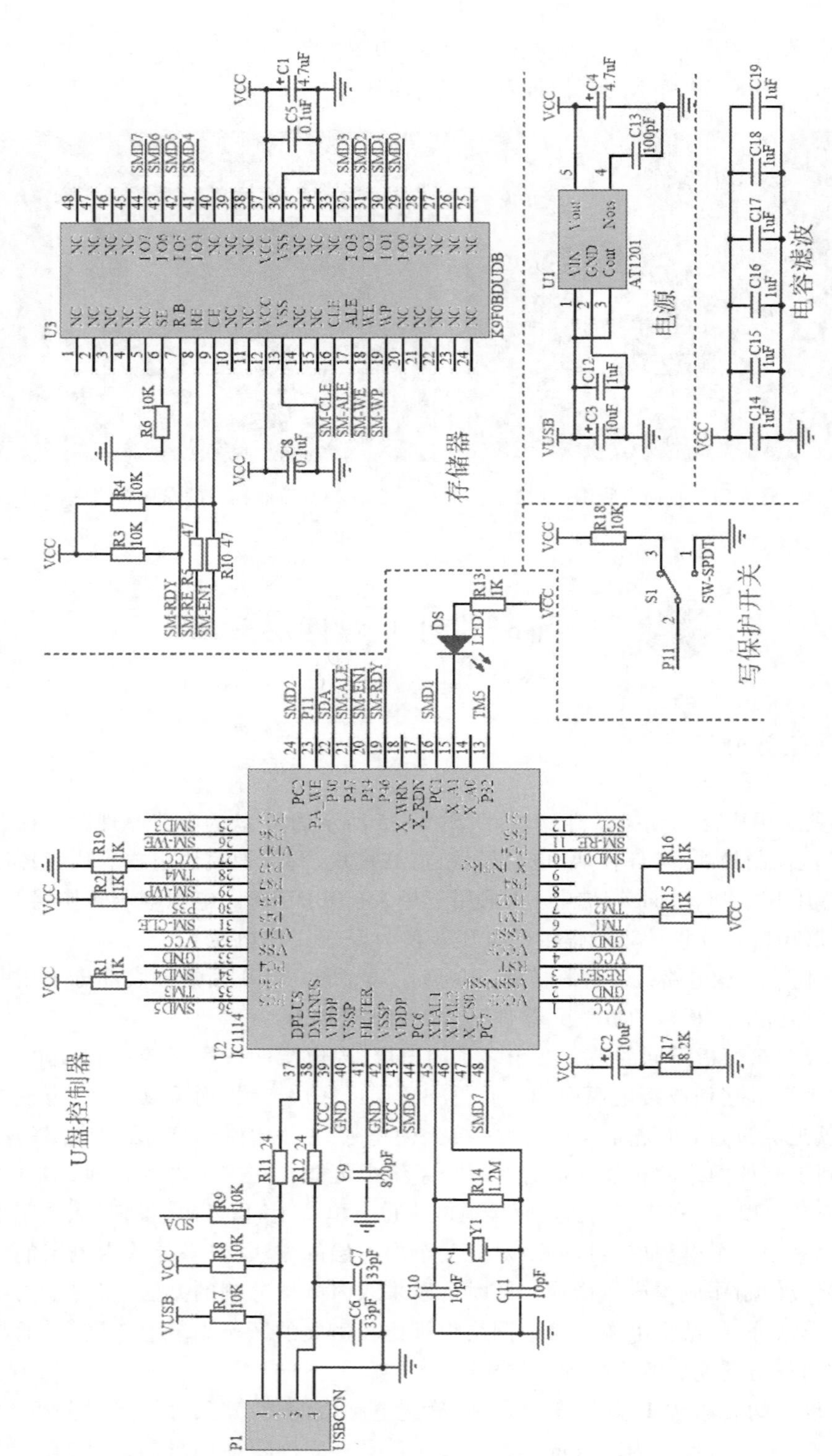

图 8-35 U 盘的电路原理图

注意其中几个核心元器件，电压转换器U1、控制器U2、存储器U3系统自带元器件库中没有，需要自己创建。晶振Y1、写保护开关S1、USB接口P1的封装需要自己制作。

表8-4 U盘电路元器件一览表

元器件序号 (Designator)	库元器件名 (LibRef)	注释或参数值 (Comment)	元器件封装 (FootPrint)	元器件所在库 (Library)
C1 C4	Cap Pol2	4.7 μF	1608[0603]	Miscellaneous Devices. IntLib
C2 C3	Cap Pol2	10 μF		
C5 C8	Cap	0.1 μF	0402	
C6 C7	Cap	33 pF		
C9	Cap	820 pF		
C10 C11	Cap	10 pF		
C12 C14~C19	Cap	1 μF		
C13	Cap	100 pF		
DS	LED2	LED2	3.2×1.6×1.1	
Y1	XTAL		XTAL(自制)	
R1 R2 R13 R15 R16 R19	Res2	1 kΩ	J1-0603	
R3 R4 R6~R9 R18	Res2	10 kΩ		
R5 R10	Res2	47 Ω		
R11 R12	Res2	24 Ω		
R14	Res2	1.2 MΩ		
R17	Res2	8.2 kΩ		
S1	SW-SPDT	SW-SPDT	SW(自制)	
U1	AT1201(自制)	AT1201	SOT353-5N	SOT 23_ 5-6 Lead_N. PcbLib
U2	IC1114(自制)	IC1114	QUAD48(自制)	
U3	K9F0BDUDB (自制)	K9F0BDUDB	SOP48(自制)	
P1	Header 4	USBCON	USBCON(自制)	Miscellaneous Connectors. IntLib

8.3.2 任务实施

1. 新建项目

① 建立一个名为“U盘”的文件夹。

② 新建一个名为“U盘”的工程，保存在上述文件夹中。

2. 绘制原理图元器件

由表 8-4 可知,U1、U2、U3 系统自带元器件库中没有,在进行设计前,需要先绘制 U1、U2、U3 的原理图图形。

执行菜单命令[文件]/[新建]/[库]/[原理图库],新建一个原理图元器件库文件并保存,进入原理图元器件库编辑器,分别绘制 U1、U2、U3,如图 8-36、图 8-37、图 8-38 所示。

图 8-36 U1 AT1201

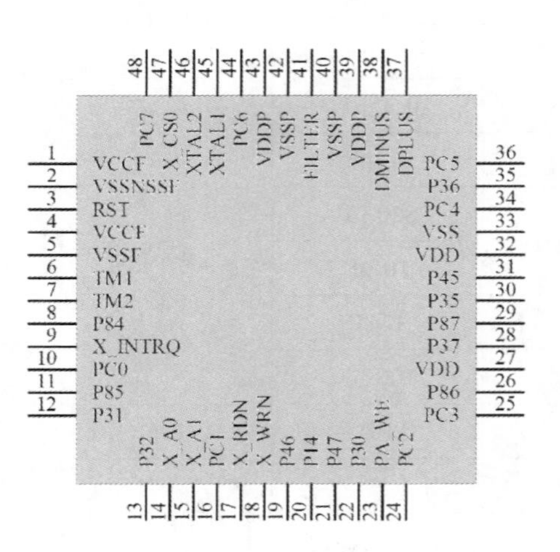

图 8-37 U2 IC1114

图 8-38 U3 K9F0BDUDB

3. 设计元器件封装

由表 8-4 可知,电路中晶振 Y1、写保护开关 S1、USB 接口 P1、U 盘控制器 U2、存储器 U3 的封装需要制作。执行菜单命令[文件]/[新建]/[库]/[PCB 元件库],新建一个封装库文件并保存,进入封装库编辑器,分别设计 Y1、S1、P1 的封装。

(1) 晶振 Y1 的封装 XTAL

晶振实物及封装图如图 8-39 所示,焊盘孔径为 0.5 mm、外径为 1 mm。

(2) 写保护开关 S1 的封装 SW

写保护开关实物及封装图如图 8-40 所示,焊盘孔径为 0.5 mm、外径为 1 mm。

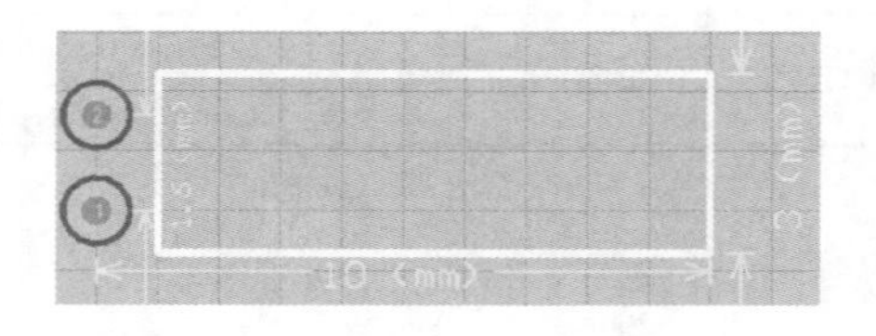

图 8-39 晶振实物及封装 XTAL 图

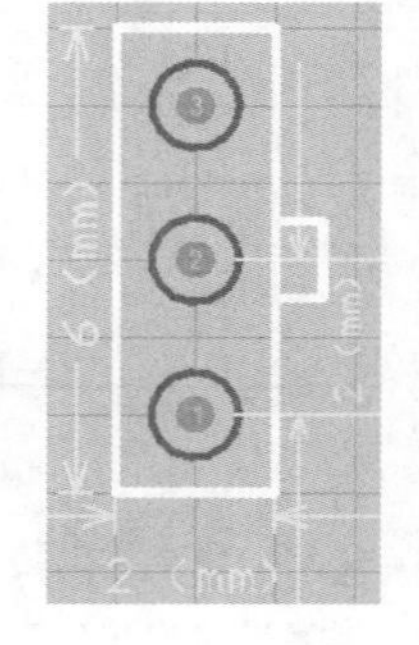

图 8-40 写保护开关实物及封装 SW 图

(3) USB 接口 P1 的封装 USBCON

USB 接口实物及封装图如图 8-41 所示,贴片焊盘 X 尺寸为 2.5 mm、Y 尺寸为 1.2 mm。

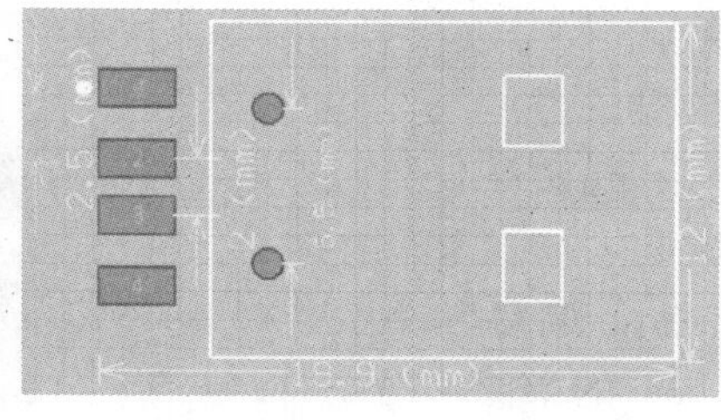

图 8-41　USB 接口实物及封装 USBCON 图

（4）U 盘控制器 U2 的封装

U 盘控制器 U2 符合通用标准，可以利用向导快速制作元器件封装。焊盘尺寸为 10 mil×62 mil，相邻焊盘间距为 20 mil。U2 封装图如图 8-42 所示。

（5）存储器 U3 的封装

存储器 U3 符合通用标准，可以利用向导快速制作元器件封装。焊盘尺寸为 12 mil×62 mil，相邻焊盘间距为 20 mil。U3 封装图如图 8-43 所示。

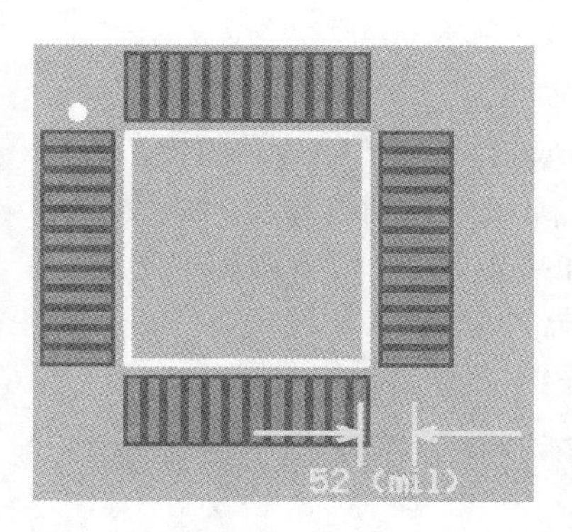

图 8-42　U 盘控制器 U2 的封装 QUAD48 图

图 8-43　存储器 U3 的封装 SOP48 图

4. 新建原理图文件

新建名为“U 盘”原理图文件，保存在“U 盘”文件夹中。

5. 载入元器件库

按照表 8-4 将所需元器件库载入。

6. 绘制原理图

U 盘原理图所用元器件较多，可采用模块绘制的方式绘制原理图，即将一个模块完整绘制好后，再绘制下一个模块。将原理图分为 U 盘控制模块、存储模块、电源模块、滤波模块、写保护模块，见图 8-35。

控制器和存储器之间的连线非常复杂，地址线、数据线、控制线达到几十条之多，用普通导线连线会导致连线交叉太多，距离过长，既不便于绘制，又不便于原理图的识图和分析，因此必须采用网络标号或总线的方法进行绘制。在图 8-35 中采用的是网络标号。

绘制完原理图后，执行菜单命令[工具]/[封装管理器…]，检查元器件封装是否正确，有问题修改。

7. 创建 PCB 文件

执行菜单命令[文件]/[新建]/[PCB]，在建立的工程中新建 PCB 文件，并保存为 U 盘 . PcbDoc。

印制电路板长、高参考尺寸为 45 mm×15 mm，并且受外壳固定柱的限制，中间有一个半径为 1 mm 的半圆形的缺口，便于该电路板固定于 U 盘外壳中。在机械层确定 PCB 物理边界，在禁止布线层确定 PCB 电气边界，如图 8-44 所示。

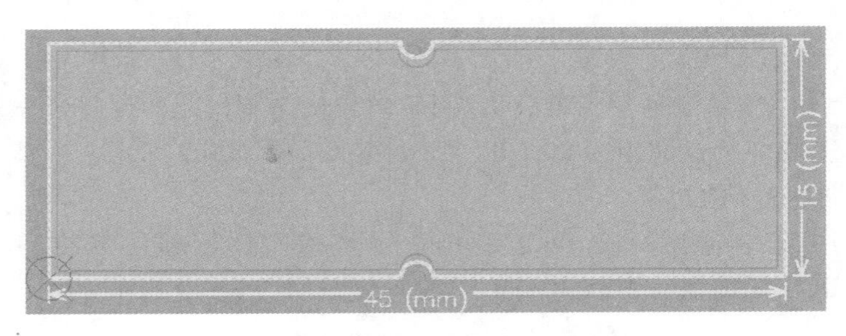

图 8-44 规划完成的印制电路板

8. 加载网络表及元器件

在 PCB 编辑器执行菜单命令[设计]/[Import Changes From [U 盘 . PRJPCB]]，弹出“工程更改顺序”对话框。单击“生效更改”按钮，系统逐项检查提交的修改有无违反规则的情况，“√”表示正确，“×”表示有错误。如果不正确，则需要返回电路原理图进行修改。单击“执行更改”按钮，将网络表和元器件载入 PCB 编辑器中。关闭对话框，即可看见载入的元器件和网络预拉线，如图 8-45 所示。

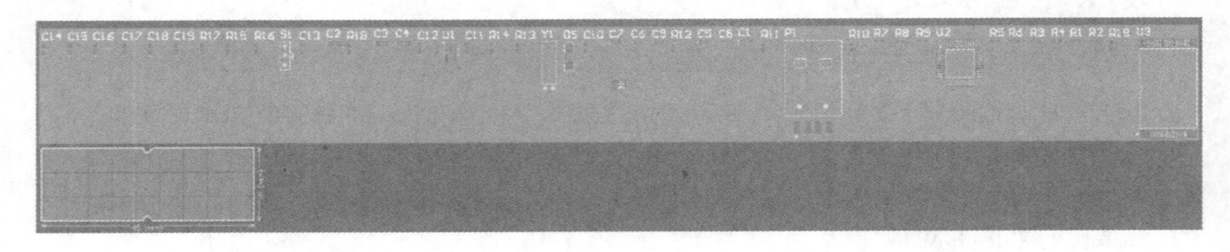

图 8-45 加载网络表和元器件后的 PCB 编辑器

9. 元器件布局

元器件载入 PCB 后，就可以根据元器件的布局规律进行布局。由于 U 盘电路板面积小元器件多，元器件密度很高，所以在布局前，必须仔细规划好元器件的布局方案。U 盘布局是否合理是整个项目的关键，这关系到 U 盘电路板布线是否成功以及整个电路的稳定性，因为本项目采用四层板，布线已经不是我们关注的首要问题。

在高密度电路板中，是否需要双面放置元器件是设计者首先要考虑的问题。一般情况下，如果在顶层能够完成元器件的布局，尽量不要将元器件放置在底层，因为一方面会提高电路板的设计难度和成本，另一方面也会增加元器件装配的工序和难度。但对于 U 盘电路板而言，由于电路板太小，必须采取双面放置元器件的办法。仔细分析原理图可以知道，U 盘主要由以 U3(K9F0BDUDB)为核心的存储器电路和以

U2(IC1114)为核心的控制器电路组成,所以可以考虑将两部分电路分别放置在顶层和底层。具体做法是将以 U3 为核心的存储器电路放置在顶层元器件面,而将以 U2 为核心的控制器电路放置在底层的焊接面。

(1) 元器件布局规则设置

电路板面积小,为使元器件可以排列得更紧密,将“Component Clearance”(元器件的安全间距)设置为“5 mil”;设置“Permitted Layers”(允许元器件放置层规则)为顶层、底层两面布局,其他用默认设置。

(2) 元器件预布局

对相对于设备外壳、插孔位置等有定位位置的元器件进行预布局。本项目中有定位要求的元器件有 2 个,一个是写保护开关 S1,它必须与外壳的写保护开关孔对准,并且开关的拨动手柄必须向外;另一个为发光二极管 DS,它必须与外壳的小孔对准。

另外为了防止已经排列好位置的元器件移动,必须将其锁定。图 8-46 所示为放置保护开关 S1、发光二极管 DS 后的电路板。

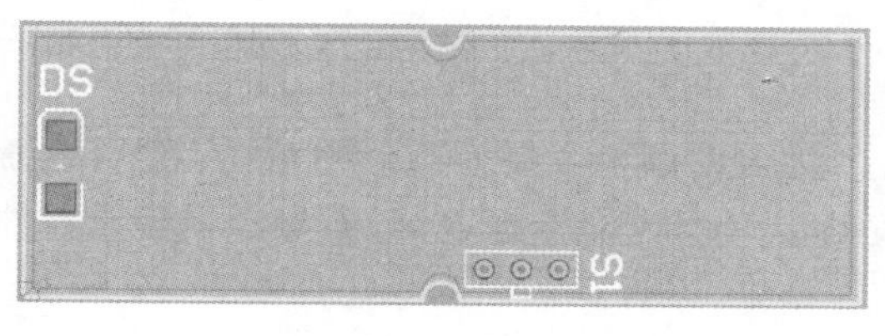

图 8-46 放置保护开关 S1、发光二极管 DS 后的电路板

(3) 修改元器件标注尺寸

从图中可以看到,元器件标注的尺寸太大,占了太多的面积,需要将元器件标注的尺寸减小。用整体编辑的方式将“Text Heigh”(字符高度)修改为“30 mil”,将“Text Width”(文字线条宽度)修改为“5 mil”。

(4) 放置顶层元器件

将 U3、电源电路的元器件放置在顶层面,将写保护电路的电阻 R18 放置在写保护开关 S1 的右边,将发光二极管 DS 的限流电阻 R13、晶振 Y1、USB 接口 P1、电容 C8、R7 也一并放置在顶层。顶层的布局如图 8-47 所示。

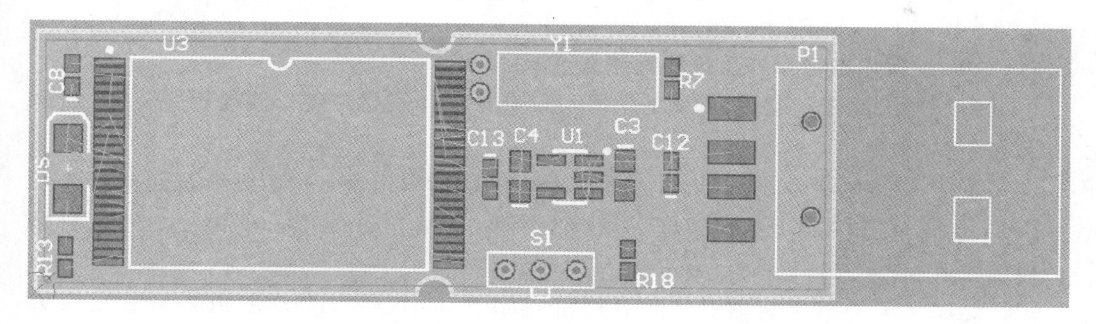

图 8-47 顶层的布局

(5) 放置底层元器件

执行菜单命令[设计]/[PCB 板层次颜色…],打开“板层和颜色”对话框。将“丝印层”区 Bottom Overlay 后面的复选框选中,电路板上可看到底层丝印层的内容。先在底层放置好元器件 U2,再放置其他元器件。

将鼠标对准放在顶层的元器件,按住左键,单击键盘的 L 键,即将元器件翻转到底层,元器件焊盘所在层面由顶层转换为底层,并且元器件的有关文字标注也随元器件由顶层丝印层转换为底层丝印层。通过鼠标拖动将放置在底层的元器件调整好位置。底层的布局如图 8-48 所示。

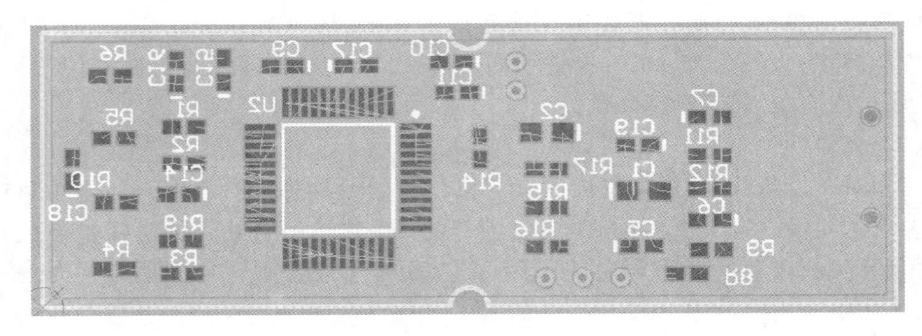

图 8-48　底层的布局

为方便调整底层元器件的布局,在 PCB 板层颜色对话框中,暂时可将 Top Layer 和 Top Overlay 复选框取消,不显示顶层元器件的封装。

最终,可得到双面的布局如图 8-49 所示。

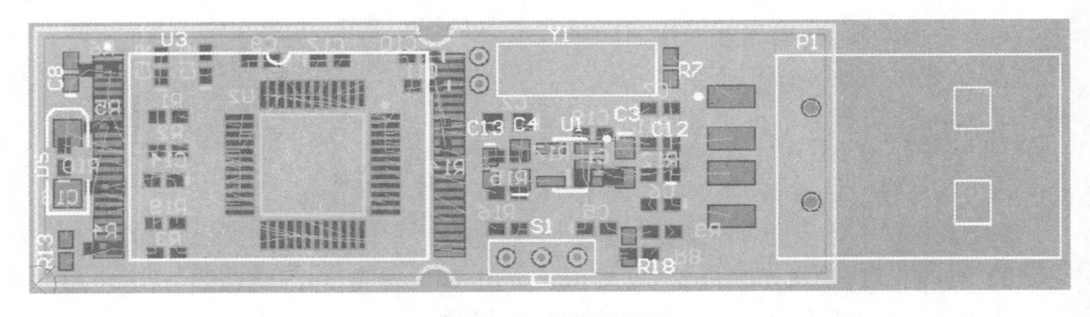

图 8-49　双面的布局

10. 设置内部电源和接地层网络属性

系统默认制作双层板,可用的信号层仅有顶层和底层。制作四层板,需要添加内部电源、接地层。

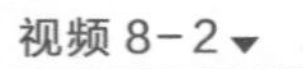

添加内部电源和接地层

① 执行菜单命令[设计]/[层叠管理…],系统弹出图 8-50 所示对话框。选中 Top Layer,单击“Add Layer”按钮下拉菜单中的“Add Internal Plane”添加内部电源接地层。

② 双击层堆栈管理器对话框中的 Internal Plane 1,将其改为“GND”,将该层作为接地 GND 内电层。

将 Internal Plane 2 改为“POWER”,将该层作为电源内电层。

图 8-51 所示为添加内部电源和接地层后的板层结构。

11. 内部电源层分割

将 POWER 电源层分为两部分,VCC 电源网络和 VUSB 电源网络。

① 在 PCB 编辑器,单击图纸下端 POWER 标签,将当前层转换为 POWER 层。

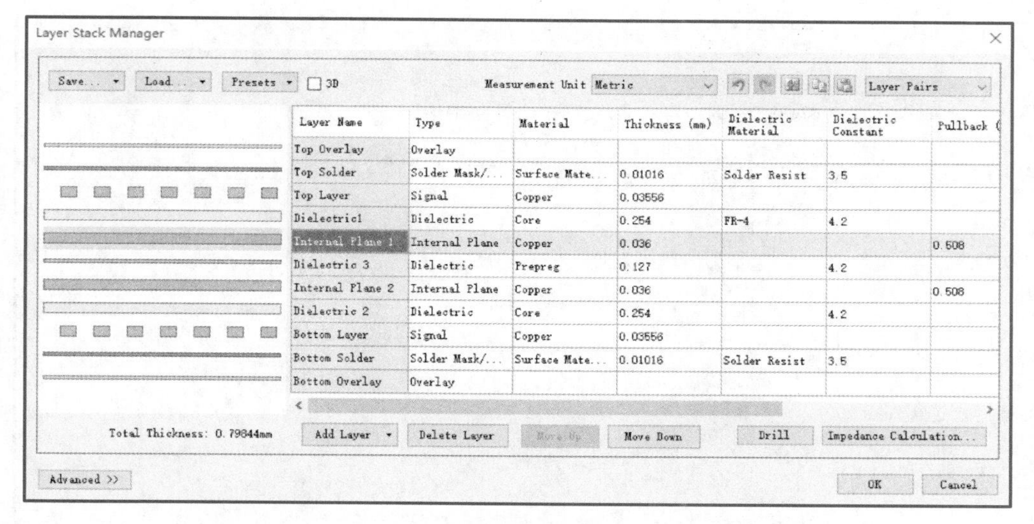

Layer Name	Type	Material	Thickness (mm)	Dielectric Material	Dielectric Constant	Pullback (
Top Overlay	Overlay					
Top Solder	Solder Mask/...	Surface Mate...	0.01016	Solder Resist	3.5	
Top Layer	Signal	Copper	0.03556			
Dielectric1	Dielectric	Core	0.254	FR-4	4.2	
Internal Plane 1	Internal Plane	Copper	0.036			0.508
Dielectric 3	Dielectric	Prepreg	0.127		4.2	
Internal Plane 2	Internal Plane	Copper	0.036			0.508
Dielectric 2	Dielectric	Core	0.254		4.2	
Bottom Layer	Signal	Copper	0.03556			
Bottom Solder	Solder Mask/...	Surface Mate...	0.01016	Solder Resist	3.5	
Bottom Overlay	Overlay					

图 8-50　添加内部电源、接地层

Save...　Load...　Presets　3D　Measurement Unit　Metr

Layer Name	Type	Material
Top Overlay	Overlay	
Top Solder	Solder Mask/...	Surface Mate...
Top Layer	Signal	Copper
Dielectric1	Dielectric	Core
GND	Internal Plane	Copper
Dielectric 3	Dielectric	Prepreg
POWER	Internal Plane	Copper
Dielectric 2	Dielectric	Core
Bottom Layer	Signal	Copper
Bottom Solder	Solder Mask/...	Surface Mate...
Bottom Overlay	Overlay	

图 8-51　添加内部电源和接地层后的板层结构

② 隐藏其他无关层。由前面的布局可知，与 VUSB 网络连接的元器件全部位于顶层，为了更好地进行区域划分，可以将底层信号层和底层丝印层全部关闭，使底层元器件暂时不显示。

③ 将窗口右侧工作区面板切换到“PCB”，下拉列表框中选“Nets”，在网络区域选“VUSB”，则“VUSB”网络被选中并在工作区清晰显示，如图 8-52 所示。可以看到“VUSB”网络包含 5 个焊盘。

④ 用画直线工具，沿着包含“VUSB”网络焊盘的区域画出一个封闭区域，如图 8-53所示。

⑤ 修改分割后的内电层网络属性。双击封闭区域中被分割出来的内电层，弹出图 8-54 所示的“平面分割”对话框，下拉列表框中选“VUSB”，将其连接到“VUSB”网络。双击封闭区域外的内电层，在弹出的内电层属性对话框中，下拉列表框中选“VCC”，将其连接到“VCC”网络。

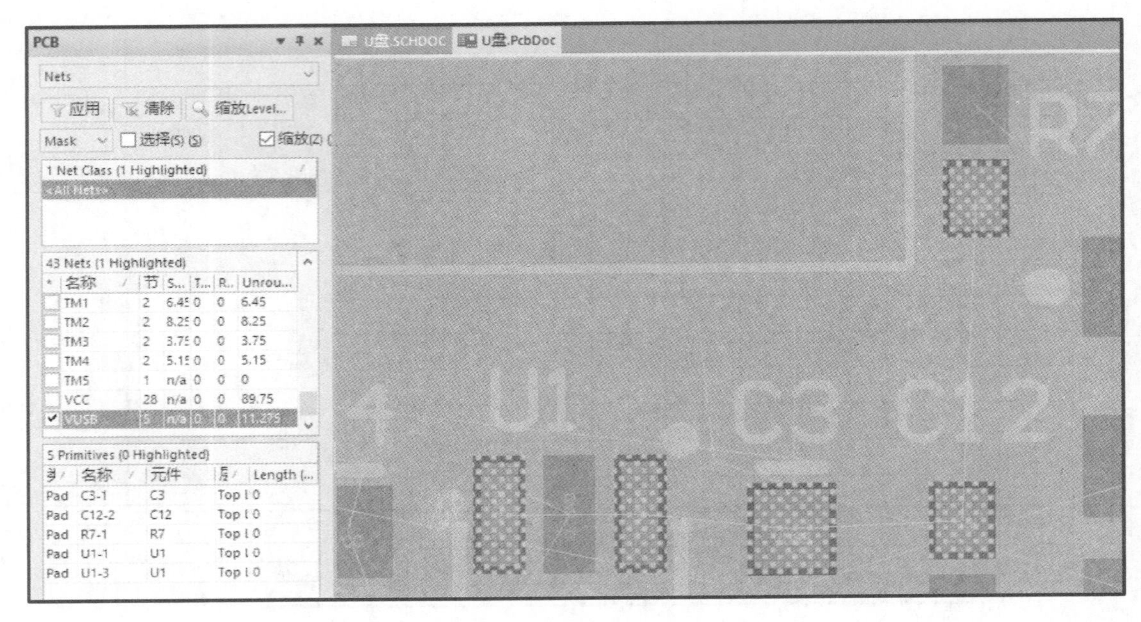

图 8-52 选中“VUSB”网络

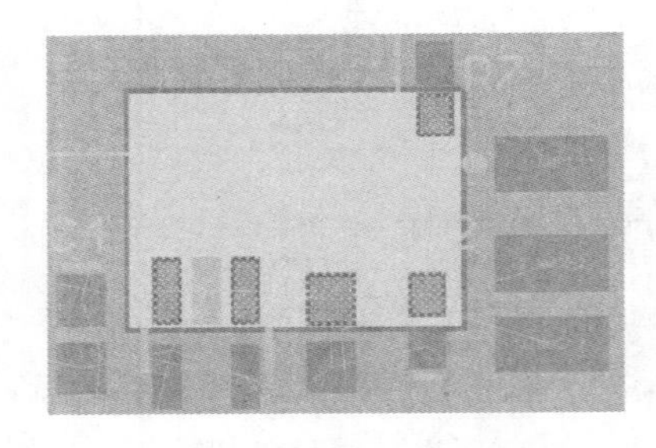

图 8-53 包含“VUSB”网络焊盘封闭区域

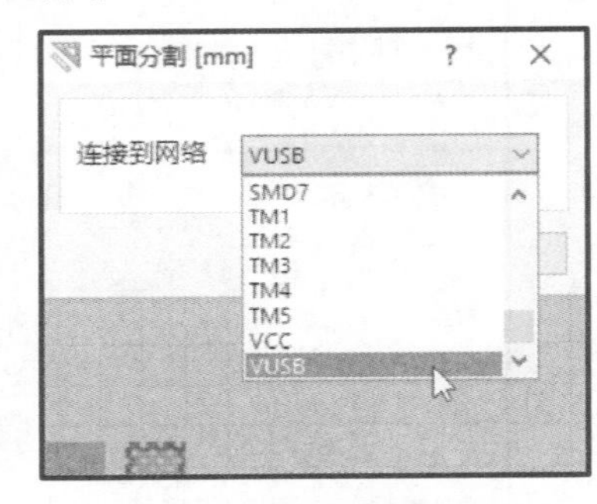

图 8-54 “平面分割”对话框

⑥ USB 连接插头 P1 焊盘属性修改。USB 连接插头 P1 连接固定支架的 0 号焊盘，由于原理图中没有引脚与其对应，一般希望其接地，以提高电路的抗干扰能力，所以必须将 P1 的 2 个 0 号焊盘属性修改为“GND”，以便自动布线时自动与内电层 GND 相连。

12. 设置钻孔对

钻孔对是指钻孔开始的层和钻孔结束的层。默认情况下将顶层和底层定义为钻孔对。在 PCB 设计中使用盲孔或半盲孔，必须定义层对。

在图 8-50 叠层管理器下方找到并单击“Drill”按钮，打开“钻孔对管理器”对话框，如图 8-55 所示。单击“添加...”按钮，弹出图 8-56 所示“钻孔对属性”对话框，设置钻孔起始层、停止层，添加新的钻孔对。需要添加的钻孔对见图 8-55。

13. 设置布线规则

(1) 电气设计规则(Electrical)

安全间距规则(Clearance)指不同网络的导线与焊盘之间的最小距离，它的设置可以避免导线之间以及导线与焊盘之间因距离太小而短路，其大小同时也决定了走

图 8-55 “钻孔对管理器”对话框

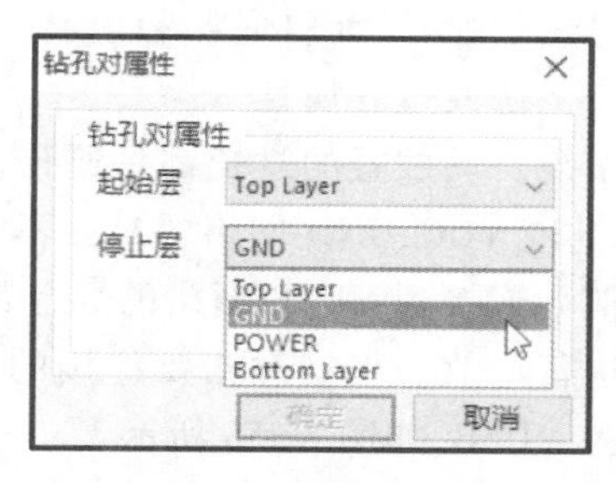

图 8-56 “钻孔对属性”对话框

线的难度和导线的布通率。在U盘中，供电电压很低，这里主要考虑的是保证导线的布通率，所以将安全间距设置为4 mil。

（2）布线设计规则（Routing）

导线宽度限制规则（Width）：VUSB、VCC、GND网络为8 mil，全板一般导线为5 mil，优先级依次减小；布线拐角规则（Routing Corners）：45°转弯；布线层规则（Routing Layers）：顶层、底层双面布线；过孔类型规则（Routing Via Style）：过孔直径为15 mil，过孔孔径为8 mil。

（3）电源层连接规则（Plane）

将“Power Plane Connect Style”（电源层与焊盘之间的连接方式）设置为“Direct Connect”（直接连接）方式；将“Power Plane Clearance”（电源层与其他网络的安全间距）设置为10 mil。

其他采用系统默认值。

14. 布线

（1）自动布线

执行菜单命令［自动布线］/［Auto Route］/［全部…］，在弹出的对话框选用“Via Miser”选项，表示将采用具有建议性最少过孔的多层板布线策略进行布线，单击“Route all”按钮，进行自动布线，图8-57所示为自动布线后的PCB图。

（2）修改布线

自动布线完成后，有的导线弯曲过多，绕行过远，必须进行修改，修改一般采取先修改绕行弯曲现象比较明显的长导线，然后再微调其他局部需要调整的短导线。

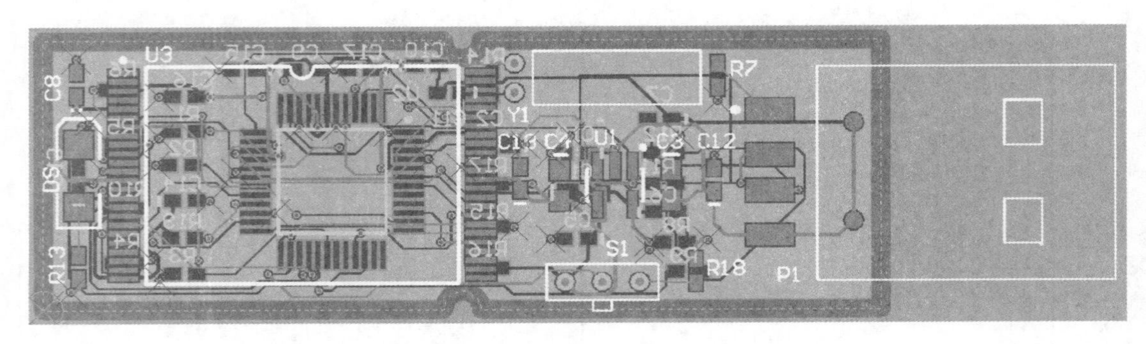

图 8-57 自动布线后的 PCB 图

由于导线修改时必须综合考虑到两个信号层导线的走线情况，所以将底层和顶层信号层均显示，而将底层和顶层丝印层全隐藏，便于修改布线。

（3）修改过孔属性

系统自动放置的过孔都是通孔，即起始层为顶层，结束层为底层。但连接到内电层 VUSB 、VCC、GND 网络的过孔不一定都需要通孔，有的可以是半盲孔，需要修改。

例如连接到 VUSB 网络的焊盘都在顶层，所以将连接到内电层 VUSB 网络的过孔属性进行修改。根据过孔要连接的层面，起始层为顶层，结束层改为 POWER 层，网络仍为 VUSB，如图 8-58 所示。

图 8-58 修改过孔属性

用同样的方法修改其他连接到内电层过孔的属性。

图 8-59 所示为修改过孔和布线后的 PCB 图。

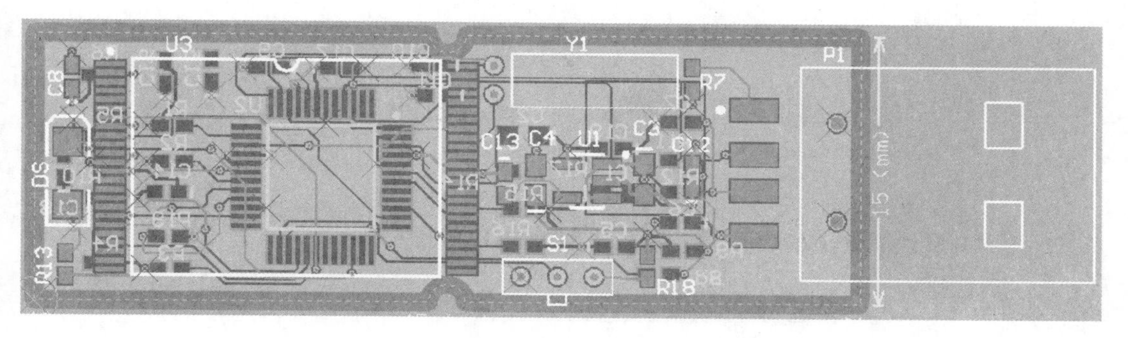

图 8-59 修改过孔和布线后的 PCB 图

15. 放置覆铜

为了进一步提高U盘印制电路板的抗干扰和导电能力，对全部电路板进行大面积的接地网络覆铜，而且不要镂空的。

① 在覆铜之前，为了加大导线与覆铜之间距离，可以执行菜单命令[设计]/[规则...]，弹出PCB规则对话框，暂时将规则中的安全间距加大为10 mil。

② 设置覆铜与焊盘的连接方式。将"Polygon Connect Style"（敷铜与焊盘之间的连接方式）设置为"Direct Connect"（直接连接）方式。

③ 放置覆铜。执行菜单命令[放置]/[覆铜...]或单击配线工具栏中的按钮，在弹出的对话框中，选择"Solid（Copper Regions）"，删除死铜，设置"链接到网络"为"GND"，分别在底层设、顶层，放置多边形覆铜。图8-60所示为底层覆铜效果，图8-61所示为顶层覆铜效果。

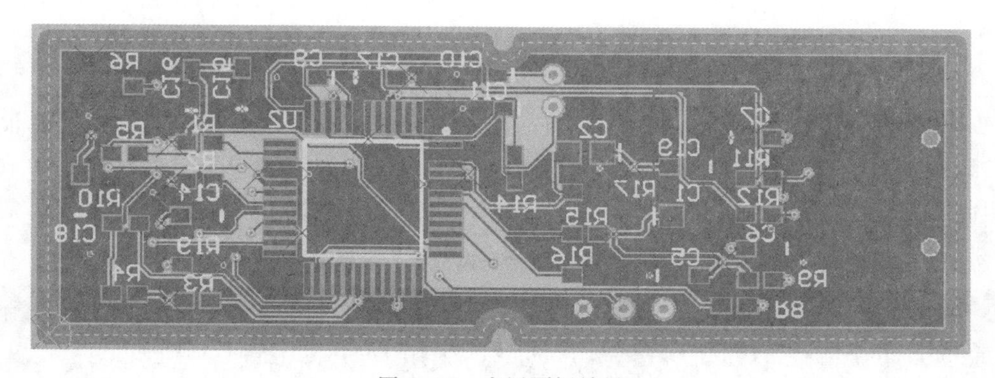

图 8-60 底层覆铜效果

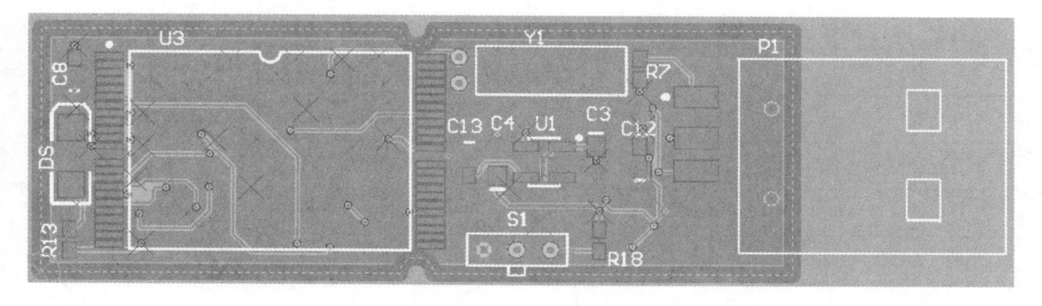

图 8-61 顶层覆铜效果

教学课件
8.4

8.4 上机实践

1. 设计图 8-62 所示 BTL 功放电路的 PCB

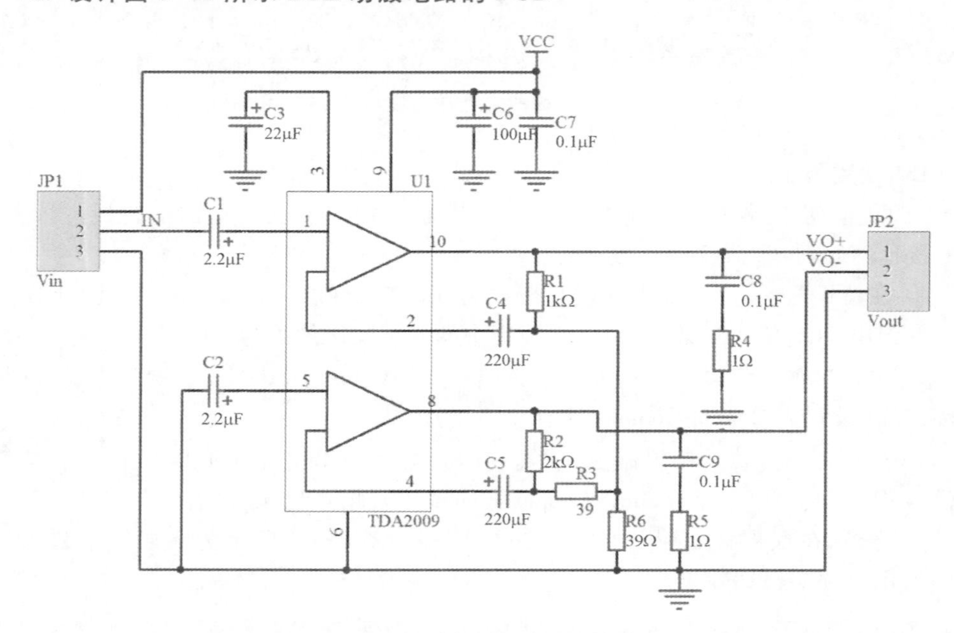

图 8-62 BTL 功放电路原理图

要求制作大小为 90 mm×70 mm 双面印制电路板。电源线宽度为 1.5 mm,其他布线宽度为 1 mm。表 8-5 为 BTL 功放电路元器件一览表,图 8-63 所示为 BTL 功放印制电路板参考图。

表 8-5 BTL 功放电路元器件一览表

元器件序号 (Designator)	库元器件名 (LibRef)	注释或参数值 (Comment)	元器件封装 (FootPrint)	元器件所在库 (Library)
R1	Res2	1 kΩ	AXIAL-0.4	Miscellaneous Devices. IntLib
R2	Res2	2 kΩ	AXIAL-0.4	
R3、R6	Res2	39 Ω	AXIAL-0.4	
R4、R5	Res2	1 Ω	AXIAL-0.4	
C1、C2	Cap Pol2	2.2 μF	RB.2/.4(自制)	
C3	Cap Pol2	22 μF	RB.2/.4(自制)	
C4、C5	Cap Pol2	220 μF	RB.2/.4(自制)	
C6	Cap Pol2	100 μF	RB.2/.4(自制)	

续表

元器件序号 (Designator)	库元器件名 (LibRef)	注释或参数值 (Comment)	元器件封装 (FootPrint)	元器件所在库 (Library)
C7、C8、C9	Cap	0.1 μF	RAD-0.2	
JP1	Header 3	Vin	HDR1X3	Miscellaneous Connectors. IntLib
JP2	Header 3	Vout	HDR1X3	
U1	TDA2009(自制)	TDA2009	TDA(自制)	

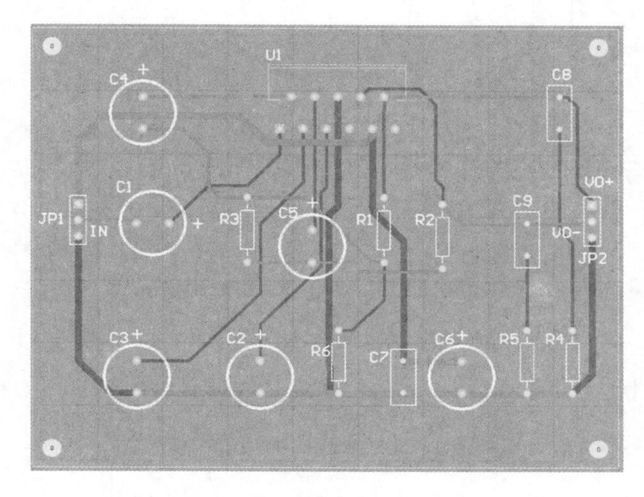

图 8-63　BTL 功放印制电路板参考图

设计过程中,需要注意以下几项:

① 功放 TDA2009 的原理图符号以及封装形式库内没有,需要自己制作。原理图符号参考图 8-62,封装形式如图 8-64 所示。

② C1～ C6 的封装需要自己制作。

③ C7、C8、C9 封装形式与系统默认的不同,要修改。

④ PCB 设计完成后,进行 DRC 检查并进行修改。

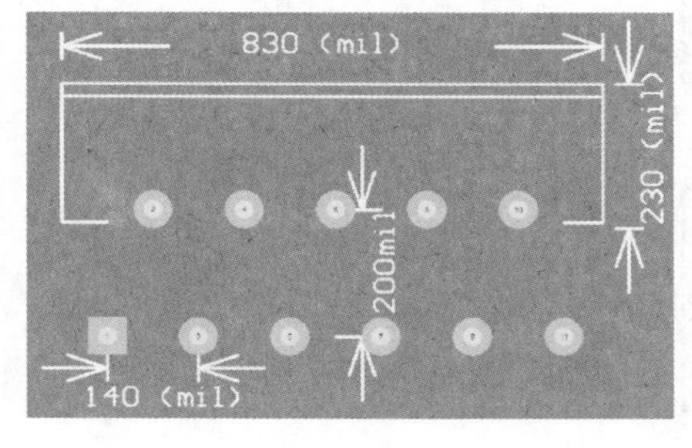

图 8-64　U1 的封装

2. 设计图 8-65 所示 UC3842 开关电源双面电路板

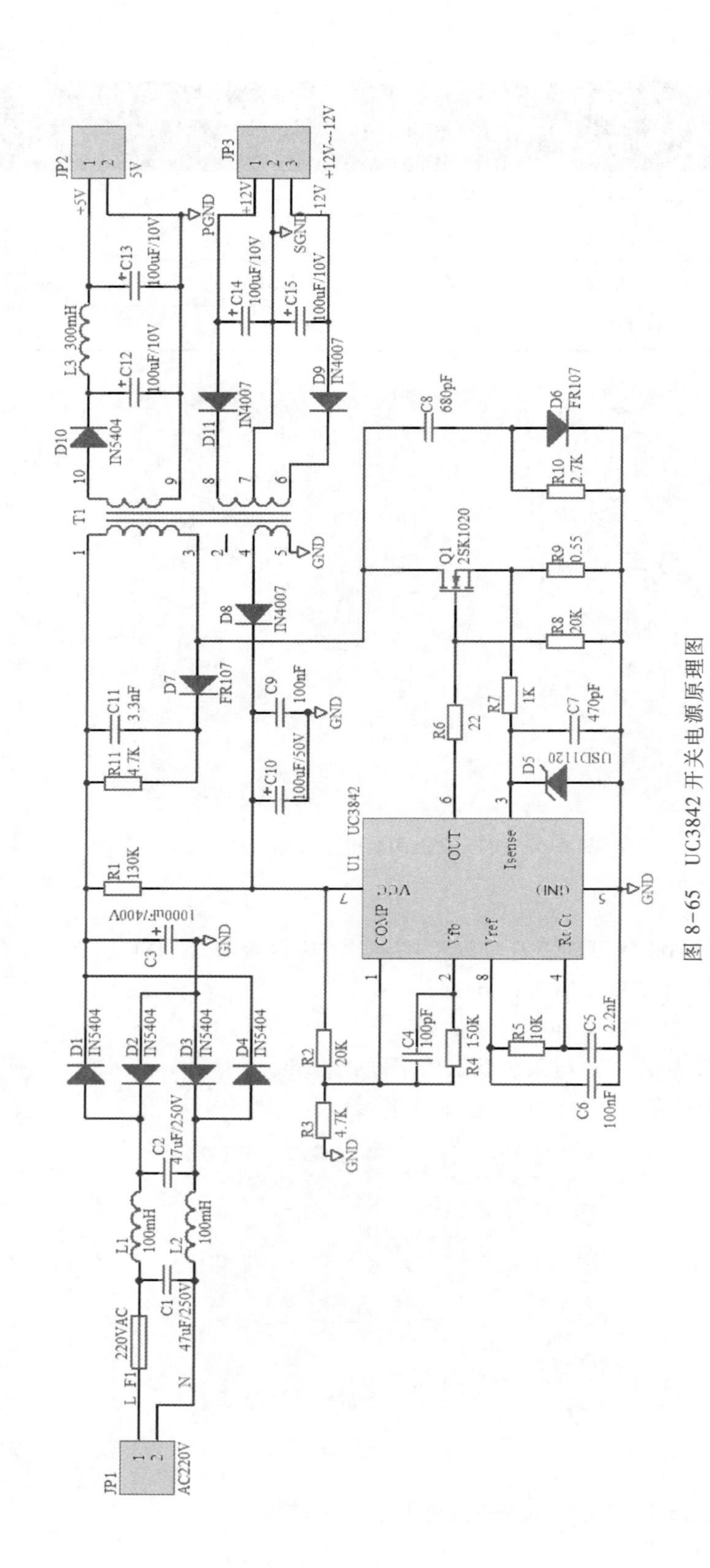

图 8-65　UC3842 开关电源原理图

要求制作大小为5 000 mil×3 400 mil的矩形双面电路板,元器件为插针式,集成电路相邻焊盘间只允许有一条布线。整个电路板布线宽度设置为10~200 mil,推荐宽度设为40 mil;L、N、GND、SGND、PGND、+5接地网络布线宽度设置为40~200 mil,推荐宽度设为100 mil。表8-6为UC3842开关电源元器件列表。

表8-6 UC3842开关电源元器件列表

元器件序号(Designator)	库元器件名(LibRef)	注释或参数值(Comment)	元器件封装(FootPrint)	元器件所在库(Library)
R1	Res2	130 kΩ	AXIAL-0.8	Miscellaneous Devices. IntLib
R2、R8	Res2	20 kΩ	AXIAL-0.4	
R3、R11	Res2	4.7 kΩ	AXIAL-0.4	
R4	Res2	150 kΩ	AXIAL-0.4	
R5	Res2	10 kΩ	AXIAL-0.4	
R6	Res2	22 Ω	AXIAL-0.4	
R7	Res2	1 kΩ	AXIAL-0.4	
R9	Res2	0.55 Ω	AXIAL-0.4	
R10	Res2	2.7 kΩ	AXIAL-0.4	
C1、C2	Cap	47 μF/250 V	RAD-0.4	
C3	Cap Pol2	1 000 μF/400 V	RB7.6-15	
C4	Cap	100 pF	RAD-0.1	
C5	Cap	2.2 nF	RAD-0.1	
C6 、C9	Cap	100 nF	RAD-0.1	
C7	Cap	470 pF	RAD-0.2	
C8	Cap	680 pF	RAD-0.2	
C10	Cap Pol2	100 μF/50 V	RB5-10.5	
C11	Cap	3.3 nF	RAD-0.2	
C12 ~C15	Cap Pol2	100 μF/10 V	RB7.6-15	
D5	D Zener	USD1120	DIODE-0.4	
F1	Fuse 1	AC 220 V	Fuse(自制)	
L1~ L2	Inductor	100 mH	RAD-0.4	
L3	Inductor	300 mH	RAD-0.4	
D1~ D4、D10	Diode	IN5404	DIODE-0.7	
D6、D7	Diode	FR107	DIODE-0.4	
D8、D9、D11	Diode	1N4007	DIODE-0.4	
Q1	Mosfet-N	2SK1020	E3	

续表

元器件序号 (Designator)	库元器件名 (LibRef)	注释或参数值 (Comment)	元器件封装 (FootPrint)	元器件所在库 (Library)
U1	UC3842(自制)	UC3842	DIP-8	
JP1	Header 2	AC 220 V	RAD-0.2	Miscellaneous Connectors. IntLib
JP2	Header 2	5 V	RAD-0.2	
JP3	Header 3	+12~12 V	HDR1X3	
T1	BYQ(自制)		BYQ(自制)	

设计过程中,需要注意以下几项:

① U1 的原理图符号库内没有,需要自己制作,如图 8-66 所示。

② 变压器 T1 的原理图符号以及封装形式库内没有,需要自己制作,如图 8-67 所示。

封装中两行焊盘间距 25 mm,相邻两焊盘间距 5 mm。

③ 保险 F1 的封装需要自己制作,如图 8-68 所示。相邻两焊盘间距分别为 5 mm、12 mm。

④ 注意其他元器件封装形式若与系统默认的不同,要修改。

⑤ 图 8-69 所示为 UC3842 开关电源印制电路板参考图,对某些区域进行了敷铜处理。

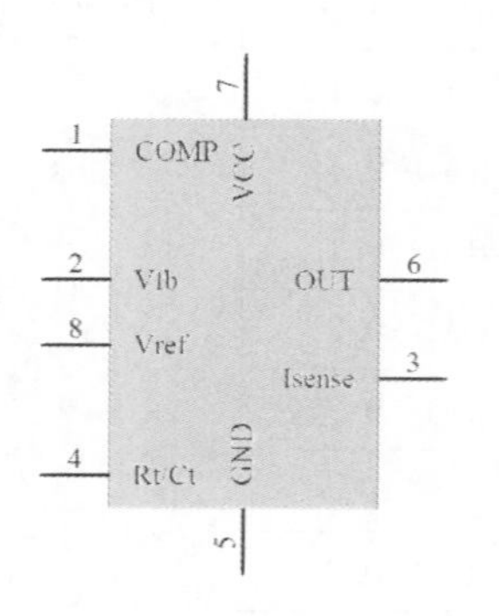

图 8-66 UC3842 原理图符号

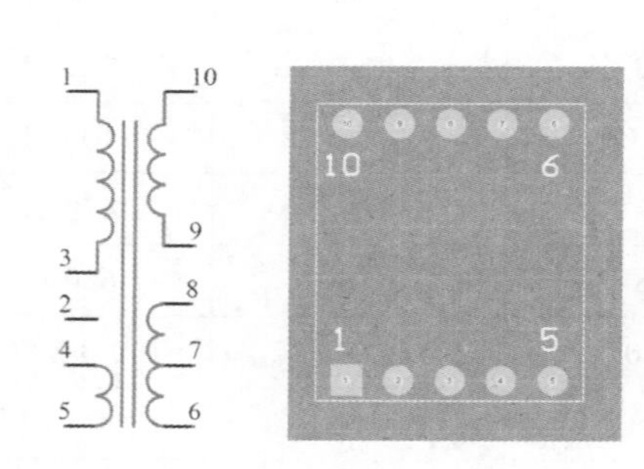

图 8-67 变压器 T1 原理图符号及封装

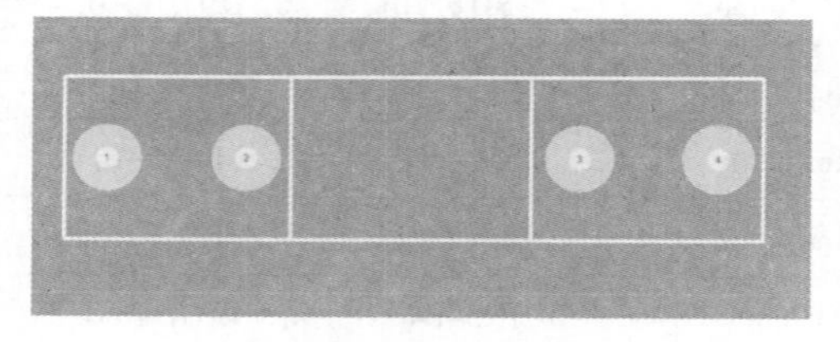

图 8-68 保险 F1 封装

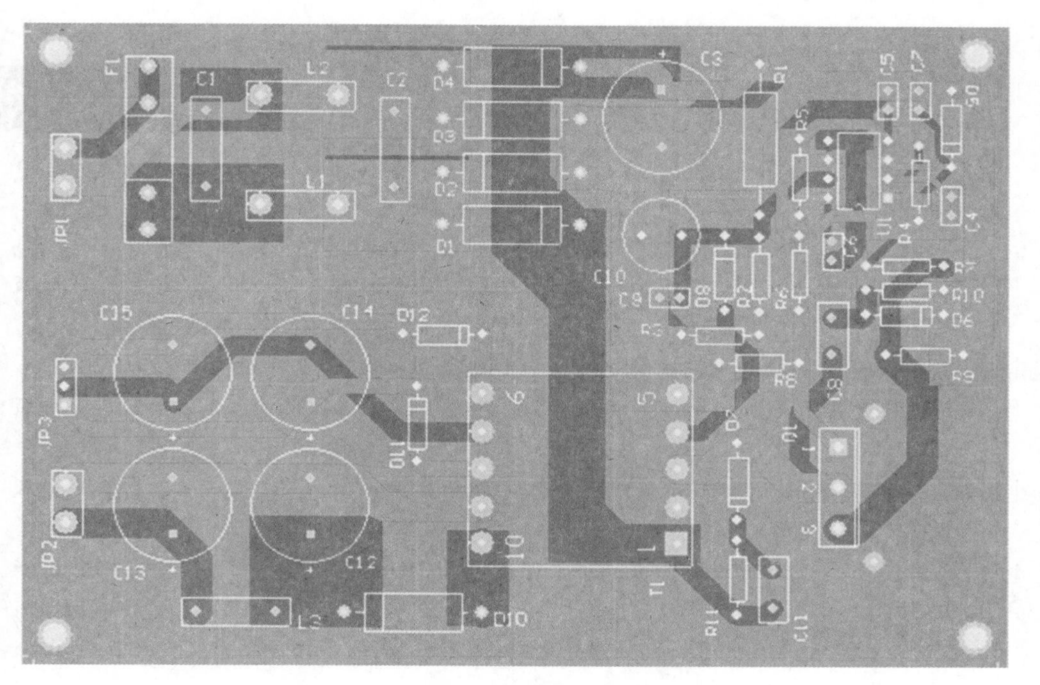

图 8-69　UC3842 开关电源印制电路板参考图

本单元小结

本单元以三个项目为例，讲述了单面板和双面板、多层板的设计过程。应该说单面板和双面板的设计过程是基本相同的，区别在于二者布线板层的设置。单面板只使用底层或顶层布线，过孔非金属化，适于简单的、低档的电路板设计；而双面板采用顶层和底层两层布线，过孔金属化，适于较复杂的电路板设计；对于更加复杂电路的则需要设计多层电路板。

思考与练习

1. 规划印制电路板要进行哪些工作？电气边界的作用是什么？
2. 如何将元器件与网络载入 PCB，载入过程中应注意什么？
3. 如何查找元器件封装？
4. 执行自动布线命令前应做哪些工作？
5. 放置走线命令与交互式布线在功能上有何区别？

参考文献

[1] 李俊婷.计算机辅助电路设计与 Protel DXP 2004 SP 2［M］.北京:高等教育出版社,2014.

[2] 李俊婷.计算机辅助电路设计与 Protel DXP［M］.北京:高等教育出版社,2010.

[3] 郑振宇等.Altium Designer 17 电子设计速成实战宝典［M］.北京:电子工业出版社,2017.

[4] 何宾,惠小军.Altium Designer 17 一体化设计标准教程［M］.北京:电子工业出版社,2017.

[5] 黄智伟,黄国玉.Altium Designer 原理图与 PCB 设计［M］.北京:人民邮电出版社,2016.

[6] 左昉,闫聪聪.Altium Designer 17 电路设计与仿真［M］.北京:机械工业出版社,2018.

[7] 郭勇.电路板设计与制作—— Protel DXP 2004 SP2 应用教程［M］.北京:机械工业出版社,2013.